Konstruktiver Glasbau

Dr.-Ing. Ulrich Knaack

Architekt in Düsseldorf
Wissenschaftlicher Assistent an der RWTH Aachen
Lehrstuhl für Baukonstruktion (Tragwerklehre)

Rudolf Müller

Die Deutsche Bibliothek – CIP-Einheitsaufnahme

Knaack, Ulrich:
Konstruktiver Glasbau /
Ulrich Knaack. –
Köln: Müller, 1998
ISBN 3-481-01427-9

ISBN 3-481-01427-9

Umschlaggestaltung: Rainer Geyer, Köln
Satz und Litho: Satz+Layout-Werkstatt Kluth GmbH, Erftstadt
Druck: Schlütersche Druckerei, Hannover
Printed in Germany

Das vorliegende Werk wurde auf umweltfreundlichem Papier
aus chlorfrei gebleichtem Zellstoff gedruckt.

D 82 (Diss. RWTH Aachen)

Geleitwort

Der Baustoff Glas erfährt zur Zeit eine ungewöhnliche Renaissance. Die überall zu spürende Aufbruchstimmung hat ganz verschiedene Wurzeln. Mehr denn je ist die ästhetische Faszination, die von diesem transparenten Werkstoff Glas ausgeht, ein Impuls für Architekten und Ingenieure, sich mit den großen Möglichkeiten vertraut zu machen. Daneben spornen die Chancen, die Glas als tragendes Material bietet, Architekten, Konstrukteure und Ingenieure an, über immer kühnere Konstruktionen nachzudenken.

Diesem großen Interesse am Konstruktiven Glasbau steht leider ein ebenso großer Mangel an soliden Kenntnissen bei vielen Baubeteiligten gegenüber. Der Umgang mit Glaskonstruktionen verlangt eine hohe Kompetenz auf diesem Gebiet. Schließlich ist Glas zwar ein hochfestes und hochbelastbares Material, aber keinesfalls ein gutmütiges, sondern ein sehr empfindliches, das keinerlei Fehler bei der Planung oder beim Bau verzeiht.

Mit dem vorliegenden Buch legt der Architekt Dr.-Ing. Ulrich Knaack eine hervorragende wissenschaftliche Arbeit vor, die das Ziel hat, dem praktizierenden Entwerfer und Konstrukteur Anregungen zu geben und zu der Kompetenz zu verhelfen, die für den Umgang mit dem Konstruktiven Glasbau unumgänglich ist.

Ich habe Herrn Knaack während seiner Diplomarbeit, bei der er ein statisch höchst interessantes, vierhundert Meter hohes Hochhaus mit einer neuartigen Glasfassade entwarf, kennengelernt. Ich konnte ihn als Mitarbeiter für den Lehrstuhl Baukonstruktion (Tragwerklehre) gewinnen, und wir konnten gemeinsam das neue Arbeitsfeld Konstruktiver Glasbau für Lehre und anwendungsbezogene Forschung erschließen. Mit einer imponierenden Dynamik, die eben auch dem Wesen von Herrn Knaack entspricht, entwickelte sich dieses Forschungsgebiet und zeitigte außer der vorliegenden wissenschaftlichen Arbeit eine Vielzahl von innovativen Projekten, über die ebenfalls berichtet wird und die zur Anregung für den Entwerfenden und zur Vertiefung der Kenntnisse beim Konstrukteur dienen soll.

Ich wünsche dem Buch den ihm zustehenden Erfolg.

Univ.-Prof. Dr.-Ing. Wilfried Führer
Lehrstuhl für Baukonstruktion
(Tragwerklehre) RWTH Aachen

Projekt: Glasbaum

Inhalt

Inhalt

1 Vorwort

1 Vorwort

Das vorliegende Werk entstand in der Zeit von 1993 bis 1997 während meiner Tätigkeit als wissenschaftlicher Mitarbeiter am Lehrstuhl für Baukonstruktion (Tragwerklehre) der RWTH Aachen.

Besonders danke ich Herrn Prof. Dr.-Ing. Wilfried Führer für seine umfangreiche Unterstützung, sein persönliches Engagement und seine Offenheit sowie seine Anregungen und Betreuung über die Jahre hinweg, ohne die diese Arbeit nicht möglich gewesen wäre.

Ebenso herzlich danke ich Herrn Prof. Dipl.-Ing. Wolfgang Döring, der sofort bereit war, die vorliegende Arbeit zu begleiten und das Korreferat zu übernehmen.

Maßgeblich gefördert und mit Anregungen unterstützt hat Herr Prof. Berthold Burkhardt die Arbeit, wofür ich auch ihm herzlich danke.

Ein weiterer Dank geht an meine Kollegen im Lehrstuhl und dort besonders an Herrn Dr.-Ing. Rolf Gerhardt, der mir stets mit Anregungen zur Seite stand. Ebenso gilt dieser Dank den studentischen Mitarbeitern Thomas Link, Michael Tümmers, Jan Wurm und insbesondere Valerie Spalding, die zum Gelingen und zur Fertigstellung der Arbeit beigetragen haben. Des weiteren sei an dieser Stelle ein Dank an die zahlreichen Studenten gerichtet, die sich an den Seminaren „Konstruktiver Glasbau“ beteiligt und durch ihre engagierte Mitarbeit das Thema insgesamt vorangetrieben haben. Ohne diese Seminare und die dabei entstandenen Glasbauprojekte würden wesentliche Erfahrungen fehlen.

Weitere Unterstützung erfuhr ich von Herrn Prof. Alan J. Brookes bei der Struktur der Arbeit und von den Herren Dr.-Ing. J. Güsgen, Dipl.-Ing. Ulrich Hermens und Dipl.-Ing. Günther Rößler im Bereich „Glas als Baustoff“. Auch hierfür sei gedankt.

Nicht zuletzt gilt ein besonderer Dank der Deutschen Forschungs-Gesellschaft, ohne deren großzügige Förderung die Arbeit in diesem Umfang nicht möglich geworden wäre.

Ein abschließender Dank gilt meiner Frau, Claudia Laufer-Knaack, für ihre Unterstützung und Korrektur.

Der Inhalt des Werkes spiegelt den derzeitigen Erfahrungs- und Wissensstand wider. Da sich das behandelte Thema zur Zeit sehr im Wandel befindet, werden sich auch die dargestellten Normen, Richtlinien, Anwendungsbedingungen, Materialkennwerte etc. stetig verändern. Jeder Anwender ist deshalb gehalten, die für seinen Anwendungsfall notwendigen Parameter zu klären. Rechtsansprüche aus diesem Werk gegen Autor oder Verlag sind ausgeschlossen.

Ulrich Knaack

1 Rohbaueinweihung Glaspavillon / Aachen

2 Einführung

2 Einführung

Die architektonische Faszination von Glas liegt in seiner steuerbaren Transparenz. Das Spiel mit dem Licht in Räumen, die Steuerung von Hell und Dunkel und die verschiedenen Erscheinungen von Gebäuden bei Tag oder Nacht sind ohne Glas nicht denkbar. Es dient nicht nur als Raumabschluß gegen Klimaeinflüsse, sondern wird als architektonisches Gestaltungsmittel verwendet. Demgegenüber mag die ingeniöse Faszination von Glas die enorme Festigkeit moderner Glaswerkstoffe sein, welche, gepaart mit einer hohen Sprödigkeit, höchst anspruchsvolles Konstruieren verlangt. Ist für den Entwerfer beispielsweise die Auflösung der Raumgrenzen durch immer filigranere und transparentere Systeme das Ziel, so kann für den Konstrukteur die Neuentwicklung solcher Tragwerke und der notwendigen Details der Antrieb sein.

Bauen mit Glas ist besonders geprägt durch das Wechselspiel zwischen Entwurf und Konstruktion. Alles ist sichtbar, jedes Detail beeinflußt die gesamte Erscheinung. Deshalb ist eine eindeutige Trennung der Aufgaben zwischen Architekt und Ingenieur nicht möglich. Sie müssen gemeinsam eine ganzheitliche Lösung erarbeiten und entsprechen damit auf einem sehr speziellen Gebiet dem Ideal des universellen Baumeisters. Dieses Wechselspiel bildet den Hintergrund dieses Werkes, das sich sowohl an Architekten als auch an Ingenieure richtet.

Das Thema ist der konstruktive Glasbau. Als relativ junger Begriff umfaßt er Glaskonstruktionen jenseits der einfachen Fenster- oder Fassadenverglasungen, bei denen innovative Glasfixierungen, weiter- oder neuentwickelte Tragwerke oder Glas anderweitig konstruktiv oder tragend eingesetzt wurden.

Transparenz und Filigranität

P. Rice und H. Dutton [2/1] unterscheiden zwischen ein- und zweiseitiger Transparenz. Unter ersterer verstehen sie einfache Maueröffnungen mit dem Zweck, den Innenraum zu belichten; Glas dient hierbei als Witterungsschutz. Da die Scheiben nur in kleinen Abmessungen herstellbar waren, war das Rahmenwerk ein gestalterisch entscheidender Teil des Fensters.

Eine weiter entwickelte Form dieser einseitigen Transparenz stellen die gotischen Kirchenfenster mit ihrer mystischen Farbigkeit dar.

1 Einseitige Transparenz: Kirchenfenster der gotischen Kathedrale von Amiens (1220 – 1269)

Zweiseitige Transparenz definieren Rice und Dutton [2/1] über das Ziel, sowohl Licht in den Innenraum zu leiten als auch den Blick nach außen zu ermöglichen, um damit eine Wechselbeziehung zwischen innen und außen herzustellen. Durch gestalterische und technische Weiterentwicklung wird die Auflösung der Raumgrenze bis heute vorangetrieben. Das Ziel ist ein kaum noch in Erscheinung tretender Witterungsschutz.

Die Transparenz ist abhängig vom relativen Lichtwert beiderseits der Glasscheiben: Die Glasfläche mit dem höheren Lichtwert reflektiert, während die andere Fläche mit dem geringeren Lichtwert durchlässig und damit transparent ist. [2/1] So erscheinen tagsüber Glasflächen von außen dunkel, während ein Ausblick von innen möglich ist. Nachts kehrt sich dies um: Der beleuchtete Innenraum gewährt den Einblick von außen, der Ausblick ist jedoch verhindert. Ein weiterer Einfluß auf die Transparenz ist der Betrachtungswinkel: Von der Rechtwinkligkeit abweichende Winkel erhöhen die Reflexion an der inneren und äußeren Glasoberfläche und verringern dadurch die Transparenz. Glas kann also durch die beschriebenen Reflexionen seine Transparenz verlieren und tritt dann körperhaft in Erscheinung.

Das „Bildwörterbuch der Architektur“ [2/2] definiert ein „Filigran“ wie folgt: *„Schmuckstück aus dünnem, kunstvoll gebogenem Gold- oder Silberdraht mit (...) angelöteten Körnchen. Der Begriff wird vielfach auf jedes ähnlich feingliedrige Zierwerk angewendet, in der Baukunst z. B. auf das gotische Maßwerk.“* Die Filigranität einer Konstruktion kann damit über deren Aufgelöstheit und Feingliedrigkeit definiert werden. Der daraus auch entstehende dekorative Charakter muß Teil der Gestaltungsüberlegungen sein.

Filigranität und Transparenz bedingen sich gegenseitig. Die Transparenz einer Konstruktion kann durch Filigranität des Tragwerkes gesteigert werden. Dabei besteht jedoch die Gefahr der Überfrachtung durch Feingliedrigkeit, welche zum Verlust der gewünschten Transparenz führt. Demgegenüber kann ein wenig filigran ausgebildetes Glastragwerk wegen der Reflexion durch das Glas eine geringe Transparenz aufweisen.

Nur durch Abstimmung von Tragwerk, Fügung der Elemente und Glaseinsatz kann eine gewünschte Transparenz und/oder Filigranität entstehen. Wenige in Erscheinung tretende Elemente und einfache Geometrien können zu einer hohen Transparenz führen, die Reflexion bleibt jedoch ein Problem.

2 Tagansicht UFA-Filmpalast / Düsseldorf

3 Nachtansicht UFA-Filmpalast / Düsseldorf

Mit der Anwendung sehr feingliedriger und aufgelöster Tragwerke kann wiederum die auftretende Reflexion gesteuert werden. G. Behnisch [2/3] vergleicht beispielsweise die feinen Sprossengitter der Verglasungen des 19. Jahrhunderts mit einem Spitzenvorhang, der diesen Konstruktionen ihre abweisende Härte nimmt. Die heutigen seilverspannten Glastragwerke, denen ihr Zierwerkcharakter nicht abgesprochen werden kann, können als Weiterführung dieses Prinzips gesehen werden.

Die extremste Transparenz mit einer völlig neuen Wahrnehmung bieten die heute möglichen Ganzglasräume. Zwar ist die Raumhülle haptisch spürbar, optisch tritt sie jedoch kaum in Erscheinung und führt dadurch zu einem bisher unbekannten Raumgefühl.

Die Transparenz von Glaskonstruktionen ist jedoch nicht immer tatsächlich gewünscht. Ihre Akzeptanz hängt wesentlich von den Umständen, der Situation und den Nutzern ab. Dieser Tatsache muß durch angepaßte und gesteuerte Transparenz entsprochen werden.

Kontext des Werkes

Umfangreich zusammengetragen und ausführlich dokumentiert sind historische Glaskonstruktionen in G. Kohlmaier und B. von Santory: „Das Glashaus – ein Bautypus des 19. Jahrhunderts“ [2/4] sowie in J.F. Geist: „Passagen – ein Bautypus des 19. Jahrhunderts“. [2/5]

Informationen zu Glas als Baustoff finden sich ausführlich im leider mittlerweile etwas veralteten „Glas als Baustoff – Eigenschaften, Anwendung, Bemessung“ von L. B. Klindt und W. Klein [2/6], im überarbeiteten und aktualisierten Band „Der Baustoff Glas“ von A. Petzold, H. Marusch und B. Schramm [2/7] sowie in D. Button und B. Pye: „glass in building“. [2/8] Glasprodukte und deren Anwendungen werden neben verschiedenen Firmeninformationen umfangreich in A. Compagnos „Intelligente Glasfassaden“ [2/9] dargestellt.

Konstruktiv befassen sich P. Rice und H. Dutton in ihrem Werk „Transparente Architektur“ [2/1] sowie I. Ritchie in „Architektur mit (guten) Verbindungen“ [2/10] mit dem Glasbau. Da es sich bei beiden Werken um Darstellungen der jeweiligen Autorenprojekte handelt, werden bis auf einen Ein-

4 Reflexion und Transparenz:
Heureka / Vantaa (Finnland)

5 Filigranität contra Transparenz:
Zentrale Halle der Messe Leipzig

führungsteil jedoch keine weiterführenden Aussagen getroffen.

Hinweise zur Ingenieurbemessung von Glaskonstruktionen und deren Fügung finden sich beispielsweise in den Promotionen „Tragende Bauteile aus Glas – Berechnung und Ausführung“ von B. Sagmeister [2/11] und „Fügetechnik für den konstruktiven Glasbau“ von H. Techen [2/12] sowie in sporadischen Veröffentlichungen der Fachpresse.

Der Hintergrund der Methodik von Analyse und Aufbereitung der einzelnen Projekte sowie die Tragwerkstypologie zum Konstruktiven Glasbau gehen zurück auf K. Ackermann: „Tragwerke in der konstruktiven Architektur“ [2/13], A. J. Brookes und C. Grech: „Das Detail in der High-Tech-Architektur“ [2/14] und „Konstruktive Lösungen in der High-Tech-Architektur“ [2/15] sowie auf W. Führer, S. Ingendaaij und F. Stein: „Der Entwurf von Tragwerken“ [2/16] zurück.

Am Lehrstuhl für Baukonstruktion (Tragwerklehre) von Prof. Dr.-Ing. W. Führer an der Fakultät für Architektur der RWTH Aachen ist die Zusammenarbeit zwischen den dort arbeitenden Architekten und Ingenieuren immer Gegenstand von Lehre und Forschung. Als Mitarbeiter dieses Lehrstuhls konnte der Autor seit dem Wintersemester 1994/95 das jeweils zweisemestrige Oberstufen-Seminar „Konstruktiver Glasbau“ durchführen. Aus dieser Verbindung von Forschung und Lehre entstammen die wesentlichen Grundlagen des vorliegenden Werkes.

Idee und Ziel

„Man sollte immer versuchen, mit dem, was man macht, die Grenzen des Machbaren zu verschieben“, formulierte W. Führer anläßlich eines Seminarvortrages. Um die Grenzen im Konstruktiven Glasbau verschieben zu können und die Auflösung der Raumgrenzen voranzutreiben, ist ein grundsätzliches Verständnis der Besonderheiten von Glaskonstruktionen und ihrer Fügetechniken notwendig. Neben den oben beschriebenen Werken fehlt jedoch dieser allgemeine konstruktive Überblick zum Thema Konstruktiver Glasbau.

Das Ziel dieses Werkes ist es, der Logik des Bauens mit Glas nachzuspüren, um konstruktive Abhängigkeiten und deren gestalterische Auswirkung zu erkennen. Der so entstandene strukturierte Überblick über die heutigen Möglichkeiten des Konstruktiven Glasbaus wurde durch Entwurfs- und Konstruktionshilfen für

6 Nicht für jeden Nutzer geeignete Transparenz: Glasbrücke / Rotterdam

7 Nicht mehr gewünschte Transparenz: Schaufensterverglasung / Paris

den Konstrukteur und durch Entwicklungsmöglichkeiten ergänzt.

Dieses Werk kann keine Pauschallösungen für allgemeine Probleme bieten, da es sich im Konstruktiven Glasbau fast immer um Sonderkonstruktionen handelt, die von der Situation, dem Projekt und den Beteiligten abhängig sind. Auch handelt es sich nicht um einen Glasbauatlas, da hierfür mehr spezielles Wissen im Bereich der materialspezifischen Kennwerte, der Bemessung sowie der Betrachtung bauphysikalischer und klimatischer Aspekte des Bauen mit Glas notwendig wären.

Es sei auch darauf hingewiesen, daß es sich hier nicht um eine allgemeine architektonische Bewertung der einzelnen Projekte handelt. Betrachtungsschwerpunkt dieser Arbeit ist vielmehr die das Glas betreffende Konstruktion und deren Gestaltung.

Methodik und Gliederung

Da im Konstruktiven Glasbau das Erscheinungsbild und damit auch die Transparenz und Filigranität wesentlich vom Tragwerk und der Fügung abhängen, werden die historischen und aktuellen Projekte anhand der Tragwerke analysiert und einer Tragwerktypologie zugeordnet.

Die Arbeit gliedert sich in historische und aktuelle Glasbauten. Die ersten Glasbauten sind in der oben genannten Literatur nach verschiedenen Gesichtspunkten umfangreicher dargestellt. Der Schwerpunkt dieses Werkes ist jedoch die konstruktiv bzw. tragende Verwendung von Glas und die Differenzierung nach Tragwerken.

Der Überblick über die aktuellen Glasbauten ist ebenfalls anhand der konstruktiven bzw. tragenden Verwendung von Glas und der Tragwerke gegliedert, wobei die Einzelprojekte in ihren strukturellen Zusammenhang eingebunden werden. Als Abschluß dieses Abschnittes werden Fehler und Entwicklungspotentiale aufgezeigt.

Eine Darstellung äußerer, entwurfsbestimmender Parameter erfolgt im Abschnitt „Glas als Baustoff". Hier sind die für den Konstrukteur wichtigen Aspekte, wie Herstellung, Glasprodukte, Materialkennwerte, Anwendungsbedingungen, Bemessung und Detailmöglichkeiten, dargestellt.

Eine Einzeldokumentation erfolgt im letzten Abschnitt. Unterschieden werden Konstruktionen, bei denen Glas tragend oder nichttragend eingesetzt wird. Die Dokumentation der Projekte im einzelnen erfolgt unter den Aspekten Idee/Konzept, Tragwerk, Detaillierung und Glasanwendung.

8 „Nichtraum" durch Ganzglaskonstruktion: Glaspavillon / Aachen

3 Kriterien zur Unterscheidung

3.1 Unterscheidung Historisch / Aktuell

3.1 Unterscheidung Historisch / Aktuell

Zur Strukturierung und guten Überschaubarkeit wurde das Thema „Konstruktiver Glasbau“ in verschiedene Bereiche unterteilt. Begonnen wird mit der Unterscheidung von historischen und aktuellen Projekten.

Da der konstruktive Einsatz von Glas dargestellt werden soll, wurde die Teilung der geschichtlichen Abschnitte auch nach konstruktiven Gesichtspunkten vorgenommen:

Als historische Konstruktionen werden alle seit Beginn der Verwendung von Glas im Bauwesen – im besonderen die Glaskonstruktionen des 19. Jahrhunderts mit dem konstruktiven Einsatz von Glas – bis in die Fünfziger Jahre des 20. Jahrhunderts entstandenen Projekte klassifiziert. Sie werden in Kapitel 4 im Zusammenhang dargestellt.

Die Trennung der geschichtlichen Abschnitte wird anhand zweier Projekte vollzogen, bei denen der konstruktive Einsatz von Glas in diesem Jahrhundert neu definiert wurde, sowie an der Erfindung des Floatglasverfahrens, welches die billige Herstellung von hochwertigem Glas ermöglichte.

Das erste Projekt ist der Ausstellungspavillon der Firma Glasbau Hahn, Frankfurt a. M., von 1951. Dieser Kubus bestand aus gläsernen Wandscheiben und einer Glaseindeckung, die von ebenfalls gläsernen I-Profilen getragen wurde.

Die gleiche Firma stellte 1957 eine hängende Verglasung vor, die die hohe Zugfestigkeit des Glases ausnutzte und die Scheiben an zwei Punkten hängend lagerte. Dies hatte den Vorteil, daß das Problem des Knickens von stehenden Scheiben umgangen wurde. Entsprechend mußte der Fußpunkt vertikale Bewegungen zulassen. Die Stabilisierung gegen Windlasten erfolgte über innere und äußere Glasschwerter, die mit Glaszement aufgeklebt wurden. Diese Fassadenkonstruktion, die bis zu einer Höhe von 13 m ausgeführt wurde, entsprach den Wünschen nach maximaler Auflösung der Wand am meisten.

1 Hängende Verglasung: Glasbau Hahn, 1957

2 Glaspavillon: Glasbau Hahn, 1951

Der entscheidende Schritt für die Anwendung des Baustoffes Glas als kostengünstiges Massenprodukt erfolgte, als 1959 durch E. Pilkington das Floatglasverfahren entwickelt wurde. Durch dieses Verfahren konnte hochwertiges, planparalleles und damit dem Spiegelglas entsprechendes „Floatglas" einfacher und billiger hergestellt werden (siehe auch Abschnitt 7.1).

Durch diese neuen Produktionsmöglichkeiten sowie durch die Verwendung von Verbundsicherheitsglas, das bereits 1909 entwickelt wurde, und Einscheibensicherheitsglas (ESG), einer Entwicklung aus dem Jahre 1930, kam Glas in den folgenden Jahren verstärkt konstruktiv im Bauwesen zum Einsatz. Wesentlich für das breite Interesse und die Anwendung waren sicherlich die Projekte Willis Faber & Dumas in Ipswich (1971 – 1975) und das Sainsbury Centre for Visual Arts in Norwich (1978) von Norman Foster Associates, deren Glasfassaden in enger Zusammenarbeit mit den Herstellern entwickelt wurden. Diese und weitere aktuelle Beispiele werden in Kapitel 5 im Zusammenhang und in Kapitel 8 projektweise vorgestellt.

Die Unterteilung der geschichtlichen Abschnitte anhand von Entwicklungsschritten, die durch Hersteller geleistet wurden, verdeutlicht die im Konstruktiven Glasbau so häufig anzutreffende Abhängigkeit der Architekten von Fachplanern und Herstellern. Das Durchsetzen neuer Anwendungsmöglichkeiten gelingt jedoch über epochale architektonische und ingenieurtechnische Bauwerke.

3 Willis Faber & Dumas in Ipswich, 1971 – 1975

3.2 Unterscheidung Glas als Primär-/ Sekundärtragwerk

3.2 Unterscheidung Glas als Primär- / Sekundärtragwerk

Konstruktionen, bei denen Glas als Primärtragelement planmäßig Systemlasten abträgt oder aber als nicht Systemlasten tragendes Sekundärtragelement eingesetzt wird, werden in dieser Arbeit wie folgt unterschieden.

Wird Glas als Eindeckung von Konstruktionen oder als Raumabschluß von Gebäuden verwendet, worin auch geschoßhohe Glasscheiben eingeschlossen sind, so handelt es sich nur um ein Sekundärtragelement, d.h., aus dem primären Tragsystem werden keine Lasten in das Glas eingeleitet. In diesem Fall trägt das Glas nur Lasten aus Eigengewicht und Wind über Biegung und/oder Normalkraft in das umgebende Primärtragwerk ab, bei horizontalen Scheiben auch aus Schnee.

Wird Glas konstruktiv und somit als Primärtragelement eingesetzt, so übernimmt es planmäßig Systemlasten aus Eigengewicht, Wind, Schnee und Verkehrslasten bis hin zu äußeren oder aus dem statischen System herrührenden Lasten.

Hierbei kann zwischen aussteifenden, selbsttragenden und Last abtragenden Primärtragelementen aus Glas unterschieden werden:

Aussteifend wird Glas beispielsweise zur Stabilisierung schlanker Fassadenstützen verwendet oder auch zum Aussteifen von hohen, hängenden oder stehenden Verglasungen mittels Glasschwertern. Auch die Aussteifung von Gitternetztragwerken durch die Glaseindeckung ist möglich. Die Lastabtragung erfolgt über die Scheibenwirkung des Glases oder über Biegung, wie z.B. bei Glasschwertern.

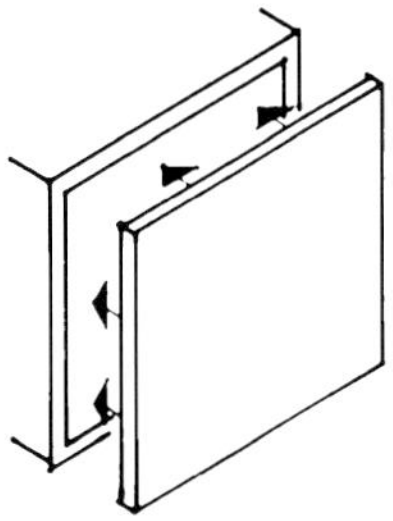

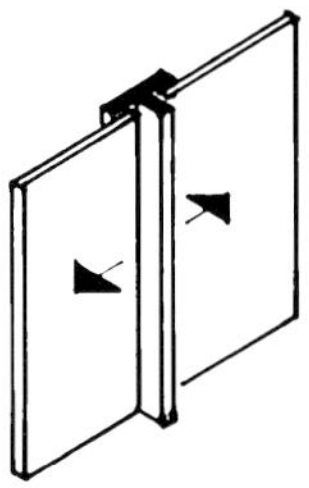

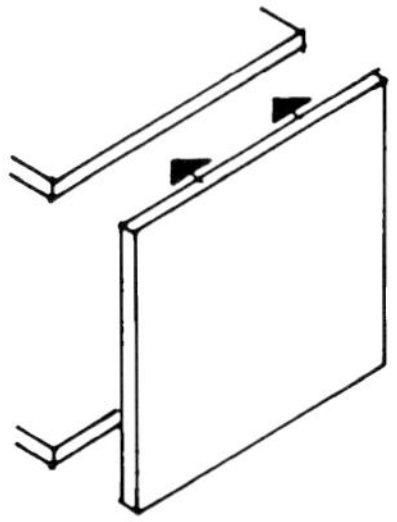

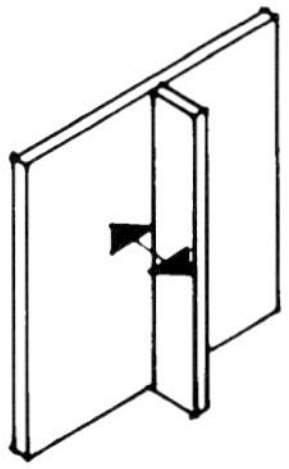

1 Glasscheibe als Raumabschluß mit vierseitiger Linienlagerung
2 Glasscheibe als Raumabschluß mit zweiseitiger Linienlagerung
3 Aussteifen einer Fassadenstütze durch Fassadenscheiben
4 Aussteifen einer Glasscheibe mit einem Glasschwert

Unter der Verwendung von Glas als selbsttragendem Primärtragelement versteht man stehende oder hängende Verglasungen, die die Höhe eines Geschosses übersteigen. Die Belastung des Glases erfolgt durch Normalkraft in Form von Zug oder Druck.

Stehende Verglasungen müssen gegen Knicken und horizontale Lasten gesichert werden. Dies erfolgt entweder durch entsprechende Glasstärken oder durch stabilisierende Schwerter.

Die Gefahr des Knickens besteht bei hängenden Verglasungen zwar nicht, aber auch sie müssen gegen horizontale Lasten gesichert werden. Dies geschieht beispielsweise durch Schwerter oder Verspannungen. Hängende Verglasungen bestehen entweder aus einer langen Scheibe oder mehreren aneinanderhängenden Einzelscheiben, wobei hier die oberen das Gewicht der unteren tragen. Entscheidend für die ausführbare Höhe ist weniger die Reißlänge der Glasscheiben als vielmehr die Fassung der Scheiben untereinander und am oberen Ende.

Planmäßig Systemlasten übernehmende Elemente aus Glas können für alle Funktionen des Tragens eingesetzt werden. Hierunter fallen einfache Stabtragwerke wie Balken und Stützen aus Glas und aufwendigere Stabtragwerke, wie z.B. unterspannte Glasträger, Fachwerkträger, Rahmen oder Bögen mit gläsernen Tragelementen sowie komplexere Flächen- und Raumtragwerke.

Die als primäre Tragelemente eingesetzten Glaselemente können je nach System normalkraft-, hybrid oder biegebelastet sein.

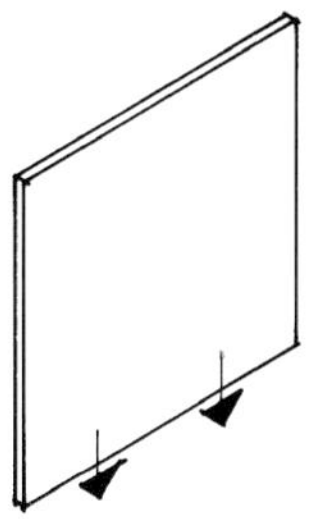

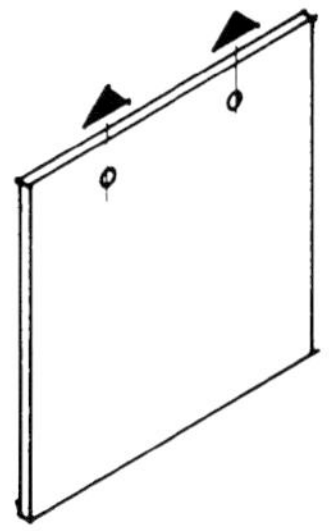

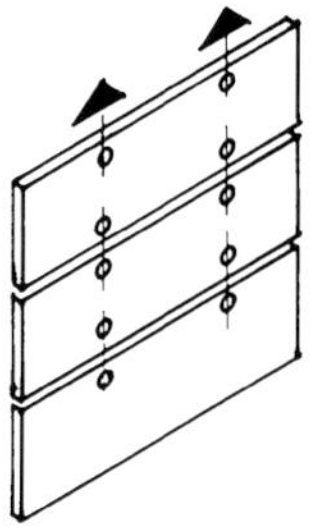

5 Stehende Verglasung
6 Hängende Verglasung aus einer Scheibe
7 Hängende Verglasung aus mehreren Scheiben

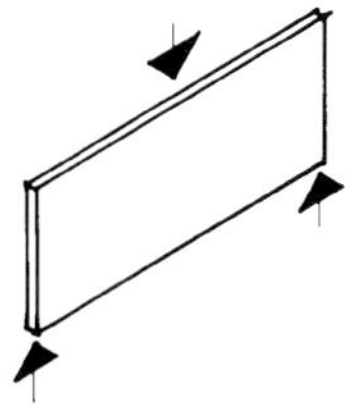

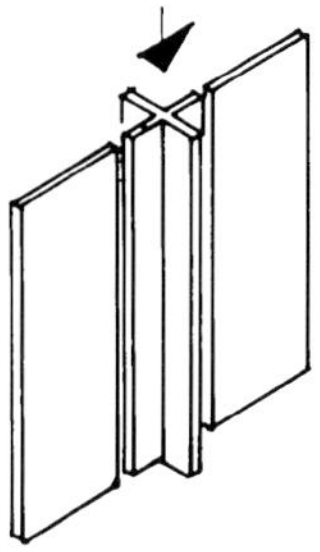

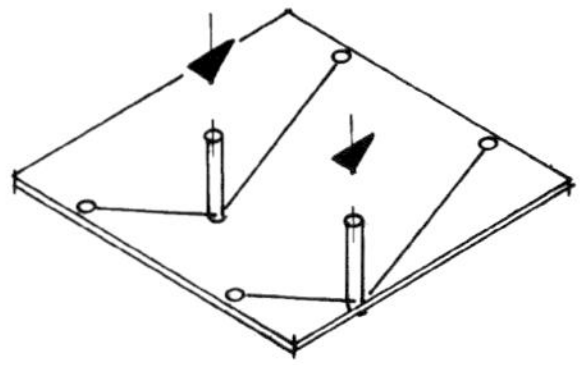

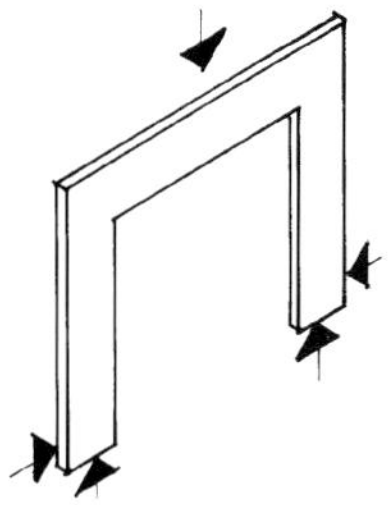

8 Glasbalken
9 Glasstütze als Kreuzprofil
10 Fachwerk mit Glasdruckgurt
11 Gläsernes Rahmentragwerk

3.3 Tragwerktypologie

3.3 Tragwerktypologie

Die dritte Stufe der Differenzierung der vorgestellten Projekte erfolgt anhand des Tragwerkes. Diese Einteilung erscheint sinnvoll aufgrund der Abhängigkeit der Filigranität und damit auch der Transparenz der einzelnen Bauteile von den Tragwerkdimensionen.

Anhand dieser Typologie werden in Kapitel 5 die aktuellen Projekte nach ihren Tragwerken klassifiziert, um strukturelle Zusammenhänge erkennen und darstellen zu können und um eine daraus folgende Wertung von Entwicklungstendenzen in bezug auf ihre Anwendbarkeit zu ermöglichen.

Diese Typologie behält insofern einen gewissen Grad der Ungenauigkeit, als nicht alle Tragwerke mit einem sich zum Teil überschneidenden Tragverhalten in ein festgelegtes Schema eingeordnet werden können. Bei diesen Projekten handelt es sich um eine Sortierung nach dem überwiegenden Tragverhalten.

Um die „Logik des Glasbaus" konkret darstellen zu können, wurde eine übersichtliche Typologie der Tragwerke gesucht.

Hierzu boten sich die im folgenden beschriebenen Systematiken an:

Das von F. Otto [3.3/1] und seinem Umfeld entwickelte BIC-Diagramm vergleicht die von Tragwerken benötigte Masse zur Abtragung von Lasten. Das Diagramm gliedert sich in den BIC-Wert und die relative Schlankheit: *„Der BIC beschreibt das Verhältnis der Masse eines Objektes zu dessen Fähigkeit zur Übertragung von Kräften bei einer bestimmten Belastung. (...) Er ist außer von der Masse des Objektes von der Form, dem Material und der Art und Anordnung der Belastung abhängig."* Die relative Schlankheit *„beschreibt die dem Objekt gestellte, charakteristische Aufgabe, daß eine Kraft über eine Strecke übertragen werden muß".* Dabei bedeutet für druck- und biegebeanspruchte Objekte eine große Schlankheit einen hohen Masseaufwand. Für Zugbeanspruchungen spielt die Schlankheit keine Rolle. [3.3/1]

Der Vorteil dieses Diagrammes ist in der Übersichtlichkeit zu sehen und dem einfachen Verständnis des Zusammenhanges zwischen der masseaufwendigsten Lastabtragung durch Biegung, den masseneutralen Drucktragwerken und der massesparendsten Art der Lastabtragung, den Zugtragwerken.

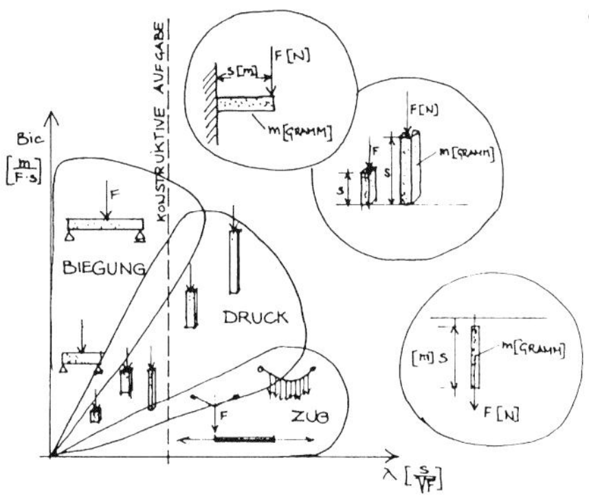

1 BIC-Diagramm nach Frei Otto

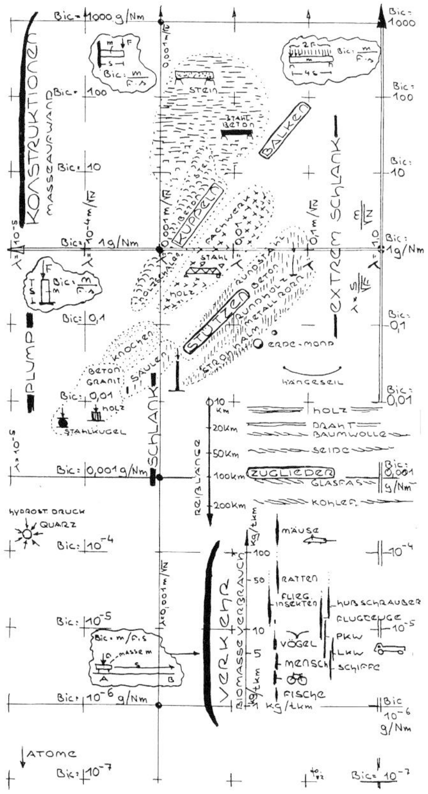

2 Erweitertes BIC-Diagramm nach Frei Otto

Diese Einfachheit durch die Reduzierung auf Biege-, Druck und Zugtragwerke hat jedoch den Nachteil, daß keine Differenzierung der Tragwerke anhand der Geometrie (ebene, flächige und räumliche Tragwerke) erfolgt.

Dies gilt mit Einschränkungen auch für die Weiterentwicklungen des BIC-Diagrammes, in dem sich zwar Kuppeln, Fachwerke etc. wiederfinden, die aber trotzdem nicht die für den Konstruktiven Glasbau notwendige Differenzierung bieten.

Die Tragwerksystematik, welche K. Ackermann [3.3/2] mit seinen Mitarbeitern entwickelt hat, bietet diese Differenzierung in bezug auf Beanspruchung und Geometrie. Die Beanspruchung wird in Biegung/Querkraft, Normalkraft (Zug/Druck) und hybride Belastung (Biegung und Normalkraft) unterteilt. Bei der Geometrie wird zwischen linien- und flächenförmigen Tragsystemen differenziert, wobei bei den linienförmigen Tragsystemen gerade und gekrümmte, bei den flächigen Systemen ebene und gekrümmte unterschieden werden.

3 Tragwerksystematik nach Ackermann

Trotz der Differenzierung nach Belastung und Geometrie ist die Systematik in der Tragwerkzuordnung übersichtlich und durch ihre prägnanten Begriffe leicht verständlich.

Kritisch für die Verwendung dieser Systematik erscheint die Reihenfolge der verschiedenen Beanspruchungen: Biegung, Normalkraft und deren Summe, die Hybride. Da das Hauptstreben im Konstruktiven Glasbau der Transparenz und Filigranität gewidmet ist, muß eine dementsprechende Tragwerktypologie die Entwicklung und damit auch die Wertung der Tragwerke aufgrund ihrer Masseeinsparung zulassen. Hierbei gilt, daß Biegetragwerke mehr Masse zur Lastabtragung benötigen als normalkraftbelastete Tragwerke. Die hybriden Tragwerke nehmen eine mittlere Position ein, da sie normalkraft- und biegebelastet sind.

Des weiteren erscheint die Differenzierung der „einfachen" Biegetragwerke, eine im konstruktiven Glasbau häufig anzutreffende Tragwerkform, zu gering, da zwischen Balken und Rahmen unterschieden werden sollte. Gleiches gilt für das Fehlen einer separaten Rubrik „Raumfachwerke", die in dieser Systematik unter „gekrümmten Flächentragwerken" verstanden werden.

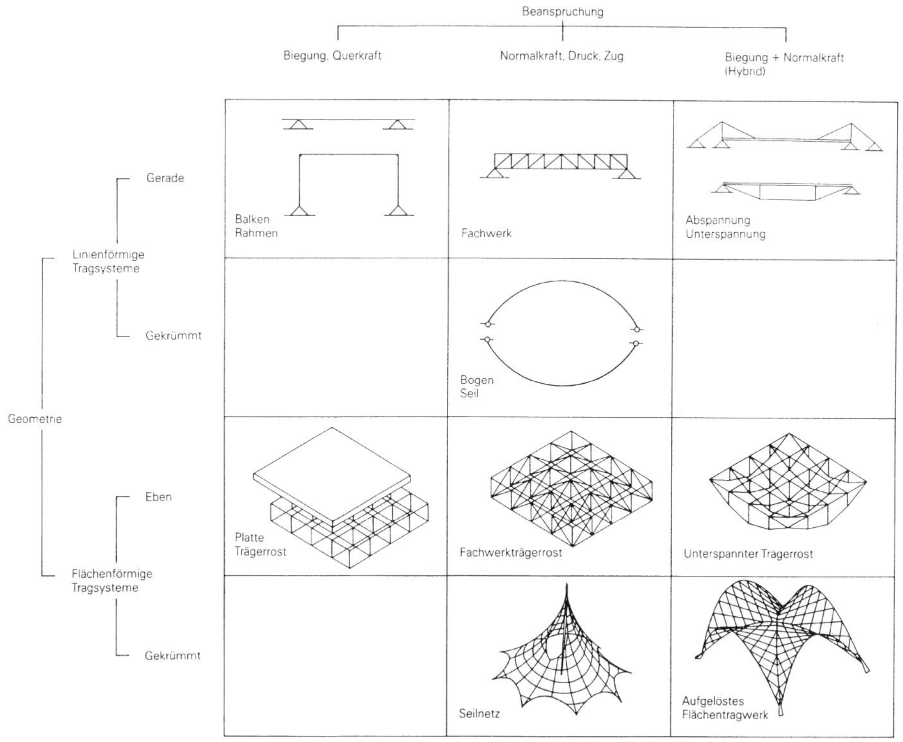

Einen anderen Weg beschreitet die „Klassifizierung der Tragstrukturen" von O. Büttner und E. Hampe. [3.3/3] Hier werden Tragstrukturelemente in biegeweiche und biegesteife Linien- oder Flächenelemente unterteilt. Sie werden im folgenden als gerade/gekrümmt bzw. eben/gekrümmt unterschieden. Durch das Überlagern mit ein, zwei oder drei Dimensionen entstehen die Tragstrukturen.

Für diese Art der Systematisierung sprechen im wesentlichen die umfassende Darstellung aller möglichen Tragwerke sowie die Entwicklung von einfachen Biegetragwerken zu komplexen Raumtragwerken.

Gegen das Prinzip kann man die zum Teil fehlende Übersichtlichkeit, die auf der umfassenden Darstellung beruht, sowie das Fehlen der hybriden Tragwerke anführen. Des weiteren müßten die Bereiche „biegesteif" und „biegeweich" vertauscht werden, um die für den Konstruktiven Glasbau notwendige Wertung in der Tragwerktypologie zu erleichtern.

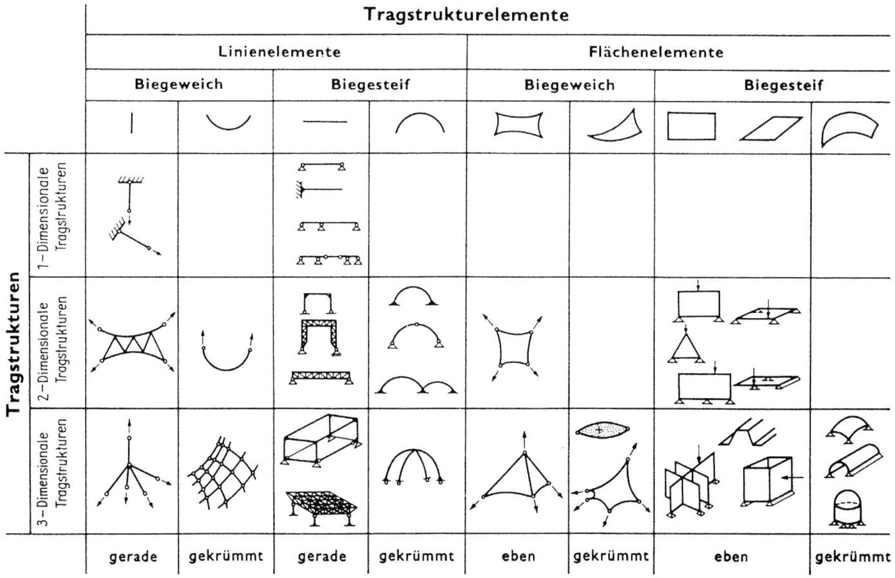

4 Klassifizierung der Tragstrukturen nach Büttner / Hampe

Eine umfassende Darstellung der möglichen Tragwerke mit einer Unterteilung nach Geometrie und Belastung leistet die „Einteilung der Tragwerkelemente“ von W. Führer, S. Ingendaaij und F. Stein. [3.3/4]

Die Geometrie wird in äußere Form und innere Struktur gegliedert, wobei die äußere Form, den Dimensionen entsprechend, in Punkt-, Linien-, Flächen- und Raumtragwerke unterschieden wird. Die Differenzierung der inneren Struktur im Bereich der Geometrie erlaubt die Trennung von echten und „simulierten“ Tragwerkgeometrien. So kann beispielsweise durch die Addition von Stäben, durch Knicken oder Biegen ein „simuliertes Flächentragwerk“ entstehen.

Die Belastung wird in Biegung und Normalkraft unterteilt; hybride Tragwerke befinden sich, nicht getrennt ausgewiesen, als Summen beider Belastungen dazwischen.

Eine separate Spalte gibt die Bezeichnungen von ebenen und räumlichen sowie Stab- und Flächentragwerken an.

Der Vorteil dieses Schemas liegt zum einen in der Möglichkeit, bei genügender Differenzierung alle Tragwerke darstellen zu können, zum anderen aber darin, daß die Entwicklung der Tragwerke von Linien- über Flächen hin zu Raumtragwerken einhergeht mit der Entwicklung der Belastung von biegebeanspruchten über hybride bis zu normalkraftbelasteten Tragwerken. Dies erleichtert die Wertung der zu analysierenden Tragwerke des Konstruktiven Glasbaus, da mit der Komplexität auch die Filigranität gesteigert werden kann.

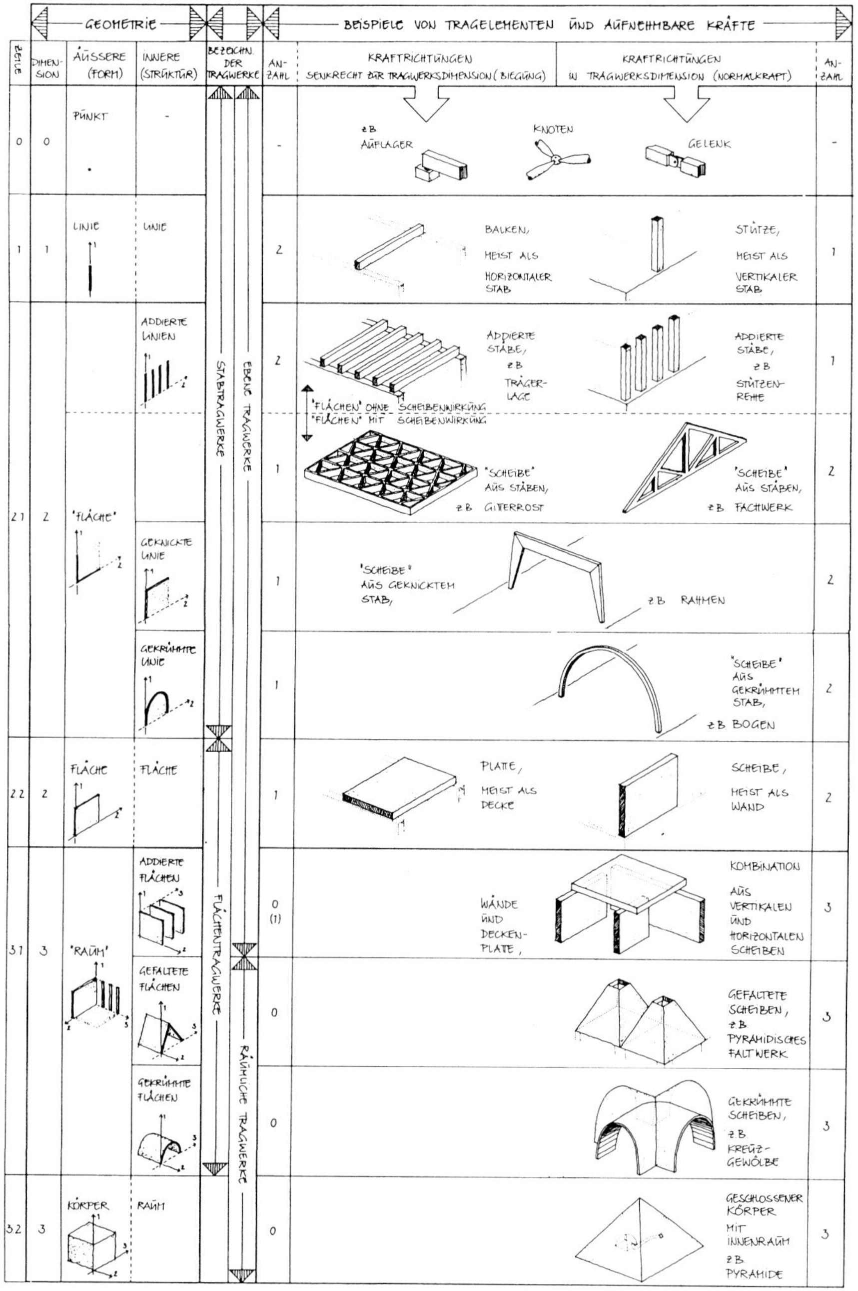

5 Einteilung der Tragelemente nach Führer / Ingendaaij / Stein

Da das Ziel der gesuchten Tragwerktypologie die einfache und übersichtliche Darstellung der für den Konstruktiven Glasbau spezifischen Tragwerke ist, wurde, aufbauend auf der „Einteilung der Tragwerke“ [3.3/3], ein System entwickelt, welches sich in Geometrie und Belastung gliedert.

Die Belastung wird hierbei in Normalkraft, Biegung und Hybride unterteilt. Letzterer Bereich wurde bewußt eingefügt, da auf diese Weise Unterspannungen und Abspannungen, im Konstruktiven Glasbau häufig verwendete Tragwerke, eingefügt werden konnten.

Die geometrische Unterscheidung erfolgt in Stab-, Flächen- und Raumtragwerke. Hierbei entsteht bei Stabtragwerken in nur einer räumlichen Dimension eine große Ausdehnung, die beiden verbleibenden Dimensionen dehnen sich dagegen nur gering aus. Flächentragwerke dehnen sich in zwei Dimensionen aus, Raumtragwerke sind in allen drei Richtungen gleichermaßen ausgeprägt.

Der Bereich der Stabtragwerke wird in gerade, durch Addition von Geraden und durch Knicken oder Krümmen entstehende Systeme gegliedert. Die Flächentragwerke können eben oder gefaltet bzw. gekrümmt auftreten. Als räumliche Tragwerke werden nur Volumenkörper oder räumliche Stützen- oder Seilsysteme bezeichnet. Faltwerke, Kuppeln, Tonnen oder Seilsysteme hingegen simulieren nur ein Raumtragwerk, wobei die dritte Dimension dieser Tragwerkelemente klein bleibt.

Um ein einfaches und konkretes Erfassen zu erleichtern, wurde auf die Differenzierung der „simulierten“ und „echten“ Flächen- oder Raumtragwerke verzichtet. Gleiches gilt für die Punkttragwerke, die, bezogen auf den Konstruktiven Glasbau, als Detail in Kapitel 7.6 separat behandelt werden.

6 (Rechts:) Tragwerktypologie

Belastung	Geometrie					
	Stabtragwerke			Flächentragwerke		Raumtragwerke
	Gerade	Addition von Geraden	Geknickt Gekrümmt	Eben	Gefaltet Gekrümmt	
Biegung	Balken 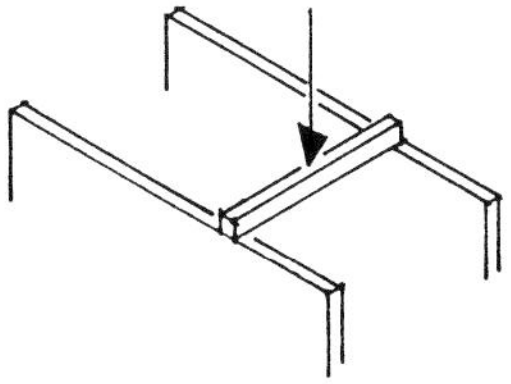	Trägerrost 		Platte 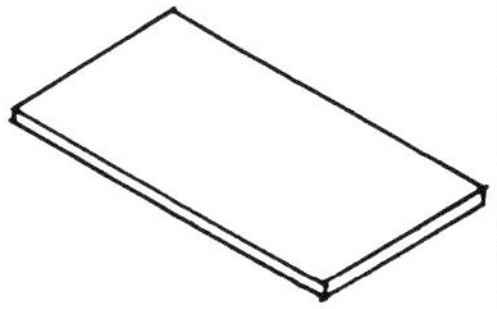		
Hybrid	Stütze 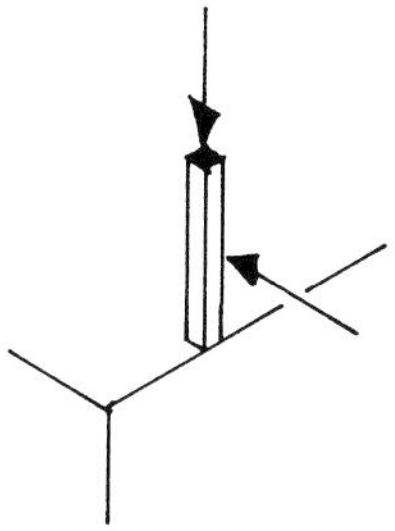	Unterspannung 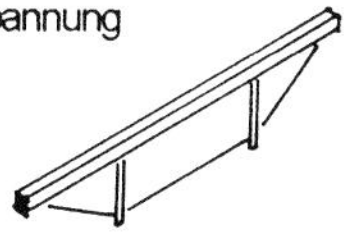 Abspannung 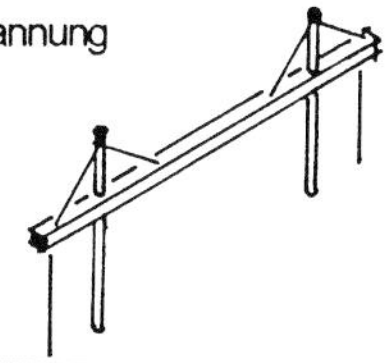	Rahmen 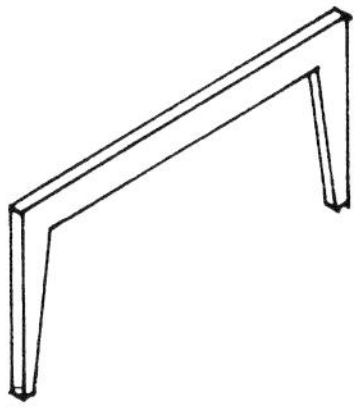	Scheibe 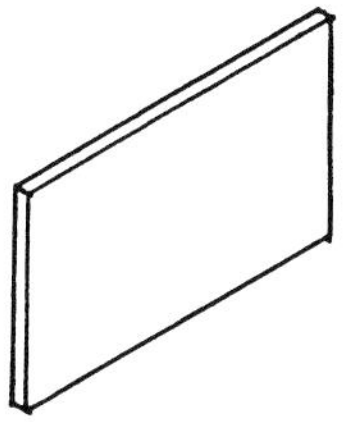		
Normalkraft	Stab, Seil 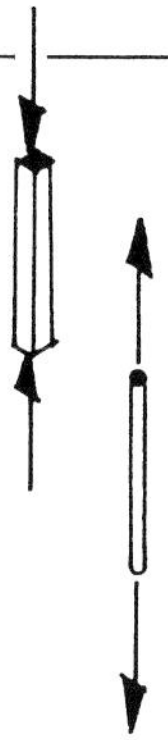	Fachwerk 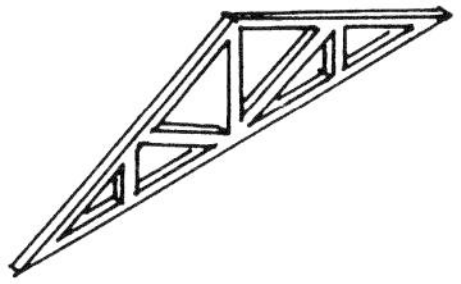	Bogen, Seil 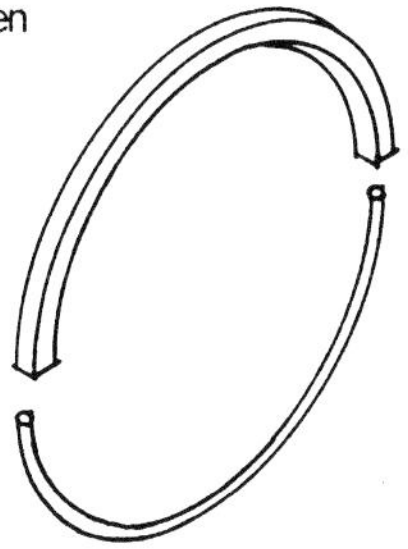	Fachwerkträgerrost 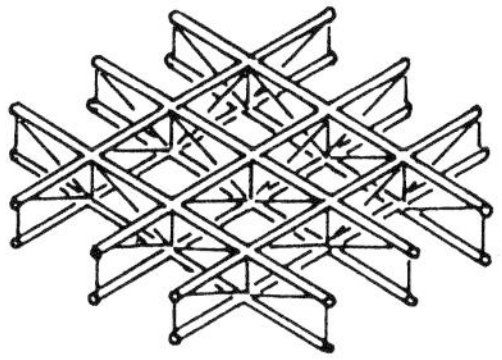	Faltwerk, Tonne / Gitterschale, Kuppel / Gitterschale, Seilnetz 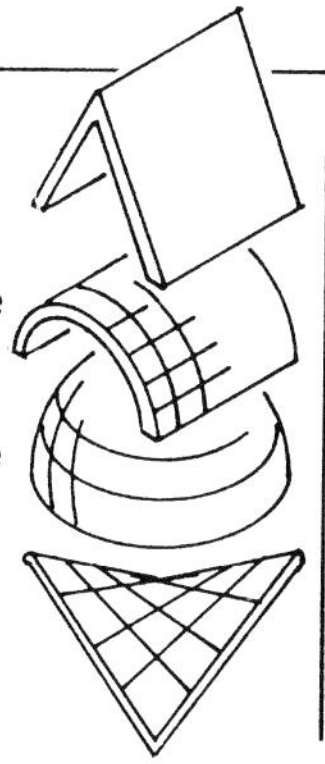	Räumliche Stab- / Seilsysteme 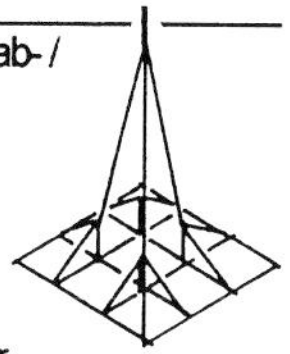 Volumenkörper 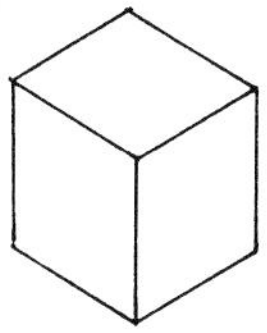

4 Historische Glasbauten

4.1 Anfänge und Hintergründe

4.1 Anfänge und Hintergründe

Geschichtliche Entwicklung

Glas im Bauwesen wurde etwa zu Beginn unserer Zeitrechnung zum ersten Mal verwendet. Die technisch weit fortgeschrittenen Römer waren in der Lage, Gußglas herzustellen, und setzten dieses für mit Holzsprossen geteilte Fenster ein. Solche 2 x 2 m großen Fensteröffnungen fanden sich inder Therme von Pompeji [4.1/1, 4.1/2]. In der Therme der Vorstadt von Herculaneum, durch den Versuv 79 n. Chr. verschüttet, wurden nachweislich sogar Kastenfenster eingesetzt, um eine bessere thermische Isolierung zu erhalten ([4.1/3], siehe auch Abschnitt 7.1). Mit dem Untergang des römischen Reiches ging dieses Wissen verloren, so daß kaum Glasfunde bis zum 10. Jahrhundert erhalten geblieben sind.

Erst seit 1000 n. Chr. wurde Glas, als Baustoff kostbar und teuer, wieder im Bauwesen verwendet, um Klöster- und Kirchenfenster zu schließen: Farblose oder gefärbte Glasstücke wurden in Bleiprofile gefaßt und zu Mosaikfenstern zusammengesetzt. In der Romanik und Frühgotik sind die Fenster jedoch nur in die Wand gebrochene Öffnungen. Das Verhältnis von Wand zu Fenster betrug 1 : 10.

Die in der Hochgotik vollzogene Auflösung der Wand in ein Pfeilerwerk ermöglichte größere Öffnungen oder Fenstergruppen unter einem Rundfenster. Das Verhältnis von Wand zu Fenster betrug nun 10 : 6,5. [4.1/1, 4.1/2]

Als „Glashaus von Aachen" hat der mit 32 m sehr hohe und schlanke Chor (1355 – 1414) des Aachener Domes eine Glasfläche von ca. 1000 m². [4.1/3]

Fensterflächen der gotischen Kirchen erreichen eine Größe von bis zu 5000 m² (Chartres / 1194 – 1220).

Diese Auflösung der Wände in Skelettstrukturen diente vor allem dem besseren Lichteinfall, um durch die farbigen Fenster einen geheimnisvollen irrationalen und vergeistigten Charakter entstehen zu lassen. [4.1/1, 4.1/2] *„In den großen gläsernen Lichtwänden ihrer Kathedralen haben die Menschen des Mittelalters alles Glas und alles Licht versammelt, auf das sie selbst verzichten mußten."* [4.1/2]

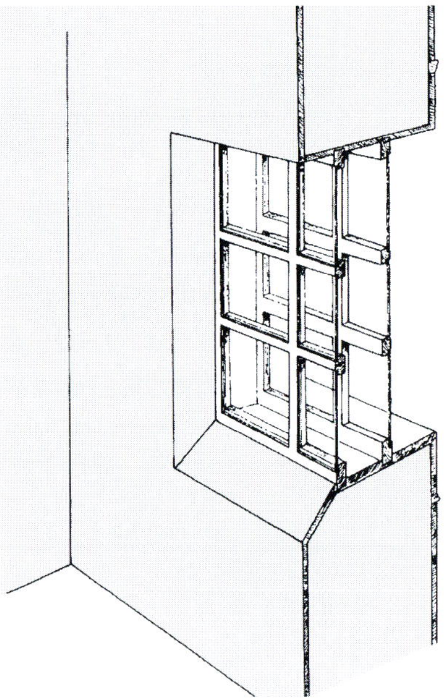

1 Römisches Kastenfenster

2 Aachener Dom
3 Gotische Kathedrale von Amiens (1220 – 1269)

Der verstärkte Einsatz von Glas in weltlichen Bauten begann mit dem Ende des 14. Jahrhunderts. Rat- und Zunfthäuser sowie Bürgerhäuser wurden besonders in Nordwesteuropa zunehmend mit großen Fenstern versehen. [4.1/2]

Da die Nutzung auf mehreren Ebenen stattfand, entwickelten sich die Fenster, anders als bei den Kirchen, zu horizontalen Bändern. Mit dem Erstarken einer breiten Bürgerschicht entstanden im 16. und 17. Jahrhundert Bürgerhäuser, die mit ihren Fensterfronten den Kirchen und Zunfthäusern nacheiferten und die Fassade bis zur konstruktiven Grenze auflösten. [4.1/2, 4.1/6]

Voraussetzungen für Glas-Eisen-Konstruktionen

Die Weiterentwicklung der Herstellungsmethoden von Glas und Eisen im Vorfeld der industriellen Revolution sowie die allgemeine Entwicklung der Industrialisierung und Wissenschaft im 18. und 19. Jahrhundert waren ausschlaggebend für den dann folgenden Entwicklungsschub in der Glas-Eisen-Architektur.

Louis Lucas de Nehuo entwickelte 1688 das Gieß- und Walzverfahren bis zur industriell verwertbaren Reife. Es ermöglichte die billige Herstellung großer Mengen Glases als das bisherige Zylinderblas- und Streckverfahren oder das Mondglasverfahren der Glasmanufakturen. Die Verfahren wurden trotzdem parallel weiter angewendet, bis, bedingt durch die Aufhebung von Schutzzöllen Mitte des 19. Jahrhunderts, die industrielle Produktion die kleinen Manufakturen ablöste [4.1/6, 4.1/7, siehe auch Abschnitt 7.1].

Mitte des 19. Jahrhunderts fielen die Preise erheblich, da die Luxussteuer auf Glas aufgehoben wurde (in Großbritannien 1845). Besteuert wurden Glasdicke und Scheibengröße, weshalb bisher möglichst kleine Scheiben verwendet wurden. [4.1/6]

Die Eisenherstellung entwickelte sich im 18. Jahrhundert bis zur industriellen Produktion. Durch den Einsatz von Steinkohle (Abraham Darby, 1735) zur Verhüttung konnte Gußeisen in großen Mengen günstig hergestellt werden. Das Puddelverfahren (Henry Cort, 1784) ermöglichte die ökonomische Herstellung von Schmiedeeisen. Ab 1820 sanken die Preise für Eisenprodukte erheblich. [4.1/6, 4.1/7]

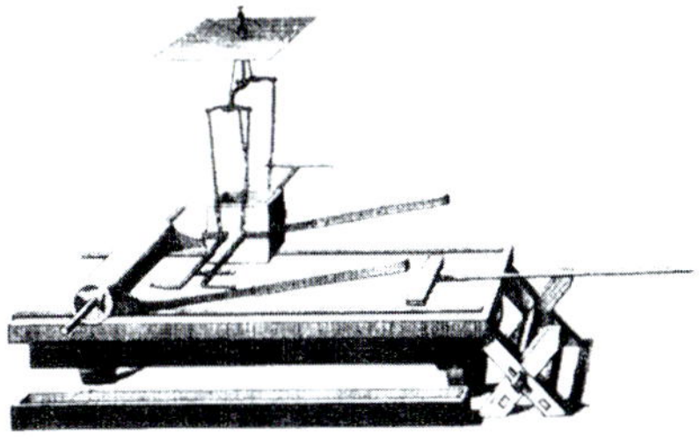

4 Antwerpener Bürgerhäuser des Grand Place, 16. und 17. Jahrhundert
5 Gieß- und Walztisch nach de Nehuo
6 Aufbringen und Walzen der Glasschmelze

7 Einschieben in den Kühlofen
8 Entnahme aus dem Kühlofen

Ein wesentlicher Faktor, der die Entwicklung des Baustoffes Eisen vorantrieb, war die Veränderung des Verkehrswesens durch die Erfindung der Eisenbahn (erste Dampfeisenbahn in Großbritannien 1804), erste öffentliche Eisenbahn 1825). Da die Eisenbahn in ihrer Trassenführung nicht der Landschaft angepaßt werden konnte, mußten Brücken, eine in diesem Umfang neue Ingenieuraufgabe, errichtet werden. Hierfür wurden von 1815 – 1830 umfangreiche Festigkeitsuntersuchungen zum Baustoff Eisen angestellt und im Brückenbau und später auch im übrigen Bauwesen angewendet. [4.1/6, 4.1/7]

Der Vorteil von Gußeisen liegt im Vergleich zum Schmiedeeisen in der günstigeren Herstellung, der Widerstandsfähigkeit gegen Rost und Feuer sowie in der einfachen Reproduzierbarkeit einzelner Formteile, einer guten Voraussetzung für die industrielle Massenproduktion. Nachteilig sind seine Sprödigkeit und mangelnde Zugfestigkeit, die konstruktiv berücksichtigt werden müssen.

Charakteristisch für Gußkonstruktionen sind steife Knotenverbindungen, während schmiedeeiserne Konstruktionen in den Knoten eher gelenkig ausgebildet sind. Schmiedeeisen hat gegenüber Gußeisen eine höhere Zugfestigkeit und geringere Sprödigkeit, konnte jedoch nicht so kostengünstig hergestellt werden. [4.1/6 bis 4.1/8]

Mit der Möglichkeit des Gußeisens, einfache Formteile beliebig oft zu reproduzieren, entwickelte sich eine industrielle Massenproduktion von standardisierten Tragelementen, die nur noch montiert werden mußten. Dieser Prozeß war Mitte des 19. Jahrhunderts so weit entwickelt, daß gesamte Tragwerke oder vollständige Häuser per Katalog bestellt werden konnten. [4.1/6]

Erhöhte Anforderungen an die Bauwerke und der Kosten-Nutzen-Druck des eingesetzten Kapitals erforderten exaktere Berechnungen der Tragwerke. Mit der Gründung der „Ecole Polytechnique" 1794 in Frankreich wurde das Fundament der Ingenieurausbildung gelegt, was Ende des 18. Jahrhunderts zur Trennung von Architekt und Ingenieur führte.

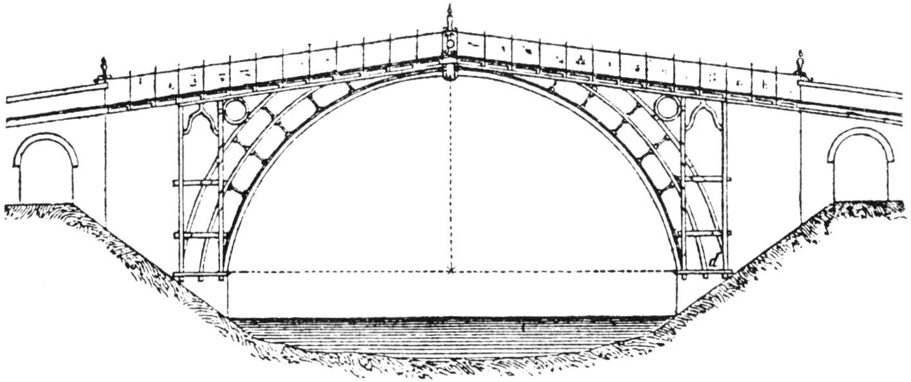

9 Iron Bridge in Coalbrookdale, 1776–1779
Erste gußeiserne Brücke

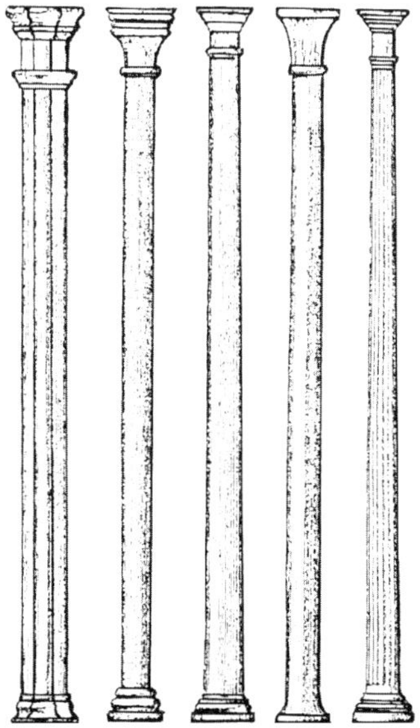

10 Gußeiserne Hohlsäulen aus dem Katalog der Coalbrookdale Company, 1875

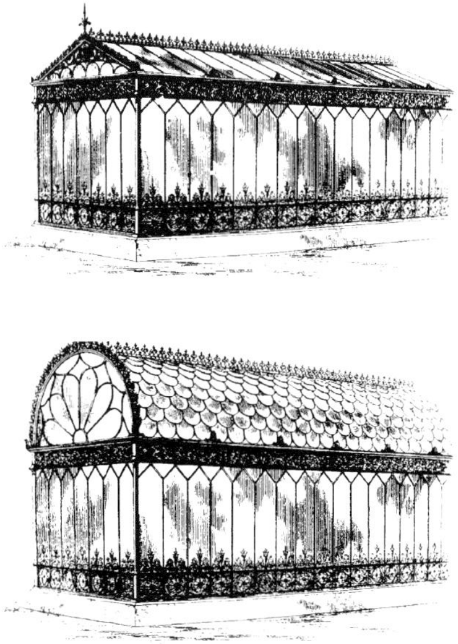

11 Gewächshäuser aus dem Katalog der Firma Walter MacFarlane & Co, 1882

Trotz theoretischer Kenntnisse der Baustatik *„blieben bis Ende des 18. Jahrhunderts in den Kreisen der Architekten und Bauingenieure noch immer die praktischen Erfahrungen die einzige als zuverlässig anerkannte Macht“.* [4.1/6]

Erst Mitte des 19. Jahrhunderts wurde die Baustatik durch die Fachwerktheorie von Karl Culmann (1851), aufbauend auf Untersuchungen von Camille Polonceau und R. Wiegmann (1845), und deren grafische Darstellung durch Culmann und Luigi Cremona zur allgemein angewandten Wissenschaft. Die Möglichkeit, Konstruktionen nach ihrem Kräfteverlauf zu berechnen und zu gestalten, entwickelte sich zur neuen Logik des Konstruierens. [4.1/6, 4.1/9] *„Im 19. Jahrhundert wirkt der Geist der Aufklärung mit seinem technischen Wissensdurst, der vor nichts haltmacht: technischen Neuigkeiten, der Erforschung der Welt und der Lehre der Antike begegnet er mit demselben Entdeckergeist.“* [4.1/10]

In Abhängigkeit von diesen Entwicklungen lassen sich nach G. Kohlmaier und B. von Sartory: „Das Glashaus“ [4.1/6] die Glas-Eisen-Konstruktionen des 19. Jahrhunderts in vier Phasen einteilen:

1800 – 1830: Frühe Phantasien mit konstruktiven Experimenten
1830 – 1850: Industrielle Revolution mit frühen Fachwerken
1850 – 1870: Industrielle Massenproduktion mit großen Glashallen als Triumph der Konstruktion [4.1/6]
1870 – 1900: Kostümfest der Glas-Eisen-Architektur.

Neue Bauaufgaben für Glas-Eisen-Konstruktionen

Die mit der industriellen Entwicklung einhergehenden Veränderungen erzeugten neue Bauaufgaben, bei denen Glas und Eisen eingesetzt wurden: Bahnhöfe für die neuen Eisenbahnen, Industrie-, Markt- und Ausstellungshallen für die sich entwickelnden Industrien und den Handel sowie Gewächshäuser zu wissenschaftlichen und repräsentativ-gesellschaftlichen Zwecken. Diese neuen Bauaufgaben waren zu Beginn des 19. Jahrhunderts noch nicht in Gestalt und Aussehen festgelegt. Da sie als Ingenieurbauwerke angesehen wurden, entstanden Form und Konstruktion aus konstruktiven, funktionalen und wirtschaftlichen Überlegungen. Die planenden und ausführenden Ingenieure waren im Gegensatz zu den Architekten – den Baukünstlern – nicht stilistisch festgelegt.

12 University Museum in Oxford, 1855 – 1860

13 University Museum in Oxford, 1855 – 1860 mit gestalterischer Bearbeitung des Baustoffes Gußeisen durch den Architekten

Soweit Dekoration oder repräsentative Baukörper, beispielsweise die Kopfbauten von Bahnhöfen, erforderlich waren, wurden diese von Architekten übernommen. [4.1/2, 4.1/6, 4.1/7, 4.1/10]

Bahnhofshallen

Die Bahnhofshallen des 19. Jahrhunderts waren innovative Ingenieurbauwerke, weil durch sie die Entwicklung der Ingenieurstatik und die Anwendung der Baustoffe Glas und Eisen vorangetrieben wurden: Für die sich rasch entwickelnden Eisenbahnlinien wurden immer neue Hallen mit immer größeren Spannweiten notwendig. Während in Großbritannien überwiegend Bogenkonstruktionen verwendet wurden, kamen in Frankreich meist Fachwerke zum Einsatz. Glas wurde jedoch nur als Eindeckung verwendet. Große Glasflächen in Bahnhöfen waren weder wegen der Verschmutzung durch den Dampf sinnvoll, noch war eine maximale Lichtausbeute gefordert, die einen großflächigen Einsatz von Glas gerechtfertigt hätte. [4.1/2, 4.1/9, 4.1/11, 4.1/12]

Gewächshäuser

Die sich zur selben Zeit entwickelnden Gewächshäuser hingegen benötigten eine maximale Belichtung, welche am sinnvollsten mit zur Sonne geneigten Scheiben und einem möglichst filigranen Tragwerk gewährleistet werden konnte. Da es sich um Sonderbauten handelte, konnte bei den Gewächshäusern von den sonst üblichen konstruktiven und rechtlichen Anforderungen abgewichen werden. Auch hier waren die Planer meist keine Architekten, sondern Gärtner und Unternehmer, die ihre Planung auf maximalen Nutzen und/oder günstige Herstellung ausrichteten.

Beginnend mit einfachen Schutzbauten für Pflanzen, den „Pomeranzen“ (demontierbare Holzverschläge des 16. Jahrhunderts zum Schutz von Pflanzen im Winter), entwickelten sich Mitte des 17. Jahrhunderts repräsentative Orangerien des Adels, bei denen die Südwand des sonst massiven Baukörpers verglast war.

Es folgten Ende des 17. Jahrhunderts massive Gewächshäuser, ermöglicht durch die verbesserte Glasherstellung und neue Heizungssysteme, mit großen Fensteröffnungen und einem verglasten Dach. Überlegungen zur Belichtung sowie die Notwendigkeit, große, filigrane Konstruktionen kostengünstig herzustellen, führten zu neuen Konstruktionen, bei denen

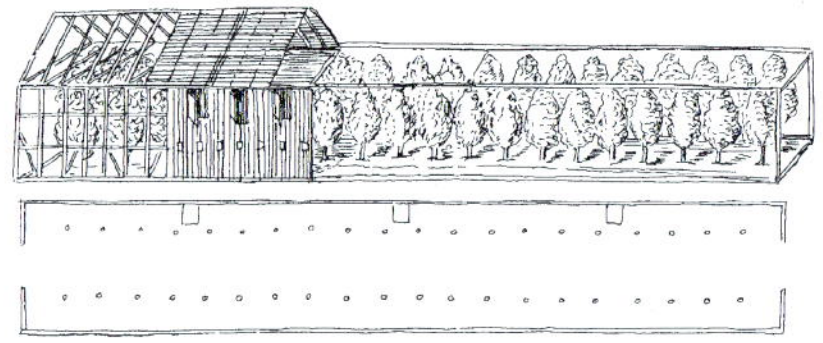

14 Gare d'Austerlitz / Paris, 1859 – 1862
15 Liverpool Street Station / London, 1873 – 1875
16 Hauptbahnhof Frankfurt a. M., 1885 – 1887

17 Pomeranzenhaus des Heidelberger Schloßgartens, 1620
18 Orangerie in Kassel, 1701
19 Royal Botanic Gardens in Edinburgh, 1856 – 1858

Trotz theoretischer Kenntnisse der Baustatik *„blieben bis Ende des 18. Jahrhunderts in den Kreisen der Architekten und Bauingenieure noch immer die praktischen Erfahrungen die einzige als zuverlässig anerkannte Macht".* [4.1/6]

Erst Mitte des 19. Jahrhunderts wurde die Baustatik durch die Fachwerktheorie von Karl Culmann (1851), aufbauend auf Untersuchungen von Camille Polonceau und R. Wiegmann (1845), und deren grafische Darstellung durch Culmann und Luigi Cremona zur allgemein angewandten Wissenschaft. Die Möglichkeit, Konstruktionen nach ihrem Kräfteverlauf zu berechnen und zu gestalten, entwickelte sich zur neuen Logik des Konstruierens. [4.1/6, 4.1/9] *„Im 19. Jahrhundert wirkt der Geist der Aufklärung mit seinem technischen Wissensdurst, der vor nichts haltmacht: technischen Neuigkeiten, der Erforschung der Welt und der Lehre der Antike begegnet er mit demselben Entdeckergeist."* [4.1/10]

In Abhängigkeit von diesen Entwicklungen lassen sich nach G. Kohlmaier und B. von Sartory: „Das Glashaus" [4.1/6] die Glas-Eisen-Konstruktionen des 19. Jahrhunderts in vier Phasen einteilen:

1800 – 1830: Frühe Phantasien mit konstruktiven Experimenten
1830 – 1850: Industrielle Revolution mit frühen Fachwerken
1850 – 1870: Industrielle Massenproduktion mit großen Glashallen als Triumph der Konstruktion [4.1/6]
1870 – 1900: Kostümfest der Glas-Eisen-Architektur.

Neue Bauaufgaben für Glas-Eisen-Konstruktionen

Die mit der industriellen Entwicklung einhergehenden Veränderungen erzeugten neue Bauaufgaben, bei denen Glas und Eisen eingesetzt wurden: Bahnhöfe für die neuen Eisenbahnen, Industrie-, Markt- und Ausstellungshallen für die sich entwickelnden Industrien und den Handel sowie Gewächshäuser zu wissenschaftlichen und repräsentativ-gesellschaftlichen Zwecken. Diese neuen Bauaufgaben waren zu Beginn des 19. Jahrhunderts noch nicht in Gestalt und Aussehen festgelegt. Da sie als Ingenieurbauwerke angesehen wurden, entstanden Form und Konstruktion aus konstruktiven, funktionalen und wirtschaftlichen Überlegungen. Die planenden und ausführenden Ingenieure waren im Gegensatz zu den Architekten – den Baukünstlern – nicht stilistisch festgelegt.

12 University Museum in Oxford, 1855 – 1860

13 University Museum in Oxford, 1855 – 1860 mit gestalterischer Bearbeitung des Baustoffes Gußeisen durch den Architekten

Soweit Dekoration oder repräsentative Baukörper, beispielsweise die Kopfbauten von Bahnhöfen, erforderlich waren, wurden diese von Architekten übernommen. [4.1/2, 4.1/6, 4.1/7, 4.1/10]

Bahnhofshallen

Die Bahnhofshallen des 19. Jahrhunderts waren innovative Ingenieurbauwerke, weil durch sie die Entwicklung der Ingenieurstatik und die Anwendung der Baustoffe Glas und Eisen vorangetrieben wurden: Für die sich rasch entwickelnden Eisenbahnlinien wurden immer neue Hallen mit immer größeren Spannweiten notwendig. Während in Großbritannien überwiegend Bogenkonstruktionen verwendet wurden, kamen in Frankreich meist Fachwerke zum Einsatz. Glas wurde jedoch nur als Eindeckung verwendet. Große Glasflächen in Bahnhöfen waren weder wegen der Verschmutzung durch den Dampf sinnvoll, noch war eine maximale Lichtausbeute gefordert, die einen großflächigen Einsatz von Glas gerechtfertigt hätte. [4.1/2, 4.1/9, 4.1/11, 4.1/12]

Gewächshäuser

Die sich zur selben Zeit entwickelnden Gewächshäuser hingegen benötigten eine maximale Belichtung, welche am sinnvollsten mit zur Sonne geneigten Scheiben und einem möglichst filigranen Tragwerk gewährleistet werden konnte. Da es sich um Sonderbauten handelte, konnte bei den Gewächshäusern von den sonst üblichen konstruktiven und rechtlichen Anforderungen abgewichen werden. Auch hier waren die Planer meist keine Architekten, sondern Gärtner und Unternehmer, die ihre Planung auf maximalen Nutzen und/oder günstige Herstellung ausrichteten.

Beginnend mit einfachen Schutzbauten für Pflanzen, den „Pomeranzen" (demontierbare Holzverschläge des 16. Jahrhunderts zum Schutz von Pflanzen im Winter), entwickelten sich Mitte des 17. Jahrhunderts repräsentative Orangerien des Adels, bei denen die Südwand des sonst massiven Baukörpers verglast war.

Es folgten Ende des 17. Jahrhunderts massive Gewächshäuser, ermöglicht durch die verbesserte Glasherstellung und neue Heizungssysteme, mit großen Fensteröffnungen und einem verglasten Dach. Überlegungen zur Belichtung sowie die Notwendigkeit, große, filigrane Konstruktionen kostengünstig herzustellen, führten zu neuen Konstruktionen, bei denen

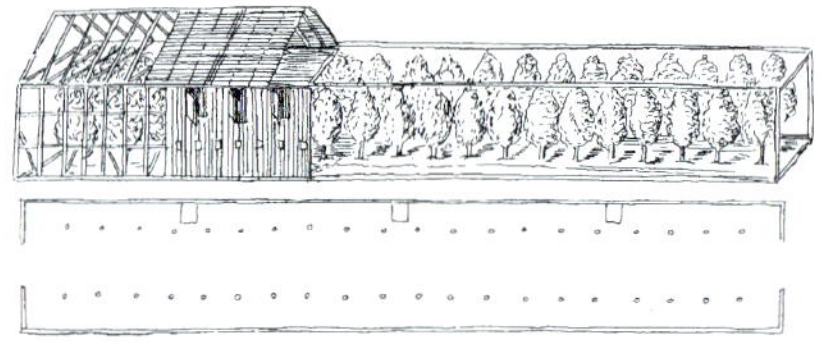

14 Gare d'Austerlitz / Paris,1859 – 1862
15 Liverpool Street Station / London, 1873 – 1875
16 Hauptbahnhof Frankfurt a. M., 1885 – 1887

17 Pomeranzenhaus des Heidelberger Schloßgartens, 1620
18 Orangerie in Kassel, 1701
19 Royal Botanic Gardens in Edinburgh, 1856 – 1858

Glas bewußt statisch wirksam (aussteifend) eingesetzt wurde. Um geringe Verschnitte bei den Glasscheiben zu erreichen, und bedingt durch die sich entwickelnde Vorfabrikation des eisernen Tragwerkes, wurden einfache geometrische Formen (Kreis/Halbkreis/Rechteck) gewählt.

Die zunächst privaten Gewächshäuser der Adeligen entwickelten sich zunehmend zu Wintergärten reicher Bürger des 19. Jahrhunderts und später zu öffentlichen Vergnügungsorten, der „Flora". Als Ort der Zerstreuung wurden sie zu Lunaparks, in denen die Natur zur Schau gestellt wurde. [4.1/6, 4.1/7, 4.1/9/, 4.1/12 bis 4.1/14].

Diese Entwicklung der Gewächshäuser zu repräsentativen, öffentlichen Vergnügungsstätten trug zur Akzeptanz von Glas-Eisen-Konstruktionen für öffentliche Bauwerke, wie Ausstellungsbauten, Passagen, Markthallen und Kaufhäusern, bei.

Ausstellungshallen, Passagen und Markthallen

Die Ausstellungsbauten Ende des 19. Jahrhunderts waren meist reine Eisenkonstruktionen mit enormen Ausmaßen. Da das Ingenieurverständnis (Statik / Vorfabrikation – siehe auch Abschnitt 4.2) in bezug auf Eisenkonstruktionen weit fortgeschritten war, wurde Glas nur noch zur Eindeckung in diesen Konstruktionen verwendet.

Für die Überdachung von Passagen war wegen der geringen Spannweite keine aufwendige Ingenieurkonstruktion notwendig. Es wurde nicht zwischen Haupt- und Nebentragwerk, in die das Glas eingelegt wurde, differenziert, um ein homogenes Erscheinungsbild zu erzeugen. [4.1/14]

Bei Markthallen war eine großflächige Verglasung nicht sinnvoll, da die angebotenen Waren durch das Aufheizen der Halle Schaden nahmen. Entsprechend wurden nur kleine Flächen verglast. [4.1/9]

Die speziellen Anforderungen an Gewächshäuser, wie maximale Belichtung ohne stilistische Festlegung, oder der Zwang, solide für die Ewigkeit zu bauen, sowie fehlende bauphysikalische und baurechtliche Anforderungen waren die Voraussetzung für die besondere Verwendung von Glas. Nur hier war der konstruktive, statisch wirksame Einsatz von Glas möglich, ja sogar notwendig. Das erworbene Wissen konnte aber nur zum Teil an verwandte Bauaufgaben weitergegeben werden, obwohl die Konstrukteure teilweise dieselben waren.

20 Palmenhaus Bicton Gardens in Budleigh Salterton, 1843
21 Royal Botanic Gardens in Kew, 1844 – 1848
22 People's Palace in Glasgow, 1898
23 Kristallpalast zur Weltausstellung in London,1850 – 1851
24 Galeries St. Hubert in Brüssel, 1847
25 Floral Market / Covent Garden in London, 1859

4.2 Glas als Primärtragelement

4.2 Glas als Primärtragelement

„Der Ursprung aller Architektur aus Eisen und Glas im Sinne der Gegenwart ist das Gewächshaus."
(A. G. Meyer, 1907 in [4.2/1])

Nur bei den Gewächshäusern des 19. Jahrhunderts erfolgte aus Überlegungen zur Nutzung und Konstruktion der konstruktive, statisch wirksame Einsatz von Glas. Der Wunsch nach möglichst filigranen und in der Form angepaßten Tragwerken ging einher mit der Notwendigkeit der maximalen Lichtausbeute bei einer möglichst geringen Reflexion (geneigte und gekrümmte Dachformen).

Die Verwendung von Glas als Element des Tragwerkes erfolgte aus Sparsamkeit, einem konstruktiven Gefühl für den Umgang mit Glas und empirischen Erfahrungswerten, aber ohne statische Nachweise. So konnten beispielsweise J. C. Loudons [4.2/1] hemisphärische Glaskuppeln von 1817 erst ab 1870 statisch erfaßt werden.

Loudon und Paxton, Pioniere des Glasbaus

John Claudius Loudon (1783 – 1843) war Gärtner, Herausgeber von Zeitschriften und Theoretiker der Gartenkunst. Trotz des von ihm akzeptierten Pluralismus der Stile leitete Loudon die Formen seiner Gewächshäuser im wesentlichen aus der Nutzung ab. Er war ein Verfechter des neuen Baustoffes Eisen im Gewächshausbau. Auf ihn geht die Entwicklung des ridge-and-furrow-Daches zurück: zwei gegeneinandergeneigte Glasscheiben, die wegen ihrer Neigung die Sonne weniger reflektieren. Er verfolgte diese Idee jedoch nicht weiter, so daß sie erst von J. Paxton patentiert wurde.

Auf seinem Grundstück in Bayswater errichtete Loudon 1817–1818 verschiedene hemisphärische Gewächshäuser, deren Krümmungsradien zur Vermeidung von Reflexion dem Einfallswinkel der Sonne entsprachen. Die tragenden Verglasungsprofile, die „shas bars", hatten Rinnen für den Tauwasserabfluß. Loudon verkaufte dieses Konstruktionsprinzip an die Londoner Firma W. und D. Bailey, die so verschiedene Gewächshäuser, unter anderem Bretton Hall und Bicton Gardens, ausführte. [4.2/1, 4.2/2]

Sir Joseph Paxton (1801 – 1865) wurde nach einer Gärtnerlehre Obergärtner beim Herzog von Devonshire in Chatsworth und später auch dessen Vermögensverwalter. Er war neben seiner Gärtnertätigkeit (erste Viktoria-regia-Blüte in Großbritannien) Herausgeber von Zeitschriften, Planer und Unter-

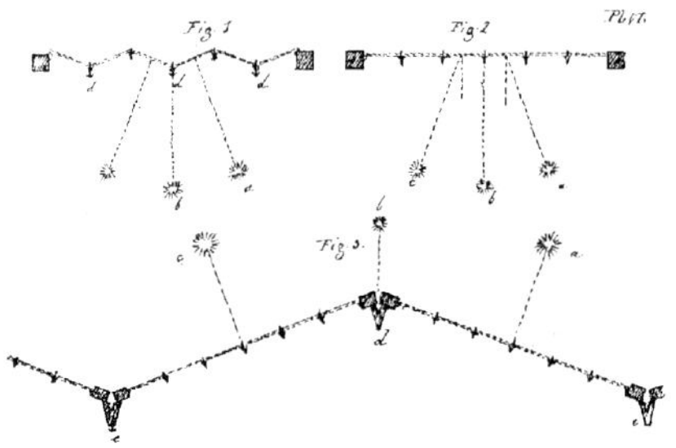

1 Loudons Überlegungen zum Sonneneinfall bei dem ridge-and-furrow-Dach

2 Somerleyton Hall in Suffolk, 1850, erhaltenes ridge-and-furrow-Dach nach Paxton

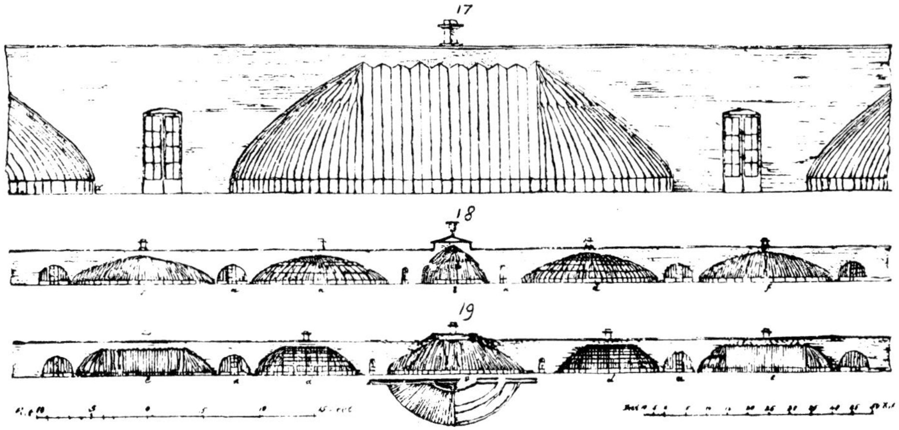

3 Vorschläge zu Gewächshausformen von Loudon

nehmer (Spekulationen im Wohnungsbau, mit Eisenbahnen und Vergnügungsparks). Ab 1828 baute Paxton in Chatsworth Gewächshäuser. Im großen Gewächshaus (1836 – 1840) verwendete er das ridge-and-furrow-Dach, das er sich später patentieren ließ. Es folgten die Orangerie und das Viktoria-regia-Haus.

Mit dem Kristallpalast erreichte Paxton 1850 den Höhepunkt seiner Karriere. Es folgte die Umnutzung des Kristallpalastes und sein visionärer Entwurf „Great Victorian Way", ein verglaster Boulevard rund um Londons Innenstadt, der die Bahnhöfe miteinander verbinden sollte. [4.1/1 bis 4.1/3]

Glas als primäres Tragelement

Bei den hier vorgestellten Tragwerken wird Glas zur Aussteifung, zur Abtragung des Eigengewichtes und zur Aufnahme äußerer Lasten eingesetzt. Aussteifend wirkt Glas bei Konstruktionen ohne genügende Queraussteifung. Bei den gegeneinandergeneigten Scheiben des ridge-and-furrow-Daches muß es sich selbst tragen, wohingegen es bei den Schalenkonstruktionen planmäßig Drucklasten aus dem System übernimmt.

Um Glas als Tragelement zu verwenden, muß eine kraftschlüssige Verbindung zwischen Glas und Eisen hergestellt werden, die auch für die notwendige Dichtigkeit sorgt. Bei den Gewächshäusern des 19. Jahrhunderts erfolgte dies durch Kittlager. Da Kitt zähelastisch ist, vermag er leichte Verformungen aufzunehmen, ohne die Kräfte auf das Glas zu groß werden zu lassen.

Einfache Balken- und Stützentragwerke

Die gegeneinandergeneigten Glasscheiben des ridge-and-furrow-Daches der kleineren Gewächshäuser in Chatsworth stützen sich gegenseitig. Eigengewicht und Belastungen aus Schnee und Wind werden in die Scheiben eingeleitet. Dazwischen befindet sich ein Holzprofil, das an den Giebelenden nicht abgestützt werden muß. Ein erstes Greenhouse (1833) und die etwa 100 m lange Orangerie (1848), beides einfache Konstruktionen aus Holzstützen und Riegeln, die sich an eine Stützmauer anlehnen, wurden so mit geneigten Glasdächern versehen. Bei dem Viktoria-regia-Haus (1849 – 1850) gelang es Paxton erstmalig, das ridge-and-furrow-Dach eben anzuwenden. Auf gußeisernen Stützen ruhten unterspannte, schmiedeeiserne Träger. Auf ihnen lagen die Querträger, die als „Paxton Gutter" den Fußpunkt des ridge-and-furrow-Daches darstell-

4 Greenhouse in Chatsworth, 1833

5 Innenraum des Viktoria-regia-Hauses in Chatsworth / 1849 – 1850
6 Viktoria-regia-Haus Chatsworth, 1849 – 1850
7 Orangerie Chatsworth, 1848

ten. Dieses überspannte jeweils 1,80 m. Die Größe des gesamten Baus betrug 16,30 x 18,75 m bei einer Höhe von 5,50 m.

Bogen / Tonnengewölbe

Auch bei dem Großen Gewächshaus (1836 – 1840) in Chatsworth wurde das ridge-and-furrow-Dach von Paxton benutzt. Ein mit Bögen überspanntes Hauptschiff wurde von zwei Seitenschiffen flankiert. Der Bau hatte bei 84,50 m Länge und 37,50 m Breite eine Höhe von 20,50 m und damit eine Größe, die den Bahnhofshallen der Zeit durchaus entsprach.

Das Bogentragwerk wurde aus vernagelten Holzlamellen hergestellt und unterspannt. Die als Rinnenbalken ausgebildeten Bögen ruhten auf Gußstützen und überspannten ca. 10 m. Jeweils zwei Einheiten des ridge-and-furrow-Daches überdeckten den Achsabstand von 4,22 m. Das Produktionsmaß der Glasscheiben von 4 Fuß legte diesen Abstand fest. Auch bei diesem Bau mußte sich das Glas gegenseitig stützen und Eigengewicht sowie Belastungen aus Schnee und Wind abtragen. [4.2/1, 4.2/2, 4.2/6, 4.2/8]

Das Palmenhaus der Royal Botanic Gardens in Kew bei London (1844 – 1848) von Richard Turner und Decimus Burton hat eine Grundfläche von 110,50 x 30,50 m und eine Höhe von 19,50 m. Das Bogentragwerk überspannt an den Endbauten ca. 15 m. Der Mittelbau besitzt zwei Seitenschiffe und ein Hauptschiff, das auf gußeisernen Stützen ruht. Die Bogenrippen bestehen aus schmiedeeisernen I-Profilen und haben einen Achsabstand von 3,81 m. Dieser Abstand wird durch Rundrohre zwischen den Bögen erzeugt, in denen sich ein Spannanker befindet, der das gesamte Bauwerk zusammenhält.

Burton, früher Mitarbeiter von Paxton in Chatsworth, Turner, Firmeninhaber der Hammersmith-Werke in Dublin, die alle Eisenteile für das Bauwerk herstellten, konstruierten gemeinsam das Gewächshaus auf dem Grundmaß der gebogenen Glasscheiben: 24,13 x 97,20 cm. Das 15fache Maß ergibt das Achsmaß des Bogentragwerkes. Als konsequente Nutzung von Eisen und Glas wurde versucht, das Tragwerk möglichst weit in die Glasebene zu verlegen. Hier zeigt sich keine Unterscheidung in Haupt- und Nebentragwerk.

Da in den Seitenschiffen keine Queraussteifung angeordnet wurde, die

8 Großes Gewächshaus in Chatsworth, 1836 – 1840
9 Innenraum des Großen Gewächshauses in Chatsworth, 1836 – 1840
10 Royal Botanic Gardens in Kew, 1844 – 1848

11 Royal Botanic Gardens in Kew, 1844 – 1848

Spannanker aber die stabilisierenden Endbögen nicht in deren Knotenpunkt fixieren, muß davon ausgegangen werden, daß die Glasscheiben zur Gesamtaussteifung herangezogen werden. Die Aussteifung der einzelnen Verglasungssprossen bis zum jeweiligen Bogentragwerk kann nur durch die Scheiben erfolgen, da keine Quersprossen vorhanden sind. [4.2/1, 4.2/2, 4.2/6, 4.2/8]

In ähnlicher Art sind verschiedene weitere Gewächshäuser konstruiert. Der statische Einsatz von Glas ist jedoch nur schwer nachzuvollziehen. Mit Sicherheit kann aber davon ausgegangen werden, daß die Scheiben die Konstruktion aussteifen, da die Verglasungssprossen ohne sie aufgrund der fehlenden Quersprossen seitlich umfallen würden. Beispielhaft seien nur die Gewächshäuser des Jardin des Plantes in Paris und das Tempert Palm House der Royal Botanic Gardens in Edinburgh erwähnt.

Auch bei den Seitenschiffen des Jardin des Plantes in Paris (1833) von Charles Rohault de Fleury wurde versucht, die Konstruktion möglichst in die Glasebene zu verschieben. Unterstützt wurde diese von Bogenrippen im Abstand von 4 m. Die Seitenschiffe sind nicht mehr im Original erhalten. [4.2/1, 4.2/8]

Das Dach des sonst massiven Tempert Palm House der Royal Botanic Gardens in Edinburgh (Robert Matheson, 1856 – 1858) besteht aus gebogenen I-Profilen, die auf gußeisernen Stützen ruhen. Der Achsabstand beträgt 4,20 m. Die Glasfläche wird durch gebogene Verglasungssprossen im Abstand von 40 cm und 39,50 x 65,00 cm große Glasscheiben geschlossen. [4.2/1]

Kuppeln / Schalen

Die von Loudon entwickelten Glaskuppeln bestehen aus schmiedeeisernen Verglasungssprossen, sogenannten „shas bars“, die, zu Viertel- oder Halbkugeln geformt, hemisphärische Glasflächen erzeugen. Die Annäherung an die Parabelform entspricht zum einen Loudons Vorstellung eines reflexarmen Gewächshauses, zum anderen folgt sie dem Kraftfluß und ermöglicht so, das gesamte Tragwerk in die Scheibenebene zu verlegen. Loudons Glaskuppeln wurden ohne Quersprossen ausgeführt, woraus folgt, daß die Glasscheiben neben der Aussteifung der Sprossen die in Kuppeln auftretenden horizontalen Druckkräfte aufnehmen müssen. Das Glas wurde also bewußt als Teil des Tragwerkes behandelt und mit Systemlasten belastet.

12 Royal Botanic Gardens in Kew, 1844 – 1848
13 Jardin des Plantes in Paris, 1833
14 Jardin des Plantes in Paris, derzeitiger Zustand

15 Tempert Palm House in Edinburgh, 1856 – 1858
16 Detail der Dachkonstruktion des Tempert Palm House in Edinburgh

Zuerst experimentierte Loudon 1817 bis 1818 in Bayswater zusammen mit der Firma D. und E. Bailey an verschiedenen kurvenlinearen Kuppel- und Tonnenformen. Es folgten verschiedene Gewächshäuser in dieser Art, unter anderem ein Palmen- und Kamelienhaus für die Gärtnerei Loddiges in Hackney (1820) sowie das erhalten gebliebene Greenhouse in Ramsgate (1822).

1827 konstruierte Loudon in Bretton Hall ein rundes Palmenhaus mit einem Durchmesser von 30,50 m und einer Höhe von 18,30 m. Auf einem inneren Kranz von Gußstützen lagen die 5,10 cm x 1,25 cm großen, schmiedeeisernen, gebogenen Verglasungssprossen auf. Ihr Abstand betrug ca. 20 cm. Zugringe waren nicht vorgesehen. Loudon wies darauf hin, daß das Glas bewußt zur Tragfähigkeit der Kuppel herangezogen wurde. Ein Text von 1853 zeigt, wie weich die Konstruktion ohne Glas war: *„Als das Eisenwerk aufgestellt war, aber noch nicht verglast war, konnte ein leichter Wind das Ganze von unten bis oben in Bewegung bringen; dies erzeugte so viel Aufregung auf seiten der Auftraggeber, daß die Bauunternehmer, die Herren W. und D. Bailey aus Holborn, London, versprechen mußten, es für eine gewisse Anzahl von Jahren instand zu halten. Sobald das Glas eingesetzt war, erwies es sich als vollkommen solide und fest ...“* (Loudon, 1853 in [4.2/2]

1831 schlug Loudon für den botanischen Garten in Birmingham zwei auf diesen Prinzipien aufbauende Gewächshäuser vor: einen gläsernen Ring und eine gläserne Kuppel. [4.2/1, 4.2/2, 4.2/6, 4.2/8]

Auf Loudon zurückgehend und wahrscheinlich durch die ihn vertretende Firma D. und E. Bailey, wurde das Palmenhaus Bicton Gardens in Budleigh Salterton (ca. 1843) errichtet. Der 21,50 x 10,00 m große Bau besteht als Anlehngewächshaus aus einem Hauptgewölbe (4,50 m Radius) und zwei Seitengewölben, die durch schmiedeeiserne I-Profile gebildet werden. Der Abstand der durch vier horizontale Zugglieder zusammengehaltenen 40 Sprossen beträgt 12 – 20 cm. Ein umlaufender schmiedeeiserner Träger wird von 2,40 m hohen Gußstützen getragen und unterstützt die Sprossen. Die Eindeckung erfolgt mit überschuppten Glasscheiben.

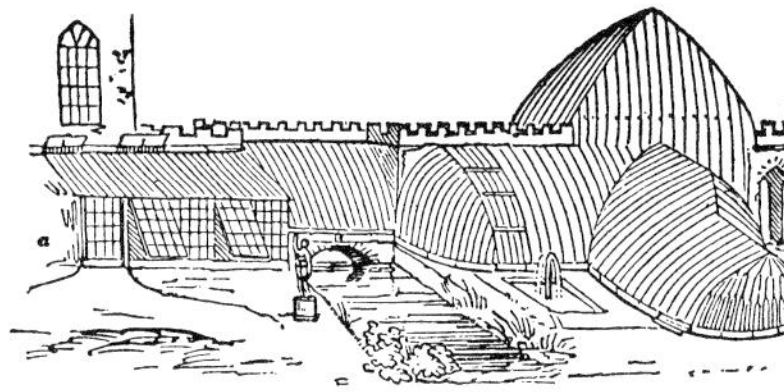

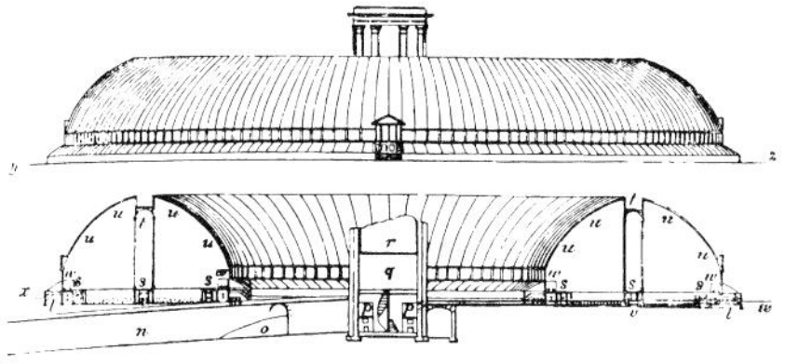

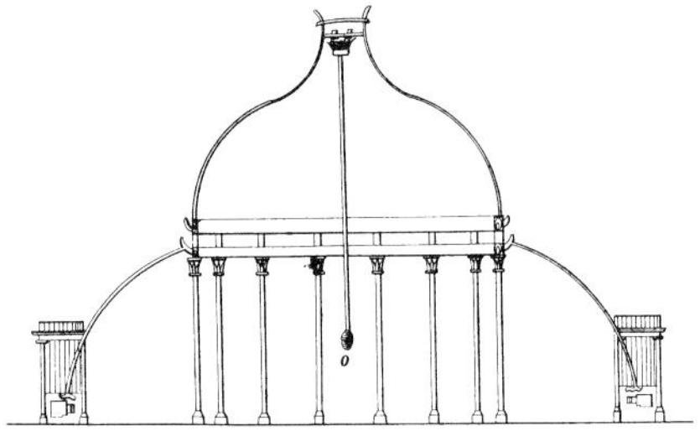

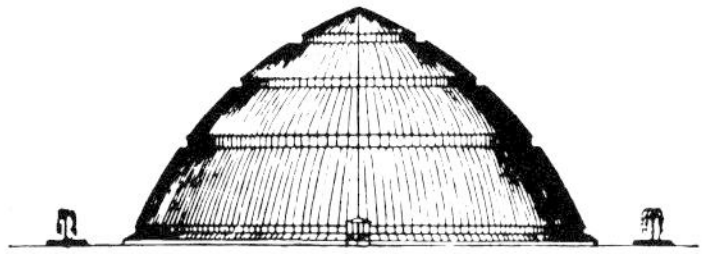

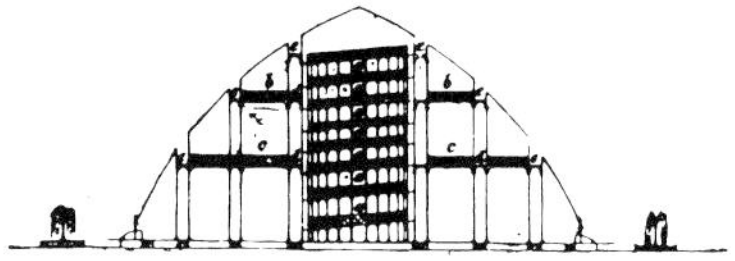

17 Experimentelle Gewächshäuser in Bayswater, 1817 – 1818
18 Palmenhaus in Bretton Hall, 1820
19 Greenhouse in Ramsgate, 1822

20 Loudons Vorschläge für den botanischen Garten in Birmingham, 1831
21 Palmenhaus Bicton Gardens in Budleigh Salterton, ca. 1843

Da keine Quersprossen vorhanden sind, müssen die Glasscheiben die in der Kuppel auftretenden horizontalen Druckkräfte übernehmen. Die vertikalen Druckkräfte werden über die Verglasungssprossen abgetragen, die horizontalen Zugkräfte durch die Zugglieder. Es handelt sich also um eine Glas-Eisen-Verbundbauweise, bei der Glas planmäßig Systemlasten aufnimmt. [4.2/1, 4.2/2]

Auch John Kibbels „Kibbel Palace" (1872) in Glasgow ist eine Kuppel, die nach dem Loudonschen Prinzip konstruiert wurde. Der Durchmesser der zentralen Kuppel beträgt 44,50 m, die Höhe 11 m. Die innere Glaskuppel ruht auf zwei Ringen mit 36 Gußsäulen und besteht aus schmiedeeisernen Glassprossen (4 x 70 mm) und einer maximal 30 cm breiten Glaseindeckung.

Da keine Queraussteifung existiert, scheint es wahrscheinlich, daß das Glas deren Aufgabe übernimmt. Außerdem zeigt die innere Glaskuppel durch ihre Rotationsverformung, daß sie sich nach dem Ausrüsten soweit verdreht hat, bis die Glasscheiben die Sprossen stabilisieren. [4.2/1, 4.2/2]

Skelettbau

Der Kristallpalast von London (1850 bis 1851) gilt als Höhepunkt des industriellen Skelettbaus. Aufbauend auf seinen Erfahrungen mit einfachen, skelettartigen Gewächshäusern in Chatsworth entwarf Paxton den Kristallpalast für die erste Weltausstellung. In Zusammenarbeit mit den Herstellern (Eisen: Fox und Henderson, Glas: R. L. Chance) entwickelte er ein einfaches, additives System, das in kürzester Zeit (von Auftragsvergabe bis Fertigstellung: sechs Monate) kostengünstig montiert werden konnte. Dies war ausschlaggebend für die Realisierung des wegen seiner Schlichtheit nicht unumstrittenen Entwurfes, der erst nach dem offiziellen Wettbewerbsverfahren eingereicht wurde.

Aufbauend auf dem Maß der Glasscheiben (4 Fuß / 1,22 m) besaß das Grundmodul eine Länge von 24 Fuß / 7,32 m. Auf Gußstützen im Modulraster lagen in beiden Richtungen vorgefertigte, gußeiserne Fachwerkträger (24 oder 48 Fuß), auf denen wiederum unterspannte Träger für die Etagenböden oder die Verglasung auflagen. Die Rundbogenbinder (72 Fuß) des Transeptes wurden wie bei dem großen Gewächshaus in Chatsworth aus Holzlamellen hergestellt. Der gesamte Bau war 564 m lang, 125 m breit und hatte eine Höhe von 20 m.

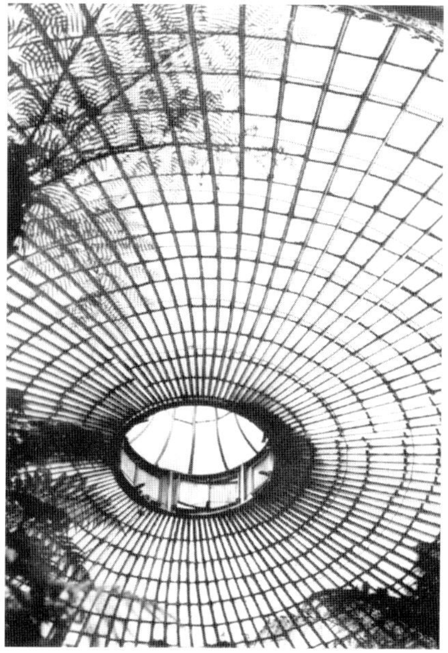

22 Palmenhaus Bicton Gardens in Budleigh Salterton, ca. 1843
23 Innenraum des Palmenhauses Bicton Gardens
24 Glasgewölbe der Hauptkuppel Palmenhaus Bicton Gardens

25 Kibbel Palace in Glasgow, 1872
26 Zentrale Hauptkuppel des Kibbel Palace
27 Kopfpunkt Gußstütze des Kibbel Palace

Die Verglasung von 83000 m² erfolgte mit gegeneinandergelehnten Glasscheiben, dem ridge-and-furrow-Dach. Es lag auf dem hölzernen Obergurt der unterspannten Träger auf, der als Rinnenbalken (Paxton-Gutter) ausgebildet war, und überspannte 2,33 m. Wie schon bei den Gewächshäusern in Chatsworth mußte auch hier das Glas Eigengewicht sowie Belastungen aus Schnee und Wind abtragen.

Nach der Weltausstellung kaufte Paxton den Bau, um ihn im Süden von London in einen Vergnügungspark umzuwandeln. [4.2/1, 4.2/8]

Obwohl oder gerade weil der Kristallpalast durch Dimension und Raumgefühl beeindruckt, stellt er einen Wendepunkt in der Glas-Eisen-Architektur dar. Einerseits setzte sich mit dem Kristallpalast die Glas-Eisen-Architektur für repräsentative Bauaufgaben durch. Ohne ihn wären die folgenden großen Hallen, Passagen etc. nicht vorstellbar gewesen.

Andererseits führte die endgültig unter Beweis gestellte Leistungsfähigkeit der Vorfabrikation von Bauelementen sowie das ingenieurhafte Vorgehen bei der Lösung von Bauaufgaben dazu, daß Glas nur noch als Eindeckung ohne konstruktive Aufgaben eingesetzt wurde. Die Umsetzung der im Gewächshausbau gemachten Erfahrungen mit Glas als konstruktiven, statisch wirksamen Baustoff konnten trotz ähnlicher Anforderungen an die Lichtverhältnisse nicht weiter umgesetzt werden.

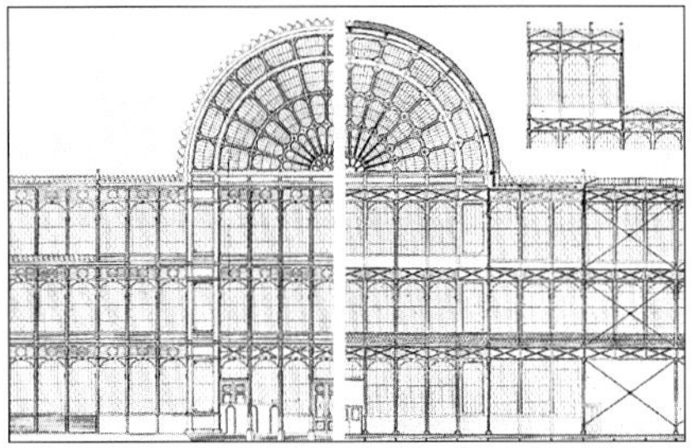

28 Kristallpalast in London, 1850 – 1851
Innenraum
29 Fassade und Schnitt
Quertonne des Kristallpalastes

30 Große Quertonne des Kristallpalastes
31 Konstruktionssystem Kristallpalast

4.3 Glas als Sekundärtragelement

4.3 Glas als Sekundärtragelement

Dem Londoner Kristallpalast als Wendepunkt in der Glas-Eisen-Architektur folgten weitere Beispiele in München (A. Voit und L. Werder, 1853 – 1854) und New York (G. Carstensen, C. Gildemeister und J. Bogardus, 1853). Glas wurde bei diesen und den folgenden hier vorgestellten Bauwerken als Raumabschluß und Eindeckung verwendet, jedoch nicht mehr konstruktiv oder statisch wirksam.

Fachwerke

Aus empirisch ermittelten Holzfachwerken entwickelte sich in Frankreich der Polonceau-Träger, der im Gare d'Austerlitz (L. Reynaud, 1859 – 1862) Anwendung fand. Die 51 m überspannenden Binder haben einen Achsabstand von 10 m; die Höhe beträgt 28 m. Auch die verglaste Stirnseite wird durch ein Fachwerk gehalten. [4.3/2]

Unabhängig davon entstanden parallelgurtige Fachwerkbinder aus einer Entwicklungsreihe von vollwandigen Gußträgern über profilierte Gußträger zu Gitterbrücken mit Eisenstäben. Ein Anwendungsbeispiel sind die sichelförmigen Fachwerkbinder der Lime Street Station III in Liverpool (W. Baker und F. Stevenson, 1867 – 1879), die 61 m überspannen. Wie bei den Polonceau-Trägern wurde auch hier der druckbelastete Obergurt aus profilierten Stäben zusammengesetzt, während der Untergurt aus schmiedeeisernen Zugbändern besteht. [4.3/2]

Bogen / Tonnengewölbe

Die Bahnhofshalle der St. Pancras Station in London (W. H. Barlow und R. M. Ordish, 1863 – 1865) wird mit 73 m breiten Zweigelenkbögen überspannt. Dieser Rekord wurde durch die Dreigelenkbögen der Galerie des Machines für die Weltausstellung in Paris (C. Dutert und V. Contamin, 1887 – 1889) mit 115 m überboten. Mit einer Grundfläche von 115 x 420 m und einer Höhe von 45 m beeindruckte die Maschinenhalle durch ihre Größe und konstruktive Konsequenz. Als typische Ingenieurkonstruktion verkörpert dieser Bau die Aufhebung der Massivität, da entgegen der sonst üblichen Massivbauwerke die Konstruktion an ihren Fußpunkten schmal zu Gelenken zusammen geführt wurde. [4.3/3, 4.3/4]

1 Kristallpalast / München, 1853 – 1854
2 Kristallpalast / New York, 1853

3 Gare d'Austerlitz / Paris, 1859 – 1862
4 Lime Street Station III / Liverpool, 1867 – 1879
5 St. Pancras Station / London, 1863 – 1865

Die verglasten Tonnen des Moskauer Kaufhauses GUM (V. G. Suchov und A. N. Pomerancev, 1889–1893) werden durch verschraubte T-Profile gebildet. Die Stabilisierung der Profile gegen einseitige Belastung erfolgt durch Zugglieder aus Rundstählen, die als „Schrägzüge“ in die Bögen eingefügt sind. [4.3/5]

Kuppeln

Die als Rippenkuppel ausgebildete Kuppel der Galleria Vittorio Emanuele II in Mailand (G. Mengoni, 1865 – 1867) hat einen Durchmesser von 39 m und eine Höhe von 52 m. Die 16 doppelten Bogenrippen sind in einem oberen Ring zusammengefaßt, auf dem auch die Laterne ruht. [4.3/6, 4.3/7]

In ähnlicher Weise ist die Kuppel der Bourse de Commerce in Paris konstruiert. Die ehemalige Mehl- und Getreidehalle wurde 1783 mit einer 38,86 m überspannenden Kuppel aus Holz geschlossen. 1811 wurde diese durch eine gußeiserne Konstruktion aus 51 Bogenrippen ersetzt. Die heute erhaltene Kuppel wurde 1888 –1889 im Zuge des Umbaus zur Bourse de Commerce (H. Blondel) aufgesetzt und besteht aus 51 Bogenrippen und 14 Ringen. Die Bogenrippen treffen sich in einem Ring, auf dem auch die Laterne sitzt. Nur der obere Teil der Kuppel ist verglast. [4.3/6]

6 Galerie des Machines / Paris, 1887 – 1889
7 Kaufhaus GUM in Moskau /1889 – 1893
8 Detail Glastonne Kaufhaus GUM in Moskau

Auflösung der Wand – Curtain Wall

Mit der Trennung von tragenden und raumabschließenden Bauteilen bot der Skelettbau die Möglichkeit, die bisher massive Wand aufzulösen. Es ergibt sich die folgende Entwicklungsreihe, die zur Klassischen Moderne führte: Bei dem Warenhaus Tietz in Berlin (Sehring und Lachenmann, 1898) sind die tragenden Stützen aus der Fassade genommen und ins Innere zurückgesetzt worden, um ein großes Schaufenster von 26 m Länge und 17 m Höhe zu erhalten. [4.3/8]

Die weitere Auflösung der Wand zeigt die AEG-Turbinenhalle in Berlin (Peter Behrens,1908 – 1909). Die Forderung nach maximaler Tagesbelichtung und die bewußte Anwendung des „Prinzips der Sachlichkeit“ führte zu einer großflächigen Pfosten-Riegel-Konstruktion. [4.3/3, 4.3/9]

9 Galleria Vittorio Emanuele II / Mailand, 1865 – 1867

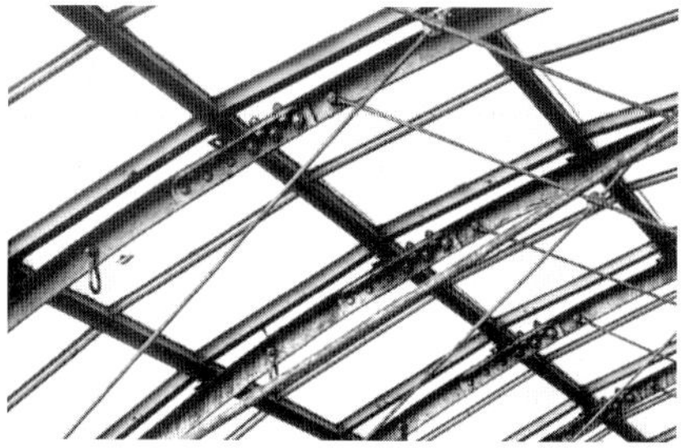

Mit den Fagus-Werken in Alfeld, Leine (1911 – 1916) gelang W. Gropius mit A. Feyer die Auflösung der Ecke. Das massive Tragwerk liegt zurück; Wand und Ecke sind mit einer leichten verglasten Stahlkonstruktion geschlossen. [4.3/3, 4.3/10]

Die Auflösung der Wand zur gläsernen Vorhangfassade wurde von W. Gropius bei den Werkstätten des Bauhauses Dessau (1925 – 1926) vollzogen: Tragwerk und Geschosse springen hinter die durchlaufende Fassade aus Stahlprofilen zurück. [4.3/3, 4.3/9]

Ähnlich ist die Fassade der Tabakfabrik van Nelle in Rotterdam (A. Brinkmann und L. C. van der Vlugt, 1928 – 1930) konzipiert, wobei die horizontalen Brüstungsbänder mit „Torflinolium“ geschlossen wurden. [4.3/3, 4.3/9]

Als erstes Gebäude mit einer Vorhangfassade gilt jedoch das Hallidie Building in San Francisco (W. J. Polk) aus dem Jahre 1918.

Mitte dieses Jahrhunderts wurde das Prinzip der Vorhangfassade als „Curtain Wall“ auf Hochhäuser angewendet. Als ein „Curtain Wall“ wurde die Fassade des Lever House in New York (Skidmore, Owings und Merrill, 1952) wie ein homogener Glasvorhang ausgebildet. Die Vorhangfassade findet bis heute im Hochbau breite Anwendung.

Die weitere Auflösung der Wand erfolgt durch den Einsatz von geschoßhohen Glasscheiben. Le Corbusier verwandte in der Villa Savoye in Poissy (mit P. Jeanneret, 1929 – 1931) ca. 3 x 4 m große Glasscheiben, um den Übergang zwischen innen und außen aufzuheben. [4.3/3, 4.3/9]

Ähnliches versuchte L. Mies van der Rohe mit seinem Entwurf zu einem Glashochhaus 1921. Die Umsetzung eines rein verglasten Hauses gelang ihm mit dem Farnsworth Haus in Plano, Illinois (1946 – 1951).

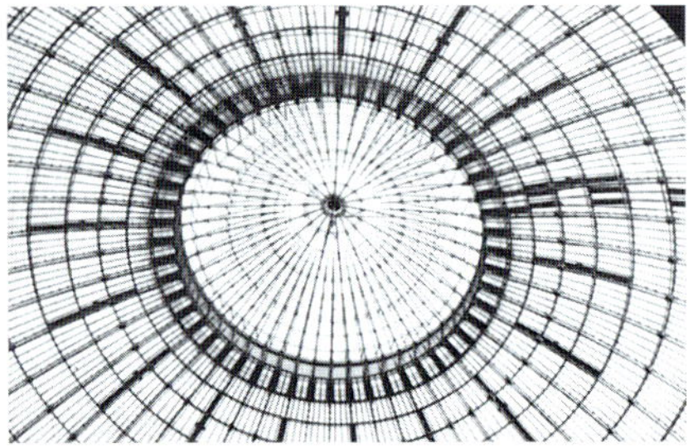

10 Bourse de Commerce / Paris, 1888 – 1889
11 Kaufhaus Tietz / Berlin,1898
12 AEG-Turbinenhalle / Berlin, 1908 – 1909
13 Fagus-Werke / Alfeld, Leine, 1911 – 1916

14 Bauhaus Dessau, 1925 – 1926
15 Bauhaus Dessau, Werkstattgebäude
16 Tabakfabrik van Nelle / Rotterdam, 1928 – 1930

Die Trennung von Tragwerk und Raumabschluß ermöglichte eine transparente Architektur, deren formuliertes Ziel die Überwindung der Schwerkraft war. Diese Entmaterialisierung war möglich, da die Wand als tragendes Element ausgeschaltet und auf ein Minimum reduziert werden konnte. Glas als Baustoff versinnbildlichte dies. Nur mit Glas war die gewünschte Transparenz im Kontrast zu der althergebrachten Massivität erreichbar. [4.3/11]

Konstruktiv oder statisch wirksam kam Glas jedoch nicht zum Einsatz. Weder war das Ingenieurwesen weit genug entwickelt, um Glaskonstruktionen erfassen zu können, noch scheint bei der eindeutigen Trennung von tragender und raumabschließender Funktion der Bauteile der tragende Einsatz des sonst nur raumabschließenden Baustoffes Glas möglich.

Erst in der Mitte dieses Jahrhunderts begann, getragen von dem Wunsch nach noch weiterer Entmaterialisierung und der Suche nach immer neuen Baumethoden, der erneute konstruktive Einsatz von Glas. Verbesserte Produkte, (Verbundsicherheitsglas (1909), Einscheibensicherheitsglas (1930), Floatglas (1959), erlaubten bisher nicht mögliche konstruktive Belastungen des Glases. Neue wissenschaftliche Berechnungsmethoden sowie letztendlich der Einsatz der FE-Methode durch die EDV ermöglichten es, den tatsächlichen Kräfteverlauf nachzuvollziehen.

Wegen dieser komplexen Betrachtungsweise sind jedoch heutige Glaskonstruktionen nur in enger Zusammenarbeit zwischen Architekt, Ingenieur und Hersteller möglich.

17 Hallidie Building in San Francisco, 1918
18 Lever House in New York, 1952

19 Villa Savoye in Poissy, 1929 – 1931
20 Glashochhaus von Mies van der Rohe, 1921
21 Farnsworth Haus in Plano, Illinois, 1946 – 1951

5 Aktuelle Glasbauten

5.1 Zusammenhänge und Hintergründe

5.1 Zusammenhänge und Hintergründe

Wesentlich für die Entwicklung und den Boom, den Glaskonstruktionen in den letzten 40 Jahren erlebten, ist sicherlich die Klassische Moderne mit ihrem Postulat, *„der Massivität der historischen Steinarchitektur eine dem neuen Geist entsprechende, schwerelose, sich dem Licht und der Sonne öffnende Architektur entgegenzustellen“.* [5.1/1] Hierauf beziehen sich fast alle zur Zeit gültigen Architektursprachen.

Besondere Anwendung im konstruktiven Bereich fand Glas in der High-Tech-Architektur der Siebziger und Achtziger Jahre, die, offen für neue Technologien, den Baustoff Glas als technologisch anspruchsvolles und industriell gefertigtes Produkt eingesetzt hat.

Entwicklungszusammenhänge

Einen Wendepunkt der konstruktiven Möglichkeiten und damit den Beginn des heutigen Konstruktiven Glasbaus stellen folgende Projekte dar:

Mit dem Ausstellungspavillon der Firma Glasbau Hahn in Frankfurt a. M. von 1951, der aus gläsernen Dach- und Wandscheiben sowie gläsernen I-Profil-Trägern für das Dach bestand, wurde erstmalig eine Ganzglaskonstruktion realisiert. [5.1/2, 5.1/3]

Die „Hängende Verglasung“ derselben Firma aus dem Jahre 1957, bestehend aus großformatigen Scheiben, die durch Glasschwerter stabilisiert werden, erfüllte den durch die Klassische Moderne formulierten Wunsch nach völliger Auflösung der Raumgrenzen. [5.1/2]

Ähnliche Ganzglas-Fassaden entwickelten sich in Großbritannien, dem Ursprungsland der High-Tech-Architektur: Handelte es sich bei den Fassaden des Büros Foster für das Fred-Olse-Hafen-Gebäude in den Londoner Docks (1969) oder für die IBM-Gebäude in Cosham (1972) und Greenford (1977) noch um Konstruktionen, bei denen die Scheiben rahmenlos auf den Pfosten mit speziell entwickelten Befestigungsprofilen fixiert wurden, so besteht die Fassade des Gebäudes der Firma Willis Faber & Dumas in Ipswich (1975) als Ganzglas-Fassade aus kleinformatigen, aneinanderhängenden Glasscheiben, die mit Glasschwertern gegen Windlasten stabilisiert sind. Dasselbe Büro realisierte 1977 in Norwich mit dem Sainsbury Centre for Visual Arts eine stehende Glasfassade, die ebenfalls durch Glasschwerter stabilisiert wird. [5.1/1, 5.1/4 bis 5.1/9]

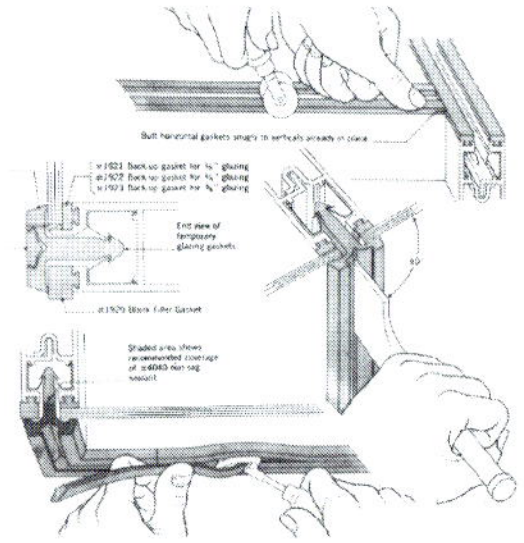

1 Ausstellungspavillon Glasbau Hahn
2 Hängende Verglasung des Wilhelm-Lehmbruck-Museums / Duisburg
3 Einbauanleitung der Verglasung des Fred-Olse-Gebäudes / London
4 IBM Advance Head Office / Cosham
5 Willis Faber & Dumas / Ipswich

Die in den Siebziger Jahren in den USA entwickelte Structural Glazing-Fassade verfolgt ein anderes Prinzip: Die Glasscheiben sind oberflächenbündig auf ein Pfosten-Riegel-System, welches als Unterkonstruktion dient, aufgeklebt. So entstand das Erscheinungsbild einer Ganzglaskonstruktion, obwohl es sich hinter der Fassade um eine einfache Pfosten-Riegel-Konstruktion handelte. Sollte diese nicht sichtbar sein, wurden verspiegelte Scheiben eingesetzt, ein Phänomen, dessen sich die Architekten insoweit bedienten, als sich auf diese Art jeder Baukörper in das Stadtbild einfügen ließ, da er die umgebende Bebauung reflektiert und somit selbst eher in den Hintergrund tritt. [5.1/1, 5.1/5]

Die technische Innovation des Structural Glazings besteht in der Verklebung der Scheiben mit „Structural Silicon" auf der Unterkonstruktion ohne zusätzliche mechanische Fixierung, ein Prinzip, das sich in Deutschland nie ganz durchsetzen konnte, obwohl ganze Wolkenkratzerstädte in den USA auf diese Weise realisiert wurden. [5.1/6, 5.1/7]

Der Bruch in dieser Entwicklung entstand durch die Öl-/Energiekrise von 1973–1974, durch die sich die Diskussion um Energieeinsparung entwickelte, die in der Architektur zu kleinteiligeren Fensteröffnungen führte und der Isolierverglasung zum Durchbruch verhalf. Damit waren großflächige Glasfassaden und die Einscheibenverglasungen mit den konstruktiv einfachen Details vom energetischen Standpunkt aus kritisch geworden.

Erst die Betrachtung des Gesamtwärmehaushaltes von Gebäuden und der Möglichkeit, diesen durch Zwischenzonen oder Wintergärten zu kontrollieren oder sogar Energie zu gewinnen, ermöglichte den Einsatz von großflächigen Verglasungen, der nun unter energetischen Gesichtspunkten erfolgte.

Mit solchen klimatisierenden Wintergärten wie in der Cité des Sciences et de l'Industrie – Parc de la Villette gelang Rice-Francis-Ritchie 1986 der Durchbruch für die breite Anwendung von seilhinterspannten Glasfassaden: Der speziell entwickelte gelenkige Punkthalter ermöglichte es, die aneinanderhängenden Scheiben so gelenkig untereinander zu verbinden, daß keine Biegebelastung durch Verformung der Seilverspannung in den Scheiben entsteht.

6 Sainsbury Centre for Visual Arts / Norwich

7 Structural Glazing Fassaden bei Hochhäusern

Ein weiterer Vorteil besteht in den kleineren und damit leichter herstell- und handhabbaren Scheiben. [5.1/9]

Diese gelenkigen Punkthalter wurden auch für die Anwendung bei Isolierglasscheiben weiterentwickelt und gehören heute zum Standard im Konstruktiven Glasbau.

Die im folgenden in den Abschnitten 5.2 „Glas als Primärtragelement" und 5.3 „Glas als Sekundärtragelement" beschriebenen Projekte sollen einen Überblick über den derzeitigen Entwicklungsstand des Konstruktiven Glasbaus geben. Sie folgen einer Entwicklung von einfachen ebenen Tragwerken über Flächen- zu komplexen Raumtragwerken.

Neben der strukturellen und konstruktiven Weiterentwicklung der Tragwerke, die nicht immer mit der zeitlichen übereinstimmen muß, ist jedoch eine geschichtliche Entwicklung dahingehend zu beobachten, daß auf die Tragwerke, bei denen Glas nur als Eindeckung, als Sekundärtragelement, eingesetzt wurde, nun Tragwerke mit verstärkt konstruktivem Einsatz von Glas als Primärtragelement folgen.

Trotz dieser Trennung besteht jedoch immer eine Wechselbeziehung beider Bereiche, insbesondere bei einer zeitlichen Parallelentwicklung. Auf diese wird in Abschnitt 6.1 näher eingegangen.

Hintergrund der Entwicklung: neue Materialien – neue Techniken

Die Umsetzung von neuen Konstruktionsprinzipien ist immer abhängig von den konstruktiven Möglichkeiten der Zeit. Die Entwicklung des Verbundsicherheitsglases [VSG] schon 1909 und des Einscheibensicherheitsglases [ESG] 1930 ermöglichte es, erhöhten Sicherheitsanforderungen zu entsprechen. Der 1959 von E. Pilkington entwickelte Floatprozeß zur Glasherstellung erlaubte die kostengünstige Produktion von planparallelem Glas, d.h. in einer Qualität, die sonst nur durch aufwendiges Schleifen bei Spiegelglas erreicht werden konnte. [5.1/6 bis 5.1/8]

Dem Problem des hohen Energieverlustes bei Glasfassaden, ausgelöst durch die schon angesprochene Energiekrise 1973 bis 1974, wurde durch den verstärkten Einsatz von Isolierglasscheiben, bereits 1865 erstmalig in den USA patentiert, begegnet.

8 Wintergärten mit seilhinterspannter Glasfassade: Parc de la Villette / Paris
9 Gelenkige Punkthalter der Wintergärten

10 Gelenkige Punkthalter: Parc Citroen / Paris
11 Gelenkige Punkthalter: Car-Show-Room / Hamburg
12 Gelenkige Punkthalter für Isolierverglasung: Bürogebäude B 8, Stockley Park / London

Hier gab es eine Fülle von Entwicklungen, die je nach Notwendigkeit Wärme und/oder Sonnenschutz etc. gewährleisten können (siehe auch Abschnitt 7.2).

Problematisch gestaltete sich bei Isolierglasscheiben meist der mit Silikon verklebte Randverband, da dieser entweder durch Abdecken gegen UV-Bestrahlung gesichert werden mußte oder, mit UV-beständigem Silikon ausgeführt, als schwarzer Rand der Isolierglasscheibe in Erscheinung tritt. Zur Zeit wird ein schon seit längerem erwogener verklebter gläserner Randverband erprobt, wobei es jedoch noch einige technische Schwierigkeiten zu überwinden gilt.

Weitergehenden Gedanken, die sich auf die Unterbringung zusätzlicher Funktionen wie Lichtlenkung und Lichtstreuung etc. in gläsernen Wänden richten, wird heute zum Teil durch diverse Beschichtungen und integrierte Lichtleitsysteme entsprochen (siehe auch Abschnitt 7.2). M. Davies formulierte erstmalig diese Idee der „Polyvalenten Wand“ 1978 für das Projekt Lloyd's of London mit dem Ziel, zur konstruktiv einfacheren Einscheibenverglasung zurückzukehren. [5.1/10, 5.1/11]

Die Entwicklung der Punkthalter für die ESG-Scheiben des Willis Faber & Dumas-Gebäudes in Ipswich durch das Büro N. Foster und die Firma Pilkington (1975) sowie deren Weiterentwicklung zu gelenkigen Haltern durch Rice-Francis-Ritchie für die Wintergärten der Cité des Sciences et de l'Industrie – Parc de la Villette (1986) ermöglichte die Trennung von Tragwerk und Glasebene, indem die Scheiben nur an wenigen Eckpunkten mit dem Tragwerk verbunden sind und somit Teile der Biegebelastung aus dem Tragwerk in die Glasscheibe verlagert werden. [5.1/5, 5.1/9, 5.1/12]

Die durch die Loslösung der Scheiben vom Tragwerk gewonnene Filigranität des Erscheinungsbildes führte zu einem solchen Aufschwung der Punkthalter, die mittlerweile von einfachen Pfosten- bis hin zu hinterspannten Konstruktionen verwendet werden, daß einige andere Fixierungsmöglichkeiten fast in Vergessenheit geraten sind.

13 Rahmenlose Ganzglasfassade – gut sichtbar die Breite des Randverbundes der Isolierverglasung, Fakultätsbibliothek / Aachen

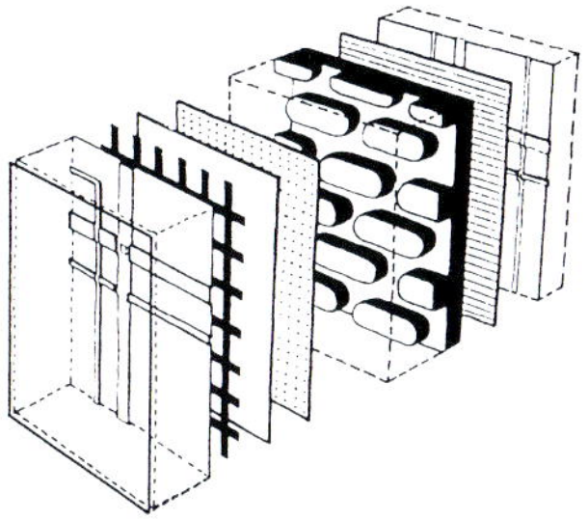

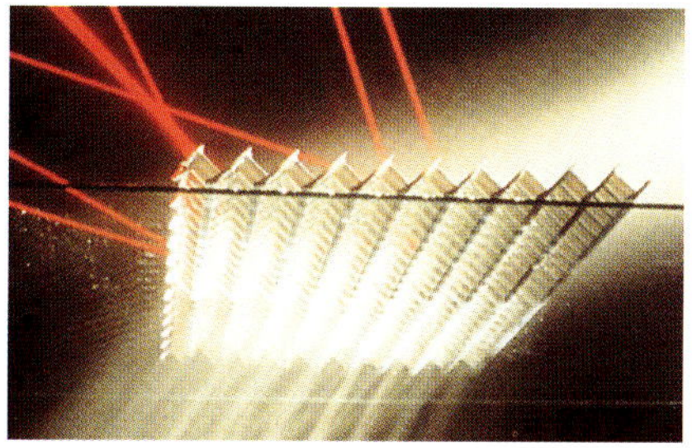

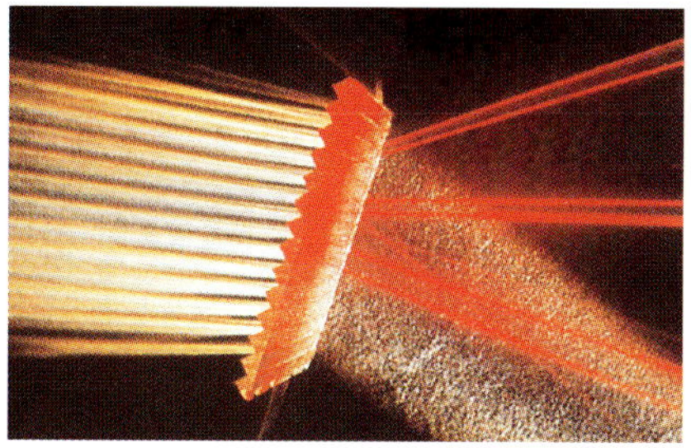

14 M. Davies' „Polyvalente Wand“
15 Aluminiumbeschichtete Kunststofflamellen zur Lichtreflexion (Bartenbach Lichtlabor GmbH / Siemens AG)
16 Lichtreflexion mit Acrylprismen (Bartenbach Lichtlabor GmbH / Siemens AG)

In den Neunziger Jahren wurde Teilvorgespanntes Glas [TVG] entwickelt, um die Reststandsicherheit von Glasscheiben nach dem Bruch zu erhöhen. Zu VSG-Scheiben verbunden, fällt es mit seinem dem Floatglas ähnlichen Bruchbild nicht ohne weiteres aus der Fixierung heraus.

Bei VSG aus ESG hingegen besteht das Problem des „Ausknöpfens" bei Punkthaltern. Da der Baustoff TVG relativ neu ist, bestehen z.Z. keine endgültigen und baurechtlich anerkannten Zustandsdefinitionen mit anwendbaren Materialparametern, weshalb die Verwendung von TVG schwierig ist.

Aus der Notwendigkeit heraus, die öffentliche Sicherheit zu garantieren, werden diese Entwicklungen durch ein von seiner Bestimmung her konservatives Baurecht gebremst, ein Phänomen, mit dem sich schon die Erbauer der englischen Gewächshäuser im 19. Jahrhundert auseinandersetzen mußten.

Die Unterschiedlichkeit der Gesetzgebungen, Anforderungen und Risikoeinschätzungen in verschiedenen Ländern, sowohl auf europäischer als auch auf Bundesländerebene, erschwert zusätzlich den Vergleich und das Übertragen von konstruktiven Möglichkeiten.

Damit aus Neuentwicklungen trotzdem die gewünschten Ergebnisse erzielt werden, ist im Einzelfall meist eine aufwendige Zulassung mit entsprechenden Bruchversuchen notwendig. Ein weiteres Hilfsmittel stellt die Anwendung der FE-Methode mittels EDV dar, bei der die auftretenden Spannungen in Glasscheiben simuliert werden können.

Um diesen Aufwand zu verringern, wird z.Z. an der Vereinheitlichung der Bestimmungen und an der Lösung der Bemessungs- und Zulassungsproblematik gearbeitet; ein endgültiges Konzept ist allerdings kurzfristig nicht absehbar.

17 Loslösung der Scheibe vom Tragwerk: Car-Show-Room / Hamburg

5.2 Glas als Primärtragelement

Belastung	Geometrie					
	Stabtragwerke			Flächentragwerke		Raumtragwerke
	Gerade	Addition von Geraden	Geknickt Gekrümmt	Eben	Gefaltet Gekrümmt	
Biegung	Balken 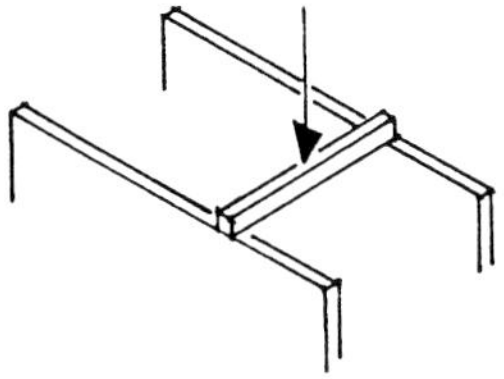	Trägerrost 				
Hybrid	Stütze 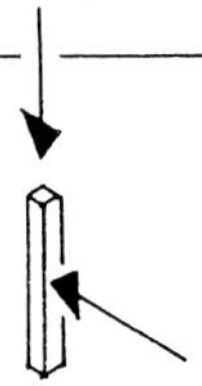 Balken + Stütze 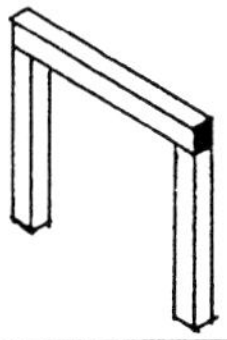	Unterspannung 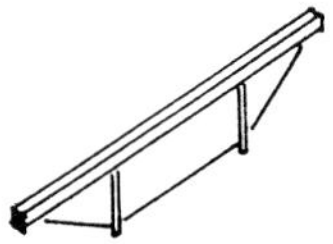		Scheibe + aussteifendes Fachwerk 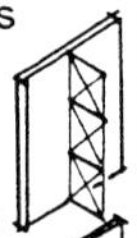 Scheibe + aussteifende Seilverspannung 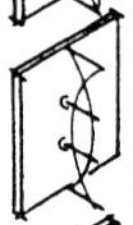 Scheibe + aussteifende Glasschwerter 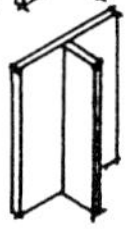		
Normalkraft	Stab 	Fachwerk 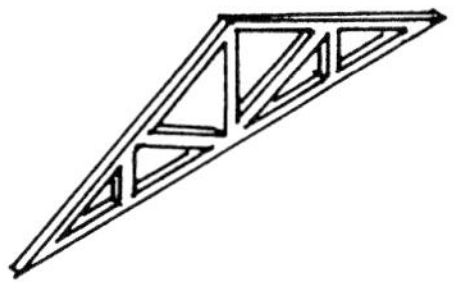	Bogen 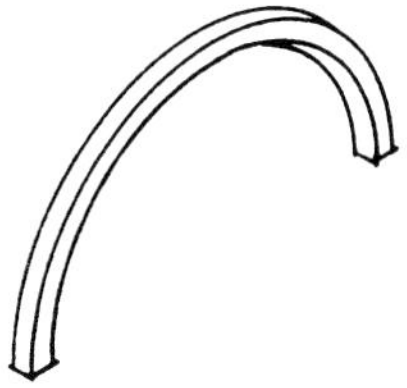	Fachwerkträgerrost 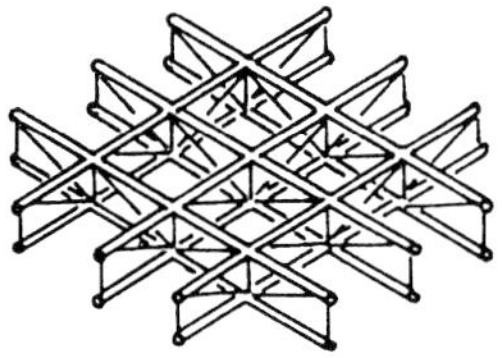	Faltwerk 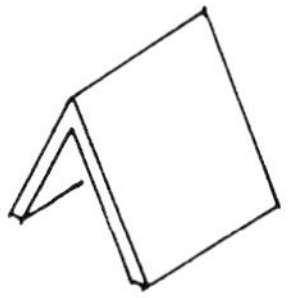 Kuppel / Gitterschale 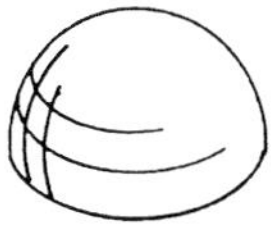	Räumliche Stab-/ Seilsysteme 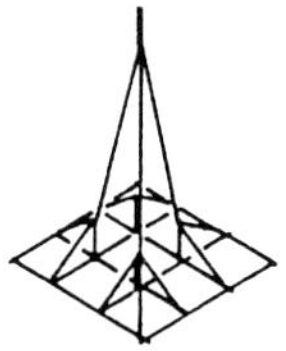

Belastung	Geometrie					
	Stabtragwerke			Flächentragwerke		Raumtragwerke
	Gerade	Addition von Geraden	Geknickt Gekrümmt	Eben	Gefaltet Gekrümmt	
Biegung	Werkstätten Louvre / Paris 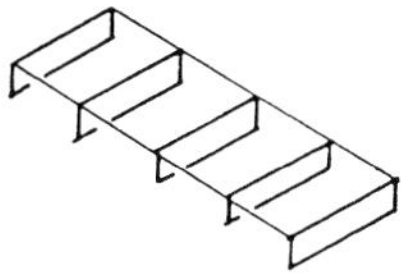	Sweeny Chapel / Indianapolis 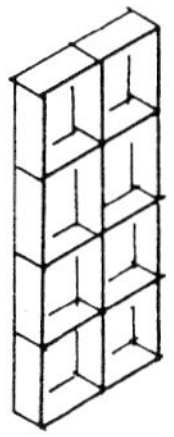				
Hybrid	Skulpturen-Pavillon / Arnhem 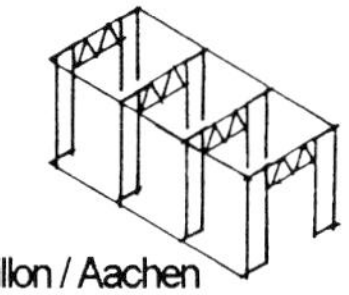 Glaspavillon / Aachen 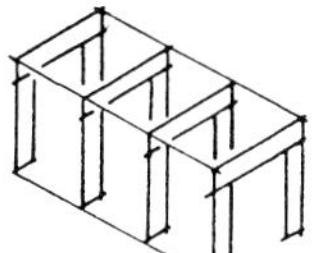	Glasdach / Schloß Juval 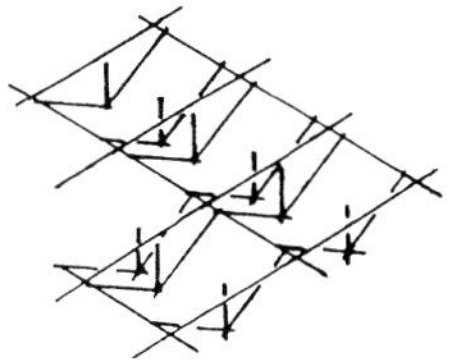		Bank / Rennes 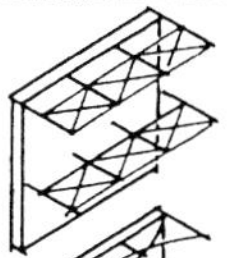 Parc de la Villette / Paris 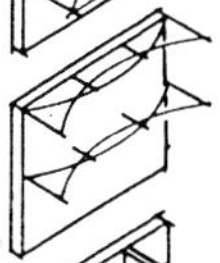 Willis Faber & Dumas / Ipswich 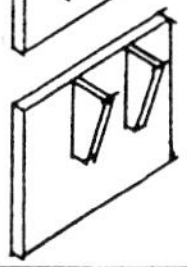		
Normalkraft	Stadtverwaltung / St. Germain-en-Laye 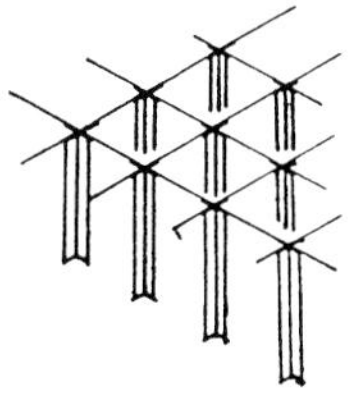	Glas-Stahl-Tragwerk / Aachen 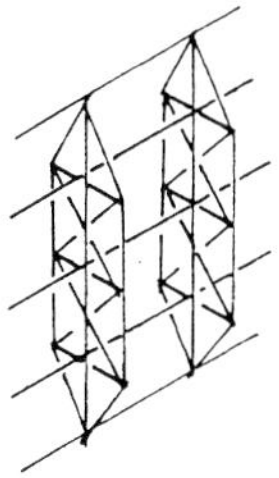	Lindener Volksbank / Hannover 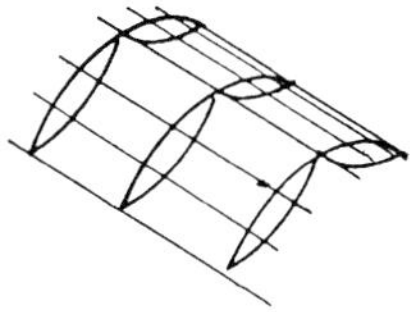	Kranichflug / München 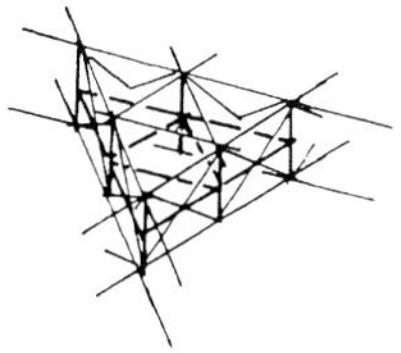	Stadtbahnhaltestelle / Bretten 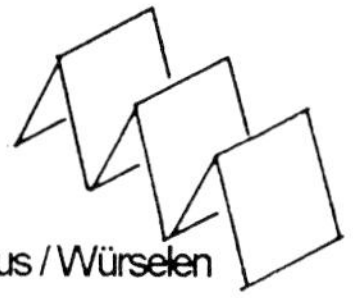 Haus Sous / Würselen 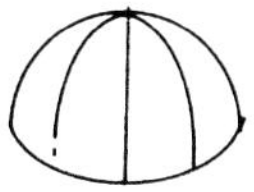	Inverse Pyramide / Paris 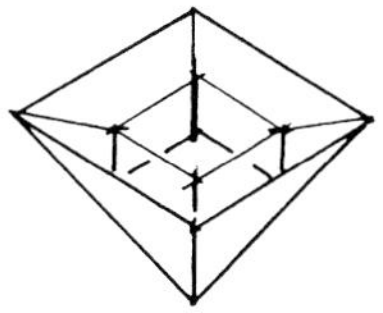

5.2 Glas als Primärtragelement

Anhand der in Abschnitt 3.3 entwickelten Typologie werden in diesem Kapitel die Projekte strukturiert vorgestellt, bei denen Glas als primäres Tragelement eingesetzt wurde. [5.2/1] Da das Tragwerk aber meist nur zum Teil aus Glas besteht, wird die gesamte Geometrie zur Eingruppierung in die Typologie herangezogen. Neben der Unterscheidung der Tragwerke wird zwischen dem Einsatz von Glas als aussteifendem, sich selbst tragendem oder planmäßig Systemlasten tragendem Element differenziert. Die Reihenfolge der Projekte entspricht der zunehmenden Komplexität der Konstruktionen. [5.2/2 bis 5.2/4]

Balken

Biegebalken bilden die einfachste Form der geraden Stabtragwerke und tragen planmäßig Eigengewicht und äußere Lasten durch Biegung in die Auflager ab.

Bei den gläsernen Dachträgern der Louvre-Werkstätten in Paris handelt es sich um solche Biegebalken, die die Glaseindeckung tragen. Elf Träger aus 60-mm-VSG-Scheiben überspannen den 4 m breiten Innenhof.

Ebenfalls als Balken wirken die Glasstufen der Treppe des Hotels Kempinski in München. Hier werden 2,60 m mit 57 mm starken VSG-Scheiben überspannt, die die hohen Verkehrslasten der Treppe in die seitlichen Stahlprofile einleiten.

Bei der Treppe im Verwaltungsgebäude der Firma Fischer in Talheim bestehen sowohl Stufen und Podestplatten als auch die Wangen, die gleichzeitig als Geländer dienen, aus Glas. Die Stufen und Podestplatten überspannen 1,25 m als Balken aus 26-mm-VSG-Scheiben und sind auf L-Winkeln aufgelegt, die in den Wangen verschraubt sind. Diese, aus 12-mm-VSG hergestellt, tragen als Balken die Last aus den Stufen in die Auflagerkonsolen ab. Gegen Knicken sind sie durch einen Handlauf aus Edelstahl gesichert.

Auf ebenfalls einteiligen gläsernen Balken ruht die Glasbrücke in Rotterdam. Ihre 30-mm-VSG-Scheiben überspannen eine Distanz von 3,20 m. Obwohl die Wandscheiben der Brücke sicherlich die gesamte Konstruktion hätten tragen können, wurden als Tragwerk die Biegeträger unter der Bodenplatte gewählt, um bei Glasbruch die Scheiben einfacher austauschen zu können.

Für das Vordach des U-Bahn-Zuganges im Tokio International Forum wurden drei Biegeträger als Kragarme über eine Länge von 10,60 m reali-

1 Seite 68: Tragwerktypologie – Glas als Primärtragelement
2 Seite 69: Glas als Primätragelement – Projekte
3 Werkstätten des Louvre / Paris
4 Treppe im Hotel Kempinski / München
5 Glastreppe Verwaltungsgebäude Fischer / Talheim
6 Glasbrücke / Rotterdam
7 Vordach U-Bahn-Zugang Tokio International Forum

siert. Sie bestehen aus miteinander biegesteif verschraubten 30-mm-VSG-Elementen, die zangenartig ineinandergreifen und durch die Aufdoppelung zum Auflager hin der Belastung eines Kragarmes entsprechen. Nur durch die Verwendung mehrteiliger Träger konnten die enormen Abmessungen des Systems realisiert werden, da einteilige Tragelemente aus Glas in diesen Dimensionen nicht herstellbar sind.

Stützen

Gläserne Stützen, die sowohl Normalkräfte aus dem Gesamtsystem übertragen als auch horizontale Biegebelastungen wie Windlasten aufnehmen, sind als gerade Stabtragwerke hybrid belastet.

Ein Beispiel bildet der Skulpturen-Pavillon in Arnhem. Er besteht aus 13 Paaren 3,65 m hoher Glasstützen aus 10-mm-ESG. Diese tragen die Fachwerkträger des Daches und nehmen über die Einspannung am Fußpunkt sowie eine Rahmenwirkung des Systems die Windlasten auf.

Bei dem Wohnhaus Benthem in Almere wird das Dach mit seinen Verkehrslasten von den 2,50 m hohen Wandscheiben aus 12-mm-ESG, die auch das gesamte Haus aussteifen, getragen. Die Windlasten werden in die gegen Knicken stabilisierenden Glasschwerter aus 15-mm-ESG eingeleitet.

Balken und Stützen

Eine Kombination der einfachen Tragwerke biegebelasteter Balken und hybrid belasteter Stützen findet sich bei den folgenden Projekten:

Der Ganzglas-Wintergarten in London besteht aus einem sich an das Haus anlehnenden Dreigelenksystem mit einer Reihe Glasstützen und auf diesen aufliegenden Glasträgern aus 30-mm-VSG. Die Eindeckung sowie die Wandscheiben wurden durch Verkleben mit Silikon mit den Trägern und Stützen fixiert.

Ein ähnliches Tragwerk besitzt auch der Anbau des Glasmuseums in Kingswinford. Hier tragen die 3,50 m hohen Glasstützen aus 30-mm-VSG die 5,70 m überspannenden Glasträger, die ebenfalls aus 30-mm-VSG bestehen. Die Verbindung erfolgt über eine verklebte Zangenkonstruktion, wobei jedoch hier eine biegesteife Rahmenecke entsteht. Die Isolierglaseindeckung sowie die Wandscheiben sind mit einer Silikonverklebung an den Trägern und Stützen fixiert.

Dieses Konstruktionsprinzip findet sich auch bei der Raiffeisenbank in Disentis.

8 Skulpturen-Pavillon / Arnhem
9 Wohnhaus Benthem / Almere

10 Detail Ganzglas-Wintergarten / London
11 Glasmuseum / Kingswinford

Als freistehender Glaskasten mit durch Verschraubungen eingespannten 2,60 m hohen Stützen aus 19-mm-ESG und aufgelegten, 3,50 m überspannenden Trägern, ebenfalls aus 19-mm-ESG, ist der Eingangsbereich des Büros Hopkins in London konstruiert. Sowohl die Verbindung der Stützen und Träger als auch die Fixierung der Scheiben erfolgt über Silikonverklebungen.

Die Video-Galerie in Groningen besteht aus Glasträgern und 2,60 m hohen Stützen, an denen Dach- und Wandscheiben befestigt sind, wobei die Aussteifung über die Scheibenwirkung der Glaswände gewährleistet wird. Bei diesem Projekt erfolgt die Fixierung der Glaselemente, die alle aus 12-mm-ESG hergestellt wurden, durch Winkelprofile und Verschraubungen. Dies erleichtert den Austausch von Scheiben oder die gesamte Demontage.

Auf die gleiche Weise erfolgt die Fixierung bei dem Glaspavillon in Aachen. Hier werden Eindeckung und Wandscheiben aus 12-mm-ESG durch 2,50 m hohe Stützen und 2,50 m lange Träger aus jeweils 36-mm-VSG, die mit einer Zangenkonstruktion verbunden sind, getragen. Die Aussteifung erfolgt über die Einspannung der Glasstützen sowie über die Scheibenwirkung der Wände.

Stab

Stabtragwerke sind überwiegend normalkraftbelastet. Auftretende Biegung, die z.B. aus Anprallasten entstehen kann, stellt eine zusätzliche Belastung dar und kann je nach Einbausituation maßgeblich für die Bemessung sein.

Eines der wenigen Beispiele für solche normalkraftbelasteten Stäbe sind die Stützen der Innenhofüberdachung in der Stadtverwaltung von St. Germain-en-Laye. 3,50 m hohe Stützen aus 35-mm-VSG tragen das Stahltragwerk des Daches mit der Glaseindeckung. Der kreuzförmige Grundriß der gelenkig angeschlossenen Stützen verhindert deren Knicken, so daß erst eine Belastung von 46 t zum Bruch führt.

Trägerrost

Trägerroste werden von mehreren geraden Stabtragelementen gebildet, bei denen die Addition in der Überlagerung von biegebelasteten Trägern besteht. Bei den hier vorgestellten Beispielen tragen die Glaselemente planmäßig Systemlasten in das umgebende Bauwerk ab.

12 Eingangsbereich Büro Hopkins / London
13 Video-Galerie / Groningen

14 Glaspavillon / Aachen
15 Stadtverwaltung / St. Germain-en-Laye

Ein Beispiel hierfür sind die Fenster der Sweeny Chapel in Indianapolis, bei der die Fassadenscheiben auf einen Rost aus Glasträgern geklebt sind. Dieser besteht aus jeweils 12 mm dicken VSG-Glasschwertern und -steifen, die durch die Verklebung zu einem Rost verbunden sind. Sie tragen bei einer Größe von 5 x 5 m bzw. 9 x 3 m die Windlasten in das umgebende Bauwerk ab. Eine zusätzliche Normalkraftbelastung entsteht aus dem Eigengewicht der Konstruktion, welches durch die Glasschwerter aufgenommen wird.

Eine ähnliche verklebte Konstruktion bildete ein Glassteg auf der Glastec 96 in Düsseldorf: Eine Sandwichkonstruktion, bei welcher Ober- und Untergurt aus 10-mm-TVG und die verbindenden Stege aus 8-mm-Floatglas bestanden, überspannte eine Distanz von 4 m und wurde bis zum Bruch bei einer Last von 450 kg belastet.

Um einen in den Stößen mit Winkeln verschraubten Trägerrost handelt es sich bei dem Eingangsbereich des Glaszentrums in München. Allerdings ist das System an vier Punkten unterstützt, weshalb nur zwei Stöße tatsächlich einen Rost bilden.

Durch geschickte Tragwerkgeometrien sind mit Trägerrosten Ganzglaskonstruktionen ausführbar, bei denen größere, nicht durch die maximal herstellbaren Scheibenabmessungen begrenzte Systemspannweiten denkbar sind, da eine Lastumlagerung an den Stößen möglich ist.

Unterspannung

Unterspannte Tragwerke bestehen ebenfalls aus einer Addition von Stabtragelementen. Sie sind hybride Tragwerke, da zwar die Unterspannung bei gleichmäßiger Belastung nur Normalkräfte im System erzeugt, d.h. Zug in der Unterspannung und Druck im Obergurt, bei ungleichmäßiger Belastung aber eine Biegebeanspruchung des Obergurtes entsteht. Dieser muß für eine solche Belastung biegesteif ausgebildet werden. Des weiteren wird die Belastung auf den Obergurt durch Biegung in die Auflager und Unterstützungen abgeleitet.

Eine einfache Unterspannung durch einen Stempel und vier Abspannungen in die Ecken der Stufen besitzt die Treppe des Joseph Shop in London. Die Stufen selbst bestehen aus 35-mm-VSG mit einer unteren Lage aus Acrylglas, überbrücken 1,20 m und sind in einen vorgespannten Fachwerkträger eingelegt.

16 Sweeny Chapel / Indianapolis
17 Glassteg – Glastec 96 / Düsseldorf

18 Eingangsbereich Glaszentrum / München
19 Joseph Shop / London

In ähnlicher Weise erfolgt die punktweise Unterstützung der gläsernen Dachscheiben für das Schloß Juval. Hier sind die Scheiben aus 16-mm-VSG jeweils am Rand mit einer einfachen Unterspannung unterstützt. Sie sind so in der Lage, die erheblichen Schneelasten zu tragen, und überwinden eine Distanz von 4 m.

Das Vordach der Spielbank in Stuttgart besitzt eine Unterspannung mit zwei Stempeln. Auch hier werden die VSG-Scheiben durch jeweils zwei Unterspannungen an den Rändern unterstützt.

Bei diesen Projekten handelt es sich um Unterspannungen mit einem oder maximal zwei Spreizen, so daß eine Fachwerkgeometrie erhalten bleibt. Konstruktionen mit mehr Spreizen konnten bisher noch nicht dauerhaft realisiert werden. Der Vorteil, den solche Systeme neben der Steigerung der zu überbrückenden Distanzen bieten können, besteht in der Sicherung zerstörter Scheiben durch die Unterspannseile, da auf diese Weise das Herabfallen der Glasscheibe verhindert wird.

Fachwerk

Fachwerke bestehen aus Additionen gerader, überwiegend normalkraftbelasteter Stabtragelemente. Bei den hier vorgestellten Konstruktionen wurden Glaselemente als Diagonalstäbe oder als Druckgurt verwendet. Sie übernehmen aus dem Fachwerksystem erzeugte Normalkräfte.

Bei dem Projekt Lowe Flat in London wurden die gläsernen Tritt- und Setzstufen der Treppe als Fachwerkdiagonalen zwischen dem stählernen Ober- und Untergurt eingebunden. Die Stufen bestehen aus 22-mm-VSG und haben eine Breite von 1 m. Die Länge der Treppe beträgt 3,80 m.

Das Glasdach in Aachen wird durch mehrteilige Glasdruckgurte und fachwerkartige Unterspannungen gebildet und überwindet eine Distanz von 2,50 m. Die Glasscheiben der Druckgurte bestehen aus 12-mm-ESG.

Bei dem Glas-Stahl-Tragwerk in Aachen handelt es sich um vorgespannte Fachwerkträger, deren mittige Druckgurte aus Glas bestehen. Diese Fassade der Bibliothek der Architekturfakultät hat eine Höhe von 6 m und besteht aus Zugseilen, Stahldruckstäben und dem Glasdruckgurt aus zu Isolierglaseinheiten verbundenen 2 x 6-mm-ESG-Scheiben.

Fachwerkgeometrien sind vorteilhaft für Glaskonstruktionen, da bei gerin-

20 Glasdach des Schlosses Juval

21 Vordach der Spielbank / Stuttgart

22 Glastreppe Lowe Flat / London

23 Glasdach / Aachen

24 Glas-Stahl-Tragwerk / Aachen

gerer Belastung und kleineren Abmessungen der einzelnen Tragwerkelemente große Distanzen überwunden werden können.

Bogen

Bei Bogentragwerken handelt es sich um gekrümmte Stabtragwerke, die überwiegend normalkraftbelastet sind. Vorteilhaft für den Glasbau ist, daß es sich bei der Normalkraftbelastung um Drucklasten handelt, die über Kontaktpressung einfacher als Zuglasten in das Glas eingeleitet werden können.

Das Tragwerk der Innenhofüberdachung der Lindener Volksbank in Hannover ist ein solches Bogentragwerk. Die Bögen aus 35-mm-VSG überspannen als normalkraftbelastete Dreigelenkbögen eine Distanz von 9 m. Gegen Kippen sind sie durch horizontale Edelstahlrohre gesichert, die auch die Glaseindeckung tragen.

Stehende / hängende Scheiben

Ebene Flächentragwerke, bei denen das Eigengewicht über Normalkraft in Scheibenrichtung und die horizontalen Lasten durch Biegung abgetragen werden, sind hybrid belastet. Diese Tragwerke dehnen sich vor allem in zwei Dimensionen aus, das Ausmaß der dritten ist relativ gering.

Bei den hier vorgestellten Projekten handelt es sich um stehende oder hängende Scheibentragwerke, bei denen die Verglasung sich selbst trägt. Hängende Scheiben haben jedoch gegenüber stehenden den Vorteil, nicht zusätzlich gegen Knicken stabilisiert werden zu müssen. Der Widerstand des Systems gegen horizontale Lasten wird durch zusätzliche, quer zur Glasebene liegende und diese stabilisierende Tragelemente erzeugt.

Scheiben – mit aussteifendem Fachwerk

Die Glaswand der Banque Populaire de l'Ouest in Rennes besteht auf einer Länge von ca. 100 m aus je fünf aneinanderhängenden ESG-Scheiben, wobei die oberen das Gewicht der unteren tragen. Die 9 m hohe Fassade wird durch 1,50 m lange Druckstäbe mit einem vor der Fassade stehenden Fachwerkgerüst verbunden, welches gegen horizontale Lasten stabilisiert. Es besteht aus Stützen und liegenden Fachwerkträgern, an denen auch der Sonnenschutz fixiert ist.

25 Lindener Volksbank / Hannover
26 Banque Populaire de l'Ouest / Rennes

27 Nederlands Architectuurinstituut / Rotterdam
28 Konzertsaal „Beurs van Berlage" / Amsterdam
29 Glasbauten „Parc André Citroen" / Paris

Scheibe – mit aussteifender Seilverspannung

Vertikale Seilverspannungen stabilisieren die Fassade des Nederlands Architectuurinstituut in Rotterdam. Aufgrund der Detailausbildung muß hier von einer stehenden Glasfassade ausgegangen werden, die von je zwei übereinanderstehenden Isolierglaseinheiten mit 2 x 10-mm-ESG-Scheiben gebildet wird.

Um eine hängende Glasfassade mit vertikaler Seilverspannung zur Stabilisierung handelt es sich beim Gläsernen Konzertsaal der „Beurs van Berlage" in Amsterdam. Die Glaswände bestehen aus je fünf aneinanderhängenden 8-mm-ESG-Scheiben.

Die Glaswände der Gewächshäuser im „Parc André Citroen" in Paris werden durch horizontale Seilverspannungen stabilisiert. Sie bestehen aus je fünf aneinanderhängenden ESG-Scheiben und den horizontalen Verspannungen, die jeweils aus zwei Seilbögen und einem mittigen Druckstab für die Vorspannung der Seile gebildet werden.

Die Wintergärten der Cité des Sciences et de l'Industrie – Parc de la Villette in Paris besitzen ebenfalls durch horizontale Seilverspannungen stabilisierte Glaswände aus jeweils vier aneinanderhängenden ESG-Scheiben. Die gelenkig angeschlossene Verspannung wird durch zwei sich verschneidende Seilbögen gebildet; die Last aus der Vorspannung der Seile wird in das Primärtragwerk aus Rohren eingeleitet.

Ähnlich ist auch die Fassade des Restaurants „Maison Blanche" auf dem Dach des Théâtre des Champs-Elysées in Paris konstruiert.

Bei dem Atrium in der Avenue Montaigne, ebenfalls in Paris, werden die Winddrucklasten auf die hängende Glasfassade durch horizontale Seilbögen aufgenommen. Eine Rückverspannung in das Bauwerk sichert die Fassade gegen Windsog. Sie besteht aus acht aneinanderhängenden 15-mm-ESG-Scheiben. Auch hier wird das Eigengewicht durch die oberste Scheibe in das Dachtragwerk eingeleitet.

Um eine Kombination von horizontalen und vertikalen Seilverspannungen handelt es sich bei der Eingangsfassade des Channel 4 in London. Die jeweils neun aneinanderhängenden Glasscheiben aus 12-mm-VSG sind halbkreisförmig angeordnet. In den Eckbereichen stabilisieren die Scheiben sich gegenseitig.

30 Wintergärten im Parc de la Villette / Paris
31 Restaurant auf dem Théâtre des Champs-Elysées / Paris

32 Atrium Avenue Montaigne / Paris
33 Channel 4 / London

Scheibe – mit aussteifenden Glasschwertern

Bei den folgenden Projekten handelt es sich um selbsttragende Fassadenverglasungen, die durch Glasschwerter ausgesteift werden. Der Unterschied zu den in der Erscheinung sehr ähnlichen Glasstützen-Konstruktionen liegt darin, daß die Scheiben hier die Haupttragfunktion der Fassadenverglasung übernehmen, während die Hauptfunktion bei den Stützen im Abtragen zusätzlicher Systemlasten besteht.

Um eine 7,50 m hohe, stehende Glasfassade aus einteiligen 15-mm-Scheiben handelt es sich bei dem Sainsbury Centre for Visual Arts in Norwich. Stabilisiert wird die Fassade durch 25-mm-ESG-Schwerter.

Auch die Glasfassade der Eingangshalle des Frankfurter Messeturmes ist mit einteiligen, hängenden Glasscheiben geschlossen. Die 3,20 m hohen Elemente werden mit Schwertern stabilisiert. Beide bestehen aus 15-mm-ESG.

Die „Hängende Verglasung", die beispielsweise im Wilhelm-Lehmbruck-Museum in Duisburg angewendet wurde, besteht aus großformatigen, hängenden 18-mm-Scheiben, die mit innen und außen aufgeklebten Glasschwertern, ebenfalls aus 18-mm-ESG, stabilisiert sind.

Eine Verglasung mit zwei aneinanderhängenden, 14-mm-ESG-Scheiben schließt das Tribünenhaus der Trabrennbahn in München. Hier sind die Glasscheiben mit 19-mm-ESG-Stützen zum inneren Tragwerk hin gegen Horizontallasten stabilisiert.

Die Eingangsfassade des Londoner Restaurants „Now & Zen" besteht ebenfalls aus geteilten Scheiben. Die 12 mm dicken ESG-Elemente der Fassade werden mit Glasschwertern ausgesteift, die als Kragarme ausgebildet und von der Decke abgehängt sind.

Durch ähnliche gläserne Kragarme wird die hängende Fassade des Verwaltungsgebäudes Willis Faber & Dumas in Ipswich stabilisiert. Der Unterschied zum vorherigen Projekt liegt in den sechs aneinanderhängenden, 12-mm-ESG-Scheiben der Fassade, die über spezielle Anschlußelemente verschieblich an die Glasschwerter angeschlossen sind.

34 Sainsbury Centre for Visual Arts / Norwich
35 Eingangshalle Messeturm Frankfurt
36 Wilhelm-Lehmbruck-Museum / Duisburg
37 Tribünenhaus Trabrennbahn / München

38 Restaurant „Now & Zen" / London
39 Willis Faber & Dumas / Ipswich

Sowohl geteilte Fassadenscheiben als auch aus mehreren Einzelelementen bestehende Glasschwerter finden sich im Maison de la RATP in Paris. Hier wird die ESG-Verglasung der Fassade durch dreiteilige, insgesamt 6,20 hohe Schwerter stabilisiert. Das Eigengewicht wird bei diesem Projekt allerdings nicht von den Fassadenscheiben getragen, sondern von Edelstahlzugstangen.

Ohne solche Zugstangen kommt die Fassade des Musée d'Histoire de la Ville de Luxembourg aus, bei der die aus je drei aneinanderhängenden, 12-mm-ESG-Scheiben bestehende Fassade mit einer Höhe von 12 m durch dreiteilige 19-mm-ESG-Schwerter stabilisiert wird.

Fachwerkträgerrost

Um ebene und nur normalkraftbelastete Flächentragwerke handelt es sich bei Fachwerkträgerrosten. Auch hier sind durch die Addition von Stab- und Flächentragelementen größere Abmessungen möglich als durch die Verwendung von einteiligen Tragelementen.

Ein Beispiel für ein solches System ist die 7 x 7 m große Dachverglasung des Blumenladens in Hulst. Die fachwerkartige Seilunterspannung ist vorgespannt, die Spreizen werden durch die Isolierverglasung aus ESG gegen Kippen gesichert.

Bei den folgenden Projekten, bei denen es sich bemerkenswerterweise ausschließlich um Kunstwerke handelt, wurde Glas systemlastentragend eingesetzt:

Die Glaskunstwerke Refractive Tensegrity Rings in München und Refractive Light Spine in Philadelphia bauen auf dem Tensegrity-Prinzip auf. Sie bestehen aus dreieckigen 12-mm-VSG-Scheiben, die untereinander und durch Seile zu würfelförmigen Tensegrity-Einheiten verbunden sind. Bei den Refractive Tensegrity Rings wurden mehrere solcher Einheiten zu einem Fachwerkträgerring mit einem Durchmesser von 7 m verbunden. Das Projekt Refractive Light Spine besteht aus einem 16 x 6 m großen Fachwerkträgerrost aus Tensegrity-Einheiten.

Drei sich kreuzende Fachwerkträgerscharen, die zu einem Trägerrost verbunden sind, bilden das Glaskunstwerk „Kranichflug" im Münchner Flughafen. Es hat Abmessungen von 6 x 7 m. Die mittigen 8-mm-ESG-Scheiben nehmen dabei die Vorspannkraft des Seilsystems auf.

40 BMW-Hammer / Mönchengladbach (siehe Abschnitt 8.2).
41 Maison de la RATP / Paris
42 Musée d'Histoire de la Ville de Luxembourg
43 Blumenladen / Hulst
44 Glaskunstwerk Refractive Light Spine / Philadelphia
45 Glaskunstwerk „Kranichflug" / München

Faltwerk

Faltwerke bestehen aus gefalteten Flächen. Sie sind als Tragwerk überwiegend normalkraftbelastet.

Um ein sehr einfaches, dem „ridge-and-furrow-Dach" ähnliches Faltwerk, bei dem sich die gegeneinandergelehnten Scheiben nur gegenseitig stützen und ihre Last übertragen, handelt es sich bei der Stadtbahnhaltestelle in Bretten. Die VSG-Scheiben ruhen auf Rohrträgern und sind am Grat des Daches miteinander verbunden. Der Verzicht auf das unterstützende Rohrtragwerk war aus Sicherheitsgründen nicht möglich.

Da sich Glas als flächiger Baustoff gut für die Konstruktion von Faltwerken eignet, ist es erstaunlich, daß bisher so wenige Konstruktionen dieser Art realisiert wurden. Hier sind weitere Entwicklungen zu erwarten.

Kuppel

Um Flächentragwerke mit doppelter gleichsinniger Krümmung handelt es sich bei Kuppeln. Die auftretenden Normalkräfte wirken radial und tangential als Druckkräfte. Im unteren Bereich herrschen auch radiale Zugkräfte. Ähnlich den Faltwerken eignen sich auch Kuppelkonstruktionen für die Verwendung des flächigen Baustoffes Glas, so daß sich auch hier auf eine Weiterentwicklung hoffen läßt.

Um so erstaunlicher ist es, daß es sich bei der einzigen recherchierten gläsernen Kuppel, dem Würselener Haus des Künstlers Albert Sous, um einen Sonderling der Glaskonstruktionen handelt, da hier nicht Glasscheiben, sondern Glasflaschen verwendet wurden. Die Kuppel mit der Form einer Halbkugel besitzt einen Durchmesser von 17 m und besteht aus ca. 30000 im Mörtelbett verlegten Weinflaschen.

Räumliche Stab- und Seilsysteme

Räumliche Stab- und Seilsysteme dehnen sich räumlich in alle Richtungen aus und sind überwiegend normalkraftbelastet.

Ein Beispiel, bei dem eine hängende Verglasung sich selbst trägt, ist die Inverse Pyramide des Louvre in Paris. Die rautenförmigen 30-mm-VSG-Scheiben der Pyramidenflächen sind untereinander in den Eckpunkten verbunden und werden gegen Ausbeulen der gesamten Fläche durch ein räumliches Seil- und Druckstabsystem gehalten.

46 Stadtbahnhaltestelle / Bretten
47 Haus Albert Sous / Würselen
48 Inverse Pyramide des Louvre / Paris

49 Vordach des Evoluon / Eindhoven
50 Tensegrity-Struktur, Glastec 96 / Düsseldorf

Die Einleitung von Systemlasten in die Glasscheiben gelang bei dem Vordach des Evoluon in Eindhoven: Die 10 x 10 m große Fläche aus 10-mm-ESG-Scheiben wird von einer räumlichen Seilverspannung über und unter der Glasfläche getragen. Die durch die Verspannung entstehenden Druckkräfte werden im Rand- und Eckbereich durch das Glas aufgenommen. Innen wird diese Last in Stahlarme eingeleitet, die mit dem mittigen Pylon verbunden sind.

Als letztes Projekt sei die Tensegrity-Struktur auf der Düsseldorfer Glastec 96 vorgestellt, bei der es sich um eine ca. 3 x 3 m große, tensegre Raumstruktur aus 6-mm-Glasrohren und Seilverspannungen handelt.

Der Vorteil von räumlichen Tragwerken ist in der Effizienz des Systems zu sehen, da hier die Last an ihrem Entstehungsort durch normalkraftbelastete Elemente aufgenommen werden kann und somit nicht über Umwege in ein äußeres System abgeleitet werden muß. In dieser räumlichen Vernetzung besteht allerdings auch die Schwierigkeit für eventuelle Nutzungen, da sich kaum verwendbare Räume schaffen lassen. Dies ist auch an den hier dargestellten Beispielen nachvollziehbar.

Schwerpunkte bei Tragwerken mit Glas als Primärtragelement

Eindeutige Schwerpunkte bei Tragwerken mit Glas als Primärtragelement sind im Bereich der Balken- oder Stützentragwerke und deren Kombinationen sowie bei Scheibentragwerken zu sehen.

Für die Balken- und Stützentragwerke mag gelten, daß es sich hierbei um einfache und grundsätzliche Tragwerkformen handelt. Dies gilt auch für die einfach gehaltenen Verbindungstechniken wie Winkel mit Bolzen, Verklebungen oder dem Holzbau entlehnte Zangenkonstruktionen.

Obwohl es sich bei Balken und Stützen um relativ massive Tragwerke handelt, lassen sich aufgrund der Durchsichtigkeit des Glases relativ simpel transparente Ganzglaskonstruktionen realisieren.

Problematisch für solche Tragwerke sind die in den Dimensionen nur sehr begrenzt herstellbaren Glasscheiben: Aus Gründen der Handhabbarkeit werden die im Endlosverfahren mit einer Breite von 3,20 m produzierten Floatglasscheiben auf eine Länge von 6 m gekürzt, wobei jedoch Überlängen möglich sind. Kritischer sind die bei solchen Konstruktionen meist notwendigen vorgespannten ESG- und TVG-Scheiben oder verklebte VSG-

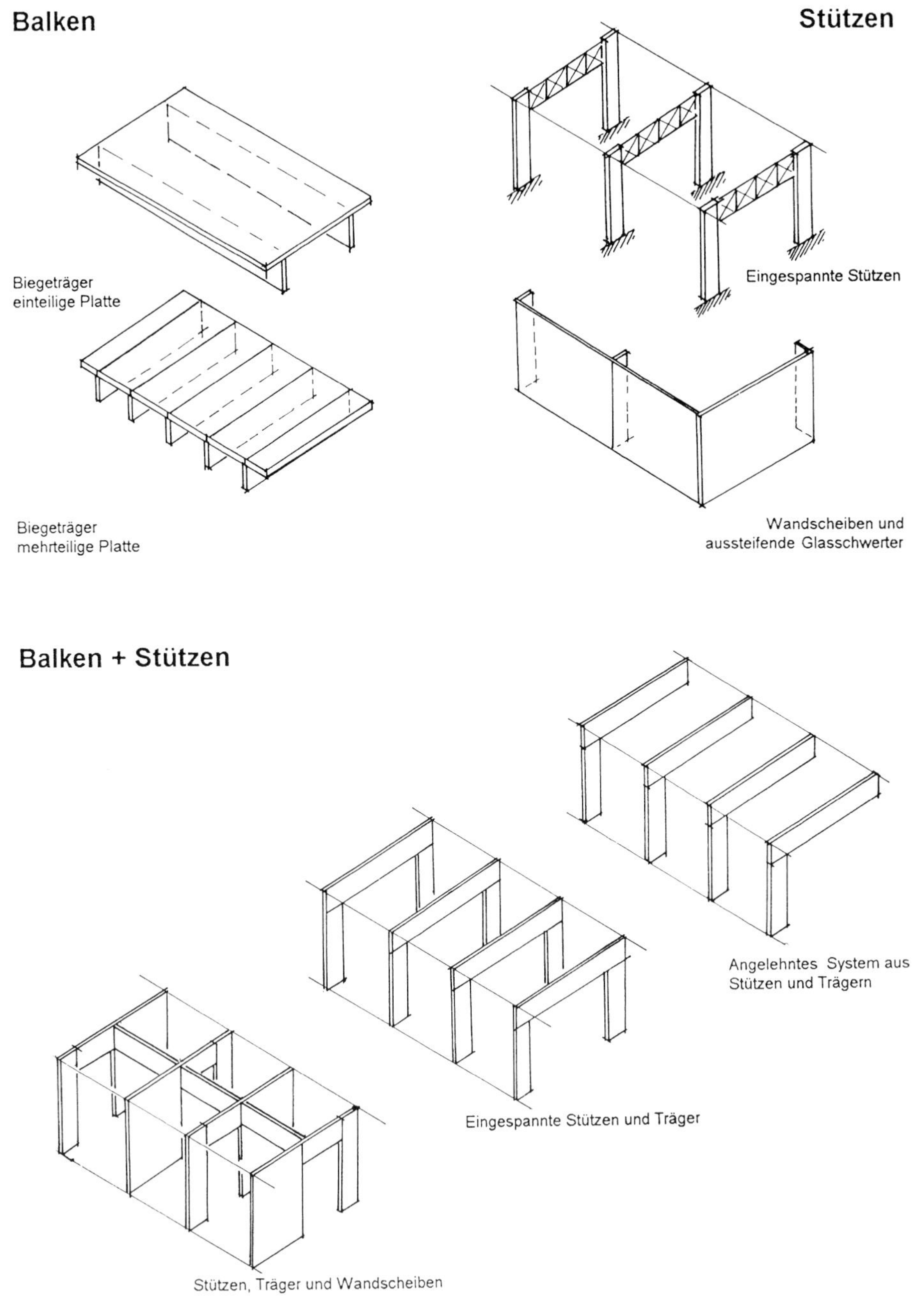

51 Balken- und Stützentragwerke aus Glas und deren Kombinationen

Scheiben, deren Abmessungen je nach Hersteller deutlich unter denen der Floatglasscheiben liegen. Durch diese herstellungsbedingten Maximalabmessungen werden die Größen von einfachen Tragwerken, die meist nur aus einteiligen Elementen bestehen, wesentlich eingeschränkt.

Die Häufung der Scheibentragwerke mag daher rühren, daß Glas als scheibenartiger Baustoff gut zur Aufnahme von Normalkräften in dieser Richtung geeignet ist. Die auftretenden Biegebelastungen müssen durch die verschiedenen beschriebenen Arten der Aussteifung – Fachwerke, Seilverspannungen und Glasschwerter – aufgenommen werden.

Mit dem Wunsch nach mehrgeschossigen Glasfassaden entstand auch in diesem Bereich das Problem der maximalen Glasabmessungen. Dies wurde durch die Entwicklung der Punkthalter und der erst dadurch ermöglichten Reihung aneinanderhängender Glasscheiben gelöst.

Die Grenze der Realisierbarkeit solcher hängenden Fassaden liegt in der Fixierung der Scheiben am hochbelasteten oberen Ende: Die bei den einteiligen hängenden Fassaden üblichen Klemmungen scheiden bei heute häufig verwendeten VSG-Scheiben aus, da die verbindende PVB-Folie unter der Klemmlast fließt und damit diese Fixierung unwirksam werden läßt. Die Befestigung durch Punkthalter hat ihre Grenze in der schnell erreichten maximalen Lochlaibungsspannung.

Soll die Transparenz eines Glastragwerkes gesteigert werden, kann dies bei kleinen Systemen durch die Vermeidung zusätzlicher Elemente bei einer geschickten Tragwerkgeometrie erfolgen. Bei größeren Systemen kann die Filigranität der Konstruktion durch Vermeidung von biegebelasteten Tragelementen zugunsten von normalkraftbelasteten erhöht werden. Hierzu sind besonders Flächen- und Raumtragwerke verwendbar, da Glas am besten zur Ableitung von Normalkräften, d.h. Druck über Kontaktpressung durch Linienlager und Zug über Klemmung oder Punktbohrungen, geeignet ist. [5.2/2 bis 5.2/4]

Insgesamt kann trotzdem ein Schwerpunkt im Bereich der biege- oder hybridbelasteten Tragwerke beobachtet werden. Dies verdeutlicht zwar die konstruktiven Möglichkeiten der Zeit, wegen der Diskrepanz zwischen dem Realisierten und den Möglichkeiten, die der Baustoff noch bietet, ist jedoch eine Erschließung weiterer Tragwerkbereiche zu erwarten.

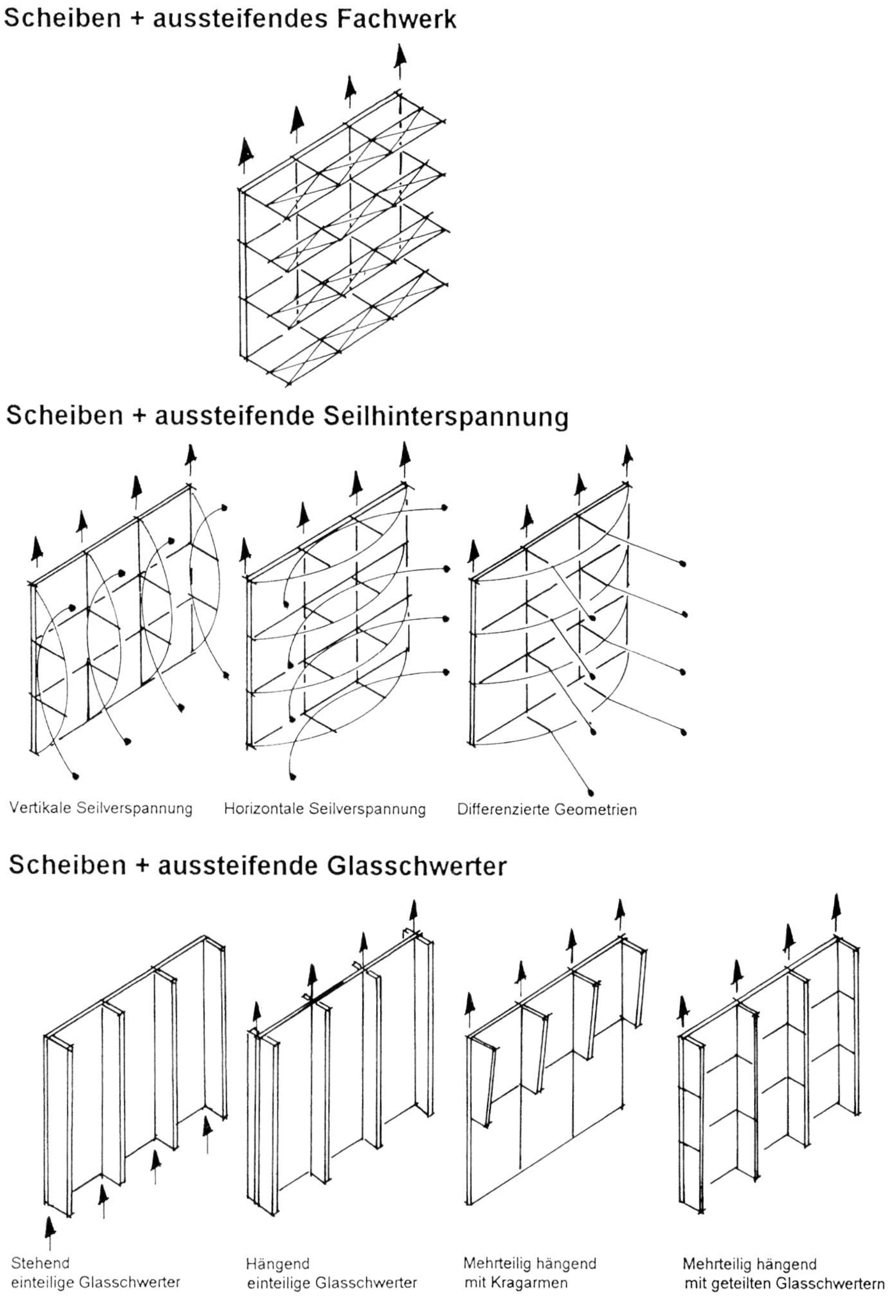

52 Scheibenförmige Flächentragwerke aus Glas mit verschiedenen Aussteifungen

5.3 Glas als Sekundärtragelement

Belastung	Geometrie					
	Stabtragwerke			Flächentragwerke		Raumtragwerke
	Gerade	Addition von Geraden	Geknickt Gekrümmt	Eben	Gefaltet Gekrümmt	
Biegung						
Hybrid	Balken + Stütze Stützen Stützen + Seile 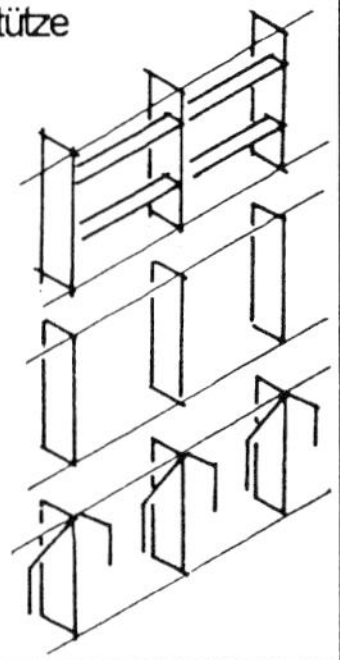	Unterspannung 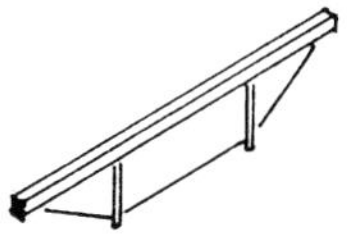	Rahmen 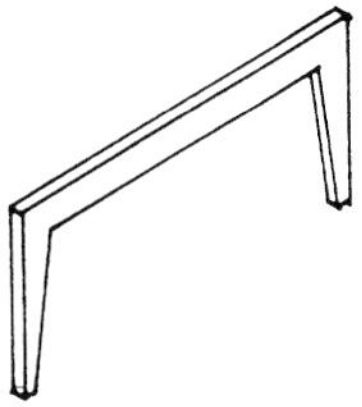	Unter- / überspannter Trägerrost 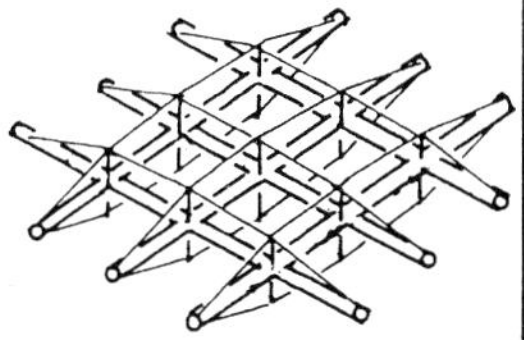		
Normalkraft	Seil 	Fachwerk 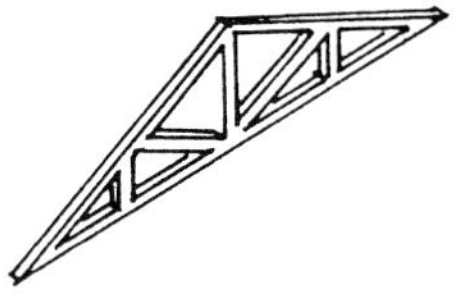	Bogen Seil Seilverspannung 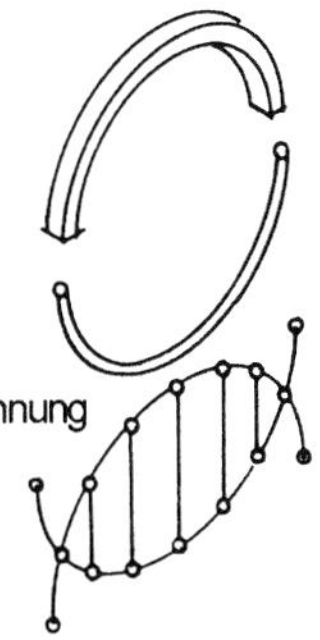	Fachwerkträgerrost 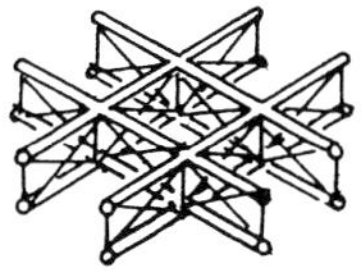 Ebenes Seilnetz 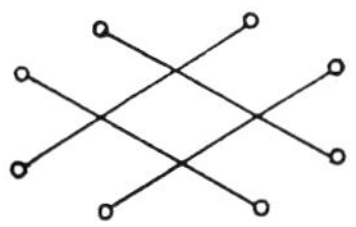	Tonne / Gitterschale Kuppel / Gitterschale Seilnetz 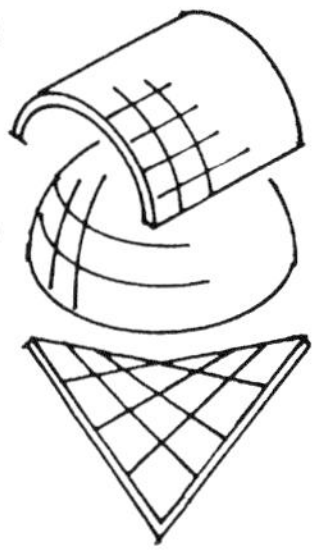	

Belastung	Geometrie					
	Stabtragwerke			Flächentragwerke		Raumtragwerke
	Gerade	Addition von Geraden	Geknickt Gekrümmt	Eben	Gefaltet Gekrümmt	
Biegung						
Hybrid	Renault-Centre / Swindon B 8 / London Financial Times London 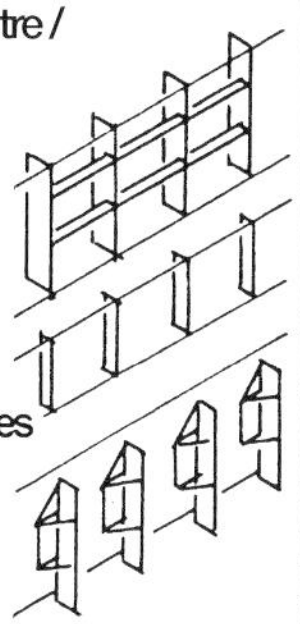	Festival Theatre / Edinburgh 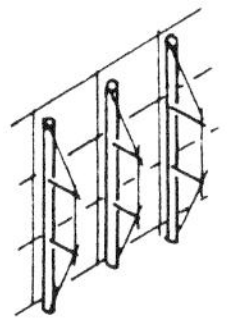	Züblin-Haus / Stuttgart 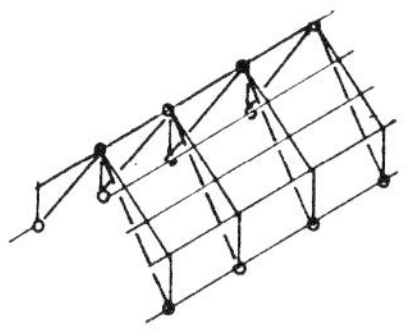	Gläserner Himmel / Stuttgart 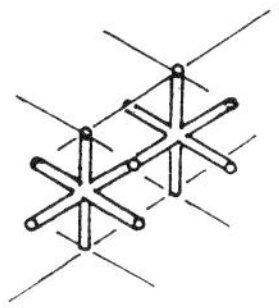		
Normalkraft	Reina Sofia / Madrid 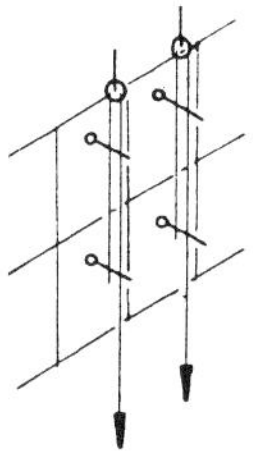	Ausstellungspavillon / Bottrop 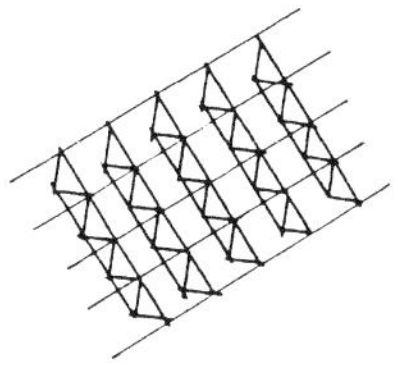	Waterloo Int. / London HBF / Ulm Hilton / London 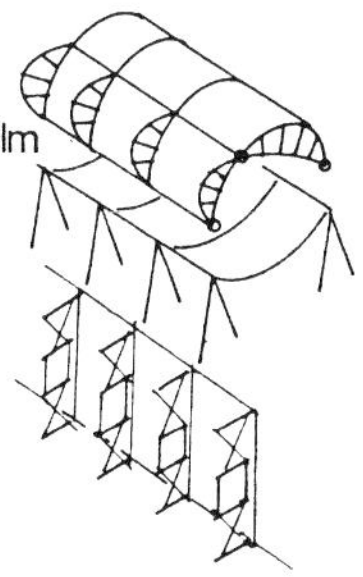	Museum / Montreal  Bürohaus / Gniebel 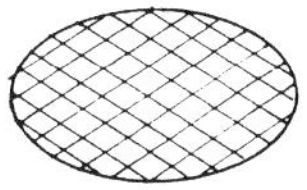	Museum f. Hamburgische Geschichte Aquatoll / Neckarsulm Diplomatischer Club / Riyadh 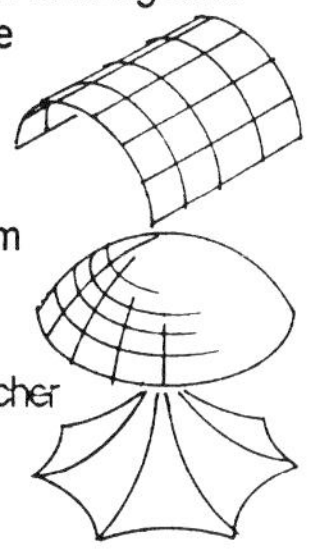	

5.3 Glas als Sekundärtragelement

Die im folgenden dargestellten Projekte bestehen aus Tragwerkssystemen, bei denen Glas als Eindeckung, aber ohne tragende Funktion verwendet wurde. Sie werden anhand der in Abschnitt 3.3 entwickelten Tragwerktypologie strukturiert.

Die Auswahl der hier beschriebenen Projekte ist sicher nicht umfassend und erfolgte unter den Gesichtspunkten unkonventioneller Tragwerklösungen und interessanter oder neuer Details. Weitere Projekte werden in Abschnitt 8.3 vorgestellt. [5.3/1 bis 5.3/4]

Stütze und Balken

Tragwerke mit Stützen und Balken sind hybrid belastet, da zum einen das Eigengewicht der Konstruktion als Normalkraft in die Stützen eingeleitet wird, zum andern die horizontale Belastung durch Biegung der Balken und Stützen in deren Widerlager abgetragen wird. Bei den hier vorgestellten Beispielen von Fassadentragwerken werden diese im allgemeinen als Pfosten-Riegel-Konstruktionen bezeichnet.

Um eine gelungene Pfosten-Riegel-Konstruktion handelt es sich bei der Fondation Cartier in Paris. Die Fassade besteht aus geschoßweise angeschlossenen Pfosten und jeweils vier Riegeln, auf denen die Verglasung mittels Aluminiumprofilen und Edelstahlhalteleisten fixiert ist. In den Bereichen, in denen der Baukörper gegenüber der Fassade zurückspringt, werden die Pfosten von einem separaten, hinter der Fassade stehenden Stahltragwerk gehalten.

Filigranität kann bei diesen Fassaden durch die Verwendung von möglichst schlanken Fassadenprofilen, beispielsweise Preßleisten statt Glashalteleisten (siehe auch Abschnitt 7.6) oder durch die Loslösung der Glasebene von der Tragebene mittels Punkthaltern erreicht werden.

Um eine solche Loslösung der Glasebene handelt es sich bei dem Parts Distribution Centre for Renault UK in Swindon. Hier wurden die Glasscheiben durch Punkthalter mit einem Abstand an den Riegeln befestigt. Die Windlasten und das Eigengewicht werden durch die Riegel in die Pfosten abgeleitet.

1/2 (Seiten 84/85) Tragwerktypologie Glas als Sekundärtragelement – Projektbeispiele

3 Fondation Cartier / Paris
4 Parts Distribution Centre for Renault UK / Swindon

Stütze

Durch den Verzicht auf eine Tragwerkebene, im Fall der Fassaden die Riegel, entstehen hybridbelastete Stützentragwerke: Die horizontalen Windlasten werden durch die Verglasung aufgenommen und in die Stützen eingeleitet. Diese tragen die Horizontallast durch Biegung und das Eigengewicht durch Normalkraft in die Auflager ab.

Mit dem Ersetzen der horizontalen Riegel durch die Glasscheiben kann die Filigranität des Erscheinungsbildes gesteigert werden, da weniger Tragelemente notwendig sind. Der Achsabstand der Stützen wird jedoch durch die maximale Scheibenbreite begrenzt und ist sicherlich geringer als bei Pfosten-Riegel-Konstruktionen.

Ein Beispiel für ein solches Tragwerk ist die Fassade des Bürogebäudes B 8 in Stockley Park bei London, wobei hier die Glasscheiben über Punkthalter an die geschoßhohen Pfosten angeschlossen sind.

Bei der Bayerischen Vereinsbank in Stuttgart besteht das Pfostentragwerk aus je zwei gegeneinander verschiebliche, geschoßhohe Pfosten. An diesen sind die horizontal durchlaufenden Scheiben mit beweglichen Glashaltern fixiert. Durch Verschieben der beiden Pfosten gegeneinander können die Glasscheiben geöffnet werden.

Stütze und Seil

Die Einschränkung des Achsabstandes bei Stützenkonstruktionen auf eine Scheibenbreite kann dadurch aufgehoben werden, daß zusätzlich Vertikalseile das Gewicht der Glasscheiben nach oben in die Stützen ableiten. Die horizontale Aussteifung erfolgt über seitliche Kragarme an den Stützen. Das so entstandene Tragwerk besteht aus durch Windlasten und Eigengewicht hybridbelasteten Stützen und seitlichen Kragarmen sowie durch Eigengewicht normalkraftbelasteten Seilen.

Ein frühes Beispiel hierfür ist das Gebäude der Financial Times in London. Das Gewicht der von den Stützen dreigeteilten Fassade wird von Seilen, die ihre Last in die Stützen einleiten, und diesen selbst getragen. Gegen Windlasten stabilisieren die seitlich an die Stützen angeschlossenen fachwerkartig ausgebildeten Kragarme.

5 Bürogebäude B 8 – Stockley Park / London
6 Bayerische Vereinsbank / Stuttgart

7 Financial Times / London
8 Financial Times / London

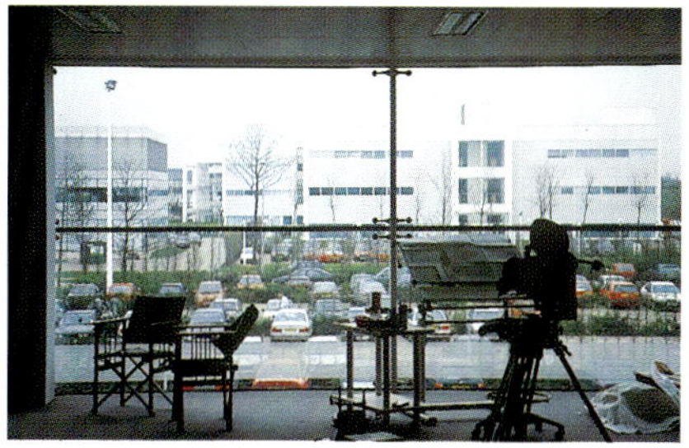

In ähnlicher Weise, jedoch mit nach außen gebogenen Stützen, wurde auch die Fassade des Gebäudes der Western Morning News in Plymouth konstruiert.

Bei dem Car-Show-Room in Hamburg befinden sich die Fassadenstützen mit den Kragarmen und den Seilen auf der Innenseite. Je zwei Seile tragen die Last von zwei Achsen der Fassade in eine Stütze ab. Die Windlasten werden wieder durch die Kragarme in die Stützen eingeleitet. Durch die große Distanz zwischen Stützen und Verglasung, die durch die Kragarme realisiert werden konnte, entsteht der filigrane Eindruck der Fassade.

Dem gleichen Prinzip folgen die Fassaden des TGV-Bahnhofes in Roissy sowie die Frontfassade des Insignia House in London mit seinen fachwerkartig ausgebildeten Stützen und Kragarmen.

Seile

Die filigranste Art der Lastübertragung erfolgt durch zugbelastete Seile, da diese nicht knickgefährdet sind, die Stabilisierung gegen horizontale Lasten muß jedoch anderweitig gewährleistet werden. Des weiteren muß die Aufnahme der Seilkräfte durch ein massives umgebendes Bauwerk sichergestellt werden.

Ein Beispiel einer an Seilen hängenden Fassade ist das Büro- und Produktionsgebäude Glasbau Seele in Gersthofen. Die Glasscheiben werden von den horizontalen, an vertikalen Zugstangen hängenden Fassadenprofilen gehalten. Die Stabilisierung gegen horizontale Lasten erfolgt durch die waagerechten Fassadenprofile, die ihre Last in Abständen in die Stützen des Haupttragwerkes einleiten.

Im Gegensatz hierzu werden die Horizontallasten bei der Frankfurter Werbeagentur durch Stützen direkt in das Tragwerk des Massivbaus eingeleitet, während das Eigengewicht der Fassade auch hier an vertikalen Seilen hängt.

Außenliegende Seile mit federnd gelagerter Rückverspannung in das Fundament tragen die Glasfassade der Aufzugtürme des Museums Reina Sofia in Madrid. Die horizontale Stabilisierung erfolgt durch eine punktweise Fixierung am innenliegenden Tragwerk, ein Umstand, der darstellt, weshalb das doppelte Seilsystem in Frage gestellt werden kann.

9 Car-Show-Room / Hamburg
10 Western Morning News / Plymouth
11 Insignia House / London

12 Büro- und Produktionsgebäude Glasbau Seele / Gersthofen
13 Werbeagentur / Frankfurt
14 Museum Reina Sofia / Madrid

Unterspannung

Unterspannte Träger bestehen aus einer Addition von Stabtragwerkelementen. Da der Druckgurt des Trägers durchlaufend ist, werden dort, anders als beim Fachwerksystem mit gelenkigen Knoten, Biegebeanspruchungen aus asymmetrischen Belastungen aufgenommen. Die im System herrschende Drucklast auf den Obergurt wird als Normalkraft aufgenommen. Es entsteht ein hybridbelastetes Tragwerk.

Eine Fassade mit unterspannten Trägern ist die des Festival Theaters in Edinburgh. Hier werden die Glasscheiben von geschoßhohen Trägern gehalten, die zur Ableitung der Winddrucklasten unterspannt sind. Der Windsog wird durch Biegung im Trägerobergurt aufgenommen.

Ein System mit Unterspannung für Winddruck und -sog findet sich bei der neuen Glaswand der Waterloo Station in London. Hier tragen die Rundrohre der unterspannten Träger das Gewicht der Fassade und die Systemdruckkräfte der Unterspannung.

15 Neue Glaswand Waterloo Station / London
16 Ausstellungspavillon / Bottrop

Fachwerk

Bei Fachwerken erfolgt die Zerlegung der Belastung in überwiegend normalkraftbelastete Stabtragelemente. Um die Filigranität des Systems zu steigern, kann der Obergurt des Fachwerkes direkt als Auflager für die Verglasung genutzt werden.

Dicht nebeneinanderliegende geneigte Fachwerkträger halten die mit speziellen Glashaltern zu öffnenden Scheiben des Ausstellungspavillons in Bottrop.

Ein ähnlich geneigtes Dach besitzt der Büroturm in Tokio, jedoch werden hier die Drucklasten durch die inneren und die Soglasten durch die außenliegenden Fachwerkträger aufgenommen. Gegen Kippen sind diese zusätzlich mit seitlichen Abspannungen gesichert.

Um ein nicht sofort verständliches Fachwerkträgersystem handelt es sich bei dem TGV-Bahnhof in Roissy: Da der Träger sehr große Kragarme besitzt, liegen der Druckgurt auf der unteren und der Zuggurt auf der oberen Seite des Systems. So konnte ein relativ transparentes Dach ohne direkt unter der Dachfläche liegende Druckgurte realisiert werden.

17 Büroturm / Tokio
18 TGV-Bahnhof / Roissy

Rahmen

Bei Rahmen handelt es sich um hybridbelastete, geknickte Stabtragwerke, bei denen durch die biegesteifen Verbindungen die im System wirkenden Kräfte in die Ecken verlagert werden.

Die Innenhofüberdachung des Züblin-Hauses in Stuttgart ist ein solches Rahmentragwerk aus Stahlbeton, bei dem die Verglasung durch ein Subsystem aus Pfetten und Verglasungssprossen getragen wird.

Bei der East Croydon Station in London werden die biegesteifen Ecken der beiden Rahmen durch Seilabspannungen erzeugt. Zwischen den Fachwerkriegeln der Rahmen liegt der Fachwerkträgerrost, auf dem die Verglasung aufliegt.

Bogen

Bögen, normalkraftbelastete, gekrümmte Stabtragwerke sind gegenüber Rahmen filigraner, da nur Biegebelastungen aus asymmetrischen Belastungen aufgenommen werden müssen.

Ein Beispiel für die Schlankheit von Bogentragwerken ist das Dach des Berger Tunnels in Stuttgart, bei dem extrem schlanke I-Profile die auf der Unterseite montierte Glaseindeckung tragen.

19 Züblin-Haus / Stuttgart
20 East Croydon Station / London

Auch das Design-Center in Linz besteht aus Bögen. Hier liegt die Verglasung auf einem Subsystem von Nebenträgern und Verglasungssprossen auf.

Um die Biegebelastung noch zu verringern, wurden die Bögen der Bahnhofsüberdachung in Chur mit Zugstangen speichenartig unterspannt. Auch hier wird die Verglasung durch ein Subsystem getragen.

Durch ein Abweichen von der Stützlinie und Verspannen dieser Abweichungen entstand das einprägsame Tragwerk des Waterloo International Terminals in London. Die Verglasung der zur Stadt gewandten Seite wird durch ein System von Kragarmen und Rohrträgern gehalten.

Seile

Eine weitere Steigerung der Effizienz erfolgt bei Tragwerken mit gekrümmten Seilen, da die Lasten als Normalkraft durch Zug abgetragen werden und das System somit nicht knickgefährdet ist.

21 Berger Tunnel / Stuttgart
22 Bahnhofsüberdachung / Chur
23 Waterloo International Terminal / London

Nachteilig bei solchen Tragwerken ist jedoch der Rand, da hier meist große Kräfte aus den Seilen aufgenommen werden müssen. Des weiteren muß eine Stabilisierung gegen asymmetrische Belastungen durch Auflast, meist Eigengewicht der Konstruktion, erfolgen.

Das Vordach des Ulmer Hauptbahnhofes ist ein solches Tragwerk aus gekrümmten Seilen. Die Verglasung, die auch als stabilisierende Auflast dient, ist direkt auf die Zugbänder aus Flachstahl aufgelegt.

Seilverspannung

Durch eine Überlagerung zweier gekrümmter Seilebenen kann die Stabilisierung ohne Auflast erfolgen. In so entstehende Seilverspannungen müssen Vorspannungen eingebracht werden, damit in den Zugelementen je nach Belastung kein Druck entsteht. Nachteilig sind auch hier die hohen Zuglasten und die damit verbundenen Randanschlüsse, die durch das umgebende Gebäude aufgenommen werden müssen. Der Vorteil ist in der großen Effizienz und damit Filigranität des Systems zu sehen.

Diese Systeme haben sich aus mit Seilverspannungen stabilisierten hängenden Verglasungen entwickelt (siehe Abschnitt 5.2), wobei es sich um konstruktiv einfachere Varianten handelt, da das Gewicht der Fassade durch die vertikalen Seile und nicht durch die Glasscheiben aufgenommen wird.

Die beiden Fassaden des Hilton-Hotels in London bestehen aus je zwei Ebenen solcher Seilverspannungen. Sie sind in drei aneinanderhängende Systeme unterteilt, deren Horizontallasten durch liegende Fachwerkträger in die seitlichen Baukörper eingeleitet werden.

Auf die gleiche Weise, allerdings mit enormen Abmessungen, sind die Stirnwände des Düsseldorfer Stadttores konstruiert.

Hybrider Trägerrost

Mit dem „Gläsernen Himmel" in Stuttgart gelang die Entwicklung eines hybridbelasteten ebenen Flächentragwerkes: Es besteht aus biegesteifen Rohrknoten, die mit Seilunter- und -überspannung sowie parabelförmigen Tragseilen zu einem Trägerrost verbunden sind. Die Verglasung ist mit Punkthaltern über dem Trägerrost fixiert.

24 Vordach HBF / Ulm
25 Hilton Hotel / London

26 Düsseldorfer Stadttor
27 „Gläserner Himmel" / Stuttgart

Fachwerk-Trägerrost

Durch die Addition von Fachwerkträgern entsteht ein normalkraftbelastetes ebenes Flächentragwerk, der Trägerrost.

Bei den Glasdächern des Musée des Beaux-Arts in Montréal handelt es sich um solche Fachwerkträgerroste. Die geneigten Dächer bestehen aus horizontalen und vertikalen Fachwerkträgern. Um den Untergurt als Zuggurt ausbilden zu können, wurden die Trägerroste gegen Windsoglasten durch Seilverspannungen gesichert. Der Obergurt dient ohne Subsystem als Auflager für die Verglasung.

Aus drei Ebenen besteht der Trägerrost der Louvre-Pyramide in Paris. Hier werden die beiden sich kreuzenden Fachwerkträgerscharen gegen Sogkräfte durch umlaufende horizontale Seilverspannungen gesichert. Auch bei diesem Projekt liegt die Verglasung direkt auf dem Obergurt auf.

Ebenes Seilnetz

Eine relativ neue Entwicklung stellen ebene Seilnetze dar, die aus zwei sich kreuzenden Seilscharen bestehen, und die als normalkraftbelastete Systeme erst durch Verformung die zur Ableitung der Belastungen notwendige statische Höhe erhalten. Um so erstaunlicher ist der Einsatz von Glas bei diesem beweglichen System. Er ist nur möglich durch eine relativ elastische Lagerung der Scheiben.

Ein Beispiel dieser ebenen Seilnetze ist die Fassade des Hotels Kempinski in München. Unter maximaler Windlast kann sich das System um ca. einen Meter verformen und ist dadurch ähnlich einem Spinnennetz in der Lage, die Windlasten aufzunehmen. Es besteht aus Vertikalseilen, die das Gewicht der Fassade tragen, und Horizontalseilen, die die Windlasten in die seitlichen Baukörper einleiten.

Nach dem gleichen Prinzip sind auch die Fassaden des World-Trade-Centers in Dresden konstruiert.

Eine horizontale Variante eines ebenen Seilnetzes findet sich im Dachtragwerk des Bürohauses in Gniebel: In einen umlaufenden ovalen Druckring sind die sich kreuzenden Seile eingefügt. Das Eigengewicht erzeugt den Durchhang des Systems und stabilisiert gegen Soglasten. Über Klemmringe und Punkthalter sind die Glasscheiben angeschlossen, vom Tragwerk losgelöst.

28 Musée des Beaux-Arts / Montréal
29 Louvre-Pyramide / Paris

30 Hotel Kempinski / München
31 Bürohaus / Gniebel

Mit der Verwendung von zugbelasteten Elementen im Bereich der Verglasung erreichen diese sozusagen „aktiven" Systeme eine maximale Filigranität. Der Randbereich solcher Konstruktionen muß jedoch so ausgebildet werden, daß die Vorspannung und die durch die Belastung entstehenden Zuglasten aufgenommen werden können.

Tonnen-Gitterschale

Um eine Wiederentdeckung der Gitterschalen des 19. Jahrhunderts für den aktuellen Glasbau handelt es sich bei den Gitterschalen: Durch horizontale und bogenförmige Flachstahlstäbe und eine diagonale Seilunterspannung, die die Dreieckmaschen erzeugt, entstehen überwiegend normalkraftbelastete Schalentragwerke. Wenn die Gitterstäbe direkt als Auflager für die Verglasung herangezogen werden, zeigt sich die Effizienz des Systems in einem Glasanteil von bis zu 95 %.

Das Projekt, welches den Aufschwung dieser Gitterschalen begründet hat, ist das Museum für Hamburgische Geschichte in Hamburg, bei dem der L-förmige Innenhof mit einer Gitterschale aus Flachstählen und Seilunterspannungen geschlossen ist. Zur Stabilisierung des Systems wurden in Abständen speichenradähnliche Seilfächer eingefügt. Den Bereich des Kreuzungspunktes der Tonnen schließt eine Übergangskuppel.

Von den vielen folgenden Projekten sei hier nur noch die Tonnen-Gitterschale des Mineralbades in Bad Cannstatt erwähnt, bei der das Gitternetz durch die Verspannung mit den Seilfächern eine zusätzliche gegensinnige Krümmung erhielt.

Ein anderer Weg wurde bei der Gitterschale der Zentralen Halle der Neuen Messe in Leipzig beschritten: Das Gitternetz besteht aus zu Viereckmaschen biegesteif miteinander verbundenen Rohren und wird durch außenliegende Fachwerkbogenbinder gegen Verformung stabilisiert. Mittels Haltearmen und Punkthaltern ist die Verglasung mit Abstand unter dem Gitternetz fixiert.

32 Museum für Hamburgische Geschichte / Hamburg
33 Mineralbad / Bad Cannstatt
34 Neue Messe, Glastonne der Verwaltung / Leipzig
35 Neue Messe, Zentrale Halle / Leipzig

Kuppel-Gitterschale

Dem Prinzip der Tonnen-Gitterschale folgend, lassen sich aus Viereckmaschen und diagonalen Seilunterspannungen auch Kuppeln und kuppelähnliche freie Formen bilden. Hierbei werden auf einer Leitlinie erzeugende Kurven angeordnet, so daß gleichsinnig oder gegensinnig gekrümmte Flächen entstehen.

Bei rechteckigen Grundrissen muß die gleichsinnige Krümmung der Kuppeln in eine gegensinnige Krümmung im Randbereich überführt werden, um geometrische Unverträglichkeiten zu vermeiden.

Das Dach des Aquatolls in Neckarsulm ist eine solche Kuppel aus einer Gitterschale. Wie bei dem Vorgänger in Hamburg werden auch hier die Netzmaschen durch Flachstähle und Diagonalseile gebildet. Nur der aus der Geometrie begründete Rand mit unterschiedlichen Scheibenformaten stört die Reinheit der Form.

Ähnliches gilt für das Dach des Flußpferdehauses des Berliner Zoos: Zwei Kuppelausschnitte sind mit einem Sattel zu einem Gitternetz verbunden. Als Randprofil dient ein umlaufendes Rohr, auf dem das Gitternetz mit unterschiedlichen Maschenformen endet.

Bei der kuppelähnlichen freien Form der Innenhofüberdachung eines Bürogebäudes in der Friedrichstraße in Berlin konnte dieses Problem der Randausbildung mit gleichen Maschenformaten gelöst werden: Über einem rechteckigen Grundriß wurde eine im Zentrum gleichsinnig und in den Eckbereichen gegensinnig gekrümmte Gitternetz-Kuppel aus Flachstählen und diagonaler Seilunterspannung mit erstaunlich flachen Krümmungen realisiert.

Räumliches Seilnetz

Trotz der hohen Effizienz dieser nur zugbelasteten Tragwerke sind nur sehr wenige räumlich gekrümmte Seilnetze mit Glaseindeckung ausgeführt worden. Dies mag zum einen an den großen Bewegungen der Systeme unter Lasteinwirkung und der daraus folgenden schwierigen Lagerung der Scheiben liegen. Zum anderen haben Seilnetze einen eher temporären Charakter, für den sich die nicht sehr dauerhafte, aber einfache Eindeckung mit Plexiglas rechtfertigen läßt.

Eines der wenigen Beispiele eines Seilnetzes mit Glaseindeckung ist der Diplomatische Club in Riyadh. Das aus einem Pylon und zehn gegensinnig gekrümmten Seilnetzfeldern be-

36 Aquatoll / Neckarsulm
37 Flußpferdehaus Zoo / Berlin
38 Bürogebäude Friedrichstraße / Berlin

39 Diplomatischer Club / Riyadh
40 Stadtbahnzugang Reinoldi / Dortmund

stehende Zelt wurde mit bemalten Glasscheiben geschlossen. Die Lagerung des Glases erfolgte über teilweise elastische Federstahlhalter mit Neoprennoppen.

Weniger überzeugend ist das aus Seilnetzen gebildete Dach des Stadtbahnzuganges Reinoldi in Dortmund, da die Maschen des Netzes aus Stahlprofilen gebildet werden und das System somit einen großen Teil seiner Filigranität einbüßt.

Entwicklungsschwerpunkte

Da die Auswahl der vorgestellten Projekte nicht umfassend ist, können konkrete Entwicklungsschwerpunkte nur bedingt eingegrenzt werden. Trotzdem läßt sich erkennen, daß sich zum einen Tragwerk und Glasebene durch geschickte Geometrien und die konsequente Anwendung der Punktlagerung von Glasscheiben voneinander trennen lassen, zum anderen durch den Einsatz von effizienten Tragwerken der Anteil und die Masse von Tragelementen minimiert wird.

Die Loslösung der Glasebene vom Tragwerk läßt sich bei den Stützentragwerken beobachten, bei denen das Gewicht der Fassade von Seilen in die Stützen eingeleitet wird und die Horizontallasten durch seitliche Kragarme aufgenommen werden.

Durch den Einsatz von zugbelasteten Seilen konnte die Transparenz bei Tragwerken gesteigert werden, bei denen das Gewicht der Fassade über die Seile und die Horizontallasten über Verankerungen zum Bauwerk abgeleitet wird.

Ein nächster Schritt in Richtung Filigranität sind Seilverspannungen, bei denen auch die Aussteifung der Fassaden durch Seile erfolgt.

Das effizienteste und filigraneste Tragwerk dieser Art bilden ebene Seilnetze, die als quasi „aktive" Tragwerke erst durch Verformung die Belastungen aufnehmen können.

Eine dritte zu beobachtende Entwicklung sind Gitterschalen, bei denen durch die Geometrie masseaufwendige Biegetragelemente vermieden werden. Nachdem Gitternetze mit einsinnigen und gleichsinnigen Krümmungen für Kuppeln und, mit Seilfächern stabilisiert, Tonnen angewendet werden konnten, ist nun eine Entwicklung von freien und hyperbolischen Formen mit gegensinnigen Krümmungen absehbar. [5.3/5]

41 Loslösung der Glasebene vom Tragwerk: Car-Show-Room / Hamburg
42 Seile tragen die Glasfassade: Werbeagentur / Frankfurt
43 Seilverspannung: Hilton Hotel / London

44 Ebenes Seilnetz: Hotel Kempinski / München
45 Gitternetztonne: Museum für Hamburgische Geschichte / Hamburg
46 Gitternetzkuppel über rechteckigem Grundriß: Bürogebäude Friedrichstraße / Berlin

6 Entwicklung / Auswertung

6.1 Entwicklung von Fassadentragwerken

6.1 Entwicklung von Fassadentragwerken

Eine Entwicklung, die nicht im Rahmen der Unterscheidung zwischen tragendem und nichttragendem Glas dargestellt werden kann, ist die der Fassadentragwerke. Sie verfolgt das Ziel einer höheren Transparenz, welche entweder durch die Weiterentwicklung der Tragwerke und deren Filigranität oder durch den konstruktiven bzw. tragenden Einsatz von Glas möglich wird.

Die hier dargestellten Entwicklungsschritte entsprechen der Reihenfolge der strukturellen Entwicklung, wobei mit jedem Schritt die Komplexität der Systeme zunimmt. Sie muß im Zusammenhang mit der in Abschnitt 5.1 angesprochenen Entwicklung der technischen Möglichkeiten gesehen werden.

Hintergrund des hier Dargestellten sind Alan J. Brookes' Vergleich von Fassadentragwerken [6.1/1] sowie eigene Überlegungen zu deren Entwicklung. [6.1/2, 6.1/3] In diesem Kapitel werden die gebräuchlichen Konstruktionsbezeichnungen verwendet, die nicht immer den in Kapitel 5 verwendeten Bezeichnungen der Tragwerke entsprechen.

Ausgehend von einfachen Pfosten-Riegelkonstruktionen wie die der Fondation Cartier konnte durch den Ersatz der druckbelasteten Pfosten durch zugbelastete Seile eine Riegelkonstruktion entwickelt werden, bei der das Eigengewicht nach oben in das Bauwerk abgeleitet wird, während die Horizontallasten durch die Riegel abgetragen werden. Durch das Fehlen der Pfosten konnten die mit Silikon geschlossenen vertikalen Fugen sehr schlank ausgebildet werden, während die Riegel als horizontale Bänder weiterhin die Fassade gliedern. Ein Beispiel einer solchen Riegelkonstruktion mit Seilen ist das Büro- und Produktionsgebäude des Unternehmens Seele.

Durch die Auflösung der Horizontalriegel in Fachwerkträger kann die Filigranität der Konstruktion noch weiter gesteigert werden. Das Bauwenshaus in Leipzig ist ein Beispiel dafür.

Mit der Entwicklung des Einscheibensicherheitsglases und dessen punktförmiger Fixierung entstand die Möglichkeit, die Glasebene von der Ebene der Konstruktion zu trennen. Die Biegebelastung durch Horizontallasten wurde nun nicht mehr vom Fassadentragwerk aufgenommen, sondern durch die Glasscheiben selbst, die die

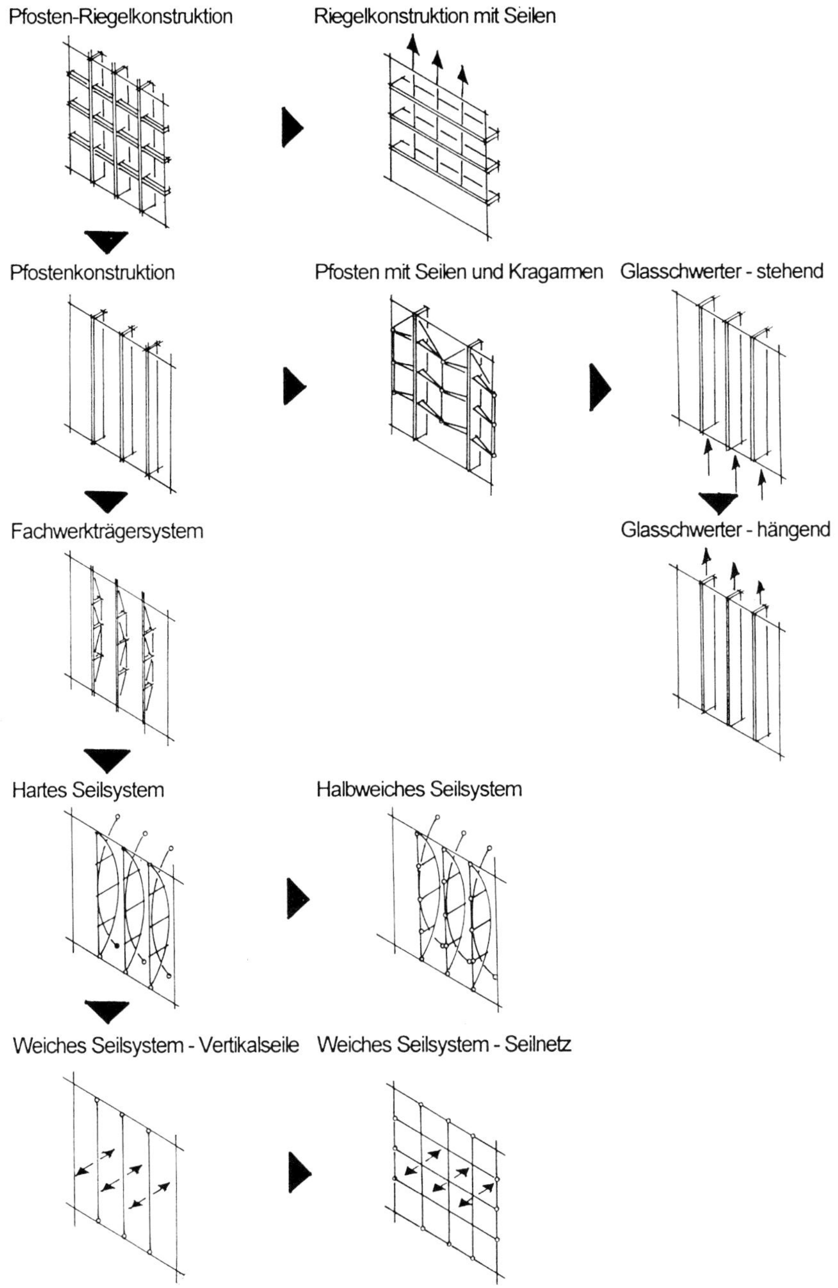

1 Entwicklung der Fassadentragwerke

Lasten punktuell in das Fassadentragwerk einleiten.

Durch diese Trennung konnte zum einen dem Wunsch nach schlanken Fugen zwischen den Glasscheiben entsprochen werden, da dank der Versiegelung mit Silikon keine Klemmleisten- oder Preßleistenprofile notwendig sind, zum anderen konnte das gesamte Tragwerk deutlich hinter die Glasebene gelegt werden.

Ein frühes Projekt, bei dem die Glasscheiben mittels Punkthaltern auf einer Pfosten-Riegelkonstruktion fixiert sind, ist das Parts Distribution Centre for Renault UK in Swindon. Je acht Punkthalter auf den Riegeln fixieren die ca. 4,00 x 1,80 m großen Glasscheiben.

Der nächste Schritt war der Verzicht auf die Horizontalriegel, wobei der Abstand der Pfosten durch die maximale Scheibengröße begrenzt ist. Ein Beispiel für eine solche Konstruktion ist das Bürogebäude B 8 in Stockley Park / London mit einem Achsabstand der Pfosten von 3 m. Die Scheiben sind mit vier Punkthaltern jeweils in den Ecken fixiert, die Horizontalfugen wurden mit Silikon abgedichtet.

Um den Achsabstand der Pfosten zu vergrößern, wurden bei dem Produktionsgebäude der Financial Times in London seitliche Haltearme vorgesehen, die die Glasscheiben mit Punkthaltern in den Ecken fassen und die Horizontallasten aufnehmen, während das Gewicht der Scheiben durch Seile nach oben abgetragen und wieder in die Pfosten eingeleitet wird. Deren Achsabstand beträgt 6 m.

Die bis heute maximale Transparenz konnte durch den Einsatz von gläsernen Pfosten erreicht werden, die als tragend eingesetzte Glasschwerter die Fassade gegen Horizontallasten stabilisieren. Das Eigengewicht der Fassadenscheiben wird nicht in die Glaspfosten, sondern von den Fassadenscheiben direkt nach unten (stehend) oder nach oben (hängend) abgeleitet.

Ein Beispiel für eine stehende Fassade mit Glasschwertern ist das Sainsbury Centre for Visual Arts in Norwich. Der Achsabstand der ca. 7,50 m hohen Scheiben beträgt ca. 2,40 m. Die Schwerter befinden sich auf der Innenseite und sind mit Silikon angeschlossen.

Um eine hängende Fassade mit innen- und außenliegenden Glasschwertern handelt es sich bei dem Wilhelm-Lehmbruck-Museum in Duisburg. Der Achsabstand der ca. 7 m hohen Glasscheiben beträgt hier bis zu 3 m.

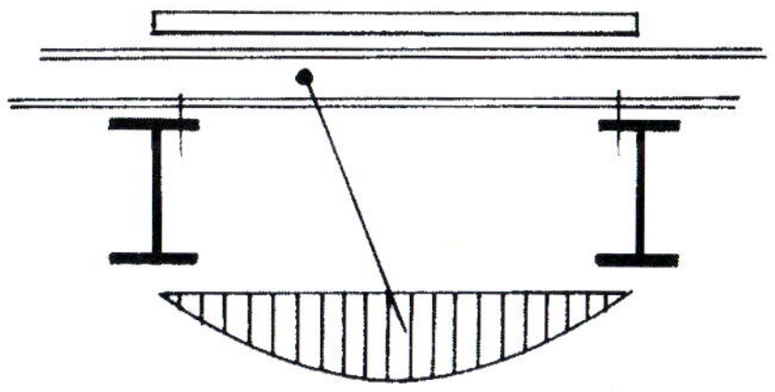

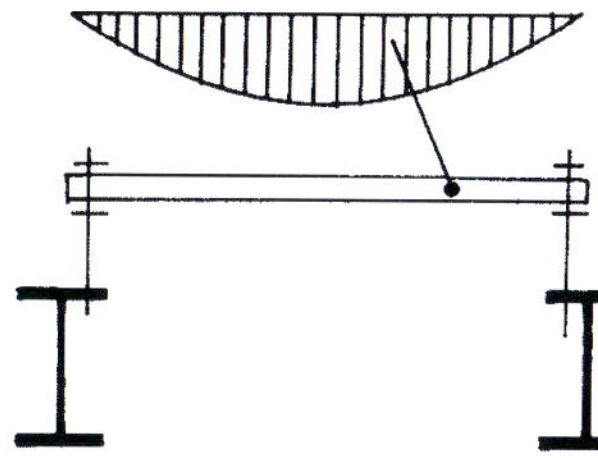

2 Pfosten-Riegelkonstruktion: Fondation Cartier / Paris
3 Riegelkonstruktion mit Seilen: Produktionsgebäude Glasbau Seele / Gersthofen

4 Linienlagerung von Glasscheiben: Biegebelastung im Tragwerk
5 Punktlagerung von Glasscheiben: Biegebelastung in den Glasscheiben
6 Fachwerkartig aufgelöste Riegelkonstruktion mit Seilen: Bauwenshaus / Leipzig

Die Grenze solcher Fassaden wird durch maximale Scheibengrößen und die mögliche Belastung im Glas festgelegt. Daraus resultierten bisher ausgeführte Fassaden mit Abmessungen in der Breite bis zu 3,20 m oder in der Höhe bis zu 13 m. Sie erreichen ihre Transparenz durch die Verwendung von gläsernen Pfosten; die Filigranität des Systems kann hierdurch jedoch nicht gesteigert werden. Dies geschieht eher durch Auflösung der Pfosten in ein Fachwerk.

Ein Beispiel für ein solches System ist der Ausstellungspavillon in Bottrop, bei dem auf Fachwerkträgern mit einem Achsabstand von 0,75 m eine schuppenartige zu öffnende Verglasung montiert ist.

Die weitere Auflösung des Fassadentragwerkes erfolgt durch die Verwendung von Seilsystemen, bei denen sich überschneidende Seilscharen jeweils Windsog oder Winddruck aufnehmen. Der Nachteil solcher Systeme liegt jedoch in den hohen Vorspannkräften, die durch das umgebende Bauwerk aufgenommen werden müssen. Die Größe dieser Vorspannkräfte richtet sich nach der maximal möglichen Verformung, die die Punktlagerung der Glasscheiben zuläßt, ohne zu große Torsionskräfte in die Glasscheiben einzubringen.

Bei starrer Fixierung kann nur eine relativ geringe Verformung zugelassen werden, weshalb hier von harten Seilsystemen gesprochen werden kann. Bei dem als Beispiel angeführten Projekt Hilton Hotel am Heathrow Airport nehmen die Seile neben der Horizontallast auch das Gewicht der Glasscheiben auf und verlaufen deshalb vertikal.

Mit den Wintergärten der Cité des Sciences et de l'Industrie des Parc de la Villette in Paris wurden zwei Entwicklungsschritte vollzogen: Zum einen tragen die aneinanderhängenden Glasscheiben ihr Eigengewicht selbst nach oben ab und ermöglichen so eine nur horizontale Seilverspannung für die Windlasten. Zum anderen konnte dank der gelenkigen Punkthalter ein halbweiches Seilsystem realisiert werden, bei dem größere Verformungen zugelassen werden konnten. Die Vorspannkräfte wurden entsprechend reduziert.

Die maximale Höhe eines solchen Systems wird durch die aufnehmbare Last in den Punkthaltern bestimmt, wobei die Lochlaibungsspannung in der Glasscheibe ausschlaggebend ist. Bisher wurde ohne zusätzliche Abfangungen eine maximale Höhe von 24 m ausgeführt.

7 Loslösung der Glasebene vom Tragwerk: Renault Centre UK / Swindon
8 Pfostenkonstruktion: B 8 in Stockley Park / London
9 Pfosten mit Seilen und Kragarmen: Financial Times / London

10 Stehende Glasfassade mit Glasschwertern: Sainsbury Centre for Visual Arts / Norwich
11 Hängende Glasfassade mit Glasschwertern: Wilhelm-Lehmbruck-Museum / Duisburg
12 Fachwerkträgersystem: Ausstellungspavillon / Bottrop

Um auf die Seilscharen hinter der Glasebene verzichten zu können, ging der bisher letzte Schritt in dieser Richtung zur Entwicklung ebener Seilsysteme: Das Gewicht der Glasscheiben wird durch Seile nach oben abgetragen, die Horizontallasten können jedoch in einem solchen ebenen System nur durch Verformung der Seile aufgenommen werden. Es kann also von einem weichen Seilsystem gesprochen werden. Daraus folgt, daß die Lagerung der Glasscheiben relativ elastisch ausgebildet werden muß.

Als erstes Projekt mit einer solchen Fassade, bestehend aus vertikalen Seilen und horizontalen Riegeln zur Glasfixierung, kann das Eisstadion des Olympiaparkes in München genannt werden.

Um ein ebenes und damit weiches Seilsystem mit horizontalen und vertikalen Seilen handelt es sich bei der Fassade des Hotels Kempinski am Münchner Flughafen. Hier wird das Eigengewicht durch die Vertikalseile aufgenommen und die Windlast in die Horizontalseile eingeleitet. Durch die Größe der Fassade ist trotz einer Gesamtverformung von bis zu 1 m die Verformung der einzelnen Scheiben relativ gering, so daß eine nur bedingt elastische Lagerung möglich war.

Sowohl bei der Entwicklung der Pfostenkonstruktionen zu Glasschwertern als auch von Fachwerkträgersystemen zu Seilsystemen konnte ein Transparenzsprung durch den tragenden bzw. konstruktiven Einsatz von Glas erreicht werden. Aber ebenso, wie durch das Glas neue Möglichkeiten erschlossen werden, ergeben sich gleichzeitig neue Einschränkungen durch begrenzte Produktionsgrößen und maximal aufnehmbare Kräfte mit hohen Sicherheitsfaktoren.

Gleiches gilt auch für die Entwicklung der Punkthalter, bei denen eben diese konzentrierte Lasteinleitung immer der konstruktiv kritische Aspekt ist.

Diese Betrachtungen lassen den Schluß zu, daß weder bei den durch Glasschwerter stabilisierten hängenden oder stehenden Glasfassaden noch bei den harten oder halbweichen Seilsystemen eine weitere Entwicklung zu erwarten ist. Unter dem Aspekt der konstruktiven bzw. tragenden Verwendung von Glas ist diese eher bei den weichen Seilsystemen oder bei gekrümmten oder gefalteten Flächentragwerken zu sehen (siehe auch Abschnitt 6.4).

13 Hartes Seilsystem: Hilton Hotel / London
14 Halbweiches Seilsystem: Cité des Sciences et de l'Industrie, Parc de la Villette / Paris
15 Weiches Seilsystem mit Vertikalseilen: Eissporthalle / München
16 Weiches Seilsystem als Seilnetz: Hotel Kempinski / München

6.2 Eigene Entwicklungen

6.2 Eigene Entwicklungen

Die in diesem Kapitel vorgestellten eigenen Projekte wurden zum überwiegenden Teil im Oberstufenseminar „Konstruktiver Glasbau" entwickelt, welches seit dem Wintersemester 94/95 am Lehrstuhl für Baukonstruktion (Tragwerklehre) an der RWTH Aachen durchgeführt wird. Ein Teil der Projekte konnte realisiert werden. Für Idee und Leitung der Seminare sowie der Projekte zeichnen Prof. Wilfried Führer und der Autor verantwortlich.

Das Seminarkonzept: Zur Einstimmung auf das Thema dient zunächst die theoretische Beschäftigung mit dem Werkstoff Glas, historischen und aktuellen Glaskonstruktionen sowie für deren Entwicklung wichtigen Personen.

Im Anschluß werden unter zuvor theoretisch behandelten Aspekten Entwürfe erarbeitet. Je nach Qualität von Idee und Konstruktion werden die einzelnen Projekte im folgenden von Planungsgruppen weiterentwickelt und bis zur Ausführbarkeit geplant.

Die endgültige Realisierung wurde erst durch großzügiges Materialsponsoring und weitergehende technologische Beratung durch verschiedene Firmen möglich. Der Bau der Projekte erfolgte dann als Kompaktveranstaltung mit dem gesamten Seminar. Da kaum technische Hilfsmittel zur Verfügung standen und die Studenten über keinerlei Erfahrung im Umgang mit Glas verfügten, mußte hierfür eine genaue Ablaufplanung der einzelnen Bauschritte durch die Baugruppenleiter erfolgen.

Mit diesem Seminarkonzept versuchen wir, die Bereiche Forschung, Lehre und Praxis zu verbinden und mit den Studenten über die Vermittlung theoretischen Wissens und das reine Entwerfen hinaus Projekte bis zur Realisierung durchzuführen.

Gerade im konstruktiven Bereich erscheint uns dies besonders wichtig, da im Glasbau oft eine große Diskrepanz zwischen den in Entwürfen geäußerten Wunschvorstellungen und dem praktisch Realisierbaren herrscht.

1 Model Glaspavillon
2 Modell Glasdach

Hintergründe der Entwicklungen

Auch mit unseren eigenen Entwürfen folgen wir der in Kapitel 5 dargestellten Entwicklung der Glastragwerke: Bei dem ersten realisierten Projekt, dem Glaspavillon, handelte es sich um ein einfaches Stabtragwerk als Balken-Stützen-System. Es folgte die Auflösung der Konstruktion in Fachwerksysteme bei den Projekten Glasdach und Glas-Stahl-Tragwerk. Mit einer Glastonne gelang ein gekrümmtes Flächentragwerk.

Weitere in Arbeit befindliche Ziele sind gefaltete Flächentragwerke (z. B. Faltwerke) und Raumtragwerke (z. B. Baumstützen), die in Abschnitt 6.4 näher beschrieben werden.

Im Bereich der Detailentwicklung liegt unser Ziel nach den beim Glaspavillon gesammelten Erfahrungen in der Vermeidung gebohrter Punkthalter.

Die Gründe hierfür sind zum einen der konstruktive Schwachpunkt, der durch die punktuelle Krafteinleitung entsteht, zum anderen die durch Bohren und Sonderbeschlagteile entstehenden hohen Kosten. Entsprechend haben wir bisher versucht, die Lasten durch lineare Kontaktlagerung oder Reibung in die Glasscheiben einzubringen und die Verschraubungen durch die Fugen der Scheiben zu führen. Um dem Problem des Fließens der PVB-Folie bei der Preßbelastung einer Reibverbindung zu begegnen, wurden Überlegungen zum Einlegen von Stahlnetzen oder Stahlplättchen in die PVB-Folie angestellt.

Als weitere Zielrichtung sei für die Detailentwicklung die Untersuchung von Klebeverbindungen genannt, da sie als lineare Lagerung eine für den scheibenförmigen Baustoff sinnvolle Fixierung darstellen (siehe auch Abschnitt 6.4).

3 Computersimulation Fakultätsbibliothek
4 Modell Glastonne

Die meisten Projekte konnten außerhalb der derzeit gültigen Zulassungsmöglichkeiten nur als Versuchsbauten realisiert werden, ein Umstand, der bei einer Nachahmung oder Argumentation mit diesen Projekten berücksichtigt werden muß.

Vor dem Hintergrund des Wunsches zur Steigerung von Filigranität und Transparenz verfolgt unsere Arbeit das Ziel, die konstruktiven und gestalterischen Möglichkeiten des Bauens mit Glas als statischem bzw. konstruktivem Baustoff zu demonstrieren und damit die Grenzen des Möglichen weiter zu verschieben.

Mit dem Projekt Glas-Stahl-Tragwerk der Fassade der Fakultätsbibliothek konnten wir darüber hinaus demonstrieren, daß es trotz des Versuchscharakters möglich ist, größere Projekte zu realisieren und eine Genehmigung dafür zu erwirken.

Projektstudie Glasturm

Bei der Projektstudie Glasturm (1995) handelt es sich um einen auf der Idee der Wirbelsäule aufbauenden Turm. Der studentische Bearbeiter dieses Projektes war Manfred Korus.

Der Turm besteht aus einem mittigen Druckstab aus aufeinanderstehenden Elementen und einer dreiseitigen, äußeren Verglasung. Diese punktgehaltene Verglasung stabilisiert die gelenkig gelagerten Gußelemente gegen Verdrehen. Die Vorspannung des Systems erfolgt durch innenliegende Stahlseile, die auch die Aussteifung im Sockelbereich übernehmen.

Die einzelnen Elemente des Druckstabes sollten aus Gußstahl hergestellt werden, als Verglasung war VSG vorgesehen. Die Punktlagerung sollte über gelenkige Planar-Fittings erfolgen. [6.2/1]

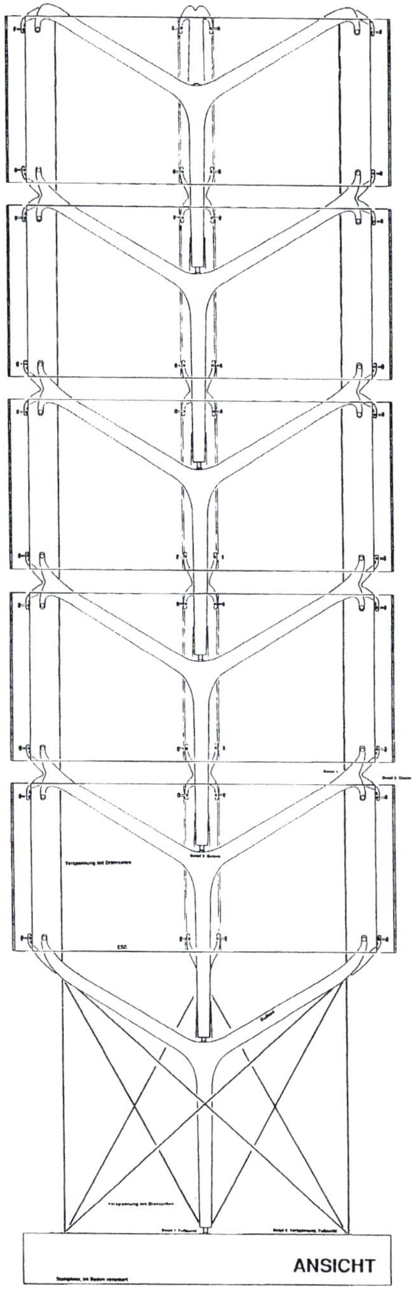

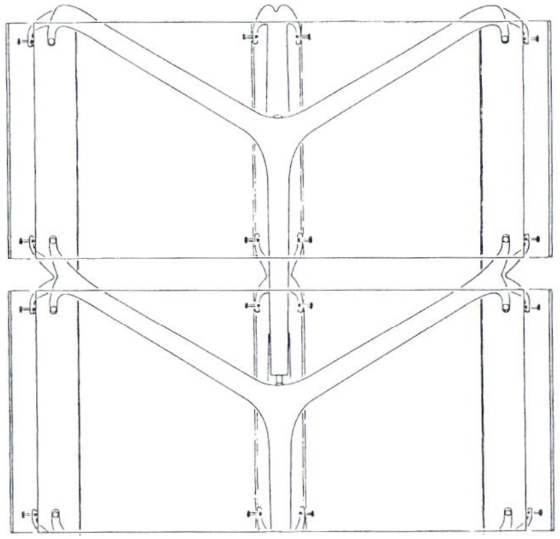

5 Ansicht Glasturm

6 Ausschnitt Ansicht
7 Modell Glasturm

Projekt Glaspavillon

Der Glaspavillon (1995) anläßlich der 125-Jahr-Feier der RWTH Aachen war das erste Projekt, das realisiert werden konnte (siehe auch Abschnitt 8.2). Er steht als temporärer Ausstellungspavillon der Hochschule in einem Brunnen im Bereich des Campus'.

Die studentischen Bearbeiter waren Pit Dörrwächter, Jan Hohlfeld, Anke Najchert, Camilla Skaane, Karl-Heinz Temmes, Michael Tümmers, Jan Wurm und Hilke Zielbauer. Die Baugruppe wurde von Thomas Link geleitet. Endgültig ermöglicht wurde das Projekt durch Materialsponsoring der VEGLA, einige Aachener Unternehmen und durch das Dezernat Bauwesen der Hochschule.

Ein modulares Baukastensystem bildete die Idee für diesen Pavillon, der ausschließlich aus Glas bestehen und einfach auf- und abbaubar sein sollte. Ein Vielfaches der Modulbreite von 1,25 m bestimmt die Länge von 6,25 m sowie die Höhe und Breite von 2,50 m.

Das Tragwerk besteht aus eingespannten Glasstützen, auf die als Zangenkonstruktion die Glasträger aufgelegt sind. Die Glaseindeckung und die Glaswände sind mittels Stahlwinkeln und Senkkopfschrauben angeschlossen. Die verwendeten Stahlteile fixieren die Glasscheiben in ihrer Position, die Lasten werden ausschließlich durch das Glas abgetragen. Um eine Demontage zu gewährleisten, wurden Stahlröhrchen in den Bohrungen mit Epoxidharz vergossen. Durch diese verlaufen die Bolzen, die Glasscheiben und Winkel fixieren.

Entsprechend dem Sicherheitskonzept ist der Pavillon als Versuchsbau nicht zum Aufenthalt von Menschen vorgesehen und unzugänglich in einem Brunnen plaziert.

Das Primärtragwerk wurde aus VSG aus TVG hergestellt, um die Reststandsicherheit zu gewährleisten; die Eindeckung erfolgte mit ESG. Dieses könnte durch VSG ersetzt werden, um mehr Sicherheit zu bieten. Die Bemessung wurde mit FE-Berechnungen überprüft.

Der Aufbau erfolgte ohne technische Hilfsmittel: Nachdem Stützen und Träger aufgestellt waren, konnten die Dachscheiben mit einem Gestell aufgelegt und die Wandscheiben angelehnt und fixiert werden. [6.2/2]

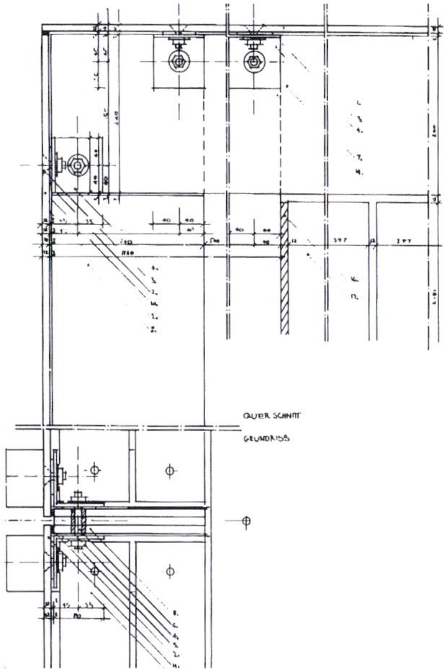

8 Detail Kopfpunkt

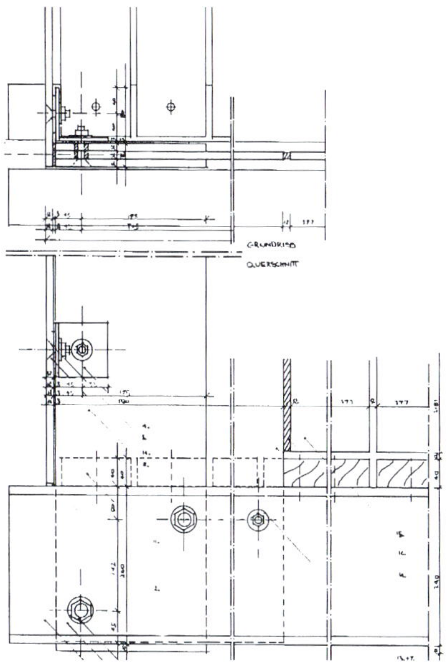

9 Detail Fußpunkt

10 Richtfest mit dem gesamten Seminar

Projekt Glasdach

Als zweites Projekt konnte das Glasdach (1995) über einer bestehenden Mauerwerksruine auf dem Versuchsgelände des Lehrstuhls realisiert werden (siehe auch Abschnitt 8.2).

Dieses Projekt wurde durch die Studenten Stefan Bialucha, Ralf Clasen, Ralf Kranzhoff, Sabine Mäder und Michael Tümmers, der auch die Baugruppe führte, bearbeitet. Das benötigte Glas wurde durch das Unternehmen Flachglas zur Verfügung gestellt.

Ein modulares System fachwerkartig unterspannter Glasscheiben sollte behutsam auf die Mauerwerksruine aufgesetzt werden.

Das 2,50 x 3,00 m große Dach besteht aus Obergurten aus insgesamt 15 ESG-Scheiben, drei V-förmigen Stützenpaaren und der Seilverspannung als Untergurte der Fachwerkträger. Seitlich liegt das System auf je fünf gläsernen Wandscheiben auf. Die Verbindung der Scheiben erfolgt durch in den Fugen verschraubte Stahlplatten und Winkel, die die Systemlasten durch Reibung übertragen. Der Fußpunkt des Systems wird durch Stahlwinkel und Bolzen im Mauerwerk gebildet.

Da es sich um einen Versuchsbau handelt, konnte unabhängig von Sicherheitsbestimmungen experimentiert werden. Trotzdem wurde für das System zusätzlich zu den Verkehrslasten eine asymmetrische Punktlast von 1,5 kN angesetzt, die in Belastungsversuchen eine nur sehr geringe Verformung erzeugte.

Da zur Ermittlung der Reibbeiwerte keine Informationen vorlagen, wurden Vergleichsrechnungen angestellt, die einen Faktor von 1 : 10 für die verwendeten aramidfaserverstärkten Zwischenlagen ergaben. Somit muß für eine zu übertragende Kraft die zehnfache Anpreßkraft durch die Verschraubung aufgebracht werden. Zu diesem Reibbeiwert wurde 1996 von Michael Tümmers eine Versuchsreihe mit verschiedenen Materialien am Lehrstuhl durchgeführt, die die ermittelten Werte bestätigte.

Für den Aufbau wurden die Glasscheiben auf ein Gerüst gelegt und anschließend die Beschläge montiert. Das Spannen der Seile führte zum Anheben der Konstruktion, so daß das Gerüst demontiert werden konnte. [6.2/3]

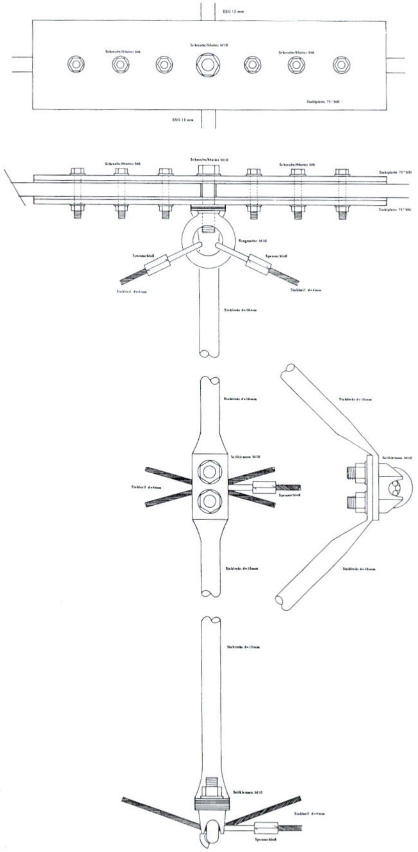

11 Detail Stütze

12 Dachuntersicht
13 Gesamtansicht Glasdach

Die folgenden vier Projektstudien wurden von Prof. Wilfried Führer und dem Autor unabhängig vom Seminar entwickelt.

Projektstudie Eingangsfassade Reiff-Erweiterung

Für die von Thomas Jürges und Christa Reichert vertretene Variante der Erweiterung der Fakultät für Architektur (1994) wurden zwei Fassaden vorgeschlagen. Die Scheiben sollten aneinanderhängen und mit einer horizontalen oder vertikalen Seilverspannung stabilisiert werden.

Projektstudie Eingangsfassade der Stadtwerke Aachen

Im Zuge der Erweiterung der Stadtwerke Aachen bat uns der Architekt Georg Feinhals, verschiedene Fassadenvarianten auszuarbeiten (1995).

Die gewünschte Fassade lag zwischen dem bestehenden und dem neuen dreigeschossigen Baukörper und mußte auf die Fassadenteilung des Altbaus reagieren. Eine zusätzliche Schwierigkeit bestand darin, daß kaum zusätzliche Lasten eingebracht werden konnten und somit die Vorspannung der Systeme schwierig war. In den vorgeschlagenen Varianten wurde deshalb versucht, die Lasten in den Ecken des Systems zu konzentrieren.

Projektstudie Vordach Flugsicherung Langen

Auf Wunsch des Architekten Ulf Profe-Bracht wurden für den Neubau der Flugsicherung in Langen verschiedene Systemvarianten für ein Vordach vorgeschlagen (1994). Bei dem hier dargestellten Entwurf handelt es sich um ein abgehängtes Fachwerksystem, dessen oberes und unteres Tragelement aus Glas bestehen sollte.

Projektstudie Glaspyramide St. Katharinen-Krankenhaus, Frankfurt

Durch das Architekturbüro Triade wurden wir 1994 gebeten, Vorschläge für eine Glaspyramide als Cafeteriaerweiterung des St. Katharinen-Krankenhauses zu erarbeiten.

Dieses Konzept sah ein Fachwerksystem mit Ober- und Untergurten aus Glasscheiben, Stahldruckstäben und Seilverspannungen vor. Durch die so entstehende Doppelfassade und durch Lamellenöffnungen sollte die Klimatisierung des Gebäudes unterstützt werden.

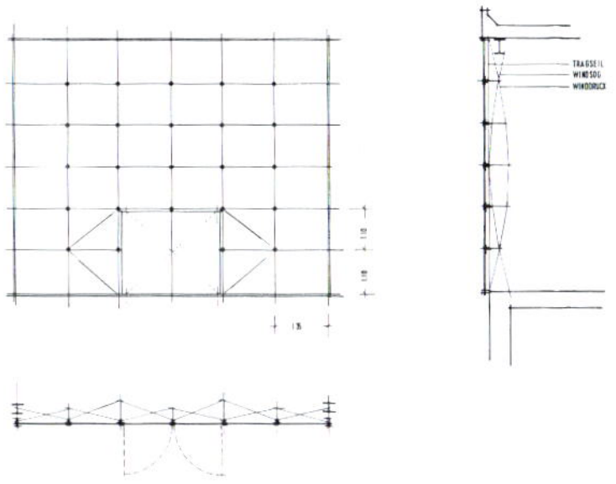

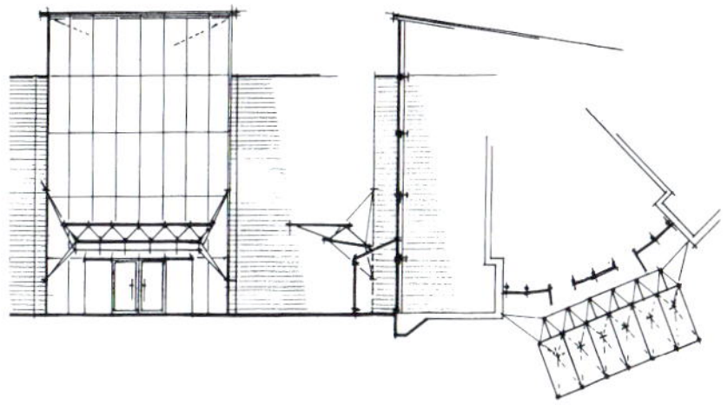

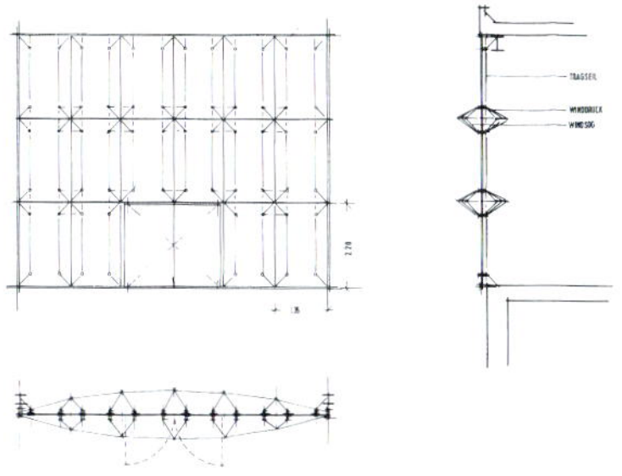

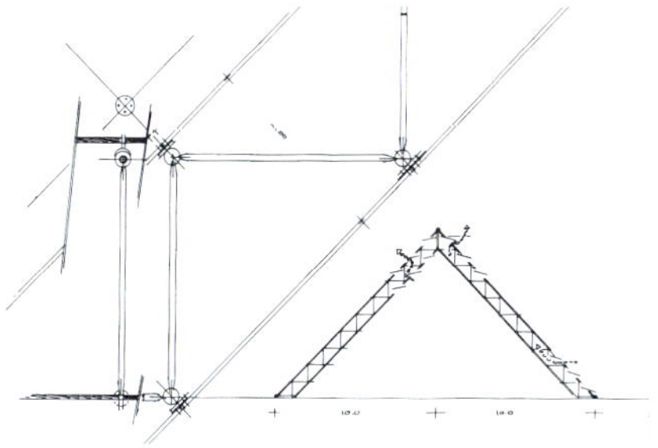

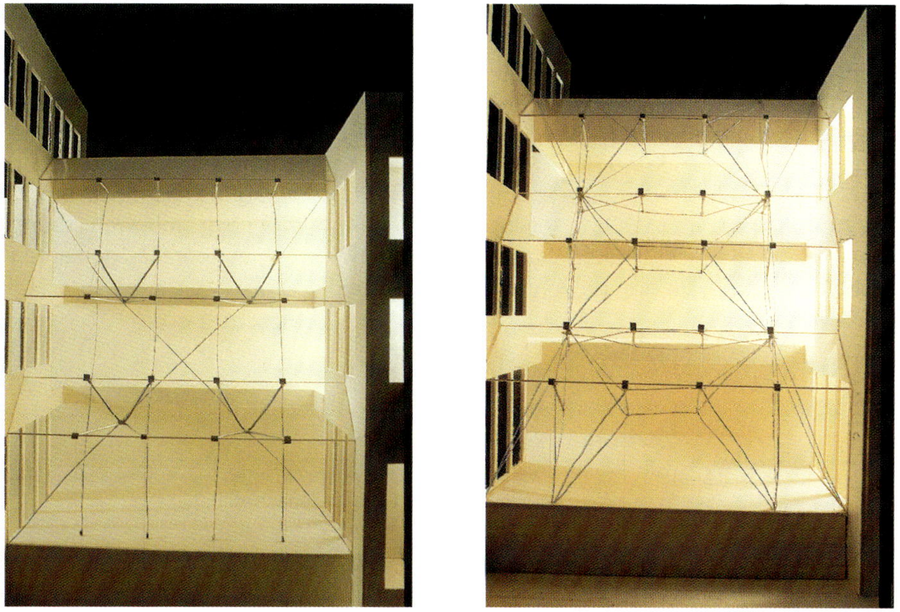

14 Studien zur Eingangsfassade der Reiff-Erweiterung
15 Modellstudie Fassade der Stadtwerke Aachen
16 Vorschlag Vordach Flugsicherung Langen
17 Glaspyramide St. Katharinen-Krankenhaus
18 Modellstudie Fassade der Stadtwerke Aachen

Aus den in diesem Projekt begonnenen Systemstudien über verschiedene Glasfachwerke entwickelte sich das folgende, wieder mit dem Seminar „Konstruktiver Glasbau“ realisierte Projekt Glas-Stahl-Tragwerk.

Projekt Glas-Stahl-Tragwerk der Fassade der Fakultätsbibliothek

Als Teil des Studenten- und Sponsorenprojektes Bibliothek der Fakultät für Architektur (1996) konnte die 120 m^2 große Glasfassade als Glas-Stahl-Tragwerk realisiert werden (siehe auch Abschnitt 8.2).

Die studentische Arbeitsgruppe dieses Projektes setzte sich zusammen aus Ingo Clemens, Philipp Gaube, Tobias Gövert, Christian Hönigschmid, Aysin Ipekci, Mario Runkel, Robert Schiffers, Valerie Spalding und Björn Wanzek. Die Leitung der Baugruppen übernahmen Valerie Spalding und Mario Runkel. Die Projektleitung übernahmen Prof. Wilfried Führer, Yves Weinand und der Autor. Als Sponsoren für die Fassade konnten die Unternehmen VEGLA, Weller Stahlbau, Felder Metallbau, Pfeiffer Seiltechnik und andere gewonnen werden.

Nach einer Analyse verschiedener Systemvarianten und der Möglichkeiten der Lasteinleitung bei unterschiedlichen Detailkonzepten wurde ein durch Veränderung der Seillängen frei formbares Tragwerk entwickelt. Wichtig war neben der Verwendung von Halbzeugen und der möglichst kostengünstigen Herstellung der Stahlelemente, daß das System in sich geschlossen war und damit keine Lasten aus der Vorspannung in das umgebende Bauwerk eingeleitet wurden.

Das Zusammenspiel des grob verarbeiteten verzinkten Stahls mit dem Industrieprodukt Glas wurde bewußt der häufig verwendeten Edelstahl-Ästhetik gegenübergestellt.

Die Fassade besteht als vorgespannter Fachwerkträger aus mittigen Druckstäben aus je sieben Glasscheiben, die durch außenliegende Stahlseile vorgespannt sind. V-förmige Stahl-Druckstäbe und Diagonalseile vervollständigen den Fachwerkträger. Die 20 x 6 m große Fassade ist um 7° nach innen geneigt und steht damit rechtwinklig zum ebenfalls geneigten Dach.

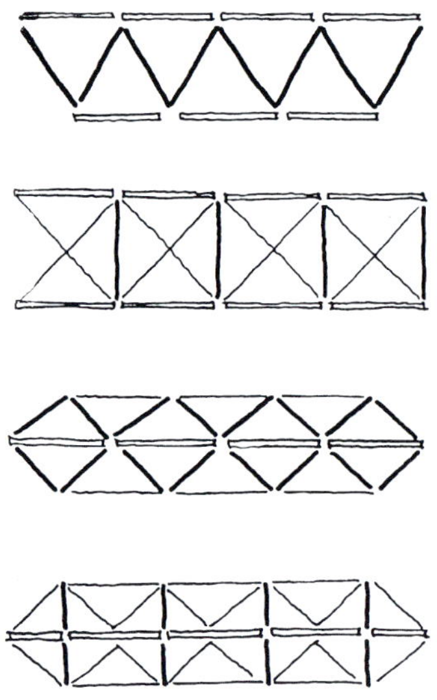

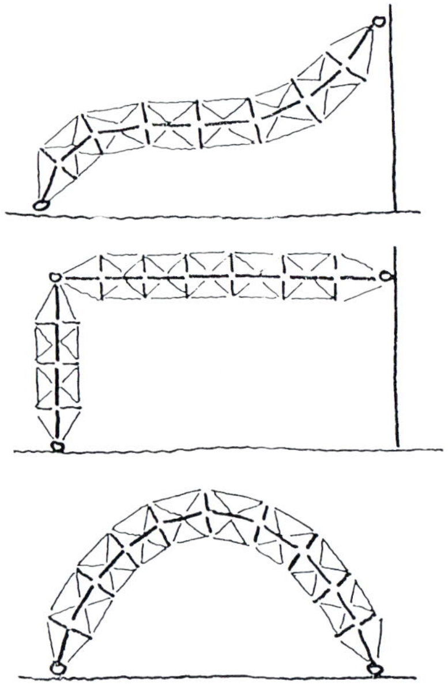

19 Vorstudien zum System

20 Systemvarianten
21 Fassadenausschnitt

Die Details bestehen aus gekanteten Stahlblechen, Standardseilen und einer Isolierverglasung aus ESG. Die Verbindung der Stahlplatten erfolgt mit Schrauben durch die Fugen der Verglasung, die anschließend außen mit Silikon und innen mit diffusionsoffenem Kompriband geschlossen wurden. U-Profile mit eingeschweißten Blechlaschen für die Zugseile bilden die Fuß- und Kopfpunkte.

Um bei diesem Projekt den Sicherheitsanforderungen zu entsprechen, wurden Belastungsversuche mit den Glasscheiben bei dem beteiligten Unternehmen Weller Stahlbau durchgeführt. Hierbei wurden die Glasscheiben bei vorverformtem Einbau mit bis zu 100 kN belastet. Selbst bei Zerstörung einer Scheibe der Isolierglaseinheiten waren die verbleibenden Scheiben noch in der Lage, eine Last von 60 kN abzutragen. Da beim Ausfall einer Isolierglaseinheit die benachbarten Einheiten deren Last übernehmen, und diese maximal 20 kN beträgt, konnte somit von einer ausreichenden Sicherheit ausgegangen werden.

Der Aufbau erfolgte auf einem Lehrgerüst aus Bohlen. Hierbei war die Neigung der Fassade hilfreich. Nachdem alle Beschläge montiert waren, wurde die Vorspannung aufgebracht und akustisch sowie mit Wantenspannern überprüft. Danach konnte das Gerüst abgebaut und die Fugen versiegelt werden. [6.2/4]

Da es sich bei dem Glas-Stahl-Tragwerk im Vergleich zu bisherigen punktgehaltenen Fassadentragwerken um ein deutlich kostengünstigeres System handelt, betreiben die Beteiligten die Weiterentwicklung mit verschiedenen Ausführungsvarianten unter dem Systemnamen TGT (Transparentes Glas-Tragwerk).

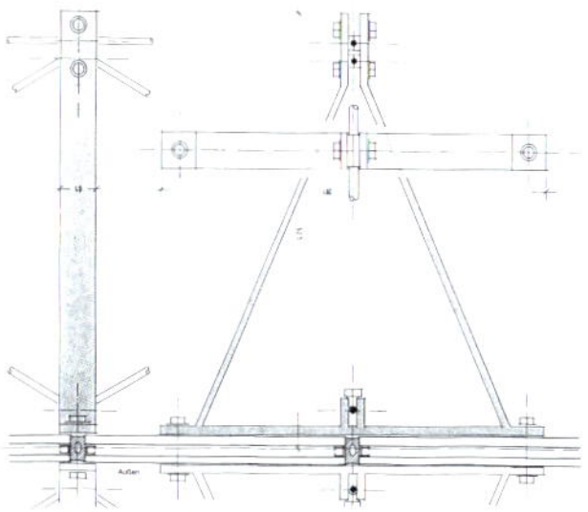

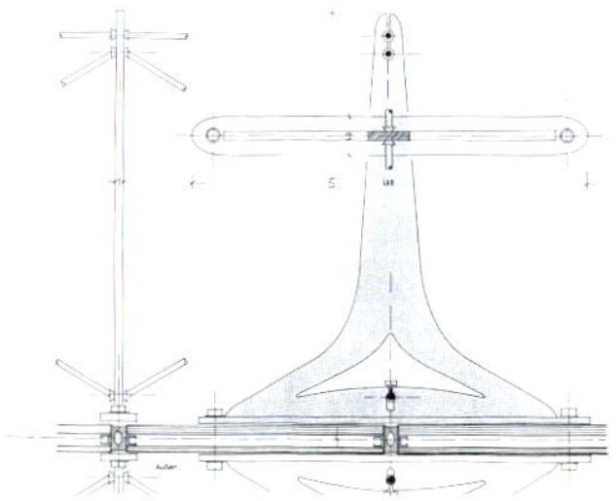

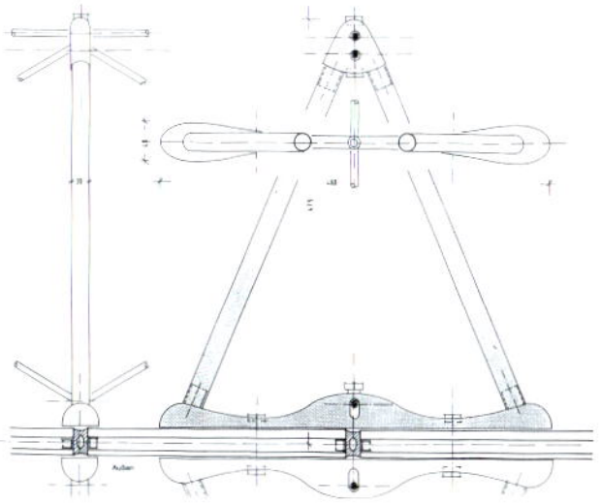

22 TGT: Ausführung verzinkter Stahl
23 Fassadendetail

24 TGT: Ausführung Edelstahl
25 TGT: Ausführung Gußstahl
26 Fassadendetail

Projektstudie Glasfachwerk

Ein weiteres Ergebnis der Vorüberlegungen zum Glas-Stahl-Tragwerk ist das Projekt Glasfachwerk (1997).

Die Projektgruppe setzte sich aus den Studenten Mareike Becker, Constanze Joussen, Sarah Lozon, Antje Lüttgens, Holger Mattes, Malte Rickermeier, Christian Schlicher, Manuel Garcia und Robert Weitz zusammen und wurde vom Autor betreut.

Entwickelt wurde ein 6,25 x 6,25 m großes und 0,65 m tiefes Glasfachwerk, bei dem Zug- und Druckgurt aus Glasscheiben bestehen. Der Zwischenraum zwischen den Scheiben wird durch Stahlrohre und Seilverspannungen erzeugt. Da auch dieses System in sich geschlossen ist, werden zum einen keine Vorspannlasten in das umgebende Bauwerk eingeleitet, zum anderen kann das System vertikal und horizontal eingesetzt werden.

Das System kann als doppelschalige Fassade zur natürlichen Belüftung herangezogen werden. Entsprechend wurden Überlegungen zu Öffnungsflügeln und Lamellenöffnungen angestellt sowie eine innere Isolierverglasung vorgesehen.

Bei der Detailentwicklung wurde auf die mit dem Glas-Stahl-Tragwerk gemachten Erfahrungen zurückgegriffen: Die Fixierung der Scheiben erfolgt über Stahlplatten und Verschraubungen durch die Fugen. Die Lastübertragung der Scheiben untereinander ist durch lineare Kontaktlagerung vorgesehen. Die Vorspannung kann durch die Diagonalseile in das System eingebracht werden. [6.2/5]

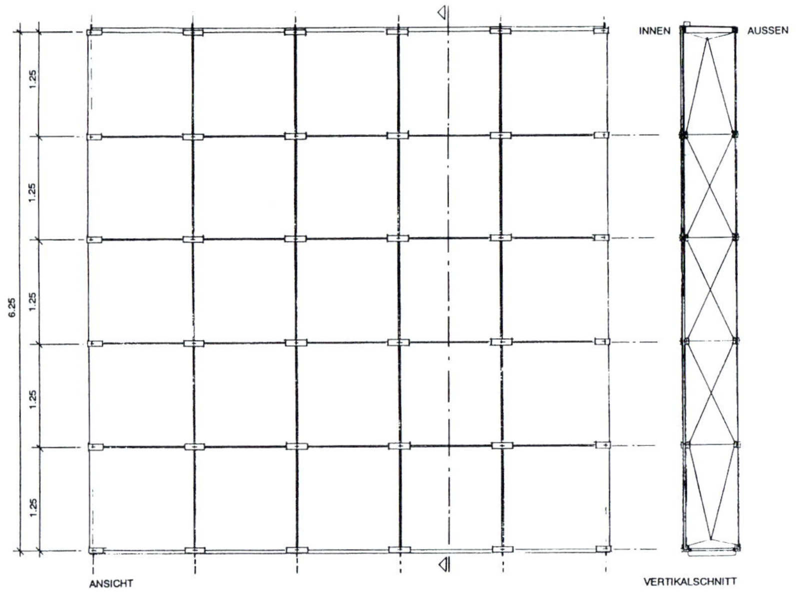

27 Ansicht / Schnitt
28 Modell

Projektstudie Glasvorhang

In Anlehnung an die von Schlaich Bergermann und Partner entwickelte Fassade des Hotels Kempinski in München (siehe Abschnitt 8.3) wurde ein weicher Glasvorhang entwickelt, bei dem die Seile in den Fugen zwischen den Glasscheiben liegen (1997).

Bei diesem Projekt bestand die studentische Planungsgruppe aus Sven Beine, Julia Bengsch, Carsten Haferkamp, Kirsten Hüsig, Michael Kleine, Timmy Rake, Deniz Toraman und Daniel Trapper. Betreut wurde die Projektstudie durch den Autor.

Die 5 x 5 m große Fassade wird durch horizontale und vertikale Seile gebildet, in die die Glasscheiben eingestellt sind. Sie übernehmen bei diesem Projekt keine tragende Funktion. Das Eigengewicht der Scheiben wird von den Vertikalseilen abgetragen. Die Horizontallasten sollen durch die Verformung der Horizontalseile aufgenommen und durch diese in den umlaufenden Rahmen abgegeben werden.

Bei der Detailentwicklung war eine wesentliche Maßgabe, daß die Scheiben nicht in den Ecken gefaßt sind, damit dort keine durch die Verformung eingebrachte Biegebelastung entsteht. Die erarbeitete Lösung mit zwei Halteringen erfüllt diese Forderung. Außerdem ist so die Trennung der horizontalen und vertikalen Seilfixierung durch spezielle Klemmen möglich. Zur Steigerung der Sicherheit kann statt des ESG auch VSG eingesetzt werden. Auch die Verwendung von Isolierglas ist ohne weiteres möglich. [6.2/5]

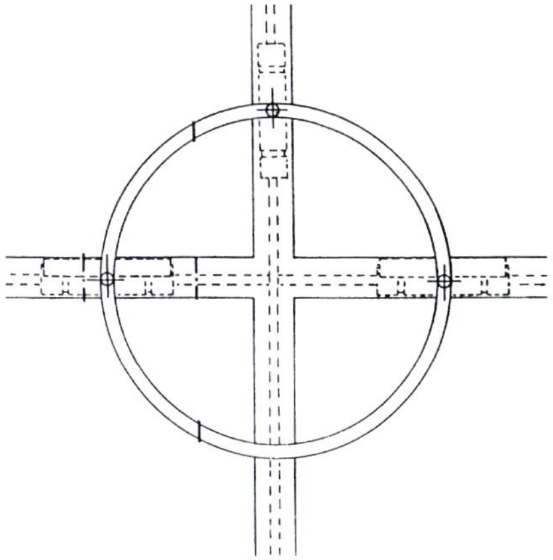

29 Detail Haltering

30 Modell des gesamten Tragwerkes
31 Detailmodell

Projekt Glastonne

Als erster Vorversuch konnte das Projekt Glastonne in einer kleineren Version auf dem Versuchsgelände des Lehrstuhls realisiert werden (1997).

Die Projektgruppe unter der Leitung von Thomas Link wurde gebildet von den Studenten Holger Engelke, Andrea Fest, Bastian Glässner, Peter Heine, Wolf Schmelter, Till Wellmann und Dirk Zweering.

Das realisierte ca. 2,50 x 3,00 m große System besteht aus einem polygonalen Glasbogen, der mit außenliegenden Zugseilen gegen asymmetrische Lasten vorgespannt ist. Die Führung der Seile kann parallel zu den Fugen erfolgen, da die Glasscheiben durch ihre Scheibenwirkung für die Systemsteifigkeit sorgen. Sich kreuzende Seilscharen sind nicht notwendig.

Die Detaillierung läßt eine innere oder äußere Seilführung zu. Mittels Spannschlössern an den Enden werden die Seile leicht angespannt. Durch Heben oder Senken der Seilfixierung in den einzelnen Knotenpunkten kann anschließend die endgültige Vorspannung ohne Reibungsverluste eingebracht werden. Die Knotenpunkte bestehen aus gekanteten Blechen und Kunststoff-Abstandhaltern, die durch ihren Winkel den Radius des Systems bestimmen.

Der Aufbau der Tonne erfolgte über einem Lehrgerüst, welches nach erfolgter Montage und dem Verspannen des Systems entfernt wurde.

Da es sich um einen kleinen Vorversuch handelt, wurde auf zur Stabilisierung notwendige, speichenradförmige Seilverspannungen verzichtet, da die durch die Klemmplatten erreichte Einspannung der Glasscheiben die Verformung bei Belastungsversuchen auf akzeptable Werte begrenzte. Außerdem wurde bei diesem Versuch der Austausch einer Scheibe mittels speziell entwickelter Abstandhalter getestet.

Der realisierte Versuchsbau besteht aus ESG-Scheiben. Diese könnten ohne weiteres durch VSG-Scheiben ersetzt werden, um die notwendige Reststandsicherheit zu gewährleisten. Auch die Verwendung von Isolierglasscheiben ist möglich. [6.2/5]

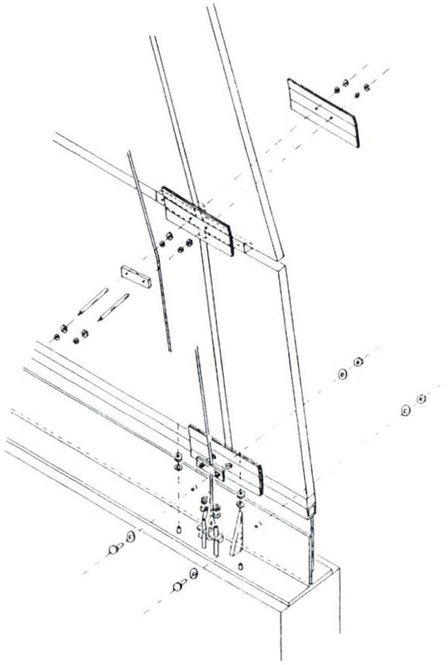

32 Detail-Isometrie

33 Ausgeführtes Detail
34 Versuchsprojekt Glastonne

6.3 Fehlentwicklungen

6.3 Fehlentwicklungen

Konkrete Fehler lassen sich auf strukturelle oder konstruktive Fehlentscheidungen zurückführen. Sie werden im zweiten Teil dieses Abschnittes behandelt.

Im Gegensatz dazu steht eine fragwürdige Entwicklung mißverstandener High-Tech-Architektur, die ohne Verständnis für strukturelle und konstruktive Notwendigkeiten versucht, neue technische Möglichkeiten anzuwenden, oder sich der Formensprache einer konstruktiven Architektur bedient und damit diesen inhaltlichen Ansatz zur Mode degradiert.

Fragwürdige Konstruktionen

In Frage gestellt werden können die folgenden Projekte, da für die konstruktive Aufgabe übertriebene Tragsysteme entwickelt wurden.

Beispielsweise besteht die Innenhofüberdachung der Friedrichstraßen-Passage in Berlin aus einem überdimensionierten Rohrgerüst, auf das sich in einer zweiten Ebene eine Dachverglasung mit Standardprofilen stützt. Es entsteht jedoch der Eindruck, daß die Profile der Verglasung bei geschickterer Nutzung der gefalteten Dachgeometrie den Raum durchaus ohne die Rohrkonstruktion überbrücken könnten.

Strukturell konsequenter, aber dennoch im Ergebnis unübersichtlich ist die Dacheindeckung des TGV-Bahnhofes in Roissy. Durch die großen Kragarme der Hauptfachwerkträger konnten deren Obergurte als schlanke Zugstäbe ausgebildet werden, um den Eindruck eines schwebenden Glasdaches zu erzeugen. Das Gesamtbild leidet jedoch unter den vielen zusätzlich notwendigen Seilverspannungen und läßt das System unverständlich werden.

Ebenfalls unter einem unübersichtlichen System von Verspannungen leidet der Eingangsbereich des Channel 4 in London. Als gestalterisch problematisch mag hier die Überlagerung der gekrümmten und sich kreuzenden Seilscharen mit der Krümmung der Fassade erscheinen. Es entstand eine zum Selbstzweck degradierte Fassade, deren nur schwere Verständlichkeit vielleicht sogar das Ziel war.

Das Reina-Sofia-Museum besticht sicherlich durch die Detailentwicklung und die interessante Lastabtragung durch Trag- und Ankerstäbe. Eben diese Lastumleitung ist jedoch fraglich angesichts des so dicht hinter der Fassade liegenden Haupttragwerkes,

1 Friedrichstraßen-Passage / Berlin
2 TGV-Bahnhof / Roissy

3 Eingangsfassade Channel 4 / London
4 Museum Reina Sofia / Madrid

in das die Lasten direkt hätten eingeleitet werden können. Auch hier wird der Aufwand der Fassadenkonstruktion zum konstruktiven Selbstzweck.

Ebenfalls fragwürdig sind die sich aus der Randgeometrie mancher Tragwerke ergebenden „Miniisolierglasscheiben".

Ein Beispiel hierfür ist das Flußpferdehaus in Berlin, bei dem durch die Geometrie der Gitternetzkuppel unterschiedliche Randscheiben entstehen. Zusätzlich haben die einzelnen Scheiben einer Isolierglaseinheit aufgrund der Detaillösung des Randes unterschiedliche Abmessungen. Sicherlich sind solche Scheiben durch den EDV-Einsatz realisierbar, die Frage nach den entstehenden Mehrkosten einer solchen Scheibe muß dennoch gestellt werden.

Die gleiche Problematik stellte sich bei dem Glasdach des Bürohauses in Gniebel: Durch die Überlagerung des Rechteckrasters der Tragseile mit dem Rand des Systems entstehen hier Sonderscheibenformate. Allerdings wurde die Geometrie so lange überarbeitet, bis sich die Anzahl der ungünstigen Formate minimiert hatte.

5 Randgeometrie: Flußpferdehaus / Berlin
6 Isolierglasscheiben des Flußpferdehauses / Berlin
7 Dachaufsicht mit Randgeometrie: Bürohaus / Gniebel

Bei der Detailentwicklung ist nach dem Boom der gebohrten Punkthalter nun ihre zum Teil übertriebene Verwendung zu beobachten.

So wurden beispielsweise bei dem Außentreppenhaus des RESOWI-Zentrums der Universität Graz die Glasscheiben mit einem unnötig aufwendigen System an Trägern und Punkthaltern fixiert.

Auch bei dem sonst sehr ansprechenden Bau des Musikgymnasiums Schloß Belvedere in Weimar ist der notwendige Einsatz der Punkthalter fragwürdig. Die Fassade aus stehenden Glasscheiben und stabilisierenden Glasschwertern könnte in ihrer Einfachheit durch den Verzicht auf die Punkthalter gesteigert werden. Diese Möglichkeit besteht spätestens seit der stehenden und mit verklebten Glasschwertern stabilisierten Fassade des Sainsbury Centre for Visual Arts in Norwich aus dem Jahre 1978.

8 Verglaste Außentreppe: RESOWI-Zentrum / Universität Graz
9 Fassade des Musikgymnasiums Schloß Belvedere / Weimar
10 Punkthalter der Glasfassade

Konkrete Fehler

Um grundsätzliche Schwierigkeiten bei der Realisierung von Glaskonstruktionen zu vermeiden, empfiehlt es sich, frühzeitig Fachplaner und Hersteller in den Planungsprozeß einzubeziehen. Dies gilt ebenfalls für die Auseinandersetzung mit den für die Zulassung zuständigen Behörden.

Die mangelnde Beachtung der besonderen Problematik beim Konstruieren mit Glas, beispielsweise dessen Sprödigkeit und die Empfindlichkeit gegenüber Spannungsspitzen, kann zum Versagen führen. Hier sind die wesentlichen konstruktiven Grundsätze zur Vermeidung von Fehlern die Verhinderung des Kontaktes Glas–Glas und Glas–Stahl durch entsprechende Zwischenschichten. Weiterhin sollten keine zusätzlichen Belastungen der Glasscheiben durch Temperaturdehnungen entstehen.

Eine andere Schwierigkeit, die oft zu Schadensfällen führt, ist die mangelnde Möglichkeit, Bautoleranzen außerhalb der Scheiben aufzunehmen.

Eine weitere Fehlerquelle kann die Ausführung und deren schwierige Qualitätskontrolle sein. Hier sollte während der Planung entschieden werden, ob die Ausführung durch normale Handwerker mit entsprechend einfach zu realisierenden Details oder, bei aufwendigeren Lösungen, durch besondere Fachfirmen mit sicherlich höheren Preisen geschehen soll.

Besondere Anforderungen sollten an Glaskonstruktionen im öffentlichen Raum gestellt werden, da dort einem erhöhten Risiko von Vandalismus gerade gegenüber Glas begegnet werden muß.

Ein Beispiel hierfür ist der Glaspavillon in Aachen: Obwohl der Pavillon in einem Wasserbassin steht und damit nicht ohne weiteres zugänglich ist, wurde eine äußere ESG-Scheibe einer VSG-Stütze durch einen gezielten Schlag zerstört. Dieser Vorfall beeinträchtigt zwar die Standfestigkeit in keiner Weise, zeigt aber die besondere Anziehung, die von Glaskonstruktionen ausgeht.

Weniger unproblematisch war der Vandalismus, der die Absicherung des Berger Tunnels in Stuttgart notwendig machte: Die Glaseindeckung wurde wiederholt durch Steinwurf von oben beschädigt und mußte trotz Verwendung von VSG durch ein Sicherungsnetz gegen diesen Bewurf gesichert werden.

11 Defekte Scheibe am Glaspavillon / Aachen

12 Berger Tunnel / Stuttgart

13 Sicherungsnetz Berger Tunnel

Ein weiteres Risiko ist die Verwendung von ESG-Verglasungen anstatt einer VSG-Verglasung in besonders kritischen Bereichen.

Ein Beispiel hierfür ist die Eingangsfassade eines Verwaltungsgebäudes in Paris. Hier mußte nach dem Bruch einer Scheibe die gesamte Fassade innen und außen mit einem Sicherungsnetz überzogen werden, um herabfallende Glassplitter abzufangen. Da es sich um eine bewegliche Fassade mit entsprechenden Verformungen handelt, wäre der Einsatz von VSG zur Sicherung eventueller Defekte ratsam gewesen.

Bei Überkopfverglasungen von Aufenthaltsräumen muß grundsätzlich VSG verwendet werden, um ein Herabfallen defekter Scheiben zu vermeiden. Bei den Verbindungsgängen zur Zentralen Halle der Messe Leipzig wurde aber gebogenes ESG verwendet. Entsprechend mußten zusätzliche Sicherungsnetze aus Edelstahl unter der Glasebene in die Konstruktionen integriert werden, um bei einem Defekt Personenschäden zu vermeiden.

Nicht unerhebliche Probleme können auch durch entwurfliche und situationsbedingte Sonderrisiken entstehen, die es zu bedenken gilt.

Ein Beispiel hierfür ist das Vordach des Unternehmens Greschbach in Karlsruhe, welches eine nur für Pkws vorgesehene Vorfahrt schützt. Dennoch wurde das Vordach zweimal durch Lkws gerammt und zum Teil zerstört. Bei den Schäden konnte die bessere Reststandsicherheit der später eingesetzten VSG-Verglasung aus Teilvorgespanntem Glas (TVG) gegenüber der ursprünglichen VSG-Verglasung aus ESG-Scheiben beobachtet werden. Als problematisch ist aber weniger die verwendete Verglasung anzusehen als vielmehr der Umstand, daß das niedrige Vordach nicht vor dem Lkw-Verkehr geschützt und damit einem besonderen Risiko ausgesetzt wurde.

Innovationen stellen immer ein erhöhtes Risiko für alle Beteiligten dar. Aber nur durch Mut zu Innovationen entstehen auch notwendige neue Impulse und damit Fortschritt.

14 Verwaltungsgebäude / Paris

15 Verbindungsgänge: Messe Leipzig

6.4 Ausblick – Tendenzen bei Glaskonstruktionen

6.4 Ausblick – Tendenzen bei Glaskonstruktionen

„Ebenso wie die Naturwissenschaft ein integrierender Bestandteil der Technik und diese wiederum der Industrie, des Verkehrswesens und der Wirtschaft geworden ist, so ist auch das Bauen der Gegenwart mit diesen fünf Faktoren untrennbar verknüpft. Der treffendste Beweis hierfür ist das Aufkommen der zahlreichen neuen Konstruktionen und Baustoffe. Unter letzteren nimmt Glas eine besondere Rolle ein. Denn gerade in unserem ausgesprochen technischen Zeitalter hat sich die Glasindustrie zu höchster Blüte entwickelt. Dazu kommt, daß der Gestaltungswille moderner Baukunst sich konsequent von allen Erinnerungsresten an die ‚Stile' der Vergangenheit frei zu machen sucht, um in ihrer Materialbegrenzung zur Lösung der Aufgaben unseres Jahrhunderts überzugehen. Zu diesen gehört Glas als Baustoff.

Obgleich das neue Wollen den Baukörpern das Raumabschließende zu nehmen sucht, erfährt trotzdem auch heute noch zum Teil das Glas als Gestaltungsmittel die stärksten Widerstände. Man traut diesem spröden und starren Material nicht zu, es für den praktischen Gebrauch so geeignet machen zu können, daß es für eine umfassende Anwendung als Baustoff in Frage kommt. Doch treffen diese Bedenken weniger auf das Glas zu, sondern mehr auf die Denkgewohnheiten derer, die sich von der Überlieferung noch nicht ganz frei machen können, d. h., man ist beim Glas noch nicht über die gewöhnlichen Fensterscheiben hinausgekommen. Anregungen sind genug da, die den Beweis erbracht haben, welche vielseitigen Gestaltungsmöglichkeiten Glas zuläßt, (...) Nur wenige Architekten sind es, die sich mit dem ‚Bauen mit Glas' ernsthaft befassen und wissen, wie intensiv sich die exakte Wissenschaft für die Vervollkommnung der Herstellungstechniken des Glases einsetzt, um es mehr und mehr für den allgemeinen und wirtschaftlichen Gebrauch beim Bauen dienstbar zu machen. Es fehlt nicht am Wollen, sondern an einer genügenden Zusammenarbeit von Künstler und Wissenschaftler; denn beide sind heute streng aufeinander angewiesen, so fremd sie sich auch geistig mitunter stehen." [6.4/1]

Seitdem dieser Text 1929 geschrieben wurde, sind wesentliche Neuerungen in der Glasherstellung und grundsätzliche Veränderungen in der Glasanwendung erfolgt. Und trotzdem hat die beschriebene Problematik weiterhin ihre Gültigkeit. Trotz der

1 Zentrale Halle der Messe Leipzig

2 Glaspavillon / Aachen

seither vergangenen 70 Jahre ist die Entwicklung des „Bauens mit Glas" noch in vollem Gange.

Der Zeitraum macht aber auch deutlich, wie langfristig solche Entwicklungen betrachtet werden müssen. Vor diesem Hintergrund sind die hier vorgestellten Tendenzen und Grenzen des Bauens mit Glas als konstruktiven bzw. tragenden Baustoff nur ein sehr kleiner und zeitlich auf den jetzigen Wissensstand eng begrenzter Ausschnitt des Vorstellbaren ohne den Anspruch auf Vollständigkeit.

Der auch weiterhin bestehende Wunsch nach Transparenz und weiterer Auflösung der Raumgrenzen bildet die wesentliche Triebkraft zur Weiterentwicklung von Glaskonstruktionen. Ausgehend von dieser Grundvoraussetzung sind die kommenden Entwicklungen jedoch wesentlich von gestalterischen „Moden" sowie von funktionalen Faktoren abhängig (z.B. bauphysikalische Notwendigkeiten, konstruktive Möglichkeiten, Ausführbarkeit und Kosten).

Die hier dargestellten Entwicklungstendenzen sind aus der in den Abschnitten 5.2 und 5.3 verwendeten Tragwerktypologie hergeleitet. Dort sind Bereiche verschiedener Tragwerkformen erkennbar, die bisher noch nicht in Glas ausgeführt wurden, aufgrund ihrer Struktur aber eine Steigerung der Transparenz erwarten lassen und deswegen notwendigerweise die nächsten Entwicklungsschritte darstellen.

Mögliche Detailentwicklung

Da Glas als Baustoff sehr sensibel ist, hängt die Realisierung von Konstruktionen wesentlich von den Details der Fügung und Krafteinleitung ab. Besonders bei letzterer bestimmen sie häufig die maximalen Abmessungen der Einzelelemente sowie der gesamten Konstruktion. Wie in Abschnitt 6.1 vorgestellt, bedingen sich die Entwicklung der Details und die der Konstruktionen gegenseitig.

Trotz der in Abschnitt 6.1 vorgestellten Möglichkeit, mit gebohrten Punkthaltern die Glasebene von der des Tragwerkes zu trennen, stellen sie immer den Schwachpunkt solcher Konstruktionen dar. Durch die punktuelle Krafteinleitung werden die aufzunehmenden Kräfte in das räumlich stark begrenzte Loch gezwungen und sind deshalb durch die maximale Lochlaibungsspannung begrenzt.

Weitergehende Untersuchungen der gebohrten Punkthalter werden dieses Problem beherrschbarer machen, können es jedoch nicht endgültig lösen. Somit stellt diese Art der Fixierung nach der durch sie möglichen Steigerung der Filigranität auch die neue Grenze solcher Konstruktionen dar.

3 Punktgehaltene Glasfassade:
Car Show-Room / Hamburg

4 Punktgehaltene Glasscheiben:
Inverse Pyramide des Louvre / Paris

Aus diesem Umstand läßt sich die Notwendigkeit nach anderen kraftschlüssigen Lagerungen, beispielsweise Klemmverbindungen, linearer Kontaktpressung über die Glaskante oder geklebte Verbindungen, ableiten.

Bei Klemmungen lassen sich besonders bei der Verwendung von ESG einfache Fixierungen ermöglichen. Problematisch ist aber die kraftschlüssige Fassung von VSG, da die Folien oder das Gelee unter der Belastung zu fließen beginnen und somit der VSG-Verbund gestört wird. [6.4/2]

Lineare Kontaktpressung bietet den Vorteil der sehr einfachen Krafteinleitung in die Glaskante mit sehr einfachen Details und Anschlußelementen. Es können allerdings nur Druckkräfte eingeleitet werden.

Beide Fixierungen benötigen Zwischenlagen, die genügende Festigkeit mit einer gewissen Flexibilität zur Vermeidung von Spannungsspitzen verbinden. Problematisch ist bei beiden die Notwendigkeit der Fixierung auf beiden Seiten der Scheiben, woraus sich Durchdringungen in den Fugen ergeben.

Obwohl beide Anschlußmittel schon seit langem angewendet werden, ist die bisher erreichte Filigranität in der Detailausbildung gering. Hier ist in Zukunft Entwicklungsarbeit, besonders bei Isolierglasscheiben mit einem ohnehin geschlossenen Randverbund, zu erwarten.

Auch die unüblich gewordene Kittverglasung bietet als lineare Lagerung Vorteile, da sie eine abdichtende, kraftschlüssige und trotzdem teilelastische Lagerung ist. Sie entspricht damit dem Baustoff Glas optimal. Eine breite Anwendung könnte gefunden werden, wenn die Versprödung des Kittes vermieden werden könnte.

Ein großes Entwicklungspotential bieten geklebte Verbindungen. Hier können sowohl punktuelle und lineare Halter als auch Glasscheiben untereinander verklebt werden. Die Vorteile dieser Verbindungen liegen in der linearen Fixierung der Scheiben, der Einfachheit der Details und der Möglichkeit der nur einseitigen Fixierung ohne Durchdringungen.

Umstritten sind die zur Zeit zur Verfügung stehenden Kleber, weshalb die Anwendung im Baubereich noch recht selten ist: Polyurethane und Silikone zeichnen sich durch gute Haftung auf Glas aus, haben aber eine große Elastizität und scheiden somit für hohe punktuelle Kraftübertragungen aus. Lineare Lagerungen zur Ableitung geringer Gewichte (Eigengewicht) können gut realisiert werden. Die hohe Elastizität bietet den Vorteil, daß verschiedene

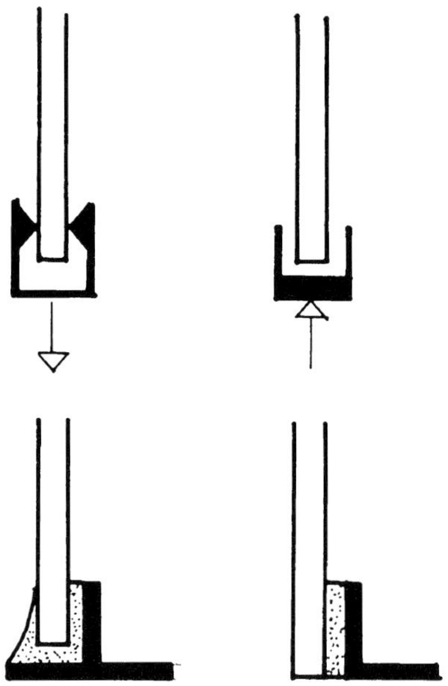

5 Lagerung durch Klemmung, Kontaktpressung, Kitt und Verklebung

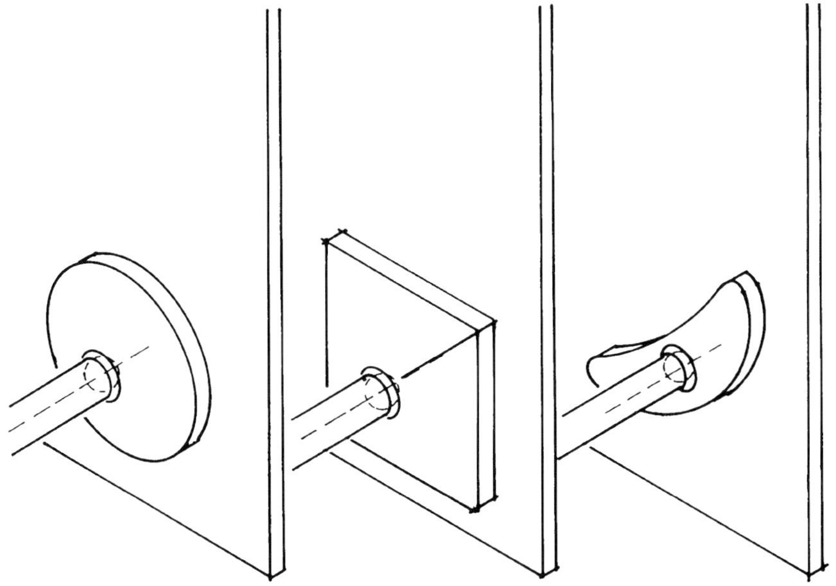

6 Verschiedene geklebte Punkthalter

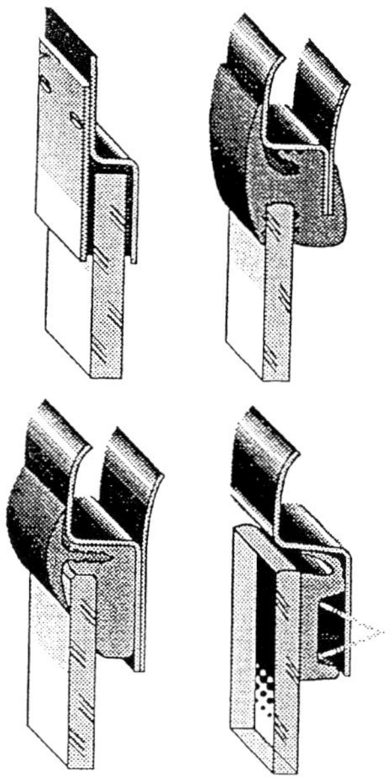

7 Entwicklung der Glasfixierung in der Automobilindustrie

Längenänderungen durch unterschiedliche Temperaturdehnungen aufgenommen werden können.

Epoxidharzkleber weisen eine große Steifigkeit auf und sind somit vor allem zur punktuellen Kraftübertragung geeignet. Es können bei genügender Elastizität aber auch lineare Lagerungen realisiert werden.

UV-Aktivkleber besitzen eine sehr hohe Festigkeit bei geringer Elastizität. Somit werden Kräfte direkt übertragen, weshalb sich dieser Kleber für punktuelle Fixierungen anbietet. Lineare Verklebungen sind nur schwer ausführbar, da durch den Kleber kaum Unebenheiten ausgeglichen werden können. Die Verklebung ist außerdem durch Feuchtigkeit gefährdet und muß entsprechend geschützt werden. [6.4/2]

Mit Polyurethanklebern fixierte Punkthalter werden in der Automobilindustrie bereits seit längerem angewandt. Neben der Einfachheit liegt ihr Vorteil in der werkseitigen Montage unter gesicherten Umweltbedingungen. [6.4/3]

Es ist unverständlich, weshalb diese Fixierung im Baubereich noch keine Anwendung findet.

Lineare Verklebungen von Anschlußmitteln mit Glasscheiben erfolgen bereits bei Structural Glazing-Fassaden.

Eine weitere Anwendungsmöglichkeit wurde durch F. B. Grimme [6.4/4] mit seinen Stahl/Glas-Verbundsprossen demonstriert: Isolierglasscheiben sollten im Randverbund mit breiteren Aluminiumprofilen versehen werden und, in Analogie zur Preßleiste, mit zwei Klemmprofilen zu einer Verbundsprosse verbunden werden.

Die lineare Verklebung von Glasscheiben untereinander ermöglicht eine Stabilisierung der Scheibenränder sowie die Erzeugung von Profilträgern, Stützen und Faltwerken. Sie bietet die größten Entwicklungschancen, da durch den Verzicht auf zusätzliche Verbindungsmittel dem Wunsch nach Transparenz der Konstruktion am besten entsprochen werden kann.

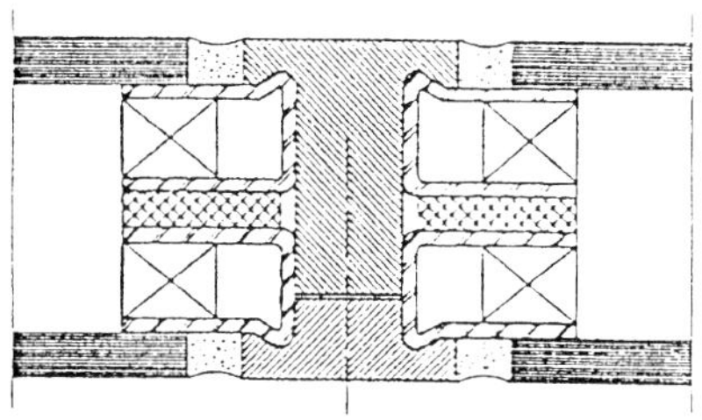

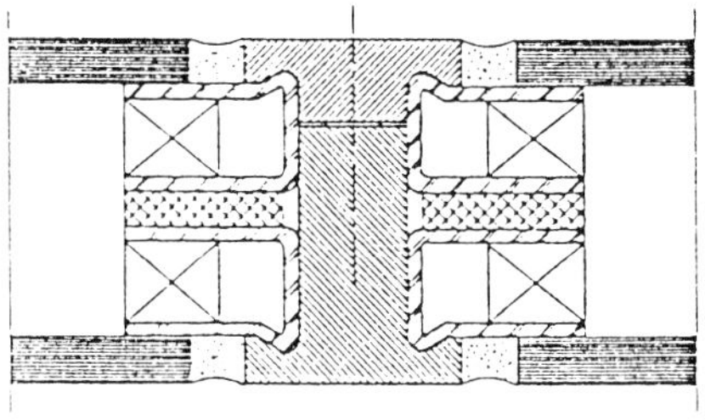

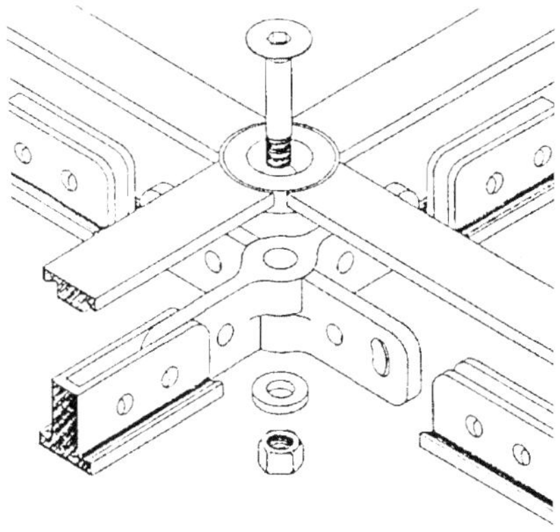

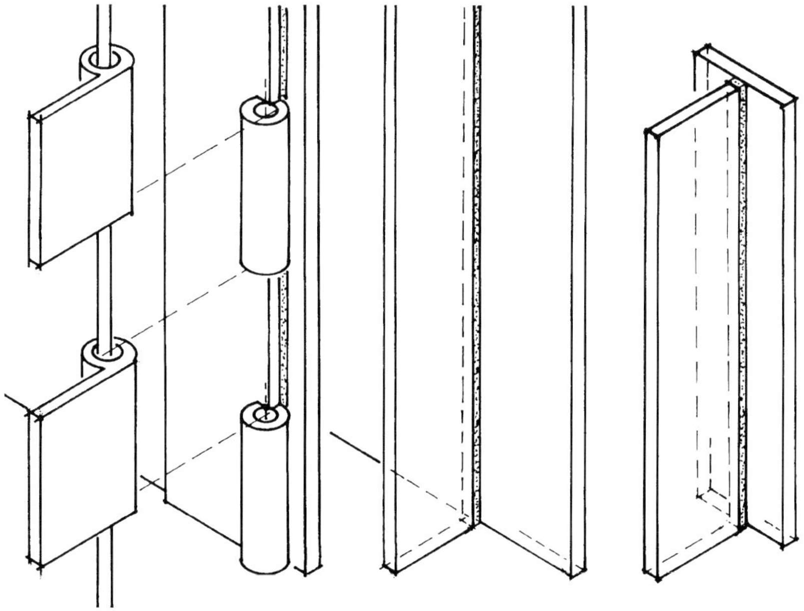

8 Stahl / Glas-Verbundsprosse mit symmetrischen Profilen von F. B. Grimme
9 Stahl / Glas-Verbundsprossen mit asymmetrischen Profilen

10 Knotenpunkt der Stahl / Glas-Verbundsprossen von B. F. Grimme
11 Lineare Verklebungen von Glas: Scharnieranschluß, Stabilisierungsrippe aus Glas und Glasprofil

Mögliche Tragwerkentwicklung

Den Wunsch nach Steigerung der Transparenz oder Filigranität des Systems voraussetzend, können Glaskonstruktionen dahingehend weiterentwickelt werden, daß zum einen die Masse des Tragwerkes dadurch reduziert wird, daß Biegetragwerke zugunsten normalkraftbelasteter Systeme (Zug / Druck) vermieden werden, zum anderen durch die Aktivierung der Tragwerkgeometrie von einfachen Stabtragwerken zu Flächen- oder Raumtragwerken. Die dritte Möglichkeit ist die Verwendung von Glas als konstruktives bzw. tragendes Element.

Obwohl einfache Biegetragwerke dank der Durchsichtigkeit von Glas eine hohe Transparenz aufweisen, sind sie an die Grenzen der Filigranität gestoßen. Ein weiteres Problem sind die durch die Herstellung begrenzten Maximalabmessungen. Als Weiterentwicklung sind in Zukunft aufgelöste Tragwerke mit eindeutiger Lastzuordnung (z. B. Fachwerke) zu erwarten.

Ein weiterer Entwicklungsschwerpunkt werden Konstruktionen mit flächigem Tragverhalten (z. B. Faltwerke/Tonnen/Kuppeln) sein, da diese dem flächigen Baustoff Glas in Geometrie und Tragverhalten entsprechen.

Balken und Stützen

Bei Balken ist durch die Möglichkeiten der Verklebung eine Entwicklung durch Profilbildungen von Kreuz-, Kasten-, T- und I-Profilen zu erwarten. Ein erster Vorläufer in diese Richtung war bereits 1951 der Glaspavillon von Glasbau Hahn (siehe Abschnitt 3.1).

Für den Bereich der Stützen ist es nach ersten Versuchen von kreuzförmigen Stützen, beispielsweise der Stadtverwaltung in St. Germain-en-Laye, nur noch eine Frage der Zeit bis zur Realisierung von mehrgeschossigen Glasstützen.

Auch durch die Verwendung von Glasrohren können in Zukunft Glasstützen realisiert werden. Deren Leistungsfähigkeit zeigt die Tensegrity-Struktur der Glastec 96 in Düsseldorf. Der Vorteil solcher Glasrohre ist ihre Knickstabilität. Durch die Verbindung zweier Rohre zu einer VSG-Stütze könnte die Sicherheit gesteigert werden, da bei Zerstörung des äußeren Rohres das innere geschützt wäre.

Das Ziel dieser Anwendungen ist jedoch weniger die Transparenz als vielmehr die Neuartigkeit der Konstruktion und deren gestalterische Möglichkeiten.

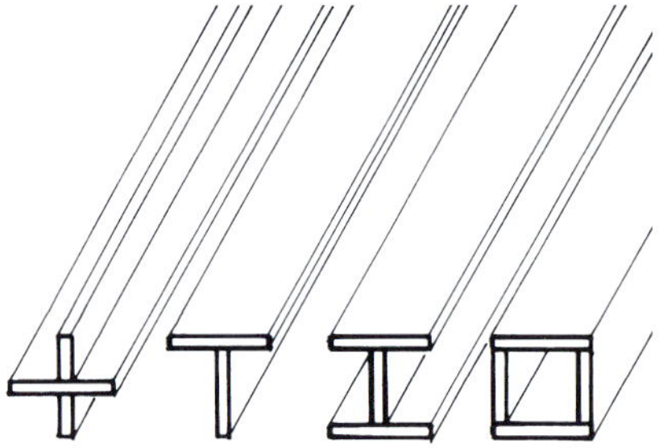

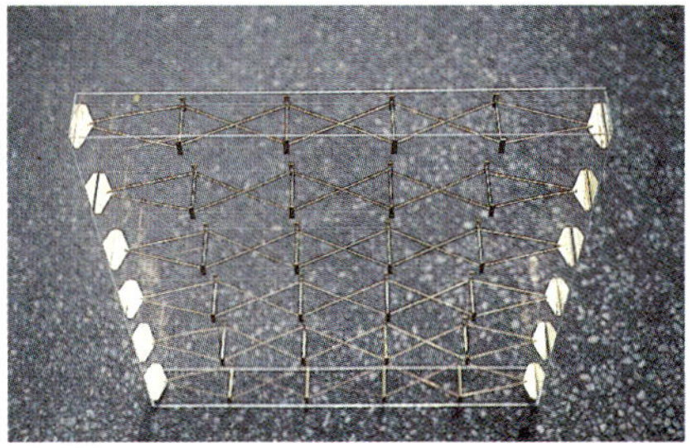

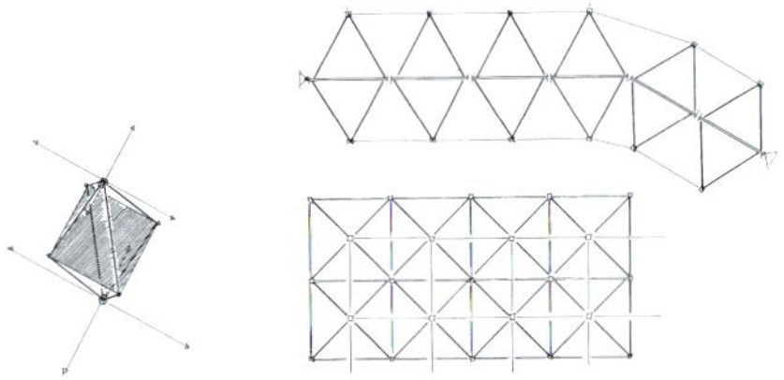

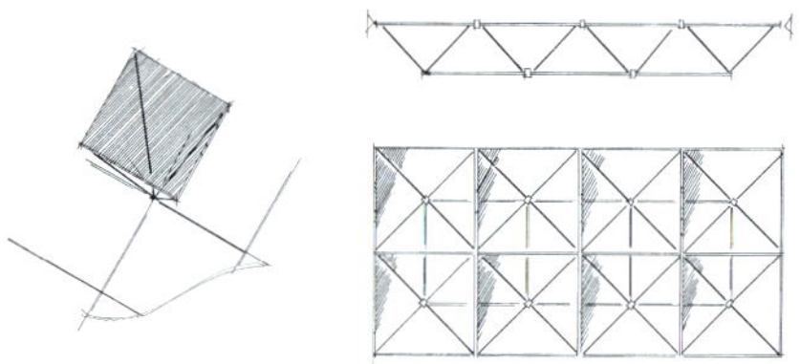

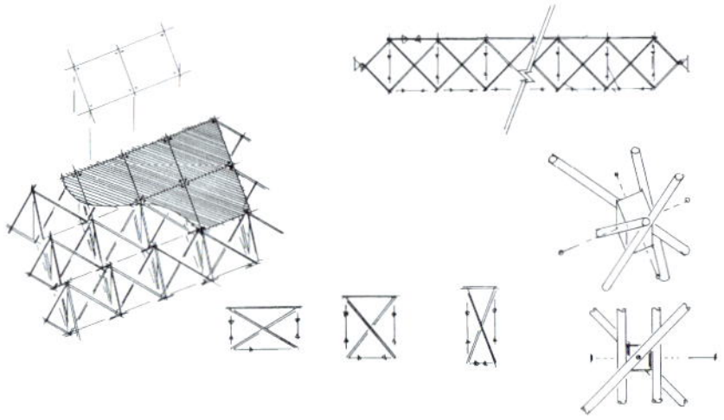

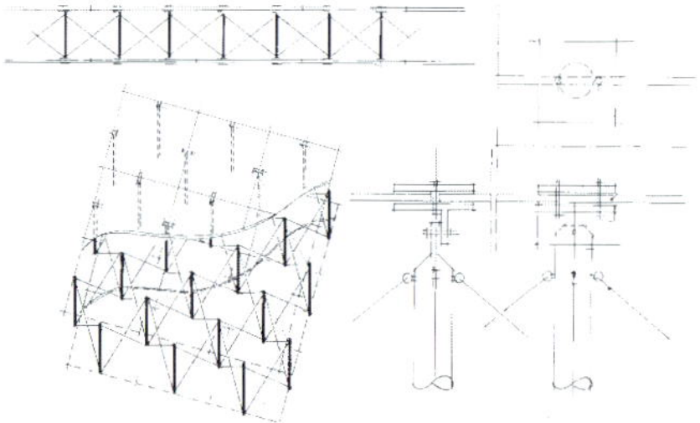

12 Glasprofile
13 Gläserne Stützen: Stadtverwaltung / St. Germain-en-Laye
14 Glasrohre: Tensegrity-Struktur / Glastec 96 Düsseldorf
15 Modell eines Glasfachwerkes

16 Fachwerk mit Glasdruckgurt und außenliegenden Zuggurten
17 Fachwerk mit Glasdruckgurt und Glaszuggurt
18 Fachwerkträgerrost mit Glasdruckgurt
19 Fachwerkträgerrost mit Druck- und Zuggurt aus Glas

Fachwerke

Fachwerke aus Glas sind sinnvoll, da die Längen der Einzelelemente relativ kurz sind und somit sowohl dem Problem des Knickens als auch den möglichen Produktionslängen entsprochen werden kann.

Aufbauend auf eigene Erfahrungen mit dem Fachwerk des Glasdaches und dem Glas-Stahl-Fachwerk der Fakultätsbibliothek wurden die folgenden Glasfachwerke entwickelt.

Bei dem mit dem Seminar „Konstruktiver Glasbau“ 1997 entwickelten Projekt Glasfachwerk handelt es sich um ein vorgespanntes Fachwerk, dessen Zug- und Druckgurte aus jeweils fünf Glasscheiben bestehen. Der Zwischenraum wird durch Druckstäbe und Zugdiagonalen gebildet, die auch das gesamte System vorspannen. [6.4/5]

Weitergehende Überlegungen wurden zu Fachwerkträgerrosten angestellt, bei denen die Glasscheiben entweder als mittiger Druckgurt in einem vorgespannten System oder aus äußeren Zug- und Druckelementen in verschiedenen Geometrien verwendet wurden.

Einem ähnlichen Prinzip folgen die Überlegungen von M. Eekhout. [6.4/6] Hier wurde ein fischbauchförmiger Glasfachwerkträger entwickelt, dessen Ober- und Untergurte aus Glaspaneelen bestehen sollten. Ebenfalls interessant sind die Untersuchungen von R. Bakker und G. Lindner unter der Anleitung von M. Eekhout: Ein Fachwerkträgerrost mit oberer und unterer Verglasung wird durch sich kreuzende Diagonalstäbe und Zugseile so verspannt, daß in den Scheiben eine Zugvorspannung entsteht.

Bogentragwerke

Auch bei Bogentragwerken können die Vorteile von Glas bei der Normalkraftableitung ausgenutzt sowie durch geschickte Geometrie kleinteilige Glasscheiben verwendet werden.

Um einen gläsernen Bogen handelt es sich bei der Diplomarbeit „Glasbrücke zur Prager Burg“ von H. van gen Hassend. [6.4/7] Der Bogen überbrückt eine Spannweite von 70 m. Über Glasstützen ruht auf dem Bogen das Raumfachwerk aus in Glas eingegossenen Stahlstützen, die wiederum die Glaseindeckung der Fahrbahn tragen. Der Glasbogen besteht aus sechseckigen VSG-Einzelsegmenten, die durch Kopfplatten miteinander verbunden sind. Ein durch die Segmente verlaufendes Zugseil sorgt für eine Vorbelastung des Bogens. Die drei-

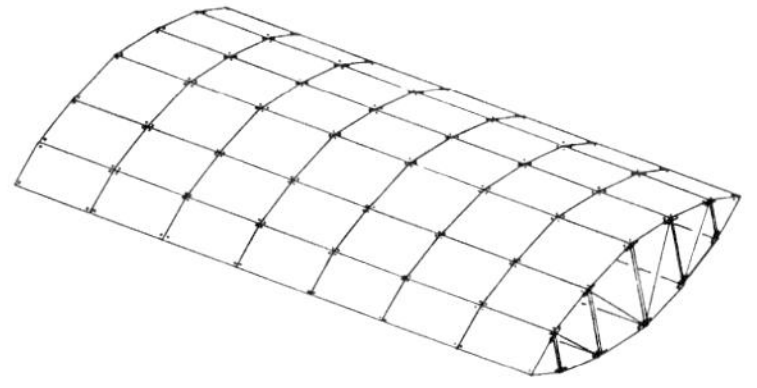

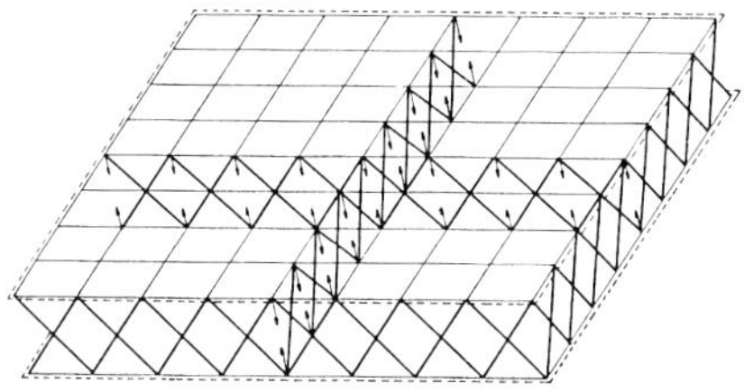

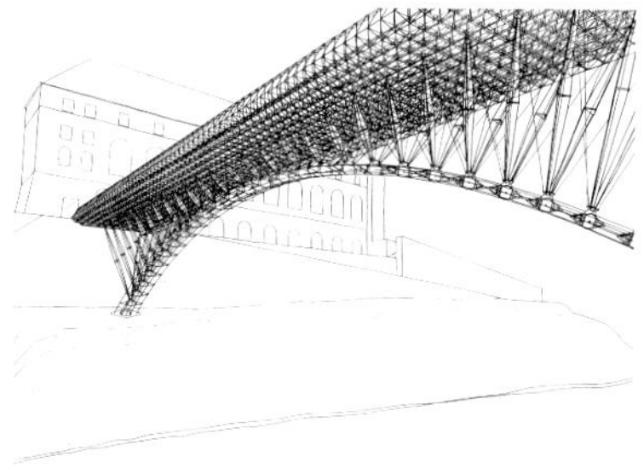

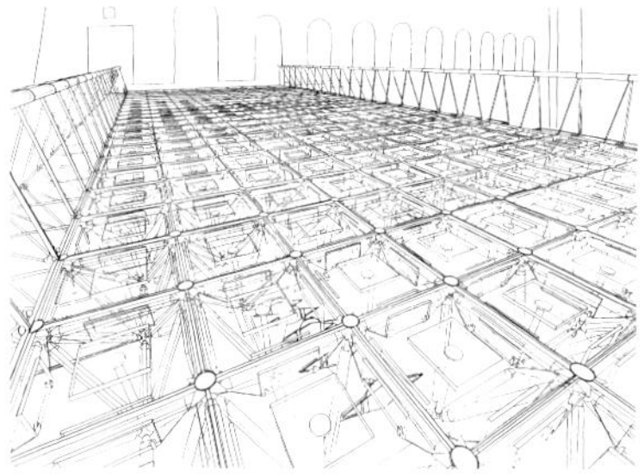

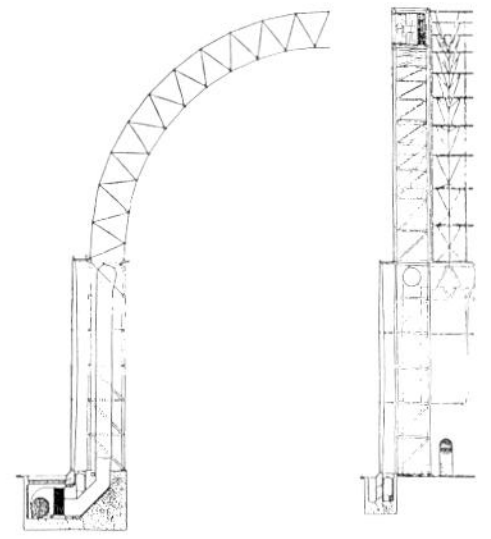

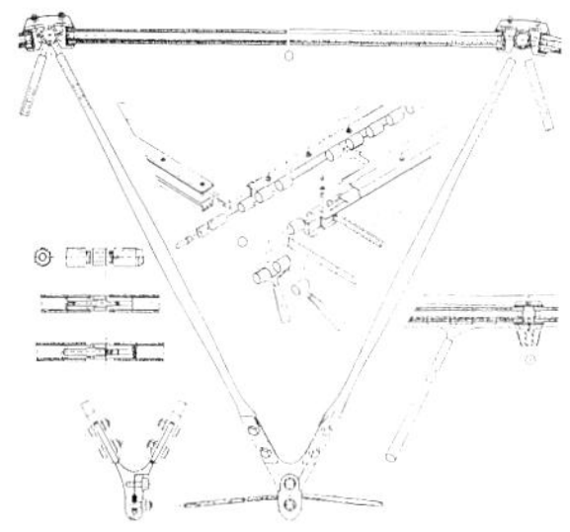

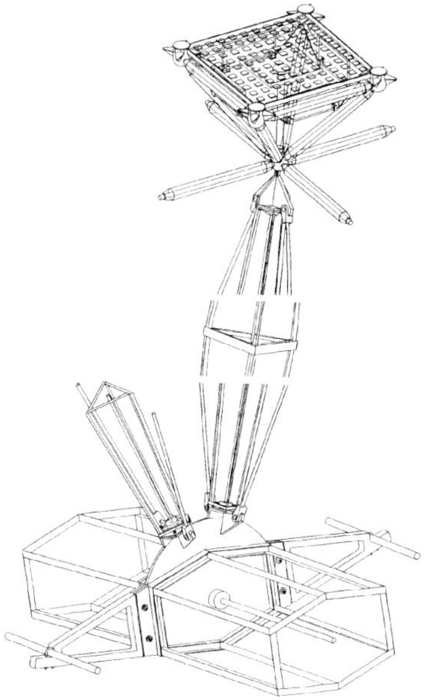

20 Fischbauch-Glasfachwerk von M. Eekhout
21 Fachwerkträgerrost mit tragender oberer und unterer Verglasung von Bakker und Lindner
22 Glasbogen der Brücke zur Prager Burg von H. van gen Hassend
23 Brückenaufsicht
24 Schnitt „Palmenhaus“ von Kieferle und Sigle
25 Detail der fachwerkförmigen Glasbögen des Palmenhauses
26 Isometrie Glasboden der Fahrbahn: Glasstütze und Glasbogen der Brücke zur Prager Burg von H. van gen Hassend

eckigen Glasstützen sind ebenfalls mit Kopfplatten angeschlossen.

Bei dem Oberstufenentwurf „Palmenhaus“ von Kieferle und Sigle an der Universität Stuttgart bestehen die Bögen aus Isolierglasscheiben und dreigurtförmigen Fachwerkunterspannungen. Die Verbindung der Scheiben untereinander und mit der Unterspannung erfolgte durch speziell entwickelte „Klavierbänder“. [6.4/8]

Platten

Bei der Weiterentwicklung von plattenförmigen Tragwerken sei auf F. B. Grimmes Sandwich-Elemente mit verschiedensten Abstandhaltern verwiesen. Beispielsweise wird vorgeschlagen, die Schubübertragung durch mechanische Verankerung der Abstandhalter zu erreichen.

Eine andere Möglichkeit ist die Verklebung der beiden Scheiben des Sandwich-Elementes mit Silikon-Abstandhaltern oder polyurethanverklebten, thermisch getrennten Kunststoffabstandhaltern. Weitere Vorschläge bestehen aus der Integration von lichtleitenden Lamellen und Lampen sowie der Möglichkeit der Verbindung der Scheiben mittels tiefgezogener Polykarbonatplatten. Die Begrenzung solcher Sandwich-Platten liegt weniger bei der Bauhöhe der Elemente als vielmehr bei den maximalen Herstellungsabmessungen der vorgespannten Scheiben. [6.4/9]

Faltwerke

Obwohl sich Glas als flächiger Baustoff sehr gut zur Erstellung von Faltwerken eignet, und die Glasscheiben gleichzeitig auch den Raumabschluß bilden, sind in diesem Bereich nur sehr wenige Vorschläge zu finden.

Einer dieser Vorschläge ist das Projekt einer Bushaltestelle von J. Braun in Zusammenarbeit mit R. Wagner [6.4/10]: Vorgeschlagen wurde ein Faltwerk als einhüftiger Rahmen. Zur Begrenzung der Durchbiegung wurden Randverstärkungen vorgesehen. Die Fixierung der Glasscheiben untereinander sollte über Winkel und Bolzen in Bohrungen erfolgen. Diese liegen relativ dicht nebeneinander, um eine weitgehend lineare Lagerung zu erhalten.

Eigene Überlegungen führten zu den im folgenden dargestellten Möglichkeiten. Wichtig war hierbei, bei der Verbindung der Kanten der Faltwerke Verklebungen zu verwenden, um eine optimale Linienlagerung zu erhalten.

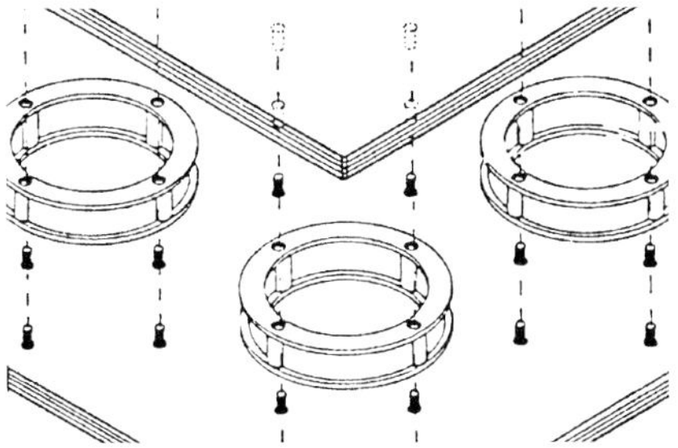

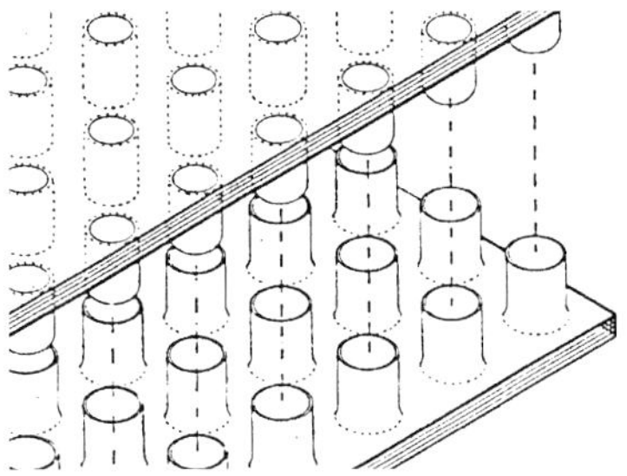

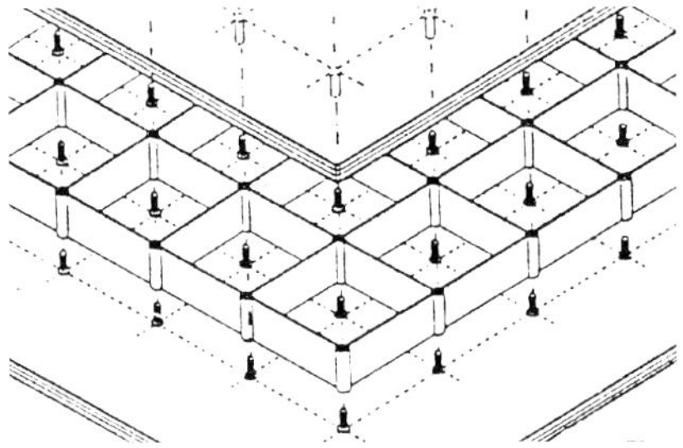

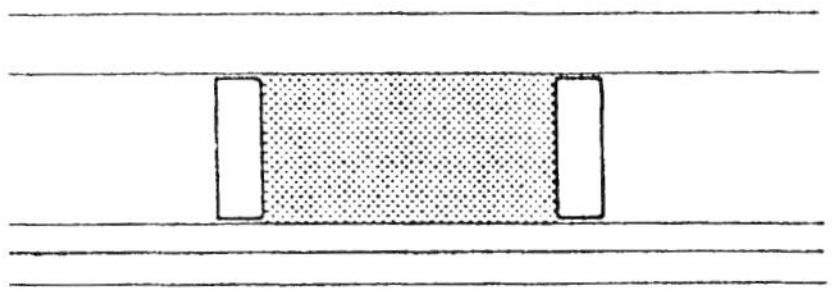

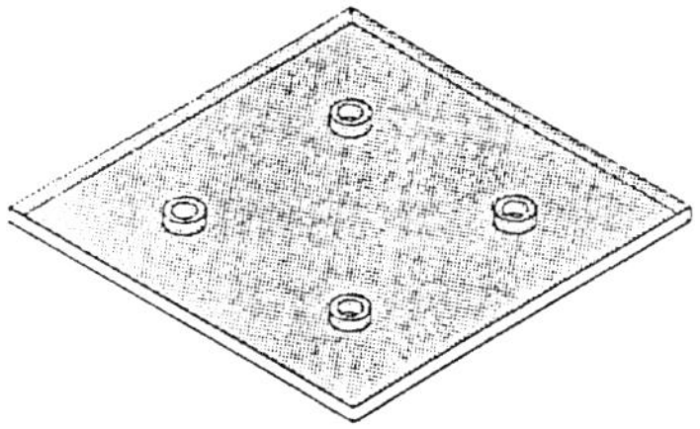

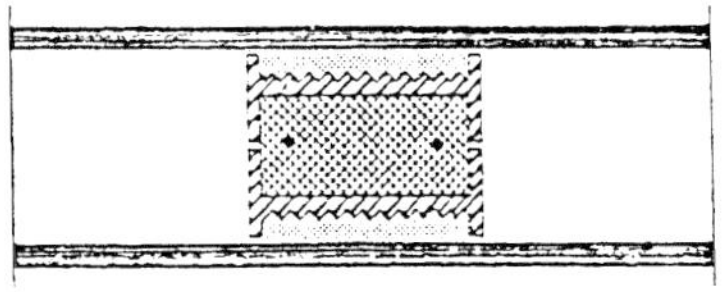

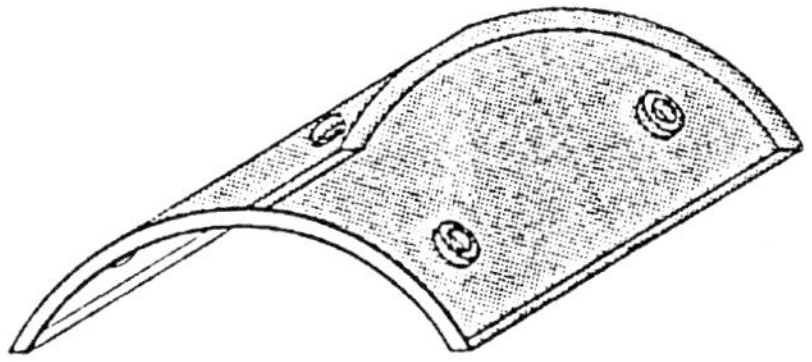

27 Isolierglaseinheit mit ringförmigen Abstandhaltern und Verschraubung von F. B. Grimme
28 Isolierglaseinheit mit rostförmigen Abstandhaltern und Verschraubung
29 Silikonabstandhalter
30 Polyurethanverklebter Abstandhalter
31 Abstandhalter aus verklebten Polykarbonatplatten
32 Isolierglaseinheit mit ringförmigen Silikonabstandhaltern
33 gekrümmte Isolierglaseinheit mit ringförmigen Silikonabstandhaltern

Einfache Pyramidenfaltwerke könnten aus gegeneinandergelehnten Glasscheiben bestehen. Eine Addition dieser Pyramiden könnte, mit Druckstäben verbunden, zu einem Trägerrost werden und zur Überbrückung größerer Flächen dienen.

Ebenso sind Faltwerkwände ohne weiteres vorstellbar, bei denen die Glasscheiben ihr Eigengewicht direkt in das Auflager einleiten und sich gegenseitig gegen Knicken stabilisieren.

Weitere Varianten sind Grat-Kehle-Faltwerke verschiedener Geometrien, die durch Zugbänder an den Auflagern oder Randverstärkungen zusätzlich ausgesteift werden können. Ebenfalls sind begrenzte Auskragungen denkbar.

Ein weiterer Schritt wären rahmenförmige Faltwerke, bei denen die Verglasung sowohl Dach als auch Wand schließen würde.

Besondere Aufmerksamkeit ist der Reststandsicherheit solcher Tragwerke zu widmen. Hier kann sowohl die lineare Verklebung als auch die Verwendung von VSG aus TVG hilfreich sein, da zum einen die Verklebung die zerstörte TVG-Scheibe stabilisieren und zum anderen die Reststabilität der TVG-Scheiben das Gesamtsystem stützen würde.

Tonnen / Kuppeln

Bei Tonnen- und Kuppelkonstruktionen können die Glasscheiben, welche die Druckkräfte aufnehmen, durch unter oder über der Glasebene liegende Seile vorgespannt werden. Der Vorteil ist auch hier der Verzicht auf ein separates Stahltragwerk.

Eine sehr einfache Version gläserner Tonnen wären stehende Glasscheiben, die durch eine Tonnenform die Horizontallasten in seitliche Auflager ableiten könnten. Das Eigengewicht der Scheiben würde direkt in den Fußpunkt eingeleitet.

Für liegende Tonnen wurden bisher die folgenden eigenen Überlegungen angestellt: Nach unserer ersten gläsernen Versuchstonne wurde ein weiteres Konzept für eine Tonne mit einem Durchmesser von 6 m entwickelt. Die Detaillierung entspricht der bereits realisierten und in Abschnitt 6.2 dargestellten Glastonne.

Prinzipiell ähnlich sind die Überlegungen des Unternehmens Seele für gläserne Kuppelkonstruktionen. Eine erste Realisierung erfolgte für den

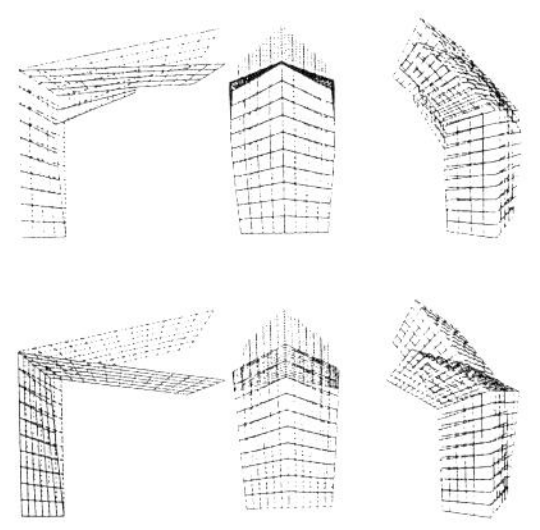

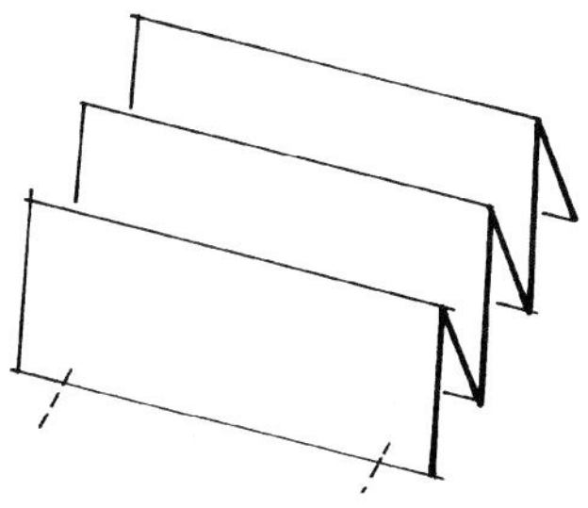

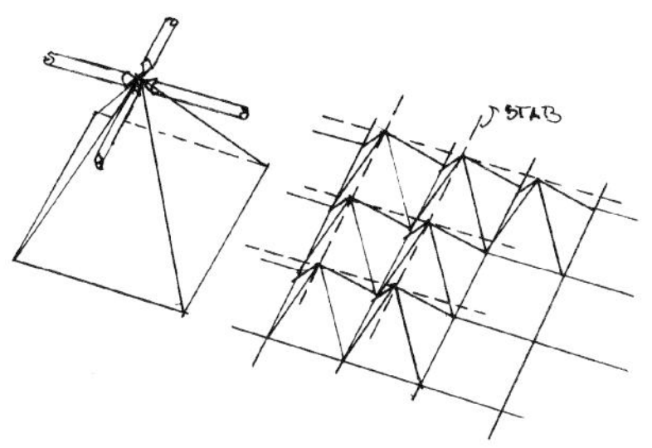

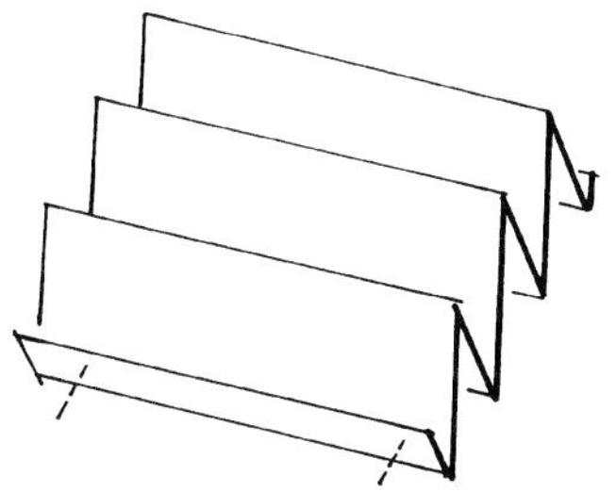

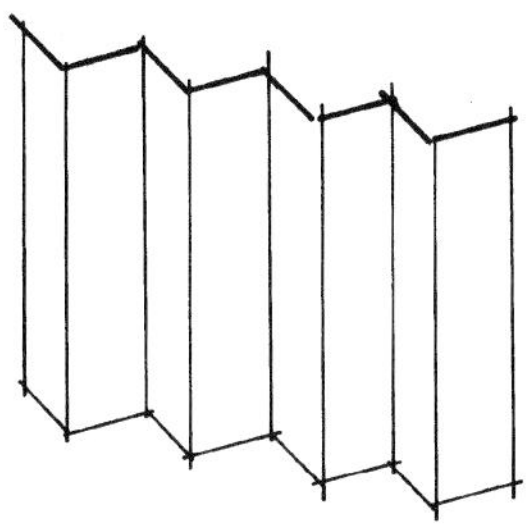

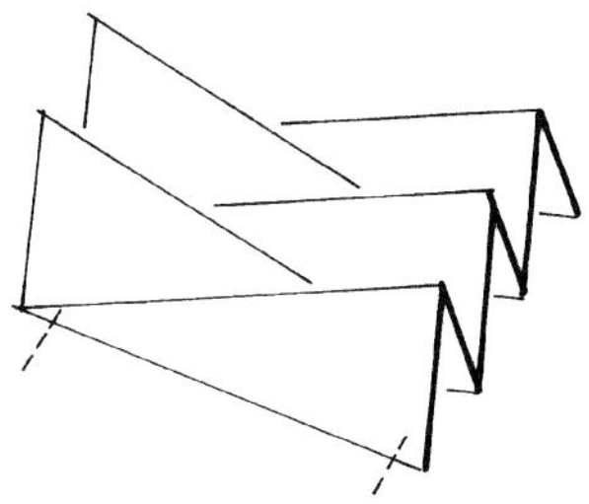

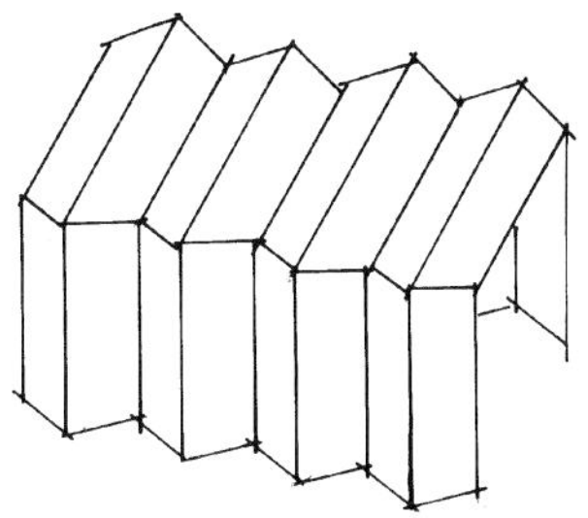

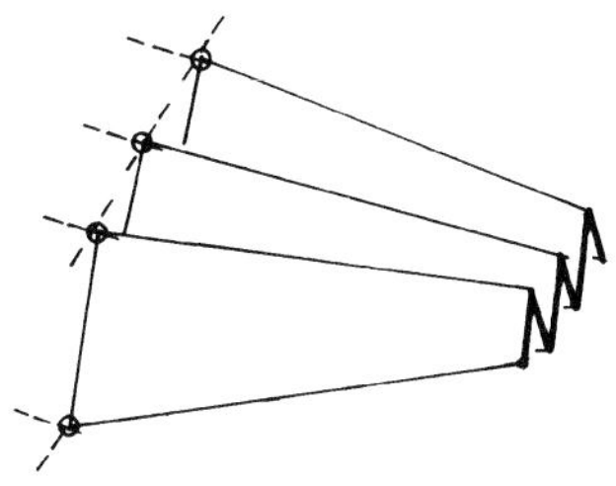

34 FEM-Simulation zur Belastung des Rahmenfaltwerkes von Wagner und Braun
35 Pyramidenfaltwerk aus Glas
36 Gefaltete Glaswand
37 Rahmenförmiges Glasfaltwerk

38 Grat-Kehle-Faltwerk aus Glas
39 Grat-Kehle-Faltwerk mit Randverstärkung
40 Grat-Kehle-Faltwerk
41 Auskragendes Grat-Kehle-Faltwerk

Weltbildverlag in Augsburg (1997). Die Kuppel mit einem Durchmesser von 12,30 m und einem Stichmaß von 2,50 m besteht aus dreieckigen Isolierglaseinheiten. Die Knoten werden durch Kunststoffschuhe und Klemmplatten gebildet, an denen auch die Seilunterspannung befestigt ist. [6.4/11]

Aufbauend auf seine oben beschriebenen Detailentwicklungen hat F. B. Grimme [6.4/4] zweilagige Kuppelkonstruktionen entwickelt, bei denen die Glasscheiben ein System aus Knotenkörpern und Stäben ausfachen und damit stabilisieren.

Seilnetze

Das Hauptproblem bei gegensinnig gekrümmten Gitternetzen besteht für Ganzglaskonstruktionen in der Einleitung der Zugkräfte und in der Vermeidung windschiefer Glasflächen. Hierzu existieren von R. Wörzberger [6.4/12, 6.4/13] zwei Vorschläge: Zum einen wurde ein Detail entwickelt, bei dem die Tragseile in die Silikonfugen eingebettet sind. Ein anderer Vorschlag sieht die Verbindung der Glasscheiben durch eine Klemmung vor. Es könnten zwischen den Glaselementen Normalkräfte und Biegemomente übertragen werden, so daß sogenannte „Hyparschalen" mit ebenen Glasflächen möglich sind.

Räumliche Systeme

Der Vorteil räumlicher Systeme aus Glas ist deren Möglichkeit, die entstehenden Lasten auf kurzem Wege abzuleiten und damit eine hohe Effizienz zu erreichen.

Beispiele für räumliche Konstruktionen sind J. Carpenters Glaskunstwerke (siehe auch Abschnitt 5.2). Bei dem Projekt „sphere (ten great circles)" sind zehn aus Glasschwertern bestehende Kreise geometrisch so angeordnet, daß sie eine Kugel ergeben. Die einzelnen Glasschwerter stützen sich dabei gegenseitig.

Das Projekt „suspended glass tower" ist ein abgehängtes Glasrohr, bestehend aus dreieckigen Glasscheiben, die mit Seilverspannungen zusammengehalten werden. Das Gesamtsystem hat eine Höhe von 19,50 m, einen Durchmesser von 2,50 m und befindet sich im Eingangsbereich des Hong Kong Convention Centre. [6.4/14]

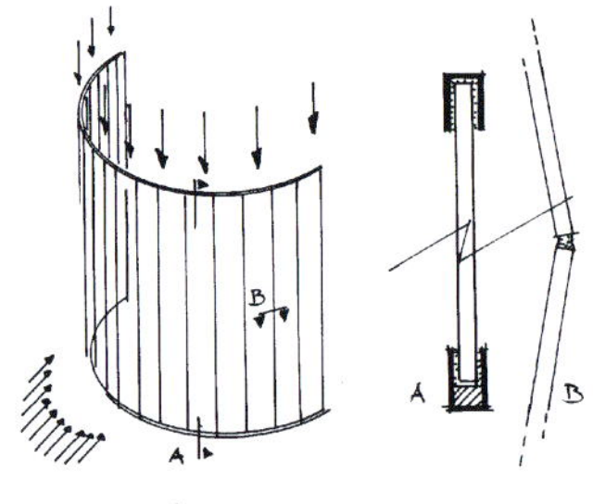

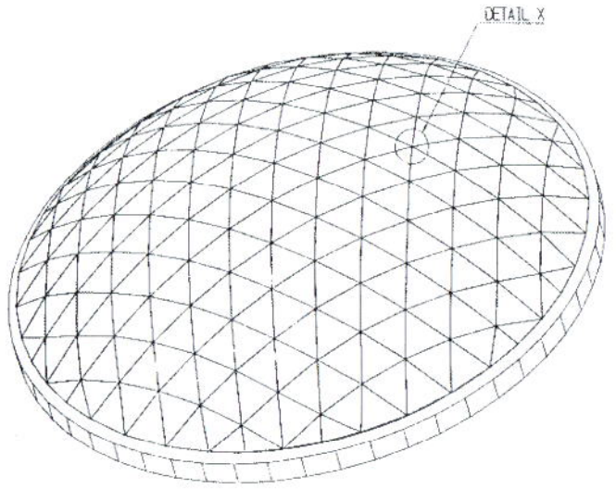

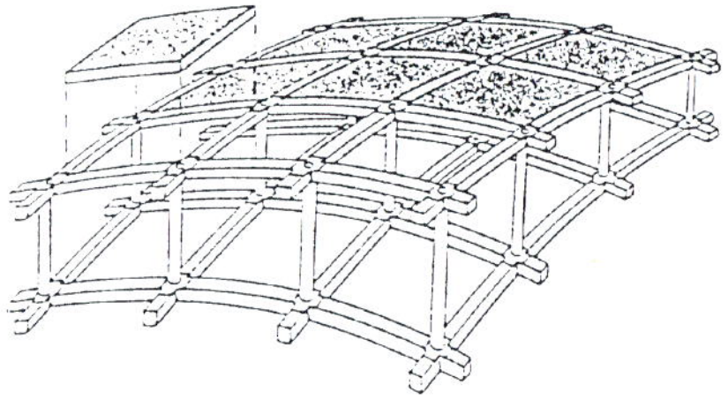

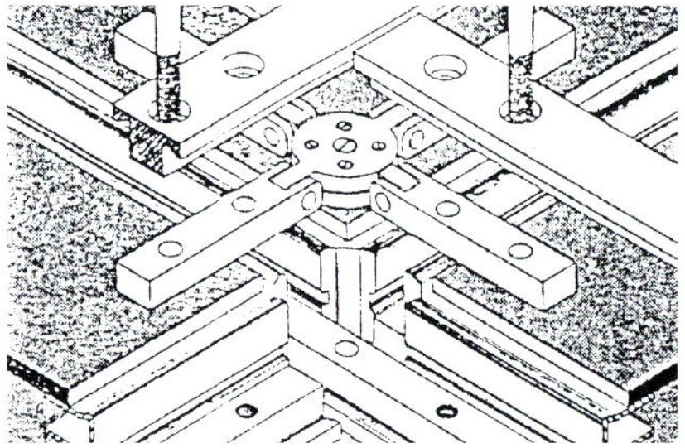

42 Gekrümmte Glaswand
43 Isometrie einer gläsernen Gitterkuppel von Seele, Gersthoven / Augsburg
44 Aufsicht der gläsernen Gitterkuppel

45 Modell Glastonne
46 Ausschnitt einer doppelwandigen Gitterkuppel von F. B. Grimme
47 Kreuzungspunkt Gitterkuppel mit Sandwichelementen von F. B. Grimme

Als eigener Vorschlag zu räumlichen Glaskonstruktionen seien Baumstützen aus Glasrohren angeführt. Entsprechend dem Kraftverlauf könnten die Rohre in verschiedenen standardisierten Abmessungen montiert werden. Die Verbindung untereinander könnte durch Kunststoff-Gußelemente mit Verklebungen erfolgen. Zur Steigerung der Sicherheit sollten die Rohre aus ineinandergesteckten und verklebten Rohren bestehen.

Neue Techniken und Produkte

An dieser Stelle sei auch auf die epochalen Veränderungen hingewiesen, die die Möglichkeit des Verschweißens von Glas bieten würde. So könnten homogene und kraftschlüssige Verbindungen ohne zusätzliche Verbindungsmittel entstehen. [6.4/14]

Weitere Möglichkeiten neuer Glasanwendungen bieten Kombinationen von Glas mit Holz und Kunststoffgewebe.

Als Gewebe sind glasfaserverstärkte Kunststoffgewebe sinnvoll, die mittels Verklebung auf einer Seite der Glasscheibe deren Zugzone verstärken. Schwierig ist jedoch der Erhalt der Durchsichtigkeit der Scheiben, weshalb die Anwendung in der Architektur noch fragwürdig erscheint. [6.4/15]

Auch die Verbindung von Glas und Holz wird zur Zeit erprobt. Vorgestellt seien hier J. Hamm und J. Natterers [6.4/16] Vorschläge zu Platten aus Glas, die durch verklebte Holzstreifen unterstützt werden. Eine andere Möglichkeit wäre die Verstärkung von Glasträgern im Randbereich, um gegen Knicken zu stabilisieren. Der wesentlichste Vorteil solcher Konstruktionen ist neben den größeren Spannweiten die Einfachheit der Anschlüsse.

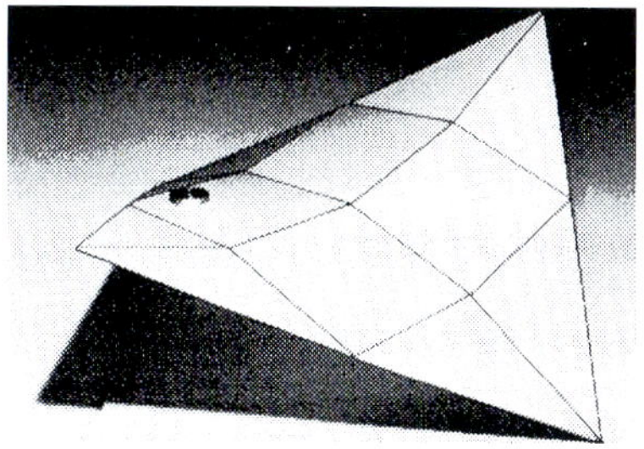

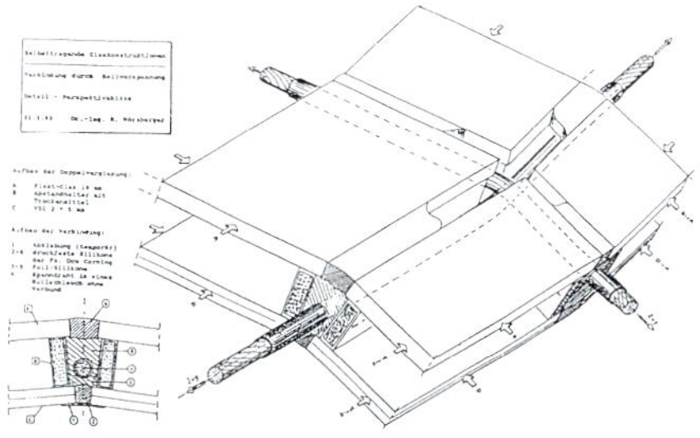

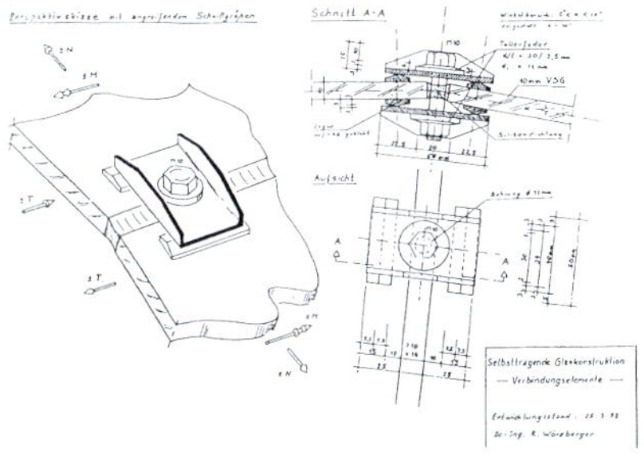

48 Hypar-Gitternetz von R. Wörzberger
49 Suspended glass tower von J. Carpenter / Hongkong

50 Klemmverbindung für Glasscheiben von R. Wörzberger
51 Detail eines Seilnetzes mit Tragseilen in den Silikonfugen von R. Wörzberger
52 Suspended glass tower von James Carpenter Design Associates / Hongkong

Ein wesentlicher Konkurrent des Baustoffes Glas wird in Zukunft wieder das Polykarbonat Makrolon sein. Es hat neben einem 40prozentigen Gewichtsvorteil eine erstaunliche Elastizität und ist somit als transparenter Baustoff weniger kritisch anzusehen als Glas. Um dem Problem des Verkratzens durch Staubpartikel zu begegnen, wird zur Zeit vielversprechend mit „Nanokompositen", einer extrem dünnen Beschichtung mit Keramikpartikeln, experimentiert. [6.4/17]

Grenzen

Technische Grenzen sind Glaskonstruktionen durch die jeweils herstellbaren Scheibengrößen, die Schlankheit des Baustoffes und die maximal aufnehmbaren Kräfte gesetzt. Konstruktiv kritisch bleiben wegen der Sprödigkeit von Glas immer die Stöße der Einzelelemente und deren Verbindungsmittel.

Neben den Kosten bestehen außerdem wesentliche rechtliche Grenzen für Glaskonstruktionen, von denen die Kosten nicht unwesentlich abhängen. Hier muß die volkswirtschaftliche Frage nach dem Grad der gewünschten Sicherheit für das einzelne Individuum und nach dem Preis, den diese Sicherheit kosten darf, gestellt werden.

Gestalterische Grenzen erreichen Glaskonstruktionen dort, wo beispielsweise aufwendige Verspannungen oder mit komplizierten Anschlußelementen versehene Details schnell einen rein dekorativen Charakter erhalten und damit modischen Veränderungen unterworfen sind. Hier gilt es vielmehr, dem konstruktiv Sinnvollen zu folgen.

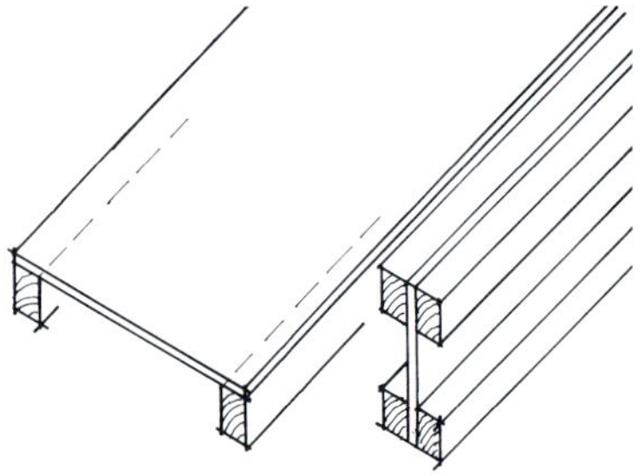

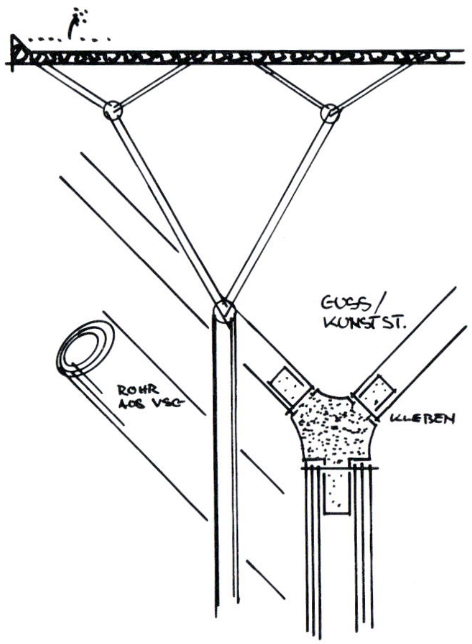

53 Verstärkung von Glasplatten oder Glasbalken durch Holzstreifen nach Hamm und Natterer
54 Sphere (ten great circles) von J. Carpenter

55 Baumstützen aus Glas
56 Ausschnitt Sphere (ten great circles) von James Carpenter Design Associates

Durch die konstruktive bzw. tragende Verwendung von Glas kann eine höhere Transparenz oder Filigranität entstehen. Hierbei gilt es jedoch zu beachten, daß Glas nur unter rechtwinkliger Betrachtung wirklich durchsichtig ist. Nachhaltig beeinfußt wird dies durch die Dicke des Glases, in Erscheinung tretende Glaskanten, den Betrachtungswinkel, Reflexionen auf der Glasoberfläche und das Verhältnis von hell zu dunkel im Zusammenspiel mit innen und außen.

Je nach Aufgabe kann daraus resultieren, daß ein geschicktes Stahltragwerk mit einfacher Verglasung und wenig in Erscheinung tretenden Details eine höhere Filigranität und damit höhere Transparenz erreicht als ein gleiches Tragwerk aus Glas.

Die Filigranität, die Feinheit und Aufgelöstheit eines Systems kann also im Widerspruch zur Transparenz, der Durchsichtigkeit des Systems, stehen. Um die Transparenz eines Stahltragwerkes zu steigern, muß seine Filigranität gesteigert werden. Im Gegensatz dazu weisen schon wenig filigrane Balkentragwerke aus Glas eine relativ hohe Transparenz auf. Stoßen diese Tragwerke an die Grenzen ihrer maximalen Abmessungen, muß die Filigranität der Konstruktionen sinnvoll gesteigert werden, damit auch für größere Abmessungen transparente Konstruktionen entstehen können.

Das Prinzip der Weiterführung der Filigranität muß jedoch nicht notwendigerweise zu einer höheren Transparenz führen. Räumliche Tragwerke beispielsweise weisen bisher eine geringere Transparenz auf und berufen sich deshalb eher auf eine gestalterische Ästhetik.

Eine richtige Lösung zwischen diesen Extremen kann nur für jede Aufgabe separat entwickelt werden und hängt wesentlich von den Anforderungen und äußeren Umständen ab.

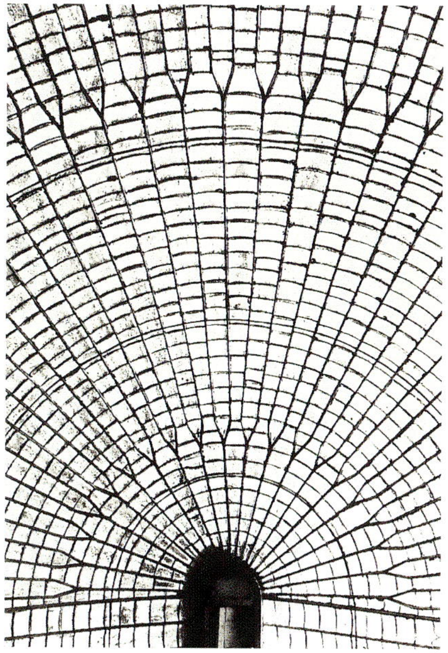

57 Reflexion der Glasoberfläche: Düsseldorfer Stadttor
58 Glasbalken: Glaspavillon / Aachen

59 Palmenhaus Bicton Gardens in Budleigh Salterton (ca. 1843)
60 Refractive Light Spine / Philadelphia von J. Carpenter

7 Glas als Baustoff

7.1 Glasherstellung

7.1 Glasherstellung

Als erstes wurde aus vulkanischer Glasschmelze entstandenes Naturglas, das sogenannte „Obsidian“, von Menschen bearbeitet. [7.1/1]

Erste Glaserzeugnisse in Form von Perlen entstanden wahrscheinlich zufällig bei der Erzverhüttung oder dem Tonbrennen um 5500 v. Chr. in Ägypten. Um 3000 v. Chr. wurden in Mesopotamien kleine Gefäße und Perlen aus Glas hergestellt: Eine Schmelze aus Silizium, Kali, Kalk und Metalloxiden wurde auf 1400 °C erhitzt und in kleine Formen gegossen.

In Ägypten entwickelte sich um 1500 v. Chr. die Sandkerntechnik, bei der ein Kern aus Sand in die Glasschmelze getaucht wird. Nach dem Abkühlen wird der Sandkern herausgelöst, das Gefäß poliert und gegebenenfalls mit geschmolzenen Glasfäden verziert. Das erste Rezept zur Glasherstellung fand sich in der Tontafelbibliothek in Assyrien um 650 v. Chr. : *„Nimm 60 Teile Sand, 180 Teile Asche aus Meerespflanzen, fünf Teile Kreide, und du erhältst Glas.“* [7.1/1 bis 7.1/3]

Bei allen Verfahren zur Glasherstellung besteht das Problem, daß Glas beim Kontakt mit kälteren Körpern an der Oberfläche schneller erstarrt als im Inneren und damit keine klare Oberfläche mehr besitzt.

Phönizische Handwerker aus Sidon entwickelten um 50 v. Chr. die Herstellung von Glas mittels der bis heute gebräuchlichen Glasbläserpfeife: Ein ca. 100 bis 150 cm langes Eisenrohr wird in die Glasschmelze getaucht. Anschließend wird der Klumpen durch das Rohr aufgeblasen, bis sich die Schmelze an der Luft verfestigt hat und damit an der Oberfläche ohne Nachbearbeitung klar bleibt. Dieses Verfahren ist fast unverändert erhalten geblieben, findet heute jedoch nur noch im Kunsthandwerk oder für Spezialanfertigungen Anwendung. [7.1/1, 7.1/2]

Um die Zeitwende wird von den Römern zur Herstellung erster flacher Glasscheiben ein Gußverfahren entwickelt, bei dem die Glasschmelze in eine nasse Holzform eingefüllt und glattgestrichen wurde. Es entstanden matte Glasscheiben bis zu einer Größe von 70 / 100 cm, die beispielsweise in Pompei als Fenster eingebaut wurden. Mit dem Untergang des römischen Reiches ging dieses Wissen verloren. [7.1/1, 7.1/4]

1 Phönizische Glasbläser

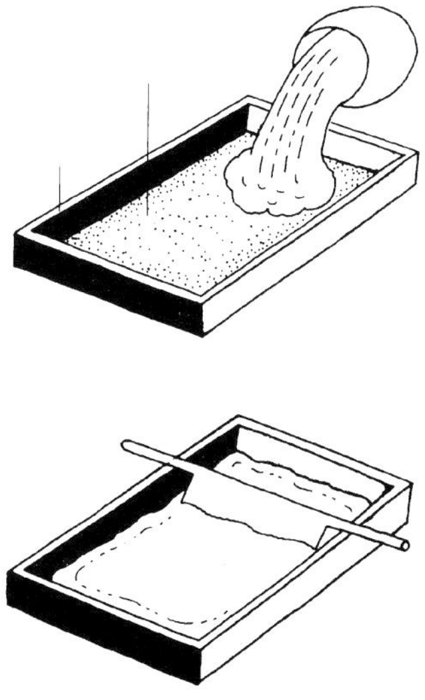

2 Römisches Gußglas

3 Therme in Pompei mit 2 / 2 m großen Fensteröffnungen

Um 1000 n. Chr. entwickelte sich in Klosterhütten nördlich der Alpen das Zylinderblas- und Streckverfahren. Hierbei wurden mit der Glasbläserpfeife Zylinder geblasen, aufgeschnitten und zu einer Fläche auseinandergezogen. Bedingt durch den hohen Holzverbrauch entstanden die Wander- oder Waldglashütten, die jeweils nach dem Kahlschlag ihren Standort wechseln mußten. Neben Sakralverglasungen wurden auch einfache Gebrauchsgläser hergestellt. [7.1/1, 7.1/2]

Bei dem um 1300 entstandenen Mondglasverfahren wurde die Herstellung der bis dahin erzeugten Butzenscheiben verbessert, da größere Scheiben möglich wurden, indem an einer geblasenen Glaskugel ein Hefteisen befestigt wurde. Nach Entfernen der Glasbläserpfeife erfolgte durch rasches Drehen des Hefteisens das Aufweiten der Kugel zu einer Fläche. Mit dem Mondglasverfahren konnten Scheiben mit einem Durchmesser von 90 bis 125 cm erzeugt werden, die in kleinere Scheiben unterteilt wurden. [7.1/1, 7.1/2]

Durch die Verbesserung der Öfen und der Glasrezepturen verdrängte jedoch das Zylinderblas- und Streckverfahren im 18. Jahrhundert das Mondglasverfahren. Es wurden Glaszylinder bis zu einer Länge von 3,20 m mit einem Durchmesser von 0,65 m möglich. Die letzte Weiterentwicklung dieses Verfahrens war 1904 die Zylinderblasmaschine des Amerikaners Lubbers, die 9 bis 10 m lange Zylinder mit einem Durchmesser von bis zu 0,60 m herstellen konnte. Somit waren 1,90 / 9,00 m große Scheiben möglich. [7.1/1, 7.1/2]

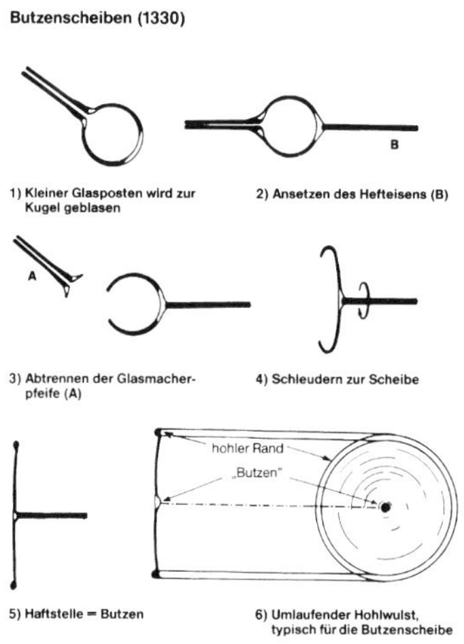

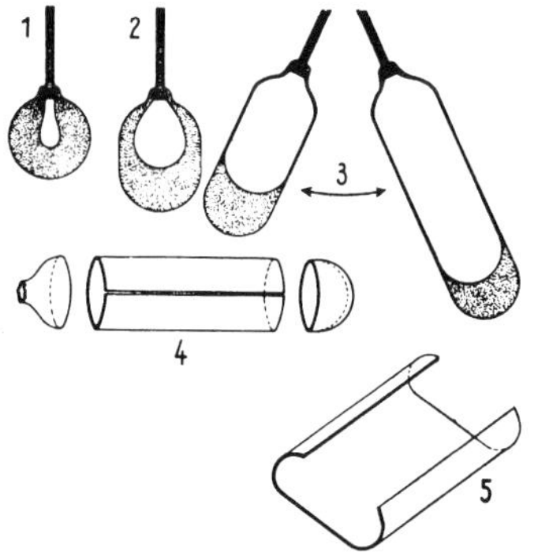

1+2: Kübel wird angeblasen
3: Zylinder entsteht durch Blasen und Schwenken
4: Kappe und Boden werden abgetrennt
5: Walze wird geöffnet und gestreckt

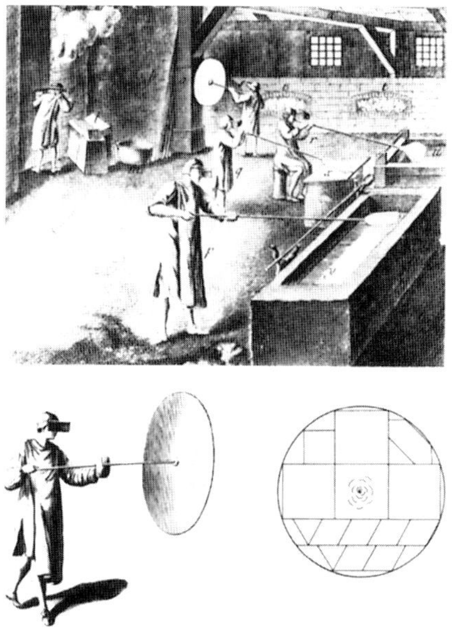

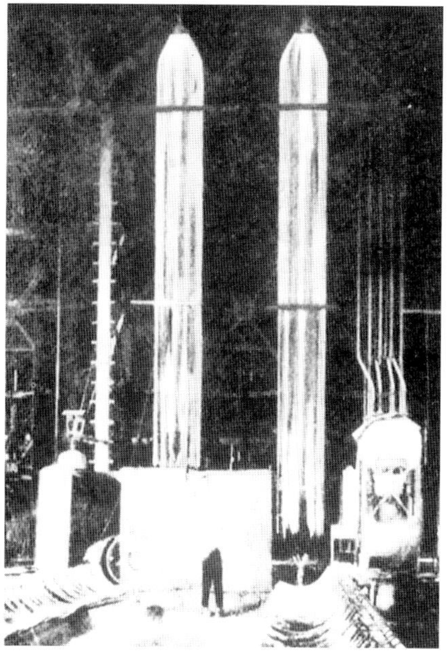

4 Herstellung von Butzenscheiben
5 Mondglasverfahren

6 Zylinderblas- und Streckverfahren
7 Zylinderblasmaschine von Lubbers

Parallel zu dieser Entwicklung entstand um 1662 in Frankreich das Gießverfahren. Der Glasmacher L. N. de Nehou entwickelte Gußhäfen auf einer vorgeheizten Metallplatte, in der die Glasschmelze mit vorgeheizten Walzen geglättet wurde. Aufwendiges Schleifen und Polieren der Oberfläche führte zu Spiegel- oder Kristallglas. Im 19. Jahrhundert entwickelte Gießmaschinen (Bicheroux-Verfahren) verfeinerten den bis heute üblichen kontinuierlichen Prozeß zur Herstellung von durch Walzen gezogenem Guß- oder Drahtglas.

Die wichtigste Entwicklung der industriellen Glasherstellung ist jedoch das mechanische Ziehverfahren nach dem Belgier E. Fourcault um 1905. Aus der zähflüssigen Glasschmelze wird kontinuierlich ein Glasband herausgezogen und an der Luft abgekühlt. Bei der Kühlung entstehen leichte Schlieren, das Glas ist aber ansonsten klar durchsichtig. Der Amerikaner I. W. Colburn entwickelte dieses Verfahren 1906 für M. J. Owens und E. D. Libbey weiter, indem er eine luftgekühlte Biegewalze einfügte und damit den Prozeß zu einem sehr effektiven liegenden Ziehverfahren machte. [7.1/1, 7.1/2, 7.1/4]

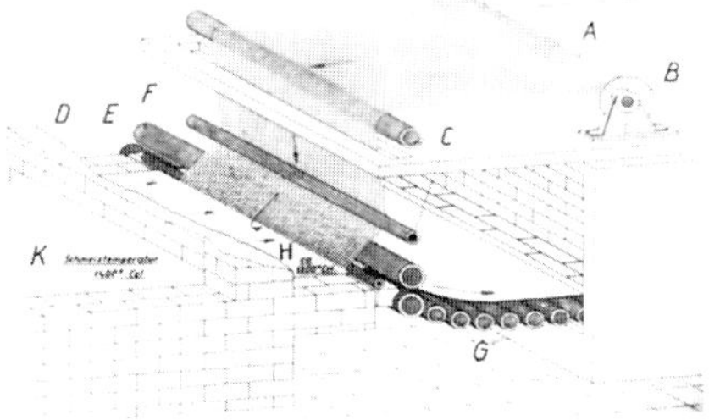

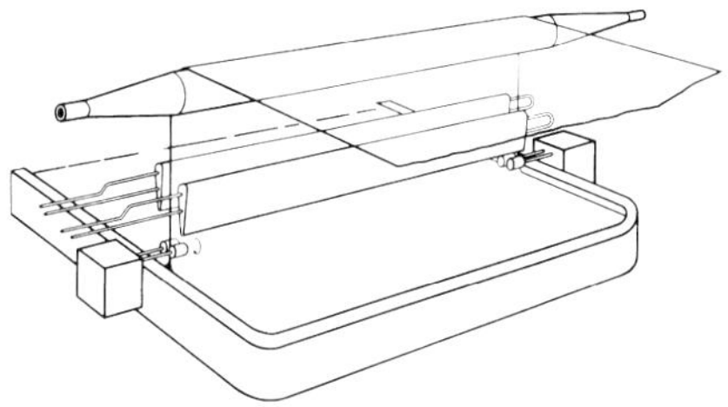

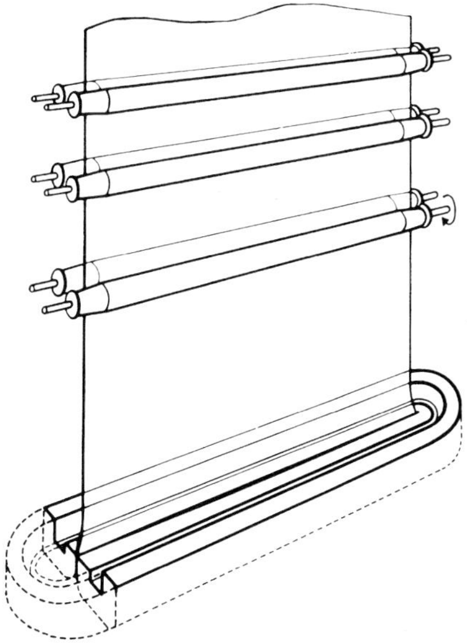

8 Gießverfahren
9 Gießmaschine nach Bicheroux
10 Fourcault-Verfahren

11 Drahtglasherstellung
12 Libbey-Owens-Verfahren
13 Fourcault-Verfahren

Das 1959 von E. Pilkington entwickelte Floatglasverfahren läßt die gezogene Glasschmelze über ein flüssiges Zinnbad, das Floatbad, fließen und erzeugt klares, planparalleles Glas. Ein Gemenge aus Quarzsand, Soda, Kalk und Zusatzstoffen wird durch Erhitzen auf 1560 °C geschmolzen. Die Glasschmelze ist klar und rein, jedoch dünnflüssig und kann deshalb erst bei 1100 °C und einer honigartigen Konsistenz weiterverarbeitet werden.

Bei der Abkühlung darf die Glasschmelze nicht mit kühlen Fremdkörpern in Berührung kommen, da sonst diese Schicht vorzeitig abkühlen und damit undurchsichtig werden würde. Der Vorteil des Zinnbades besteht im flüssigen Zustand des Zinns sowohl bei der Eintrittstemperatur der flüssigen Glasschmelze von 1100 °C als auch beim Austritt des abgekühlten Glasbandes bei 600 °C. Im Anschluß erfolgt die Kühlung: Wird zu schnell abgekühlt, entstehen innere Spannungen im Glas, wird zu langsam abgekühlt, besteht die Gefahr des „Entglasens", einer unzusammenhängenden Kristallbildung.

Hohe Qualität bei relativ geringen Kosten sind weitere Vorteile dieses Verfahrens, mit dem über 90 % des benötigten Glases hergestellt werden. [7.1/1, 7.1/2]

Das erste Isolierglas wurde von T. D. Stedson 1865 in den USA patentiert. Von dort stammt auch der Produktname „Thermopane" (1938). 1909 wurde das französische Patent für das erste Verbundsicherheitsglas an E. Benedictus ausgesprochen. Die beiden Glasscheiben wurden mit einer Celluloidfolie verbunden. Das erste Einscheiben-Sicherheitsglas, „plötzlich abgekühltes" Glas, wurde 1930 von Saint-Gobain patentiert. [7.1/1]

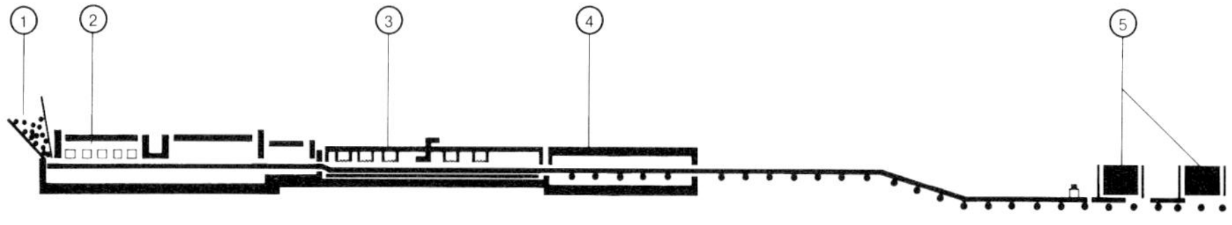

1: Gemenge
2: Schmelzen
3: Floatbad
4: Kühlzone
5: Zuschneider

14 Modernes Floatglasverfahren nach Pilkington
15 Entwicklung der herstellbaren Scheibengrößen

7.2 Glasprodukte

7.2 Glasprodukte

Neben dem in diesem Abschnitt behandelten Floatglas und dessen durch Weiterverarbeitung entstehenden Produkten sei an dieser Stelle der Vollständigkeit halber auch auf Gußglas und Glasbausteine hingewiesen, die im Konstruktiven Glasbau aber keine Anwendung finden.

Gußglas, hergestellt aus einem kontinuierlichen Glasband, das zwischen ornamentierte Walzen gepreßt wird (siehe auch Abschnitt 7.1), wird meist als Ornamentglas zur Durchsichtbehinderung eingesetzt.

Glasbausteine, aus miteinander verschmolzenen Preßhälften hergestellte Hohlgläser, werden wie Mauersteine im Mörtelbett übereinandergestapelt. Zur Stabilisierung können Armierungen in die Fugen eingelegt werden.

Einfachglas – *Bearbeitung*

Floatglas wird in Dicken von 4/5/6/8/10/12/15/19 mm für den Baubereich hergestellt; bei Dicken bis 4 mm spricht man von Dünnglas. Die übliche Produktionsgröße beträgt 3,21 x 6,00 m; Übergrößen sind in 50-cm-Längenabstufungen möglich.

Floatglas kann geschnitten (geritzt und gebrochen), gefräst und gebohrt werden. Bohrungen dürfen nicht kleiner als die Glasdicke sein (siehe auch Abschnitt 7.4). Als Kantenbearbeitung sind gesäumte (angeschliffene Fase, Kante nicht bearbeitet), feinjustiert geschliffene (Glaskante ohne blanke Stellen, Fase angeschliffen), polierte und auf Gehrung geschliffene Kanten (max. 45°) möglich.

Die Glasoberfläche kann zu dekorativen Zwecken gesandstrahlt, geschliffen oder geätzt werden. [7.1/2, 7.1/3]

Einfachglas
– Änderungen der Glasmasse

Klares Floatglas hat eine leicht grünliche Färbung, die auf einen Eisenoxidanteil von 0,1 % zurückzuführen ist. Durch chemische Reinigung kann das Eisenoxid weitgehend entfernt und entfärbtes Floatglas hergestellt werden. Durch den Zusatz von Metalloxiden kann die Glasmasse gefärbt werden. Die Zugabe von Selenoxid erzeugt eine Bronzefärbung, Nickeloxid eine Graufärbung und Eisenoxid eine Grünfärbung.

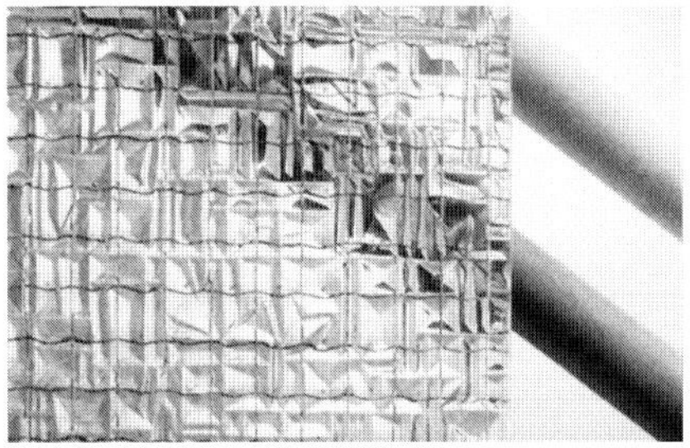

1 Ornamentglas
2 Glasbaustein

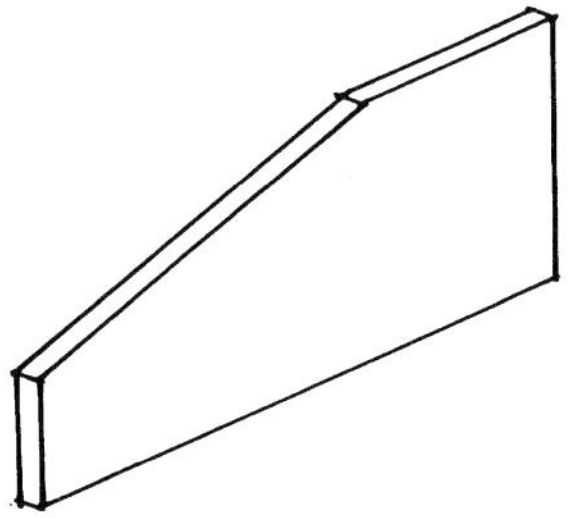

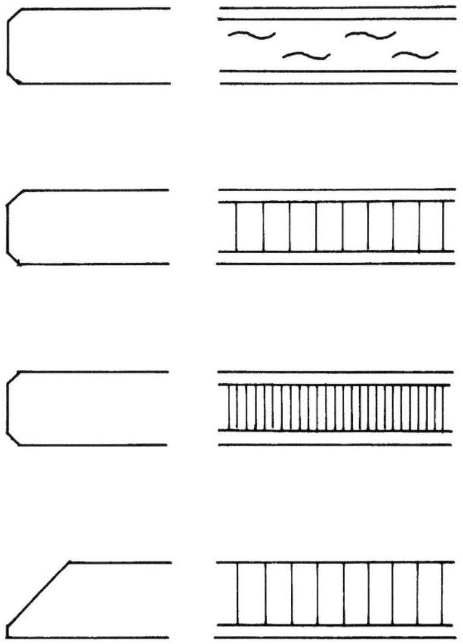

3 Einfachglas
4 Kantenbearbeitung: gesäumte Kante, feinjustierte Kante, polierte Kante, Gehrungskante

Die Verfärbung ist im nachhinein nicht veränderbar und bedingt eine geringere Lichttransmission. Daraus resultiert auch das stärkere Aufheizen der Scheiben bei Sonneneinstrahlung. [7.2/4 bis 7.2/6]

Bei photosensitivem Floatglas werden Lamellenstreifen auf die Scheibe aufgebracht. Sie entstehen durch UV-Licht-Bestrahlung. Diese Lamellen wirken wie kleine Jalousien und haben die Funktion eines Sonnenschutzes. [7.2/4 bis 7.2/6]

Die automatische Verminderung der Lichtdurchlässigkeit bei Bestrahlung mit UV- oder kurzwelligem Licht erfolgt bei phototrophem Floatglas durch eine umkehrbare Transformation der silberhalogenidhaltigen Elemente in der Glasmasse. Da die Herstellung teuer ist, werden diese Gläser meist für Brillen verwendet. [7.2/4 bis 7.2/6]

Einfachglas – *Verbesserung der mechanischen Eigenschaften*

Durch Einlegen eines Drahtgewebes in die noch flüssige Glasmasse entsteht Drahtglas als Gußglas. Der Vorteil von Drahtglas besteht darin, daß beim Bruch keine Glasscherben herausfallen. Die Mindestdicke beträgt 7 bzw. 9 mm; die lieferbaren Scheiben sind z. Z. 2,50 x 4,50 m groß. Die Drahteinlage hat im allgemeinen eine Maschenbreite von 12,50 mm. [7.2/3, 7.2/5]

Einscheibensicherheitsglas (ESG) wird hergestellt, indem die Glasscheibe auf 600 bis 700 °C erhitzt und anschließend mit Kaltluft abgeschreckt wird (siehe auch Abschnitt 7.3). Sie kann nach dem Vorspannprozeß nicht mehr nachbearbeitet werden. Durch die in der Scheibe entstehende innere Zug- und äußere Druckspannung wird die mögliche Biegebruchfestigkeit erhöht, da zum Bruch führende Mikrorisse und Kerbstellen etc. überdrückt werden. Beim Bruch zerfällt die gesamte Scheibe in kleine Glaskrümel. Die Größen von ESG-Gläsern sind abhängig von den Vorspannöfen und betragen z. Z. bis zu 2,60 x 5,40 m oder 2,40 x 5,50 m. [7.2/3 bis 7.2/5]

Teilvorgespanntes Glas (TVG) wird wie ESG hergestellt, hat jedoch einen geringeren Vorspanngrad. Dadurch ist die Biegebruchfestigkeit herabgesetzt. Beim Bruch zerfällt eine TVG-Scheibe in große Bruchstücke, die in ihrem Bruchbild dem Floatglas entsprechen. [7.2/3 bis 7.2/6] Es besitzt allerdings z. Z. noch keine bauaufsichtliche Zulassung.

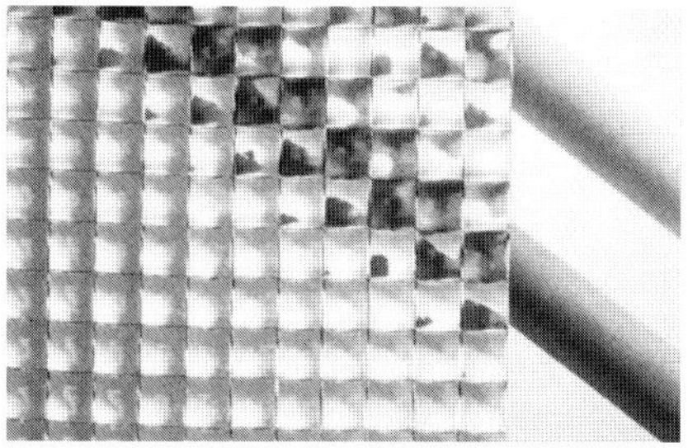

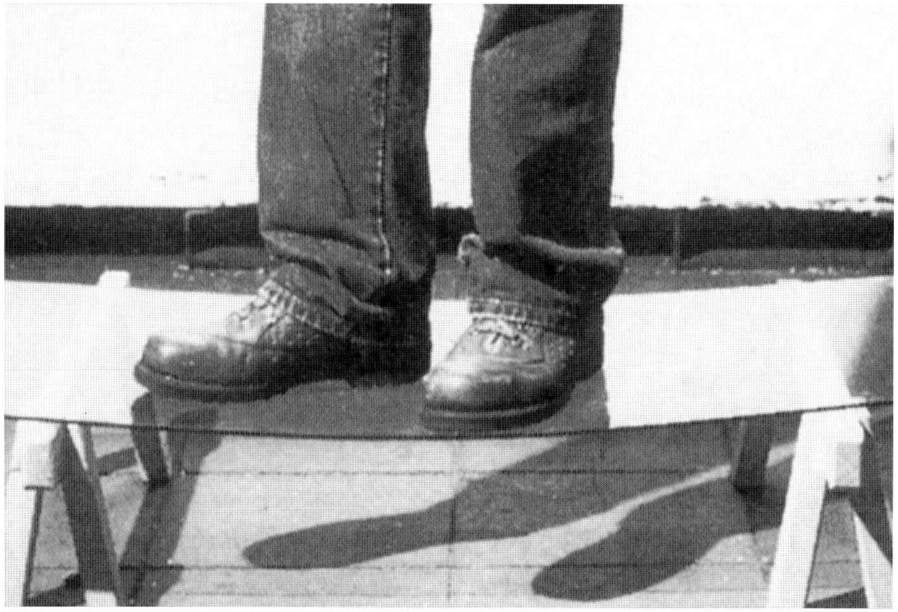

5 Drahtglas
6 ESG-Belastungstest

Einfachglas – *Beschichtung*

Beschichtungen werden auf die Glasscheiben im On-line- oder Off-line-Verfahren aufgebracht.

On-line-Beschichtungen in Form von Hard-coatings werden bei der Glasherstellung in der Floatanlage auf eine Seite des 600 °C warmen Glasbandes in Form von Pulver oder Flüssigkeit aufgebracht und eingebrannt. Es entsteht eine 100 bis 400 nm dicke Schicht, die gegen Abnutzung und chemische Einwirkung stabil ist.

Der Off-line-Auftrag von Beschichtungen erfolgt über Tauch- oder Vakuumverfahren. Es entstehen Soft-coatings, die gegen äußere Beanspruchungen durch Schutzschichten oder durch den Einbau in Isolierverglasungen geschützt werden müssen. Beim Tauchverfahren werden die Scheiben in schmale Behälter mit entsprechenden Flüssigkeiten getaucht und gleichmäßig wieder herausgezogen. Anschließend erfolgt das Einbrennen der beidseitigen Beschichtung. Die einseitige Beschichtung mittels Vakuumverfahren erfolgt in einer Mehrkammer-Vakuum-Anlage mit einem Kathodenzerstäuber. Hier können bis zu 15 Schichten in verschiedenen Stärken (6 bis 12 nm) aufgebracht werden. [7.2/4 bis 7.2/6]

7 Einfachglas – Beschichtungen
8 Dreilagige Glasbeschichtung

Besseren Wärmeschutz erhält man durch Beschichtungen, die die Transmission kurzwelliger Strahlung (Sonnenlicht) zulassen und langwellige Strahlung (Wärme/Infrarot-Bereich) behindern. Solche selektiven Beschichtungen, sogenannte Low-E-coatings, werden heute meist auf farbneutraler Silberbasis als Soft-coating hergestellt. Mit Hard-coatings wird Wärmeschutz durch eine Zinnoxidschicht ermöglicht. [7.2/4 bis 7.2/6]

Sonnenschutz wird durch erhöhte Reflexion kurzwelliger Strahlung (Sonnenlicht) erreicht. Wärmeschutz erfolgt durch reduzierte Transmission langwelliger Strahlung (Infrarot-Bereich). Als Hard-coating hergestellte Metalloxidschichten aus Titan, Chrom, Nickel oder Eisen in oxidierter Form erhöhen das Reflexionsvermögen. Reflektierende Soft-coatings werden mit Titanoxiden hergestellt.

Die Funktionen Sonnenschutz und Wärmeschutz können auch innerhalb einer Schicht kombiniert werden. [7.2/4 bis 7.2/6]

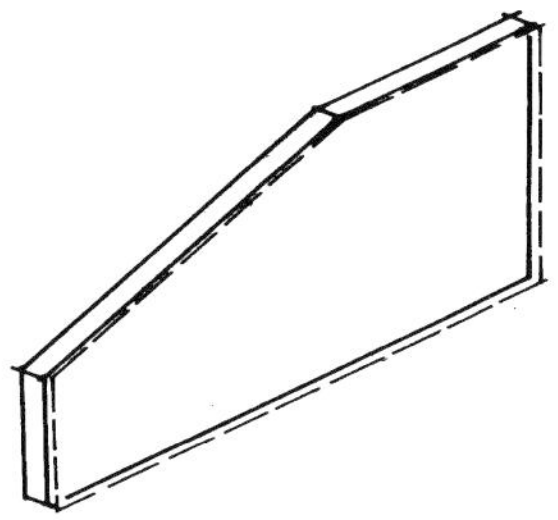

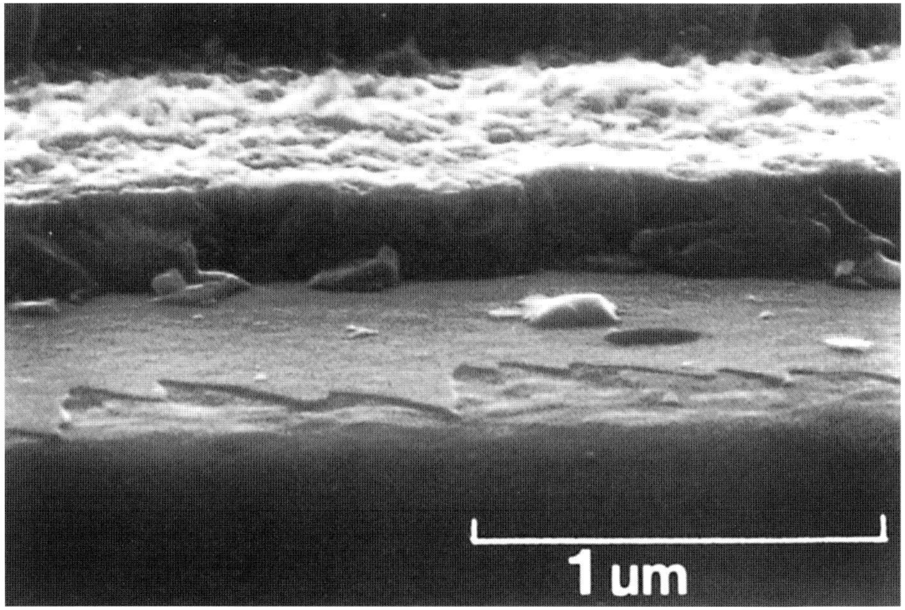

Kaltlichtspiegelnde Beschichtungen reflektieren das Licht der sichtbaren Wellenlängen, während Infrarot-Licht durchgelassen wird. [7.2/4, 7.2/6]

Durch ein Interferenzsystem, das mittels Tauchverfahren auf beiden Scheibenoberflächen aufgebracht wird, oder sehr vorsichtiges Mattätzen kann eine entspiegelnde Beschichtung erzeugt werden. [7.2/4, 7.2/6]

Dichroitische Beschichtungen zerlegen durch Interferenzerscheinungen das Licht je nach Einfallswinkel und Reflexion oder Transmission in die Spektralfarben. Auf 1 x 1 m große Scheiben werden bis zu 40 Schichten aufgebracht. [7.2/4, 7.2/6]

Für die ca. 0,05 mm starke Beschichtung mit Emaille (Keramikfarbauftrag im Siebdruckverfahren) wird ein Schmelzgemenge aus feingemahlenem Glas, Farbpigmenten und Zusatzmitteln bei 600 °C auf die Glasscheibe eingebrannt. Es verschmilzt mit dem Glasgemenge und erzeugt witterungs- und abnutzungsbeständige Schichten. Emaillebeschichtungen können opak, transluzent, transparent sein oder irisierende Farben erzeugen. Sie können neben dekorativen Zwecken auch zum Wärme- und Sonnenschutz herangezogen werden. Durch unterschiedliche Bedruckungsgrade kann die Lichtdurchlässigkeit beeinflußt und durch versetztes Bedrucken der Lichtdurchlaß nach dem Einfallswinkel bestimmt werden. [7.2/4, 7.2/6]

Lamellenförmige metallische Mikrostrukturen auf der Glasoberfläche können winkelabhängige, selektive Schichten erzeugen, bei denen die Sonnenstrahlung reflektiert, die Durchsicht aber nicht behindert wird. [7.2/4, 7.2/6]

Spiegel werden mittels einer hochreflektierenden Silberschicht auf einer Seite der Floatglasscheibe hergestellt. Die Silberbeschichtung wird mit zusätzlichen Schutzschichten überzogen. [7.2/4]

9 Reflexionen durch dichroitisches Glas: „Sweeny Chapel“ / Indianapolis (USA) von J. Carpenter

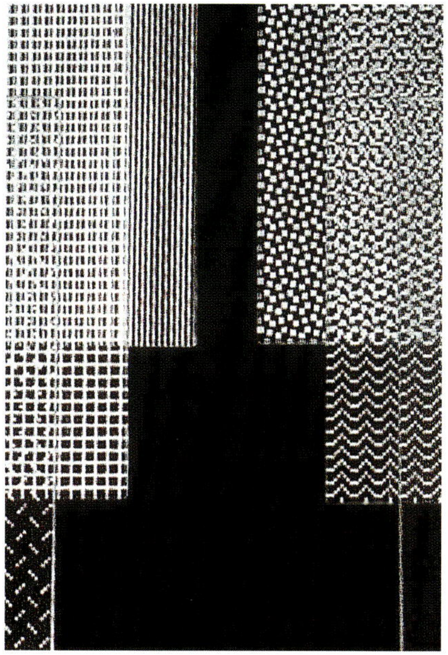

10 Emaille-Beschichtungen

Verbundgläser – *Verbesserung der mechanischen Eigenschaften*

Verbundsicherheitsglas (VSG) wird durch das Verkleben von zwei oder mehr Glasscheiben hergestellt. Zur Verklebung dienen Polyvinylbutyralfolien (PVB-Folie) der Stärken 0,38 bis 2,28 mm oder Gießharze (z.Z. noch kein geregeltes Bauprodukt). Es können verschiedene Scheibenarten miteinander verklebt werden. Auch Drahteinlagen zu Alarm- oder Heizzwecken sind möglich. Die Abmessungen solcher VSG-Scheiben betragen bis zu 3,21 x 6,00 m für Floatglas in Abhängigkeit von den zur Herstellung benötigten Walzanlagen und Autoklaven. Für andere Glasprodukte gelten deren maximale Maße. Der Vorteil solcher Scheiben besteht darin, daß sich beim Bruch keine Glasscherben aus der Scheibe lösen. [7.2/1 bis 7.2/3, 7.2/6]

Verbundgläser – *Funktionsschichten*

Winkelabhängig-selektive Funktionsschichten werden durch Polymerfolien oder Glasseidenvliese erzeugt, die zwischen zwei Glasscheiben eingelegt werden. Undurchsichtig, aber durchscheinend erzeugen sie diffuses „Nordlicht“. [7.2/4]

Für Funktionsschichten mit holografisch-optischen Elementen werden mit Lasern Interferenzmuster auf fotografischen Filmen erzeugt und als Folie zwischen die Glasscheiben eingebracht. Durch den physikalischen Effekt der Beugung können je nach Einfallswinkel verschiedene Lichtumlenkungen erfolgen. [7.2/4, 7.2/6]

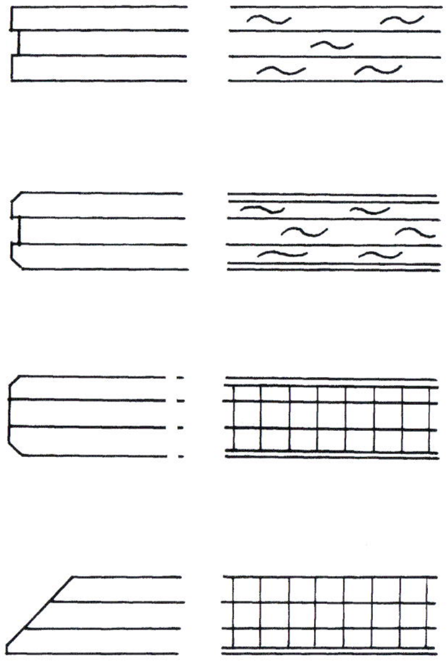

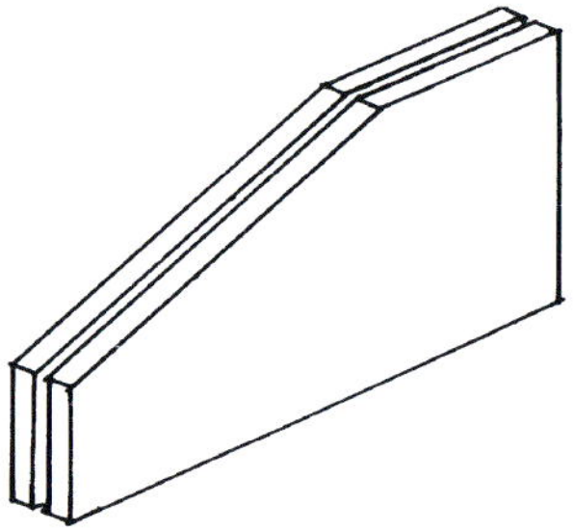

11 Kantenbearbeitung bei Verbundgläsern: Schnittkante, gesäumte Kante, feingeschliffene Kante, Gehrungskante

12 Verbundgläser
13 Holografisch-optisches Element

Die direkte Umwandlung von Tageslicht in elektrische Energie wird durch Photovoltaik-Module ermöglicht, die zwischen zwei Glasscheiben eingebettet werden. Neben dem Einsatz von monokristallinen, polykristallinen und amorphen Modulen werden bei semi-transparent-amorphen Modulen Teile der Siliziumschicht wieder abgetragen, um mehr Lichtdurchlässigkeit zu erhalten. [7.2/4, 7.2/6]

Temperaturabhängige Funktionsschichten können je nach Temperatur transparent bis transluzent sein. Zwei verschiedene Materialien mit unterschiedlichen Brechungsindizes weisen bei niedrigen Temperaturen eine hohe Transmission auf, während sie sich bei hohen Temperaturen zu Kügelchen verklumpen und dadurch eine Lichtstreuung verursachen. [7.2/4, 7.2/6]

Die Moleküle elektro-optischer Funktionsschichten, zum Beispiel Schichten mit Flüssigkristallen oder elektrochromen Materialien, sind im spannungslosen Zustand ungerichtet und führen zu einer Lichtstreuung. Wird eine Spannung angelegt, richten sich die Moleküle so, daß der Durchgang von Licht möglich ist. Eine andere Möglichkeit sind elektrochrome Schichten, bei denen durch elektrische Spannungen Ionen ausgetauscht werden, wodurch sich der Transmissionsbereich ändert. [7.2/4, 7.2/6]

14 Monokristalline, zwei polykristalline und semitransparente Solarzellen
15 Durchsichtige elektro-optische Funktionsschicht

16 Opake elektro-optische Funktionsschicht

Isoliergläser

Isoliergläser, auch Mehrscheibenisoliergläser (MIG), sind an den Rändern verschlossene Zwei- oder Mehrfachscheiben mit einem Scheibenzwischenraum (SZR, 6 – 24 mm), der mit Luft, Gasen oder anderen Füllstoffen gefüllt wird. Der Randverbund kann verlötet (Kupfer / Zinn), mit Glas verschmolzen / verklebt oder aus verklebten Aluminiumprofilen hergestellt werden. Letzteres hat sich zum heutigen Standard durchgesetzt. Es ist je nach Einbausituation auf UV-Beständigkeit der Verklebung und deren Verträglichkeit mit anderen Dichtstoffen zu achten. In diesem Randverband befindet sich auch das Trocknungsmittel, das Kondensation im Scheibenzwischenraum verhindert. Bei Temperatur- und Luftdruckschwankungen ändert sich der Druck im Scheibenzwischenraum und kann zum Verbeulen der Isolierglasscheibe führen.

Zur Steigerung der dämmenden Wirkung kann der Zwischenraum evakuiert oder mit Gasen (Argon / Krypton / Xenon) gefüllt werden. [7.2/1, 7.2/5, 7.2/6]

Für Füllungen mit wärmedämmenden Eigenschaften können transparente oder transluzente Materialien in Waben-, Lamellen-, Kapillar- oder Kammerstruktur in den Scheibenzwischenraum eingebracht werden. Als Materialien für diese Transparenten Wärmedämmungen (TWD) kommen Glas, Acrylglas, Polycarbonat oder Quarzschaum zum Einsatz. [7.2/4, 7.2/6]

Soll das Isolierglas lichtumlenkende oder sonnenschützende Eigenschaften haben, können neben Beschichtungen feste oder steuerbare Systeme eingebaut werden. Rollos oder Lamellen können mittels Seilzügen oder elektromagnetischen Schiebern verändert werden. Unveränderbar sind in den Scheibenzwischenraum eingebrachte Sonnenschutzraster, Sonnenschutzprismen oder Spiegelprofile. Hier muß die Ausrichtung der Einbauelemente den gewünschten lichtumlenkenden oder sonnenschützenden Anforderungen angepaßt werden. [7.2/4, 7.2/6]

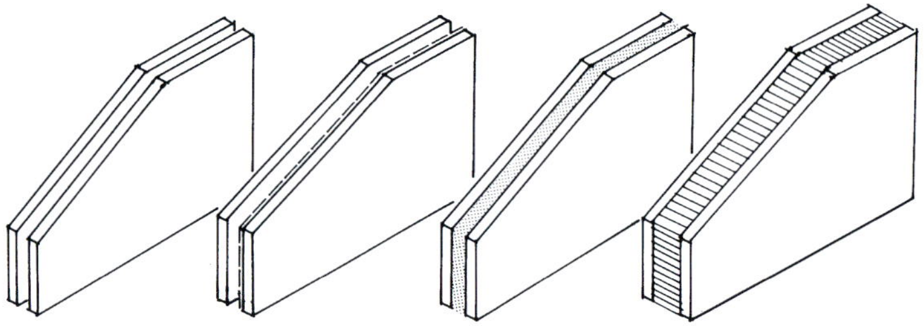

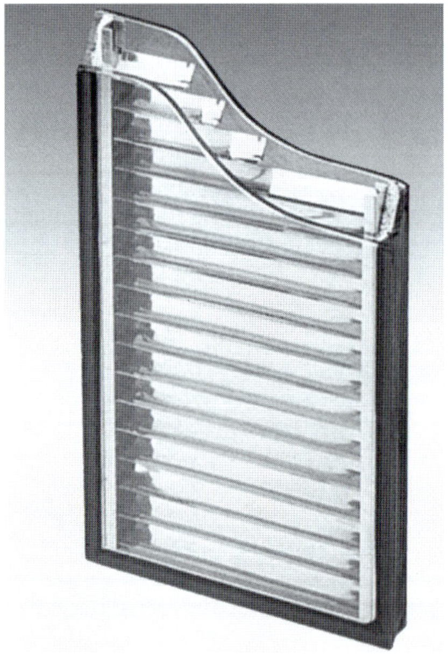

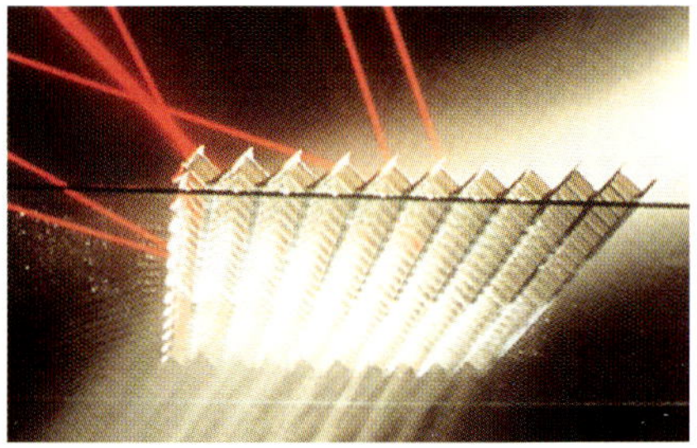

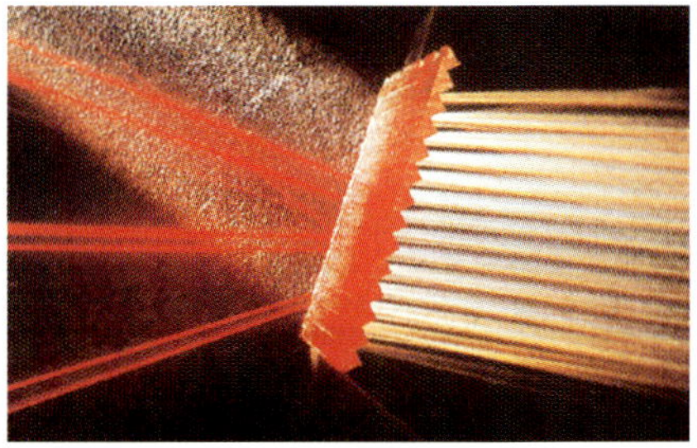

17 Einfaches Isolierglas, Low-E-Beschichtung, Gasfüllung, TWD-Füllung
18 Spiegellamellen

19 TWD-Materialien
20 Sonnenschutzraster (Bartenbach Lichtlabor GmbH / Siemens AG)
21 Sonnenschutzprismen aus Acryl (Bartenbach Lichtlabor GmbH / Siemens AG)

7.3 Materialkennwerte

7.3 Materialkennwerte

Zustandsdefinition Glas

Nach Tamann [7.3/1] entspricht Glas dem eingefrorenen Zustand einer unterkühlten Flüssigkeit, die ohne zu kristallisieren erstarrt ist. Definiert wird Glas in der Regel als *„ein in seiner überwiegenden Masse nichtkristalliner, anorganischer, vorzugsweise oxidischer Werkstoff. Er kann farblos oder gefärbt, klar oder durch Anwesenheit von Fremdteilchen getrübt sein"*. Zachariasen [7.3/1] definiert Glas als *„ein räumliches, zufallsbedingtes Netzwerk, das aus einem Gerüst von SiO_4-Baugruppen – dem eigentlichen Netzwerk – aufgebaut ist, in das die üblichen Glasbestandteile (Alkalien, Erdalkalien) eingelagert sind"*.

Ausgehend von dieser Definition, lassen sich für Glas besondere Eigenschaften feststellen, die zur Beurteilung und Verwendung von Bedeutung sind: Glas ist ein thermodynamisch metastabiler Festkörper, dessen ungeordneter Aufbau dem Zustand der Schmelze bei höheren Temperaturen entspricht. Das Fehlen eines Kristallgitters führt zur amorphen Isotropie. Der Übergang von der Schmelze zum Festkörper und umgekehrt erfolgt im Gegensatz zu Kristallen stufenlos.

Einteilung und Zusammensetzung der Gläser

Zu technischen Zwecken werden folgende Gläser verwendet:

Oxidische Gläser:
Silikatgläser:
- Kieselglas
- Alkali-Kalk-Silikatglas
- Borsilikatglas
- Bleiglas

Nicht silikatische Gläser:
- Boratglas
- Phosphatglas

Nicht oxidische Gläser:
- Floridglas
- Sulfidglas
- Nitratglas

Im Bauwesen wird im allgemeinen Alkali-Kalk-Silikatglas verwendet, das sich im wesentlichen aus 71 bis 75% Sand, 12 bis 16% Soda, 10 bis 15% Kalk sowie aus Dolomit, Sulfat und weiteren Zusatzstoffen zusammensetzt. [7.3/2]

Die Herstellung erfolgt durch Schmelzen des Ausgangsgemenges und der beigegebenen Scherben bei 1560 °C, wobei der hohe Schmelzpunkt des Siliciumoxides (Sand) von 1700 °C durch das Flußmittel Soda herabgesetzt wird. Das Glas verläßt die Schmelze mit 1100 °C. [7.3/1 bis 7.3/3]

1 Bruchbild Floatglas

2 Bruchbild Einscheibensicherheitsglas

Materialeigenschaften

Glas ist aufgrund seiner Zusammensetzung ein linearelastischer Baustoff, der bei Überschreiten der möglichen Spannungen ohne Vorankündigung versagt. Es treten keine plastischen Verformungen auf.

Die Festigkeit hängt im wesentlichen von der Beschaffenheit der Glasoberfläche ab: Diskontinuitäten, Mikrorisse, Kerbstellen und Spannungsspitzen führen zur Streuung der Festigkeit.

Demzufolge steht bei Floatglas der theoretischen Zugfestigkeit (Mikrofestigkeit – theoretische Festigkeit der Molekularstruktur) von ca. 10000 N/mm^2 eine praktische Zugfestigkeit (Makrofestigkeit – Festigkeit des Bauteils in Abhängigkeit von der Oberflächenbeschaffenheit und Oberflächengröße) von 30 bis 80 N/mm^2 gegenüber. [7.3/1, 7.3/2, 7.3/4]

Ein weiterer die mögliche Festigkeit beeinflussender Faktor ist die Belastungsdauer, da Mikrorisse und Kerbstellen mit der Dauer der Belastung wachsen. Entsprechend beträgt die Langzeitfestigkeit ca. 50 % der Kurzzeitfestigkeit. [7.3/5]

Mechanische Eigenschaften

Druck- / Zugfestigkeit ist die auf eine Flächeneinheit bezogene Kraft, die zur Zerstörung des Probekörpers führt. Im allgemeinen gilt: $\sigma = F / A$.

Die Biegezugfestigkeit oder auch Biegefestigkeit sagt aus, wann ein Probekörper bricht. Sie ist der Quotient aus Biegemoment und Widerstandsmoment der Probe ($\sigma = M / W$) und ist bei Glas wesentlich von der Oberflächenbeschaffenheit und Belastungsdauer abhängig. [7.3/1, 7.3/6]

Anhand der Bruchdehnung wird die Zähigkeit des Materials festgestellt: Da Glas als spröder Baustoff im Gegensatz zu Stahl oder Holz bei Belastung nur geringe Dehnung erfährt, tritt bei Erreichen der Bruchspannung statt einer plastischen Verformung der Bruch ohne vorherige Anzeichen ein.

Der Elastizitätsmodul beschreibt die Fähigkeit des Materials, nach Belastung wieder in die ursprüngliche Form zurückzufinden. Je höher der Wert, desto mehr Kraft ist zur Dehnung des Materials notwendig.

Der Temperaturausdehnungskoeffizient beschreibt die Wärmedehnung des Baustoffes bei Temperaturänderung.

Für den Baustoff Glas werden für verschiedene Glassorten folgende Werte in der Literatur [7.3/1, 7.3/2, 7.3/6, 7.3/7] angegeben:

Biegezugfestigkeit / zul. σ
(Rechenwerte)

Drahtglas	0,8 kN / cm^2
Floatglas	1,2 – 1,8 kN / cm^2
TVG	2,9 – 3,0 kN / cm^2
ESG	5,0 kN / cm^2

Elastizitätsmodul

7000 – 7500 kN / cm^2

Bruchdehnung

0,06 %

Temperaturausdehnungskoeffizient

$0{,}9 \times 10^{-5}$ / K

Dichte

2,5 g / cm^3

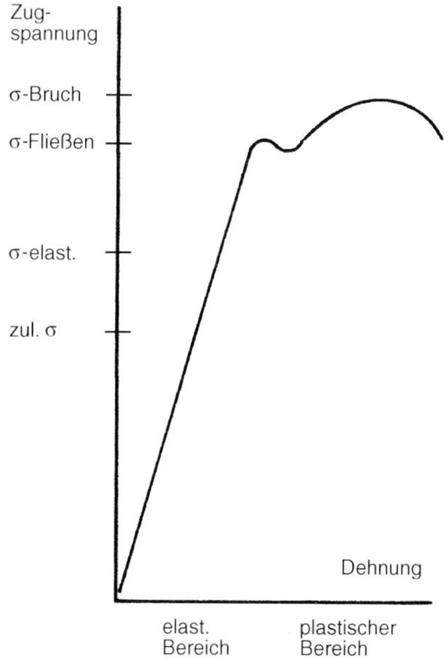

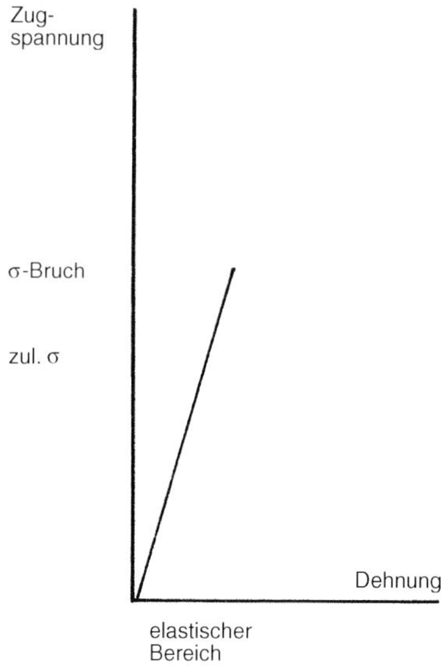

3 Spannungs-Dehnungs-Diagramme: Stahl
4 Spannungs-Dehnungs-Diagramme: Glas

Floatglas

Floatglas hat wegen seiner Sprödigkeit und seiner Oberflächenbeschaffenheit eine relativ geringe Biegezugfestigkeit und zerspringt beim Bruch in große, scharfkantige Scherben. Hergestellt wird es im allgemeinen in 3,21 m Breite, die Längenmaße können in 50-cm-Schritten festgelegt werden. Dicken sind in 2 / 3 / 4 / 5 / 6 / 8 / 10 / 12 / 15 und 19 mm lieferbar. Die Erweichungstemperatur liegt bei 600 °C. [7.3/1, 7.3/3]

Einscheibensicherheitsglas

Durch Erhitzen auf 600 bis 700 °C und Abschrecken der Oberfläche entsteht Einscheibensicherheitsglas (ESG), das nicht mehr weiterbearbeitet werden kann.

Vereinfacht dargestellt entsteht durch die thermische Behandlung innerhalb des Materials eine Zugspannung und dadurch an der Materialoberfläche eine Druckspannung, die eventuelle Mikrorisse, Kerbstellen etc. überdrückt. Damit ist die Aufnahme einer höheren Biegedruckspannung möglich.

Beim Überschreiten der möglichen Biegezugspannung zerfällt Einscheibensicherheitsglas in kleine Bruchstücke.

5 Eigenspannungszustand nach Vorspannung
6 Vorspannung bei Belastung

Maximale Größen sind von den Abmessungen der Vorspannöfen abhängig. [7.3/1, 7.3/3]

Teilvorgespanntes Glas

Ähnlich wie ESG entsteht Teilvorgespanntes Glas (TVG) durch thermisches Vorspannen, wobei sich die geringere Vorspannung in einer geringeren Biegezugspannung und großen Bruchstücken ausdrückt.

Verbundsicherheitsglas

Durch Verkleben von mehreren Glasscheiben entsteht Verbundsicherheitsglas (VSG). Als Klebeschichten werden in einem Walzverfahren und in anschließendem Erhitzen in einer Autoklave 0,38 bis 2,28 mm dicke PVB-Folien (Polyvinylbuteral) oder Gießharze verwendet; Drahteinlagen bei Gußglas sind möglich. Die Lichtdurchlässigkeit wird je nach Foliendicke um bis zu 10 % verringert, das Verhalten bei thermischer Dehnung und mechanischer Belastung entspricht jedoch weiterhin dem des verwendeten Glases.

Zur Bemessung sind weder die Folien noch der Gesamtquerschnitt der Verbundsicherheitsglasscheibe ansetzbar, sondern nur die einzelnen Scheiben, da die Folien unter Belastung fließen und somit der Last ausweichen. Die Folien dienen einzig zur Aufnahme kurzer Belastungen und zur Sicherung herabfallender Bruchstücke. [7.3/1, 7.3/3]

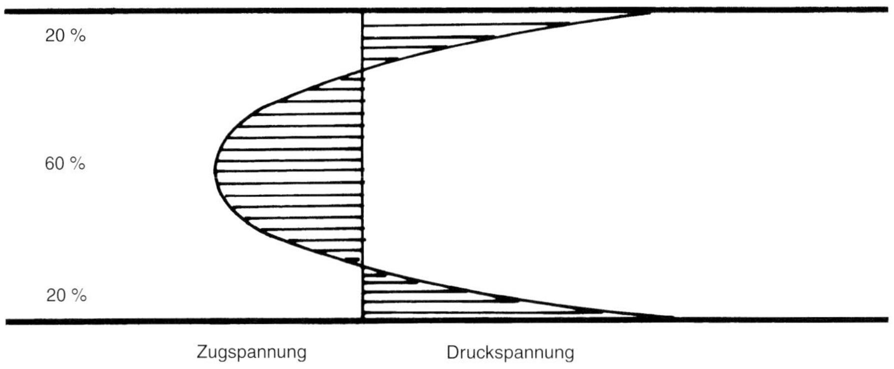

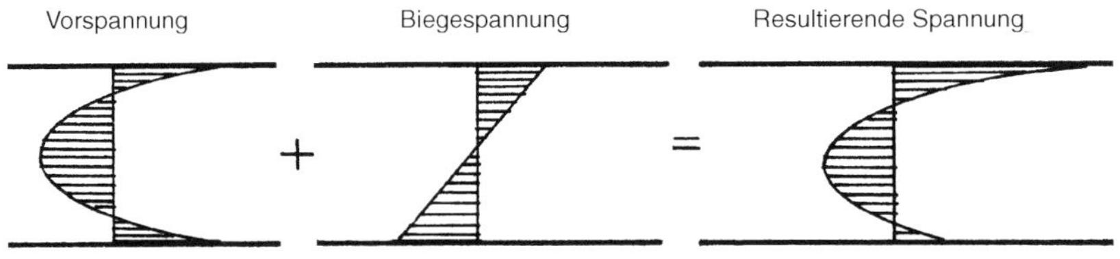

7.4 Anwendungsbedingungen

7.4 Anwendungsbedingungen

Grundlagen

Vorschriften und Regelwerke dienen der Sicherung der Allgemeinheit und der Gefahrenabwehr. Die wichtigsten den Baustoff Glas betreffenden DIN-Normen und Richtlinien sind nebenstehend aufgeführt. [7.4/1, 7.4/2]

Die konstruktive Verwendung von Glas ist jedoch ein relativ junges Gebiet. Deshalb erfahren die maßgeblichen rechtlichen Bestimmungen, die teilweise noch hinter dem Stand der Technik zurückliegen, wesentliche Veränderungen. Entsprechend sind diese für die jeweils konkrete Planungssituation zu überprüfen.

Das Bauordnungsrecht regelt Gefahrenabwehr, Anforderungen an Sonderbauten, Tragkonstruktion und Ausbauteile, wobei die Grundanforderungen Standsicherheit, Brandschutz, Wärme- und Schallschutz sowie Verkehrssicherheit sind.

Als allgemeine Vorschriften gelten: Landesbauordnung, Arbeitsstättenrichtlinien, VOB, Schulbaurichtlinien, Krankenhausrichtlinien sowie örtliche Sonderauflagen.

Beanspruchungsgruppen für die Verglasung von Fenstern werden in der „Rosenheimer Tabelle" geregelt.

Konstruktionsgrundsätze

Wichtigster Grundsatz beim Konstruieren mit Glas ist die Vermeidung des Kontaktes zwischen Glas und Glas oder Glas und Stahl, damit keine unkontrollierten Spannungsspitzen entstehen. Des weiteren ist Glas zwängungsfrei zu lagern; thermische Dehnungen sollten keine zusätzliche Belastung erzeugen.

Fugen sollten mindestens 4 mm breit sein, die Kanten nach Möglichkeit gesäumt oder geschliffen. [7.4/1, 7.4/3 bis 7.4/5]

Lagerung

Die Auflagerbreite von Glasscheiben soll bei vierseitigen Linienlagern – 10 mm und bei zwei- bis dreiseitigen 15 mm Einstand betragen. [7.4/6, 7.4/7]

Werden Klemmplatten verwendet, muß die Eigensteifigkeit der Platte eine gleichmäßige Lasteinleitung gewährleisten. Die Klemmfläche muß mindestens 1000 mm^2 betragen, der Einstand mindestens 25 mm. Eine zusätzliche Sicherung soll durch Bolzen/Schrauben erfolgen. Zwischen Glas und Klemmplatte ist ein Zwischenlager vorzusehen; die Reibbeiwerte zwischen Glas und Gummi sind im allgemeinen besser als zwischen Gummi und Stahl. [7.4.3, 7.4/4, 7.4/6]

Einfachglas

DIN 1249-10	Flachglas im Bauwesen; chemische und physikalische Eigenschaften von Glas
DIN 1249-11	Flachglas im Bauwesen; Glaskanten
DIN 1249-12	Flachglas im Bauwesen, Einscheiben-Sicherheitsglas
DIN 1259	Glasbegriffe für Glaserzeugnisse
DIN 11525	Gartenbauglas; Gartenblankglas, Gartenklarglas
DIN 12116	Prüfung von Glas, Bestimmung der Säurebeständigkeit (...), Einteilung in Säureklassen
DIN EN 572-2	Glas im Bauwesen; Basiserzeugnisse aus Kalk-Natronglas - Teil 2: Floatglas
DIN EN 572-5	Glas im Bauwesen; Basiserzeugnisse aus Kalk-Natronglas - Teil 5: Ornamentglas
DIN EN 572-6	Glas im Bauwesen: Basiserzeugnisse aus Kalk-Natronglas - Teil 6: Drahtornamentglas
DIN ISO 695	Glas; Beständigkeit gegen eine siedende wäßrige Mischlauge
DIN ISO 719	Glas; Wasserbeständigkeit von Glasgrieß bis 98°
DIN ISO 9385	Glas und Glaskeramik; Härteprüfung nach Knoop

Wärmeschutz

DIN 4108-2	Wärmeschutz im Hochbau; Wärmedämmung und Wärmespeicherung
DIN V 4108-4	Wärmeschutz und Energie-Einsparung in Gebäuden - Teil 4: wärme- und feuchteschutztechnische Kennwerte
DIN 52612	Wärmeschutztechnische Prüfungen; Bestimmung der Wärmeleitfähigkeit mit dem Plattengerät

Schallschutz

DIN 4109	Schallschutz im Hochbau; Anforderungen und Nachweise
DIN 52210	Bauakustische Prüfungen

Sonnenschutz

DIN 4108-2	Wärmeschutz im Hochbau; Wärmedämmung und Wärmespeicherung
DIN 67507	Lichttransmissionsgrade, Strahlungstransmissionsgrade und Gesamtenergiedurchlaßgrade von Verglasungen

Sicherheit

DIN V 18103	Türen; einbruchhemmende Türen
DIN 52290-1 bis 5	Angriffhemmende Verglasung
DIN 52337	Prüfverfahren für Flachglas im Bauwesen; Pendelschlagversuche
DIN 52338	Prüfverfahren für Flachglas im Bauwesen; Kugelfallversuch für Verbundglas
DIN 52349	Prüfung von Glas; Bruchstruktur von Glas für bauliche Anlagen

Brandschutz/Rauchdichte

DIN 4102	Brandverhalten von Baustoffen und Bauteilen
DIN 18095-1	Türen, Rauchschutztüren, Begriffe und Anforderungen

Statik

DIN 1055-4	Lastannahme für Bauten; Verkehrslasten, Windlasten bei nicht schwingungsanfälligen Bauten
DIN 1055-5	Lastannahme für Bauten; Verkehrslasten, Schneelast und Eislast
DIN V 11535-1	Gewächshäuser, Ausführung und Berechnung
DIN 18055	Fenster, Fugendurchlässigkeit, Schlagregensicherheit und mechanische Beanspruchung
DIN 18516-1	Außenwandbekleidung, hinterlüftet; Anforderungen, Prüfgrundsätze
DIN 18516-4	Außenwandbekleidung, hinterlüftet, Einscheibenglas, Anforderungen, Bemessung, Prüfung
DIN 52292	Prüfungen von Glas und Glaskeramik; Bestimmung der Biegefestigkeit, Doppelring-Biegeversuch
DIN 52303-1	Prüfverfahren für Flachglas im Bauwesen; Bestimmung der Biegefestigkeit

Sonstige

DIN 1259-1	Glas, Begriffe für Glasarten und Glasgruppen
DIN 1259-2	Glas, Begriffe für Glaserzeugnisse
DIN 1286	Mehrscheiben-Isolierglas
DIN 4242	Glasbaustein-Wände; Ausführung und Bemessung
DIN 18175	Glasbausteine; Anforderungen, Prüfung
DIN 18361	VOB/C: Allgemeine Technische Vertragsbedingungen für Bauleistungen (ATV); Verglasungsarbeiten
DIN 52313	Prüfung von Glas; Bestimmung der Temperaturwechselbeständigkeit
DIN 52452	Prüfung von Dichtstoffen für das Bauwesen; Verträglichkeit der Dichtstoffe
DIN 52460	Fugen- und Glasabdichtungen; Begriffe
DIN 68121	Holzprofile für Fenster und Fenstertüren
DIN EN 27390	Hochbau; Fugendichtstoffe; Bestimmung des Standvermögens
DIN EN 28340	Hochbau; Fugendichtstoffe; Bestimmung der Zugfestigkeit unter Vorspannung

Richtlinien Deutsches Institut für Bautechnik

Technische Regeln für die Verwendung von linienförmig gelagerten Überkopfverglasungen
Technische Regeln für die Verwendung von linienförmig gelagerten Vertikalverglasungen (Entwurf)

1 Wichtige Normen für den Baustoff Glas

Lochbohrungen

Lochbohrungen müssen größer als die Glasdicke sein, mit einem Randabstand, der der doppelten Glasdicke entspricht. Bei Bohrungen an Ecken muß ein Abstand mindestens die doppelte Dicke + 5 mm haben. [7.4/1, 7.4/5, 7.4/6, 7.4/8]

Glasprodukte

Floatglas / Drahtglas

Floatglas wird bei einfachen Verglasungen und Fenstern ohne besondere Sicherheitsanforderungen verwendet.

Drahtglas hingegen bietet durch die Drahteinlage eine erhöhte Sicherheit gegen das Auslösen von Glasbruchstücken. Einsatzbereiche sind Sicherungs- und Überkopfverglasungen mit einer maximalen Stützweite von 0,8 m. Kanten von Drahtglasscheiben dürfen der Witterung nicht offen ausgesetzt werden, da sonst die Drahteinlage korrodiert.

Einscheibensicherheitsglas (ESG)

ESG kann nur bearbeitet werden, solange die Vorspannung noch nicht eingebracht worden ist. Anwendungsbereiche sind Verglasungen, an die besondere Anforderungen bezüglich der Sicherheit gestellt werden, wie beispielsweise raumhohe Isolierverglasungen, Türen, Geländer und Sicherheitsverglasungen, welche jedoch für den Versagensfall mit Zusatzsicherungen zu versehen sind. Die übliche Mindestdicke beträgt 6 mm.

ESG-Elemente sollten vor dem Einbau durch eine Heißlagerungsprüfung auf innere Spannungen geprüft werden. Kantenverletzungen, die mehr als 15 % der Glasdicke betragen, dürfen nicht eingebaut werden. [7.4/6, 7.4/7]

Teilvorgespanntes Sicherheitsglas (TVG)

TVG ist ein zur Zeit noch nicht geregeltes Bauprodukt, dessen wesentlichster Einsatzbereich aufgrund seines Bruchbildes (große Bruchstücke) im Verbundsicherheitsglas liegt.

Verbundsicherheitsglas (VSG)

VSG-Elemente bestehen aus mehreren Lagen ESG, TVG oder Floatglas, die mittels PVB-Folien (Dicke mindestens 0,76 mm) oder einem Gel miteinander verklebt sind.

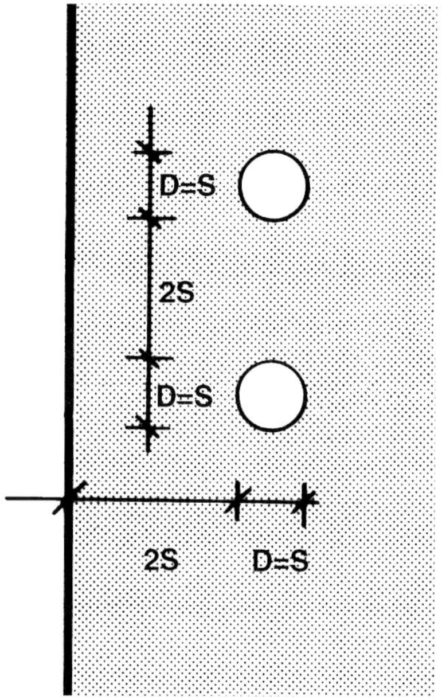

2 Abstände bei Lochbohrungen untereinander

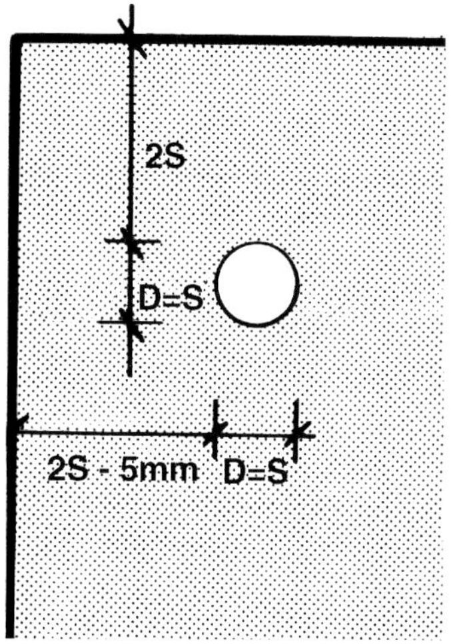

3 Randabstände von Lochbohrungen

Anwendungsbereiche sind Sicherheitsverglasungen, bei denen ein erhöhter Verletzungsschutz gegen Splitter gewährleistet sein soll. Dies wird bei Absturzsicherungen, Überkopfverglasungen sowie besonderen Sicherheitsverglasungen (Einbruch/Schußsicherheit etc.) gefordert. [7.4/1, 7.4/5]

Der Verbund der Scheiben durch die PVB-Folie (Reißfestigkeit mindestens 220 N/mm^2) verhindert das Auslösen von Splittern, kann jedoch nicht zu statischen Zwecken (Schubverbund/Pressung der VSG-Scheibe) herangezogen werden, da die Folie bei Belastung fließt und damit nur kurzzeitige Wirkung hat. [7.4/6, 7.4/8, 7.4/11]

Stützweiten werden für maximal 8-mm-Scheiben mit maximal 0,80 m und für 10-mm-Scheiben mit maximal 1,50 m angegeben, sind jedoch statisch zu untersuchen. Die maximal zugelassene Durchbiegung beträgt hierbei l/100. [7.4/6]

Mehrscheibenisolierverglasung (MIG)

Mehrscheibenisolierglaselemente sind bis zu einer Stützweite von 1 m neben den planmäßigen Lasten aus Eigengewicht, Wind und eventuell Schnee außerdem gegen die Einwirkung aus Klimaveränderungen zu bemessen. [7.4/6] Die Klimaveränderung aus Luftdruck- oder Temperaturänderung erzeugt zusätzliche Spannungen und Verformungen in der Glasscheibe. Um eine ebene äußere Ansichtsfläche zu erreichen, können die äußeren Scheiben dicker gewählt werden, wodurch jedoch in der dünneren Scheibe höhere Spannungen entstehen.

Die maximale Durchbiegung darf bei allseitiger Lagerung l/100 und bei zwei- und dreiseitiger Lagerung l/200 bzw. maximal 8 mm nicht überschreiten, ein Kopplungseffekt der beiden Scheiben kann nicht entlastend angesetzt werden. [7.4/6]

Ist der Randverbund einer Mehrscheibenisolierverglasung nicht durch Abdeckprofile oder Glashalteleisten geschützt, muß ein UV-beständiger Randverbund vorgesehen werden.

Verglasungsarten

Fassadenverglasung

Fassadenverglasungen bzw. Außenwandbekleidungen aus Glas müssen aus mindestens 6 mm ESG hergestellt werden. Kontakt zwischen Glas und Glas oder Stahl ist zu vermeiden, der Zwischenraum von Glaspaneelen muß mindestens 5 mm betragen. [7.4/3, 7.4/7]

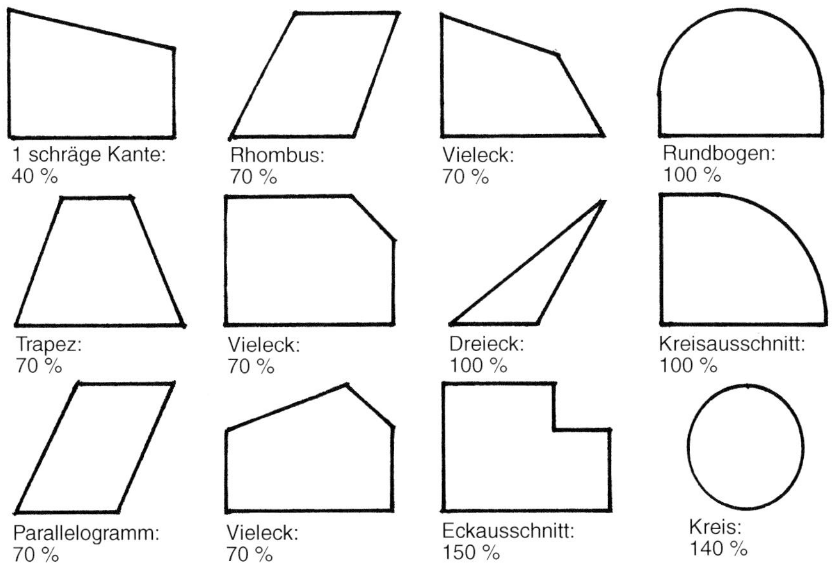

4 Preiszuschläge für Sonderformen bei MIG-Elementen

Die Befestigung kann mittels Klemmleisten, Klemmtellern, Punktbohrungen oder Verklebungen erfolgen. Verklebte Fixierungen sind jedoch durch eine zusätzliche mechanische Fixierung zu sichern. [7.4/3]

Bei Fassaden ab einer Höhe von 8 m sind Planung und Bau durch einen Sachverständigen zu überwachen.

Fensterverglasung

Bei Fensterverglasungen sind allseitig umlaufende Falze mit raumseitigen Glashalteleisten üblich. Für die Glasfalzhöhen werden bei Glaskantenlängen bis 3,50 m 18,00 mm, ab 3,50 m 20 mm Falzhöhe angegeben. Für kleine Elemente bis 0,50 m kann die Glasfalzhöhe auf 14 mm reduziert werden. Der Glaseinstand beträgt etwa $^{2}/_{3}$ der Glasfalzhöhe, maximal jedoch 20 mm; der Spielraum zwischen Scheibe und Falzboden sollte 5 mm betragen. [7.4/8]

Die Verklotzung muß mittels Trag- und Distanzklötzen dauerhaft den Abstand zwischen Rahmen und Scheibe sichern. Die Verklotzung muß beide Scheiben eines MIG-Elementes tragen, um seitliches Abrutschen zu verhindern. [7.4/8]

Bei nicht rechteckigen Glasscheiben sind Sonderformzuschläge zu beachten.

Structural Glazing

Das Verkleben der Glasscheiben mit der Unterkonstruktion kann nur mit alterungs- und UV-beständigem Silikon unter festgelegten Umweltbedingungen geschehen. Ab einer Höhe von 8 m ist eine zusätzliche mechanische Fixierung notwendig. Zusätzlich ist für eine Structural-Glazing-Verglasung eine bauaufsichtliche Zulassung erforderlich. [7.4/10]

Überkopfverglasung

Verglasungen, die mehr als 10° gegen die Vertikale geneigt sind, gelten als Überkopfverglasungen. Geregelt sind z. Z. nur solche, die nicht betreten oder befahren werden dürfen [7.4/4, 7.4/6, 7.4/11]; sie müssen aus VSG (nicht aus ESG) bestehen [7.4/8] und müssen den technischen Regeln für liniengelagerte Überkopfverglasungen entsprechen. Andernfalls ist eine Zulassung im Einzelfall zu erwirken. [7.4/11]

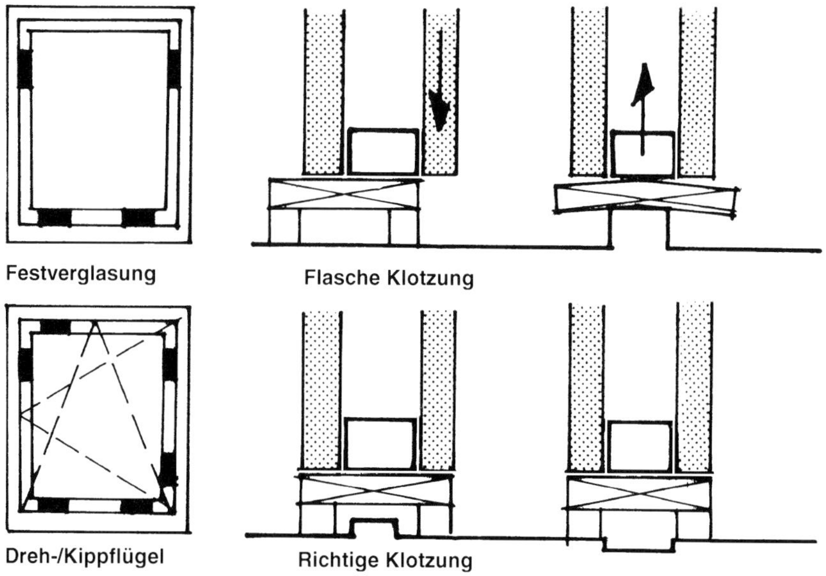

5 Verklotzung

VSG aus Floatglas kann bei Spannweiten bis 1,20 m zweiseitig gelagert werden, ab 1,20 m ist eine allseitige Lagerung vorzusehen. VSG aus ESG oder TVG sind zur Zeit nicht zugelassen.

Drahtglas darf bei zweiseitiger gegenüberliegender Lagerung höchstens 0,70 m überspannen. [7.4/6]

Die maximale Durchbiegung bei Überkopfverglasungen, die für Eigengewicht, Schnee und Wind (Sog und Druck) zu bemessen sind, beträgt l/100.

Sonderbauteile

Geländer aus Glas, mindestens 6 mm ESG, müssen für öffentliche Bauten mit 1 kN/m und für private Bauten mit 0,50 kN/m Anprallast bemessen werden. Für den Versagensfall sind zusätzliche Sicherungen (z. B. Handlauf) vorzusehen. Je nach Einbausituation sind vorherige Pendelschlagversuche erforderlich.

Türen sollten aus 10 bis 12 mm ESG bestehen.

Begehbares Glas ist nur als VSG aus mindestens drei Glasschichten (nicht ESG) bei einer allseitigen Lagerung mit einem Glaseinstand von mindestens 30 mm zulässig. Für Glastreppen ist eine Zustimmung im Einzelfall einzuholen.

6 Glastreppe: Fischer / Talheim

7.5 Grundlagen der Bemessung

7.5 Grundlagen der Bemessung

Grundsätzlich besteht bei der Bemessung von Glas das Problem des Fehlens einer eindeutigen Bemessungsmethode sowie der unklaren Bemessungsbedingungen. Zum einen berücksichtigt das zur Zeit (1997) angewandte Verfahren der Spannungsermittlung im Glaskörper nicht die Verformung der Scheiben, sondern geht von einer linearen Plattentheorie statt von einer der Glasscheibe entsprechenden Membrantheorie aus, zum andern fehlt die Berücksichtigung der äußeren Einflußfaktoren: Umgebungsmedium, Oberflächenbeschaffenheit der Glasscheibe und Belastungsdauer. [7.5/1 bis 7.5/3]

Eine zusätzliche Schwierigkeit stellt die Sprödigkeit des Materials dar, die, bedingt durch Mikrorisse auf der Glasoberfläche, zum Versagen ohne Vorankündigung führt. Es fehlt also die bei anderen Baustoffen übliche „Materialsicherheit“.

Da neuere Verfahren in Vorbereitung sind, wird hier nur eine sehr komprimierte Darstellung zur Bemessung gegeben.

Sicherheitskonzept

Als Teil der Bemessung sollte ein Sicherheitskonzept für die jeweilige Bauaufgabe erstellt werden. Neben der Klärung der rechtlichen Anforderungen an Bauaufgaben und Bauteile sollten die Belastungen und Nutzungsanforderungen untersucht werden, um die zur Bemessung notwendigen Randbedingungen festzulegen.

Entsprechend der Nutzung haben öffentliche Bauten einen erhöhten Sicherheitsbedarf gegenüber nur privat zugänglichen Bauten, bei denen die Sicherheit mehr in der Bauherrenverantwortung liegt.

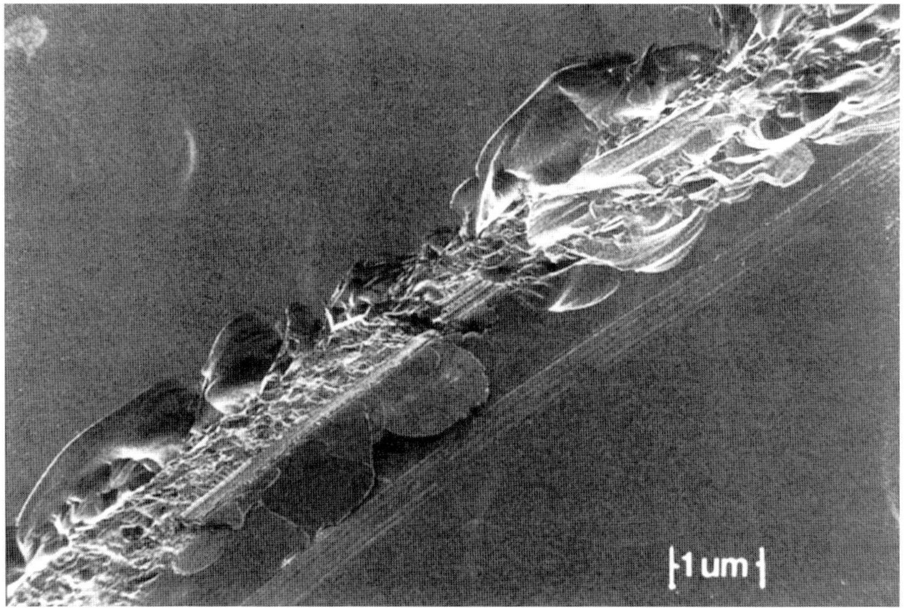

1 Mikrorisse auf der Glasoberfläche

Bemessung

Bisherige Bemessungsverfahren ermitteln über Biegemomente *M* und Widerstandsmomente *W* die vorhandene Spannung σ im Glaskörper und vergleichen diese mit der zulässigen Spannung. [7.5/4]

Maximale Durchbiegungen werden im allgemeinen mit l/100 für allseitige Lagerung und l/300 für zwei- oder dreiseitige Lagerung angegeben, wobei die Durchbiegung 8 mm nicht überschreiten darf. [7.5/5 bis 7.5/8] Bei komplexeren Bemessungen sind Belastungs- und Bruchversuche sinnvoll.

Umfangreichere Darstellungen von Bemessungsverfahren für Glas finden sich in [7.5/4] und [7.5/10].

Neue Bemessungskonzepte

Die in verschiedenen Einrichtungen und Instituten in Arbeit befindlichen neuen Bemessungskonzepte versuchen, unter Berücksichtigung der Krafteinwirkungsdauer, des Umgebungsmediums und der Beschaffenheit der Glasoberfläche durch Analogien zu Netzkonstruktionen oder zu unbewehrtem Beton und unter Verwendung von Membran- oder Schalentheorien neue Bemessungsverfahren zu entwickeln.

2 Belastungsversuch: Belastung eines MIG-Elementes in Scheibenrichtung

7.6 Details

7.6 Details

Linienauflager für Verglasungen – Kittverglasung

Die älteste und einfachste Art der Lagerung von Glas ist die Kittverglasung: Nach provisorischem Fixieren werden die Scheiben satt verkittet.

Der Kitt übernimmt die Doppelfunktion des Abdichtens und des kraftschlüssigen Fixierens. Aufgrund seiner zäh-elastischen Konsistenz werden die Glasscheiben fixiert, aber nicht eingespannt, so daß die Kittverglasung aussteifend herangezogen werden kann (siehe auch Abschnitt 4.1).

Bei UV-Bestrahlung versprödet der Kitt und verliert dadurch seine Elastizität, was bei Belastung der Glasscheibe zum Glasbruch führen kann. Das Schützen des Kittes mit einer Leiste war der erste Schritt zur Glashalteleiste. [7.6/1 bis 7.6/3]

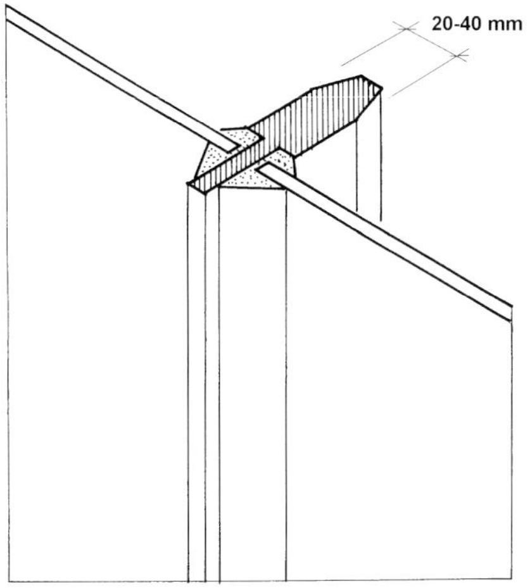

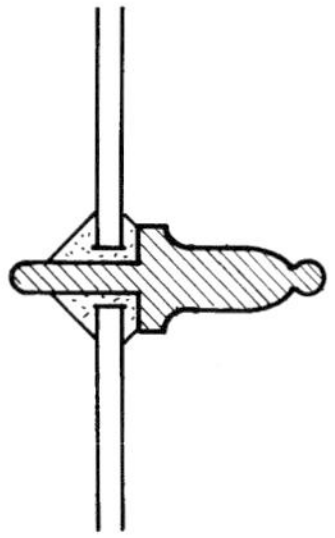

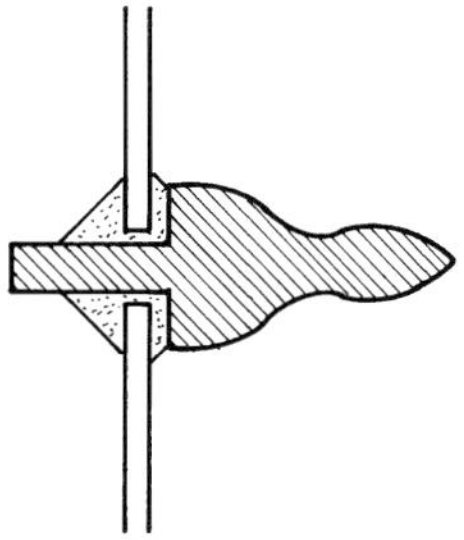

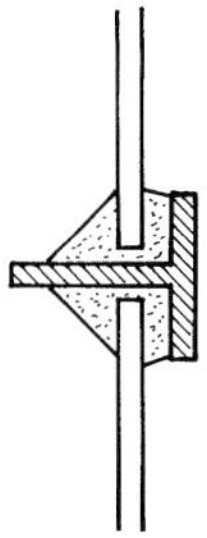

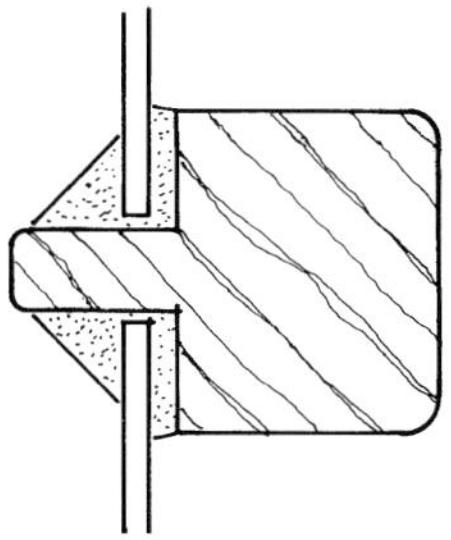

1 Gewächshausverglasung nach C. McIntosh, 1853

2 Profil nach J.C. Loudon, 1817
3 Profil nach C. McIntosh, 1853
4 Kittverglasung eines T-Profiles
5 Kittverglasung eines Holzfensters

Glashalteleisten

Vom Rahmen unabhängige Halteleisten fixieren die Scheiben auf der Innenseite. Sie können genagelt, geschraubt oder geklipst werden. Die Abdichtung hat keine tragende Funktion mehr. Sie erfolgt naß durch ein Vorlegeband mit dauerelastischer Versiegelung oder trocken, indem ein vorgefertigtes Dichtungsprofil aus Silikon oder EPDM eingebracht wird.

Der Vorteil der Glashalteleiste gegenüber der Kittverglasung ist die schnelle Montage sowie die einfache Möglichkeit, defekte Scheiben auszutauschen. Nachteilig ist sicherlich die große Ansichtsbreite der Rahmen solcher Verglasungen. Mit einem Glaseinstand von mindestens 12 mm beträgt die Breite des Rahmens 70 bis 90 mm. Wird eine Element-Fassade aus einzelnen miteinander verbundenen Rahmenelementen verwendet, steigert sich die Ansichtsbreite in der Fassade noch weiter.

Glashalteleisten und Rahmen können aus Holz, Stahl, Aluminium oder Kunststoff (PVC etc.) bestehen. Holzrahmen brauchen im Gegensatz zu Stahl und Aluminium keine thermische Trennung. Der Vorteil von Aluminium ist neben dem geringen Gewicht die einfache Möglichkeit, verschiedene Strangpreßprofile herzustellen. Allerdings müssen die Ecken solcher Rahmen durch Winkel verstärkt werden. Kunststoffrahmen können wegen der geringen Festigkeit nur bis zu einer Größe von 2,50 m^2 erstellt werden. [7.6/1, 7.6/2, 7.6/4 bis 7.6/6]

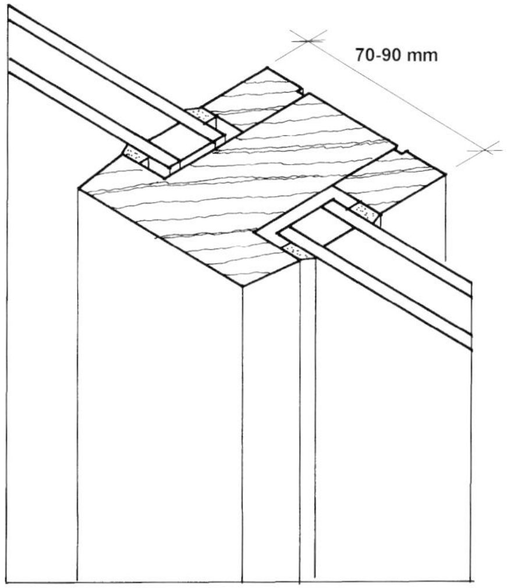

6 Holzrahmen mit Glashalteleisten

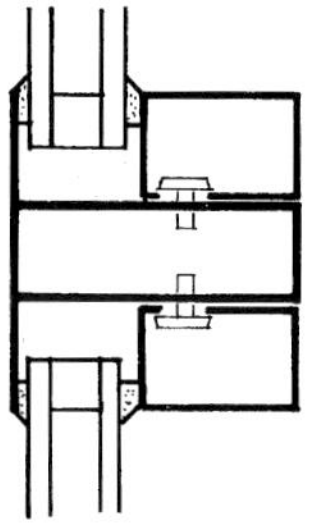

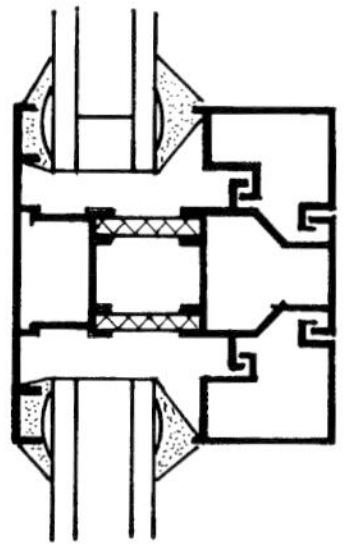

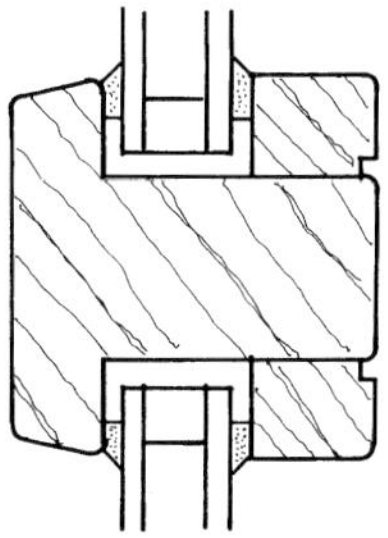

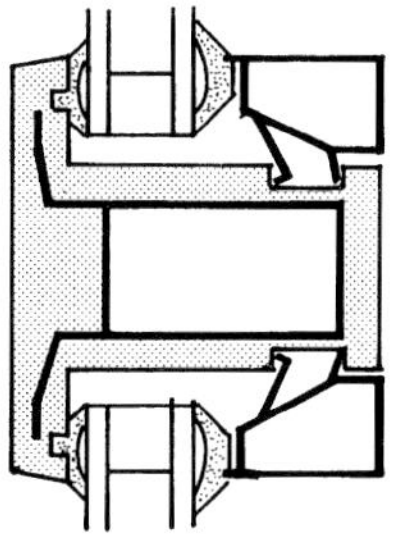

7 Stahlrahmenprofil
8 Thermisch getrenntes Aluminiumprofil
9 Holzrahmen
10 Kunststoffrahmen mit Aluminiumhalteleisten

Preßleisten

Die von außen angebrachten Preßleisten klemmen das Glas linear fest. Bei Planung und Ausführung ist deshalb besondere Sorgfalt auf die Ausbildung der Stöße und Kreuzungspunkte zu legen. Der wesentlichste Vorteil ist die geringere Ansichtsbreite der Profile mit 50 mm. Dies gilt auch für großflächige Verglasungen, bei denen die Scheiben mit den Preßleisten direkt auf der Unterkonstruktion fixiert werden können.

Glashalteleisten können geschraubt oder aufgeklipst werden. Eine thermische Trennung ist wegen der wenigen Durchstoßpunkte der Schrauben einfacher möglich.

Preßleisten können unabhängig vom Rahmenmaterial aus Aluminium, Stahl oder Kunststoff (EPDM etc. / Shore 60° bis 70°) hergestellt werden. Kunststoffleisten übernehmen Fixierung und Abdichtung, während Aluminium- oder Stahlprofile naß oder trocken abgedichtet werden müssen. Als Stahlprofile kommen nur Flach- oder U-Profile in Frage, während aus Aluminium verschiedene Strangpreßprofile möglich sind.

Eine Sonderform der Preßleisten stellen die Preßteller der Verglasung des Museums für Hamburgische Geschichte in Hamburg dar (siehe Abschnitt 8.3): Die Preßteller klemmen die ansonsten linear auf Profilen aufliegenden Glasscheiben an den Ecken fest. Die Fugen sind naß mit Silikon versiegelt [7.6/1, 7.6/2, 7.6/5 bis 7.6/7]

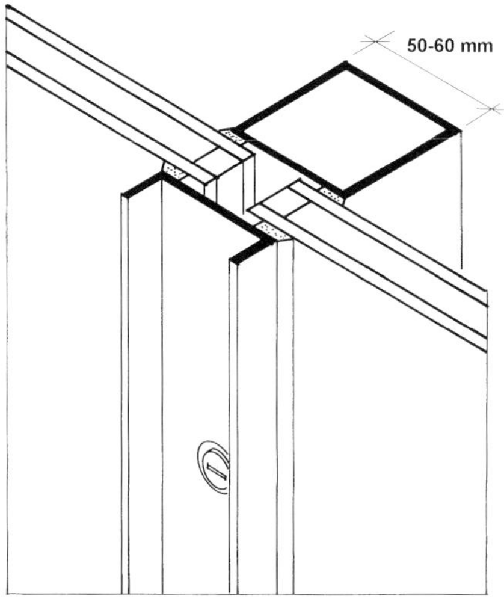

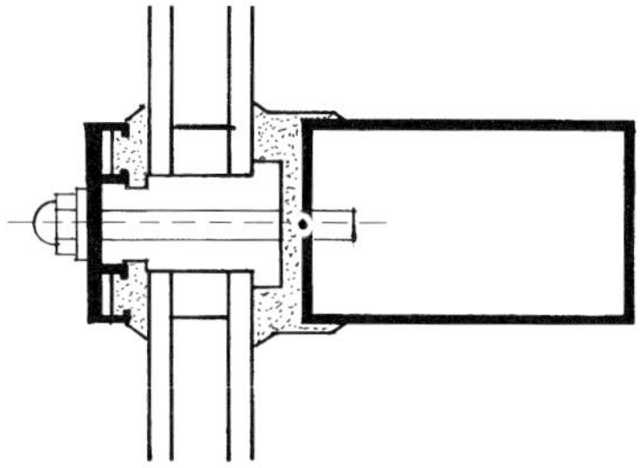

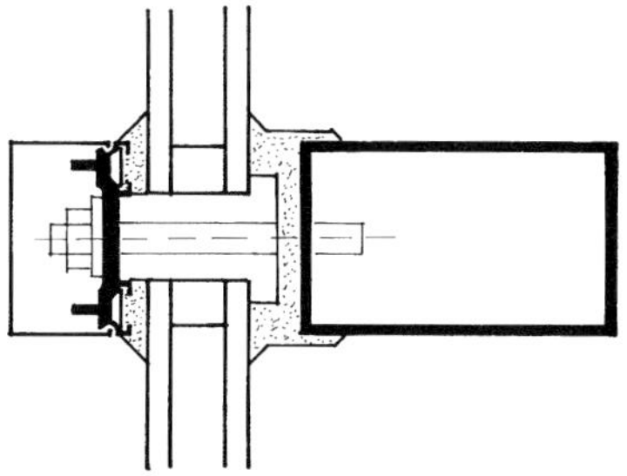

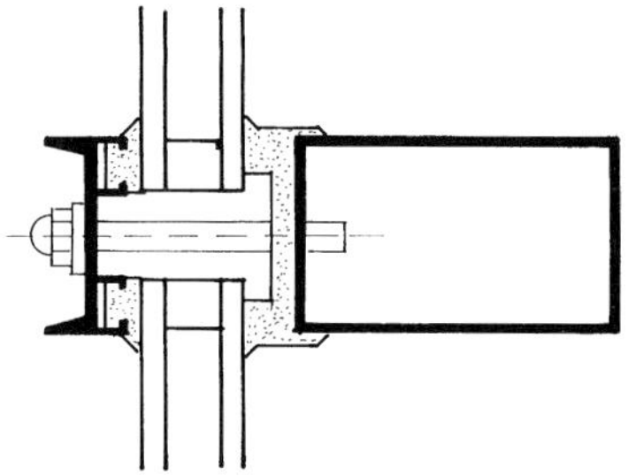

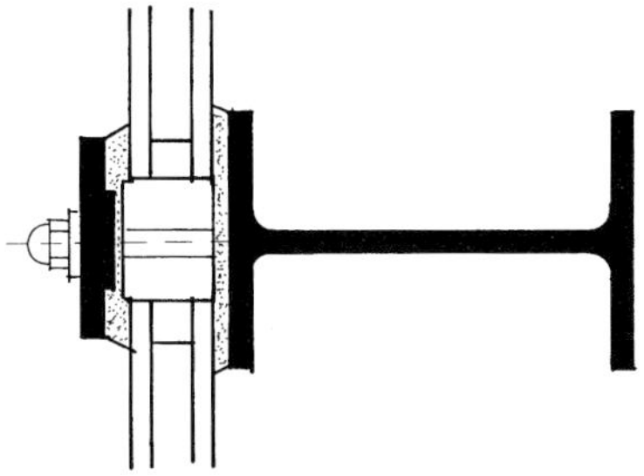

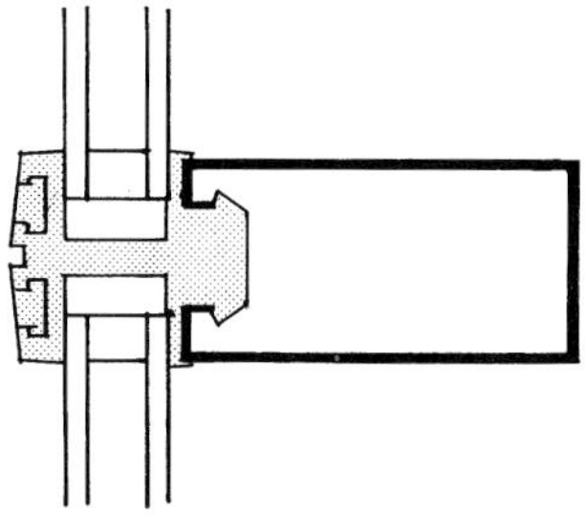

11 Preßleistenverglasung mit U-Profil aus Stahl
12 Preßleistenverglasung mit Flachstahlprofil

13 Aluminiumpreßleiste
14 Aufgeklipste Aluminiumpreßleiste
15 Aluminiumpreßleiste
16 Kunststoffpreßleiste

Structural Glazing

Das in den Siebziger Jahren in den USA für Hochhäuser entwickelte Structural Glazing erzeugt eine glatte Glasoberfläche ohne Rahmenprofile. Dieses Erscheinungsbild einer Ganzglasfassade entsteht durch auf eine Pfosten-Riegel-Konstruktion aufgeklebte Glasscheiben. Die gesamte tragende Konstruktion befindet sich hinter der Glasebene. Die Verklebung erfolgt mit sogenanntem Structural Silicon und kann nur unter definierten Umweltbedingungen im Werk ausgeführt werden. Die fertigen Elemente werden dann vor Ort in die Gesamtstruktur eingehängt. Hierbei muß die Verträglichkeit von Kleber und Versiegelung sowie deren UV-Beständigkeit beachtet werden. Für die Versiegelung sind neben der dauerelastischen Silikonfuge speziell entwickelte Dichtungsprofile gebräuchlich.

Soll Isolierglas als Structural Glazing verwendet werden, muß der Randverbund die äußere Scheibe tragen, andernfalls kann ein Stufenisolierglas verwendet werden.

In Deutschland muß ab einer Höhe von 8 m eine zusätzliche mechanische Fixierung der Glasscheiben erfolgen. [7.6/1, 7.6/2, 7.6/4, 7.6/6, 7.6/8]

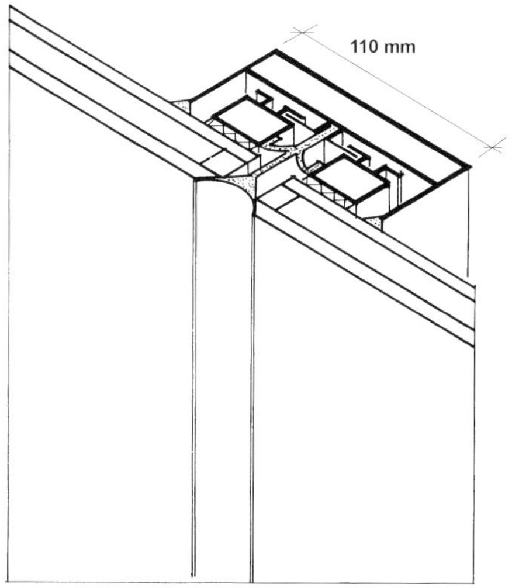

17 Structural Glazing nach Fenster Werner (FW)

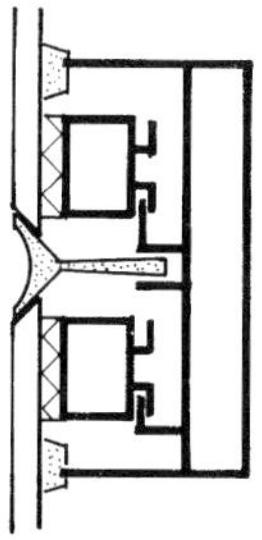

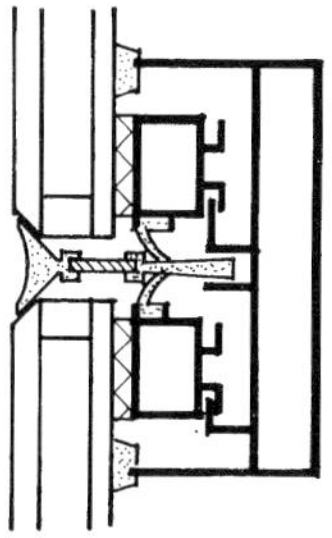

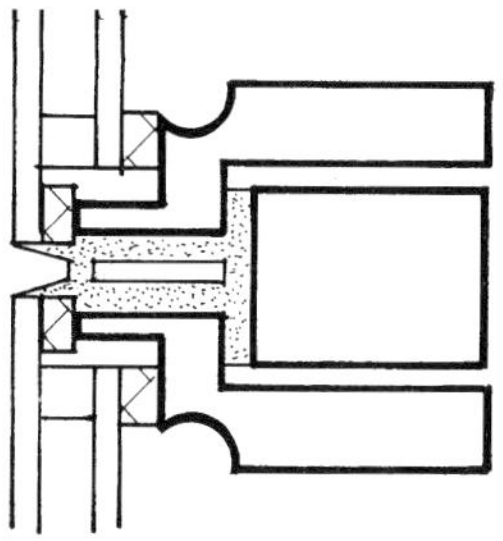

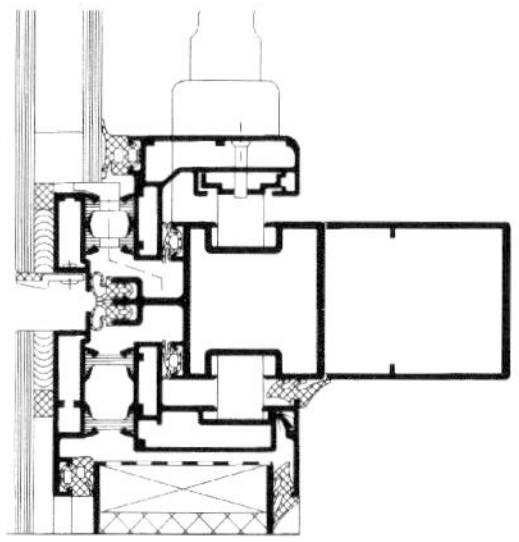

18 Einfach verglastes SG nach FW-Fassaden-System
19 Isolier-SG nach FW-Fassaden-System
20 Stufenisolierglas
21 Stufenisolierglas mit mechanischer Sicherung nach Schüco International

Punktgehaltene Verglasung – Preßplatten

Die einfachste Art der punktförmigen Halterung ist die mittels Preßplatten oder Kreuzhaltern: Die Glasscheiben werden an den Ecken gepreßt und mit der Unterkonstruktion durch die Fuge verschraubt. Bei Einfachverglasungen kann die Pressung die gesamten Vertikal- und Horizontallasten aufnehmen; von den Herstellern wird aber eine Klotzung empfohlen. Bei Isolierverglasungen ist ein zusätzliches Auflager für Eigengewicht/Vertikallasten in der Fuge notwendig.

Die Abdichtung unter den Scheiben erfolgt über dauerelastische Silikonfugen. [7.6/1]

Punktuelle Fassung

Für einfache Verglasungen und zur Fassung beweglicher Lamellen werden die Glasscheiben in Abständen oder an den Enden gefaßt. Entweder werden die jeweils obere und untere Kante punktuell umklammert oder die seitlichen Enden mit einem Profil umfaßt.

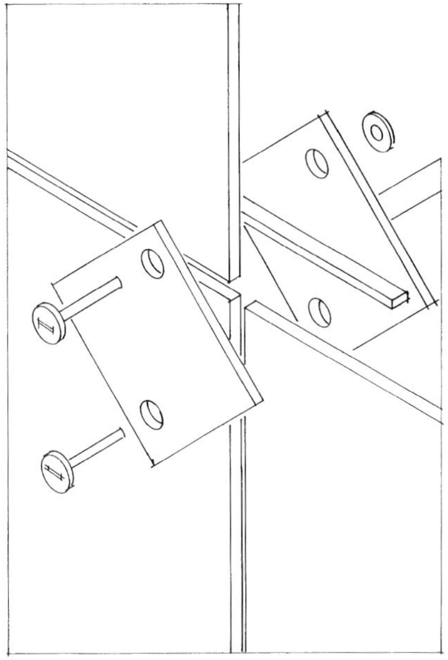

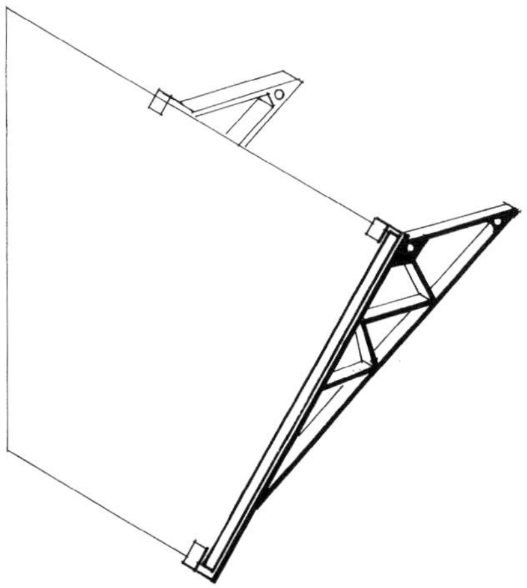

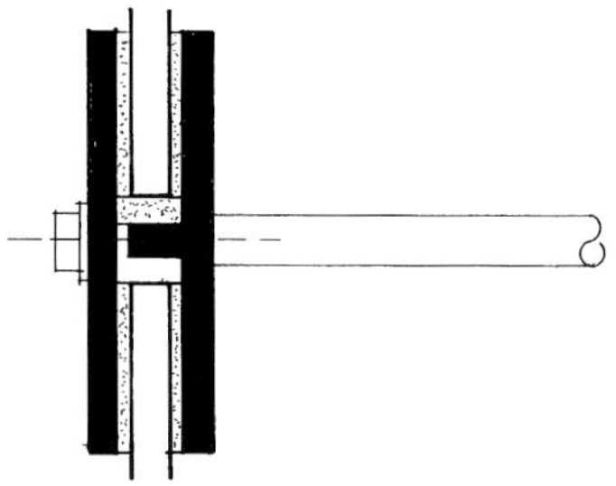

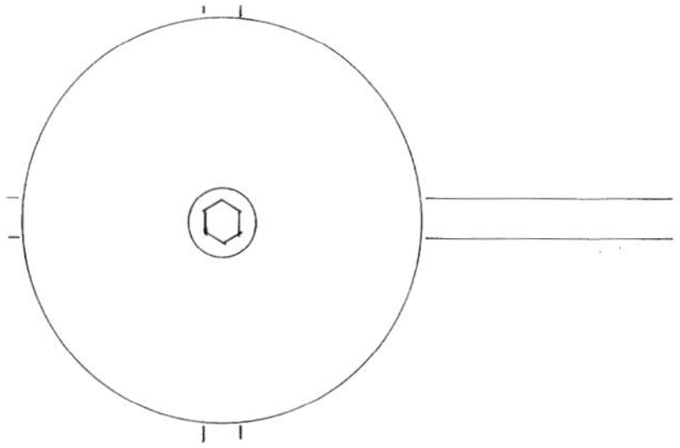

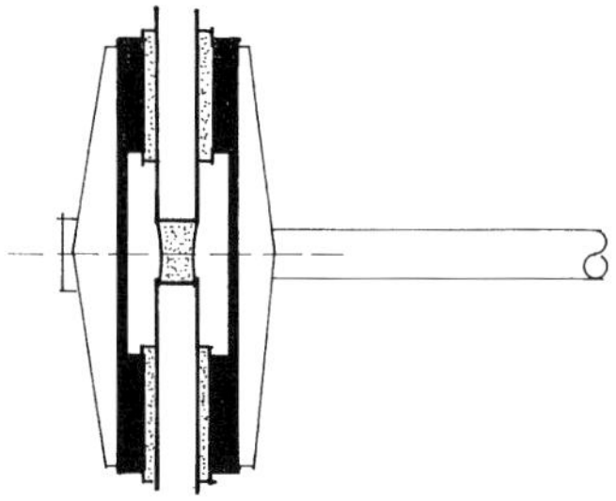

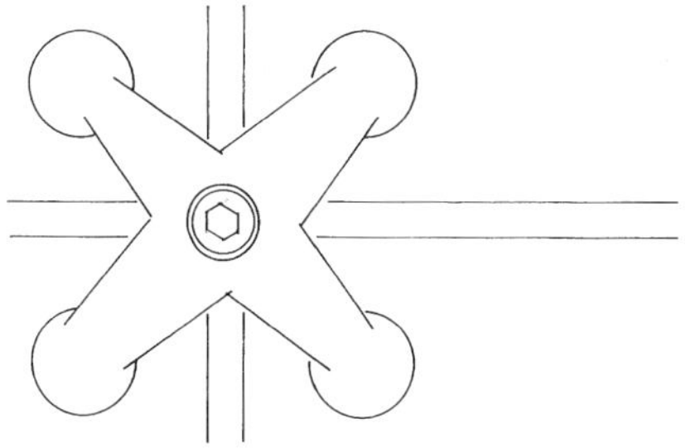

22 Preßplatte aus Stahl
23 Punktuelle Fassung System Glastec

24 Preßplatte mit Auflager für Vertikallasten
25 Ansicht zu 24
26 Kreuzhalter
27 Ansicht zu 26

Hängende Verglasung

Hängende Verglasungen ermöglichen die weitestgehende Auflösung der Raumgrenzen, da aufgrund von großformatigen Scheiben auf alle Verbindungsmittel verzichtet werden kann. Die Scheiben werden an ihrem oberen Rand aufgehängt, wodurch Knicken und Beulen verhindert wird. Das untere Auflager muß genügend Vertikalbewegung zulassen und dient nur zur Aufnahme der Horizontallasten. Die vertikalen Stöße werden mit Silikon abgedichtet.

Laut Hersteller sind diese hängenden Verglasungen aus einer Scheibe ab 4,50 m sinnvoll und ab einer Höhe von 6 m wegen der ansonsten bestehenden Knickgefahr notwendig. Ab einer Höhe von 8 m müssen Aussteifungsschwerter verwendet werden. Als maximale Breite werden wegen der Durchbiegung 2,50 m angegeben.

Ausgeführt wurden bisher Verglasungen bis zu einer Höhe von 13 m als Einfach- oder Isolierverglasung. Bei Einfachverglasungen wird das Gewicht der Scheibe über Klemmung und Verklebung des Aufhängepunktes am oberen Ende der Scheibe aufgenommen. Bei Isolierverglasungen muß das Gewicht ausschließlich über die Verklebung aufgenommen werden.

Problematisch ist sicherlich der Transport und die Montage solcher großformatigen Scheiben, weshalb heutige Glasvorhangfassaden aus handlicheren Scheibenformaten mit zusätzlichen Stabilisierungssystemen bestehen.

Für den Ladenbau ist die hängende Verglasung jedoch als Falttürensystem weiterhin gebräuchlich. [7.6/1, 7.6/2, 7.6/4, 7.6/7, 7.6/9]

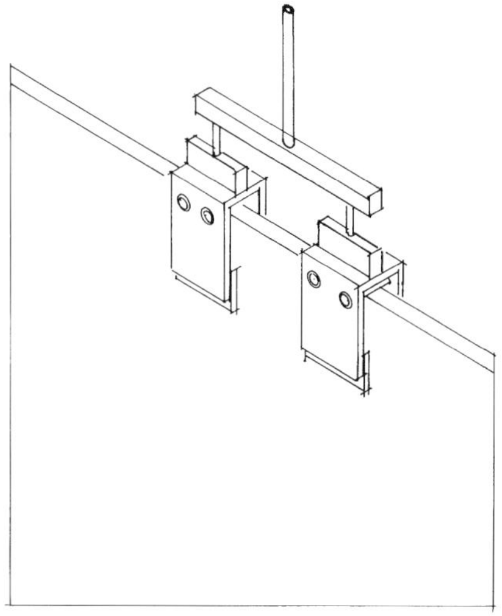

28 Hängende Verglasung nach Glasbau Hahn

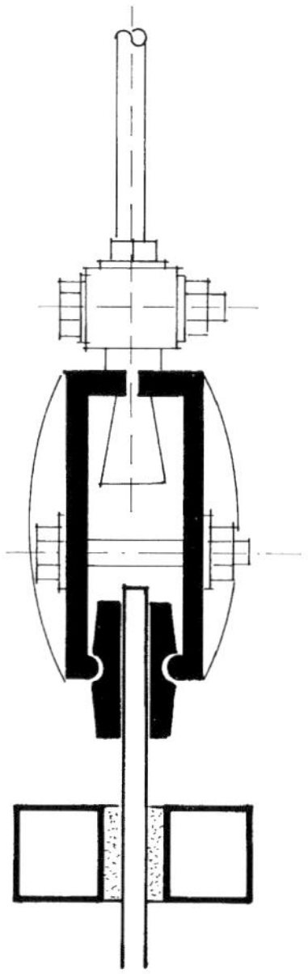

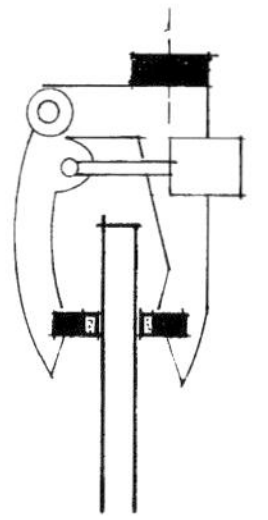

29 Schnitt: Hängende Verglasung nach Glasbau Hahn
30 Hängende Verglasung nach Ritchie
31 Aufhängung einer Glasfalttür

Gebohrte punktgehaltene Verglasungen – Standardbolzen

Einfache Standardbolzen verbinden die Glasscheibe mit der Unterkonstruktion durch eine Bohrung im Glas. Das Gewicht der Scheibe wird über Lochlaibung und Kunststoffzwischenhülsen in den Bolzen übertragen. Es entsteht eine starre Fixierung, die Biegung und Torsion in der Scheibe erzeugt. [7.6/10]

Patch Fittings

Ausgehend von Standardbolzen wurde für das in Abschnitt 8.2 beschriebene Projekt in Ipswich (1974) von Norman Foster und dem Glashersteller Pilkington ein Bolzen mit Klemmplatte (Patch Fitting) entwickelt. Anders als beim Standardbolzen wird hierbei das Gewicht durch Lochlaibung und Reibung übertragen. [7.6/10]

Senkkopfbolzen

Um eine plane Glasoberfläche zu erhalten, kann der Standardbolzen gegen einen Senkkopfbolzen ausgetauscht werden. Hierbei wird das Gewicht der Scheibe über die schräge Lochlaibung mittels eines Kunststoffzwischenringes übertragen. [7.6/10]

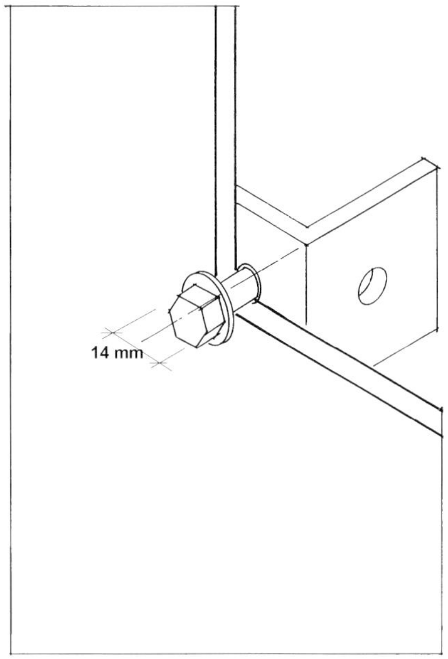

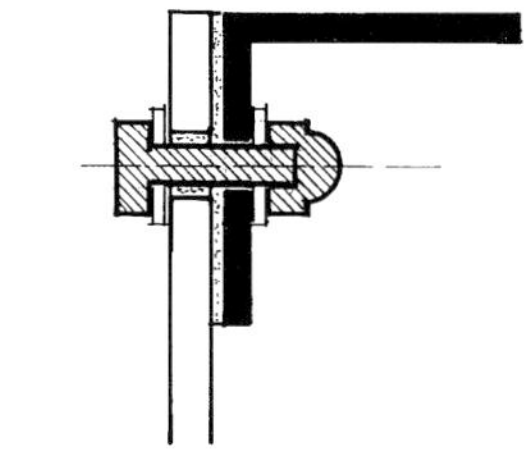

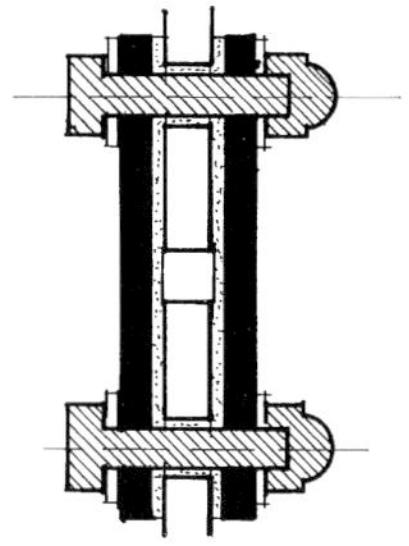

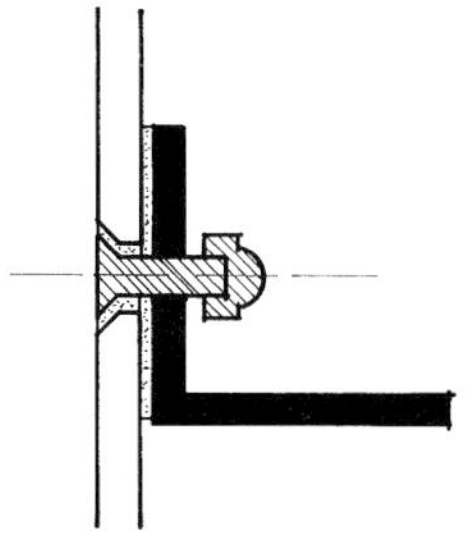

32 Standardbolzen in Bohrung

33 Standardbolzen
34 Patch Fitting nach Pilkington
35 Senkkopfbolzen

Planar Fittings

Durch die von Foster und Pilkington entwickelten Planar Fittings für das Renault-Gebäude in Swindon (1981) (siehe Abschnitt 8.3) besteht die Möglichkeit, die Glasebene von der Konstruktionsebene zu trennen. Der verwendete Senkkopfbolzen weist zum einen einen größeren Durchmesser auf, wodurch die Kräfte auf die Lochlaibung geringer werden, zum anderen ist auf der Innenseite eine Kontermutter angebracht, die die Glasscheibe mit dem Senkkopf fixiert.

Planar Fittings können mittlerweile auch bei Isolierverglasungen eingesetzt werden. [7.6/1, 7.6/10]

Megatec

Beim Megatec-System wurde vom Glashersteller VEGLA ein System entwickelt, bei dem eine Flanschmutter zwischen zwei Glasscheiben einer VSG-Scheibe eingelegt wird. Die Flanschmutter tritt an der Glasaußenseite nicht in Erscheinung. Das Gewicht wird bei dieser starren Verbindung über zusätzliche Auflagerwinkel abgetragen. [7.6/11]

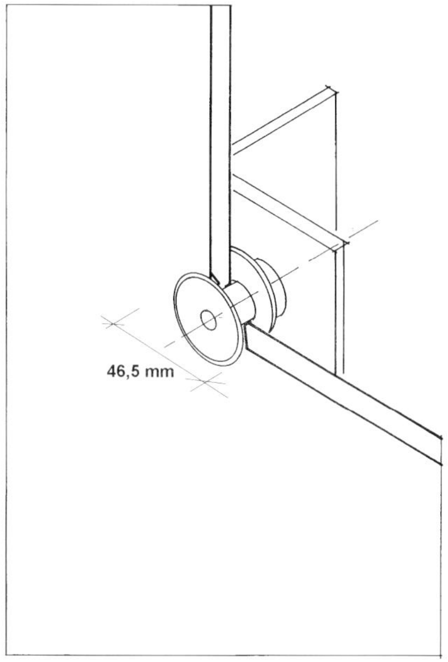

36 Planar Fitting

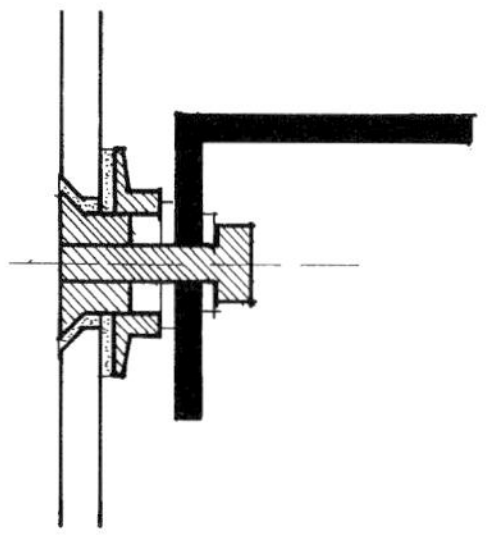

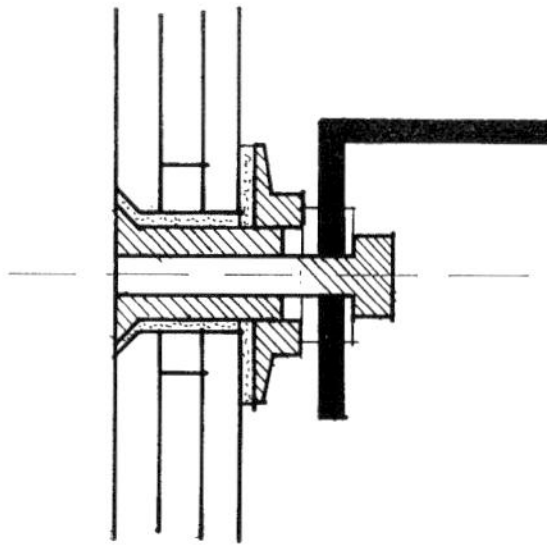

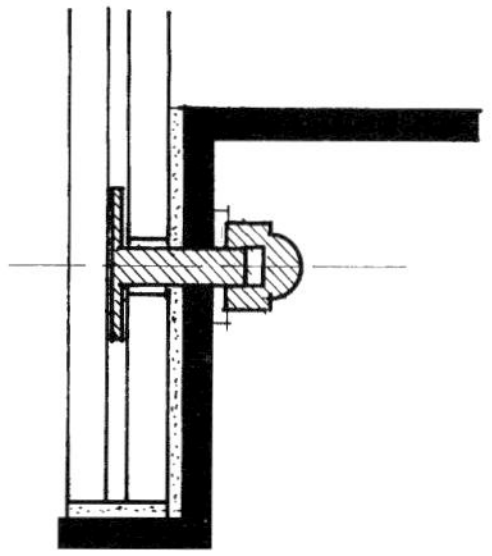

37 Planar Fitting nach Pilkington
38 Planar Fitting für Isolierglas
39 Megatec-System nach VEGLA

Gelenkige Punkthalter

Da die bisher vorgestellten Punkthalter starr sind und dadurch Biegung und Torsionskräfte bei Verformung des Systems in die Scheibe einleiten, wurden von Rice, Francis und Ritchie (1981) für den Parc de la Villette in Paris (siehe Abschnitt 8.2) gelenkige Punkthalter entwickelt. Wichtig war dabei, das Gelenk in der Ebene der Glasscheibe anzuordnen.

Da hieraus aufwendige Verschraubungen entstehen, wurden später einfachere Gelenkhalter entwickelt, bei denen das Gelenk möglichst dicht neben der Glasscheibe liegt. Die nun wieder auftretende Biegung und Torsion muß durch dickere Glasscheiben aufgenommen werden. [7.6/10, 7.6/12]

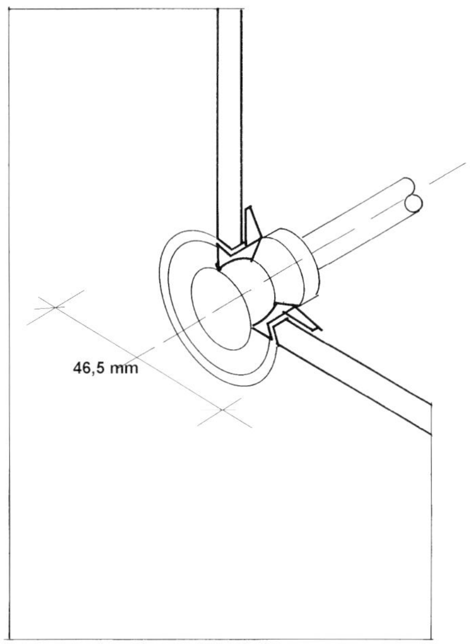

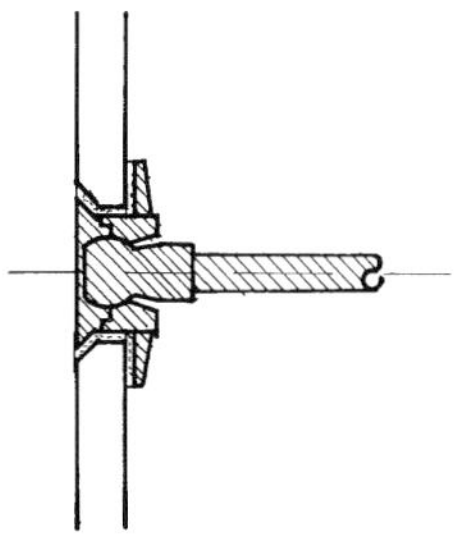

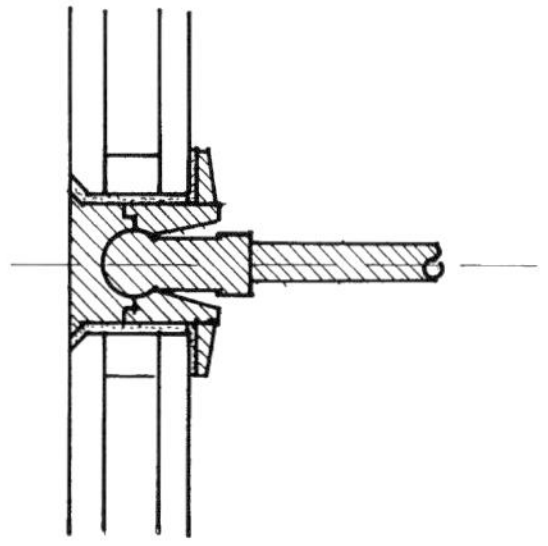

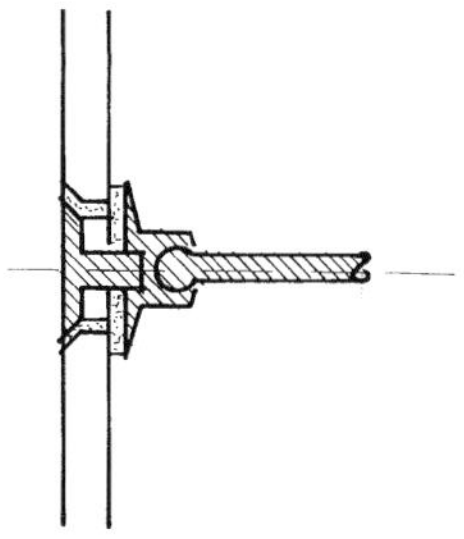

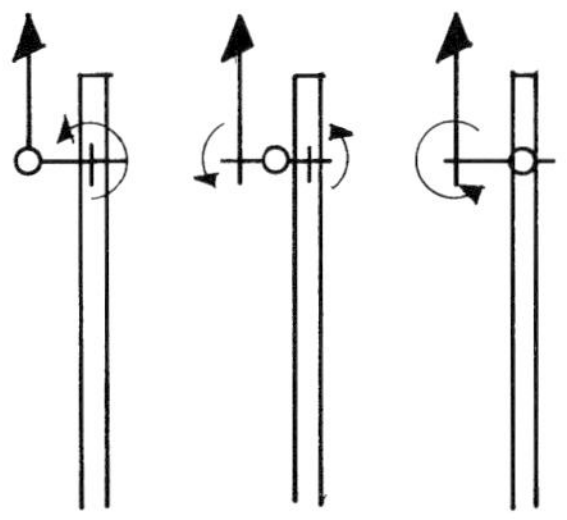

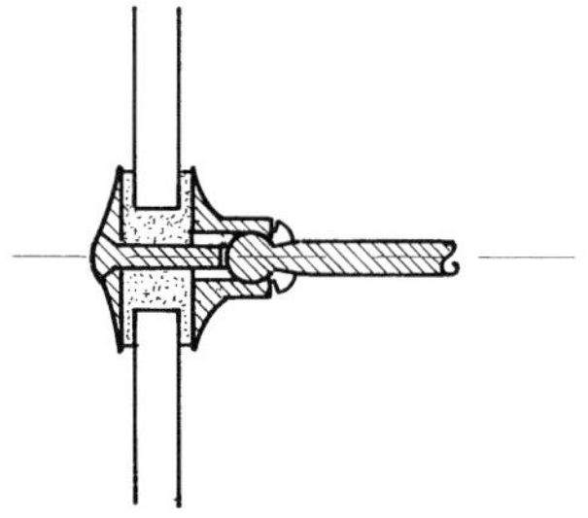

40 Gelenkiger Punkthalter
41 Lage des Gelenkes:
- Biegung in der Glasscheibe
- Biegung wird in der Glasscheibe und im Anschluß verringert
- Biegung im Anschluß

42 Multipoint MPZK C46/60
43 Multipoint MPCI 46/70
44 VB 45/45 RODAN
45 B 50 RODAN

Fixierung der Punkthalter auf der Unterkonstruktion

Neben einfachen Metallplatten, Winkeln oder gekanteten Metallplatten sind eine Vielzahl verschiedener Fixierungen der Punkthalter als Unterkonstruktion möglich. Die Fassung der Scheiben an den Ecken ermöglicht an den Knotenpunkten kreuzförmige Halter (Krähenfüße/Frogfinger), H-förmige Halter oder Kugeln.

Um die Scheibe je nach Anforderung starr oder gelenkig zu fixieren, können diese Halter zusätzlich mit Gelenken versehen werden. So entstehen Halter, bei denen die Glasscheibe statisch bestimmt gelagert werden kann, wozu alle vier Ecken unterschiedlich gelenkig sein müssen.

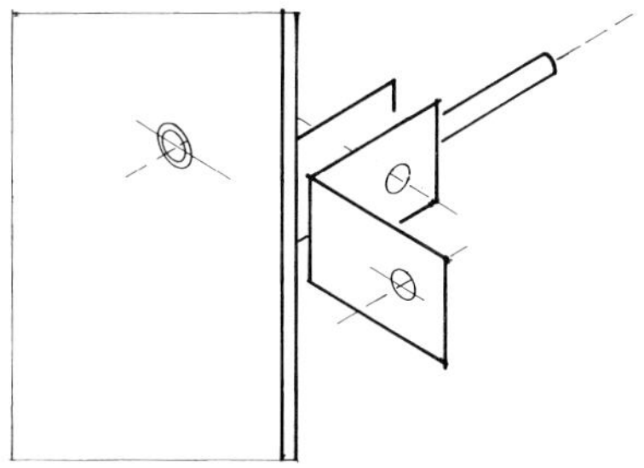

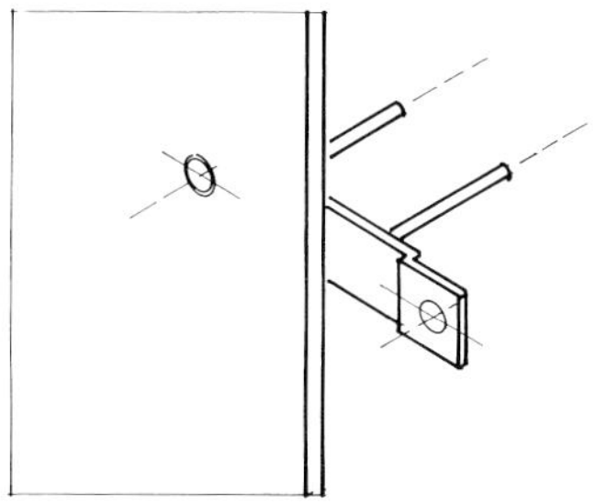

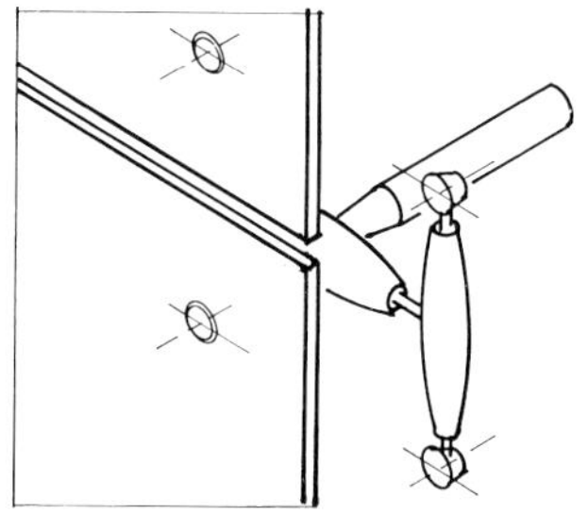

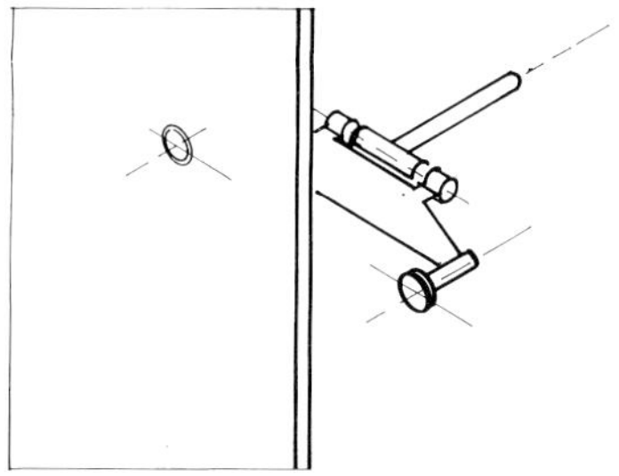

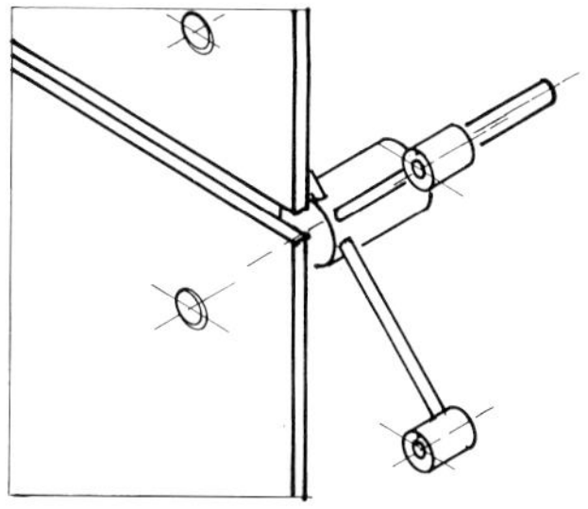

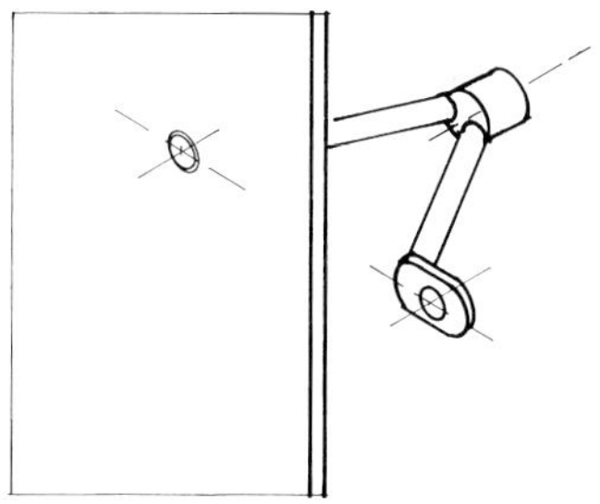

46 Winkel
47 Gekantetes Blech
48 Vertikal gelenkig gelagertes Blech
49 V-Halter

50 H-Halter
51 Kreuzhalter

Fugen bei punktgehaltenen Verglasungen

Fugen können bei punktgehaltenen Verglasungen im allgemeinen naß mit Silikon abgedichtet werden. Experimentell konnten für den Glaspavillon der RWTH Aachen (siehe Abschnitt 8.2) auch Türgelenke als Silikonfugen hergestellt werden. Hier zeigt sich die enorme Leistungsfähigkeit von Silikon. Nachteilig ist jedoch sicherlich das Langzeitverhalten sowie die schlechte Austauschbarkeit.

Werden Isolierverglasungen eingesetzt, fordern die Glashersteller einen diffusionsoffenen Fugenzwischenraum, weshalb füllende Versiegelungen mit Silikon ausscheiden. Hier können vorgefertigte Profile eingesetzt werden, die jedoch an den Knotenpunkten verklebt oder verschweißt werden müssen. Besonders ist auch auf die Verträglichkeit der verwendeten Materialien zu achten. Für Fugen, die große Bewegungen aufnehmen müssen, werden Profile gefertigt, die mit beiden Scheiben verklebt werden. Auch hier sind die Kreuzungspunkte problematisch.

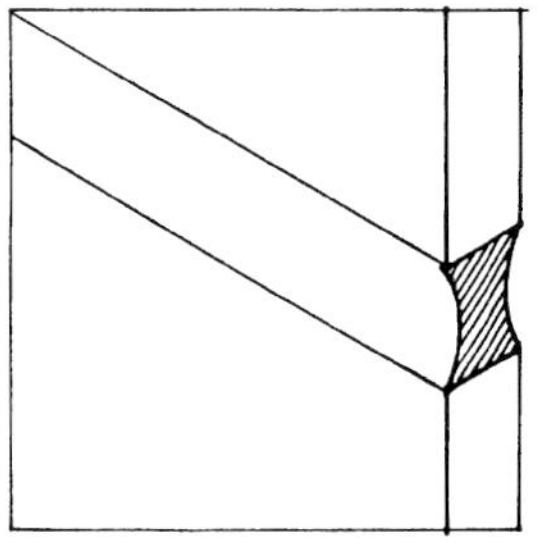
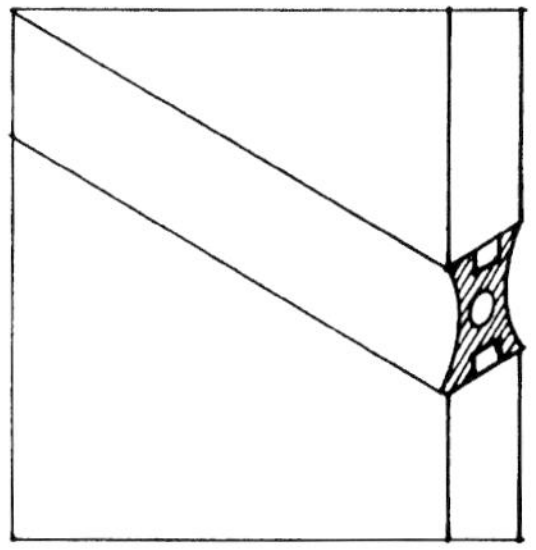
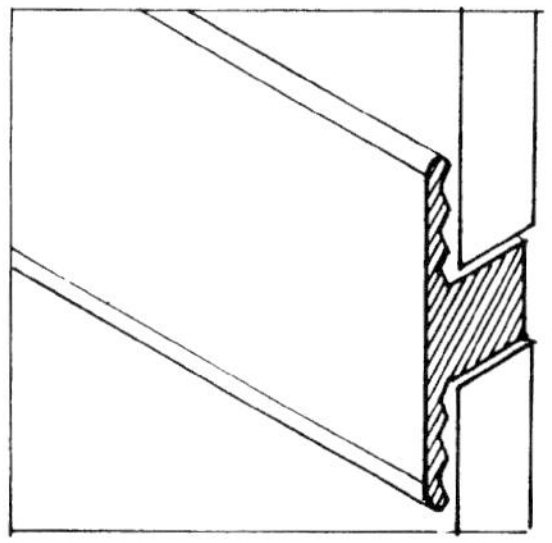
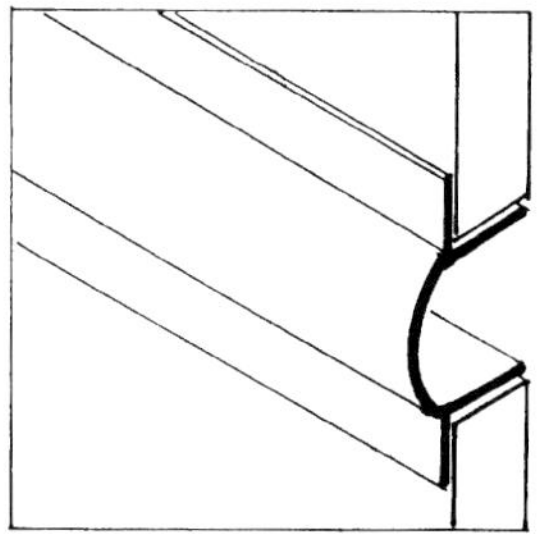
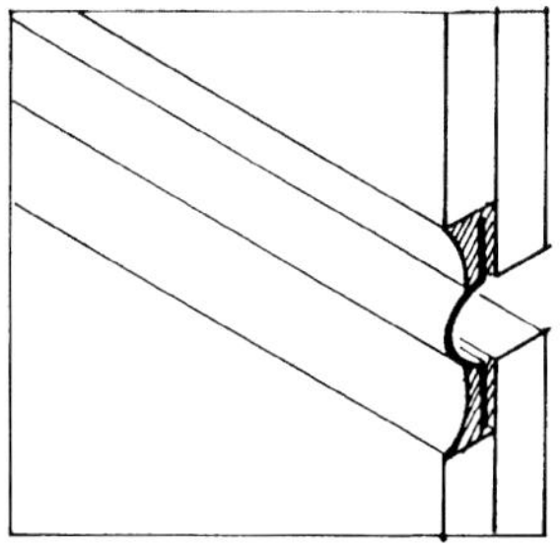
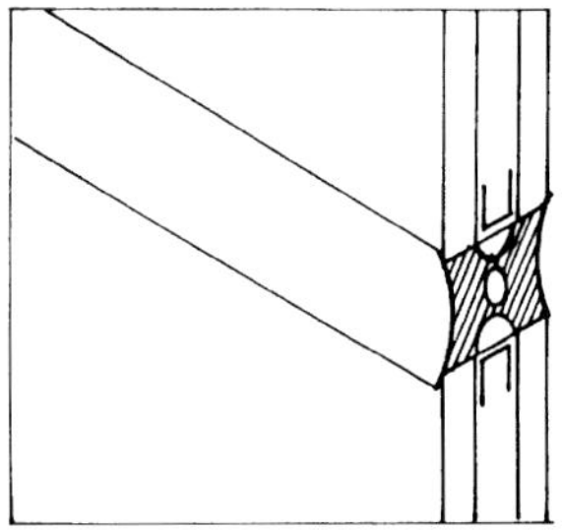

52 Einfache Fuge aus spritzfähigem Silikon
53 Fuge aus Silikonprofil

54 Silikonprofil für horizontale Fugen
55 Geklebtes Silikonprofil zur Aufnahme großer Bewegungen
56 Geklebtes Silikonprofil für horizontale Fugen
57 Silikonprofil für Isolierglasscheiben

8 Dokumentation aktueller Projekte

8.1 Kriterien zur Dokumentation

8.1 Kriterien zur Dokumentation

In diesem Kapitel werden die im Kapitel 5 im Zusammenhang dargestellten Projekte im einzelnen dokumentiert, um entwurfsspezifische Aspekte besser darstellen zu können.

In Abschnitt 8.2 werden Projekte vorgestellt, bei denen Glas als Teil des Primärtragwerkes konstruktive Funktionen übernimmt.

Bei den in Abschnitt 8.3 dargestellten Entwürfen handelt es sich um für den Glasbau interessante Projekte, bei denen Glas jedoch nur als Eindeckung dient. Diese Dokumentation wurde möglichst kompakt gestaltet und mit Zeichnungen und Bildmaterial vervollständigt.

Der Auswahl der dokumentierten Projekte ging eine umfangreiche Recherche in den entsprechenden Buch- und Zeitschriftenveröffentlichungen sowie bei Planern, Herstellern und ausführenden Unternehmen voraus. Die endgültige Auswahl erfolgte nach drei Kriterien: Verwendung von Glas als Teil des Tragwerkes; unkonventionelle Tragwerke mit Glas als Eindeckung und Projekte mit neuartigen Glasbefestigungen.

Dokumentiert wurden nur tatsächlich ausgeführte Projekte, da hier die Realisierbarkeit der Konstruktion unter Beweis gestellt wurde. (Einige nur als Konzept vorhandene Entwürfe finden sich in Abschnitt 6.4.)

Es wurden möglichst umfangreiche Informationen und Unterlagen zu den Projekten zusammengetragen, und die meisten wurden besichtigt und mit Fotos dokumentiert. Hierzu war die Unterstützung der Beteiligten notwendig: Sie reichte von ausführlichen und hilfreichen Dokumentationen, Gesprächen und Führungen über Desinteresse bis zu Mißtrauen und der Forderung nach Kontrolle der Veröffentlichung.

1 Montage der Scheiben: Flußpferdehaus / Berlin

Kriterien der Dokumentation im einzelnen:
[8.1/1, 8.1/2]

Daten

Allgemeine Daten wie Projektname, Ort, Standort und Jahr der Fertigstellung sowie Angaben zu den beteiligten Bauherren, Architekten, Ingenieuren (Tragwerkplaner und/oder Fachingenieure) und ausführenden Firmen.

Aufgabe / Konzept

Allgemeine Darstellung der Bauaufgabe, der Entwurfsidee und des Konstruktionskonzeptes sowie der wesentlichen Abmessungen.

Tragwerk

Darstellung der Geometrie und Benennung des Tragwerkes, soweit erforderlich mit einer Unterscheidung in Haupt- und Nebentragwerk, Art der Belastung und der Lastabtragung sowie die Verwendung von Glas als ein Tragfunktionen übernehmendes Element.

Da über das Tragwerk nicht immer eindeutige Angaben gemacht werden, beziehen sich einige Darstellungen auf eigene Beobachtungen und Vermutungen.

Konstruktive Durchbildung

Elemente / Details
Darstellung der nicht aus Glas bestehenden wesentlichen konstruktiven Elemente des Tragwerkes und der konstruktiven Leitdetails. Besonders berücksichtigt wurden Befestigung und Fügung des Glases.

Glas
Darstellung der verwendeten Glassorten, eventuell mit Besonderheiten der Fügung, Befestigung und Fugenversiegelung.

Kommentar

Persönliche Einschätzung bei sehr positiven oder negativen Beispielen.

2 Führung im Museum für Hamburgische Geschichte / Hamburg

8.2 Glas als Primärtragwerk

Aachen

Glasdach

Daten

Ort / Jahr: Aachen, 1995

Standort: Abgebrochen

Bauherr / Architekt / Ingenieur / Ausführende: Lehrstuhl für Baukonstruktion (Tragwerklehre) / RWTH Aachen

Sponsoring: Flachglas

Aufgabe / Konzept

Für eine Mauerwerkruine auf dem Gelände der Fakultät für Architektur sollte als Versuchsbau ein gläsernes Dach entstehen. Neben dem behutsamen Umgang mit der bestehenden Bausubstanz sollte das System modular erweiterbar sein.

Darüber hinaus sollte das Glas als Teil des Tragwerkes eingesetzt werden: Es bildet den Druckobergurt des Fachwerkträgers.

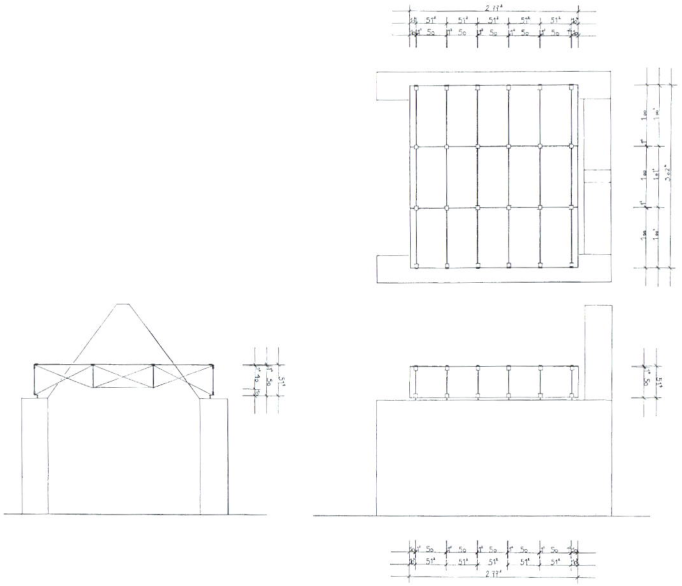

1 Dachaufsicht / Frontansicht / Seitenansicht
2 Gesamtansicht des Glasdaches

Tragwerk

Das 3,00 x 2,50 m große Glasdach ruhte auf der umfassenden Ziegelmauer. Es bestand aus 15 horizontalen Glasscheiben, einer räumlichen Unterspannung und zehn vertikalen Scheiben, die den seitlichen Abschluß bildeten und das Dach trugen.

Je drei Scheiben wurden von zwei stählernen Spreizen und einer Unterspannung unterstützt. Zur Stabilisierung gegen asymmetrische Lasten und Wind waren weitere diagonale Verspannungen eingefügt.

Um genügend Sicherheit für das gesamte System zu erreichen, wurde neben der Verkehrslast eine asymmetrische Punktlast von 1,50 kN angesetzt.

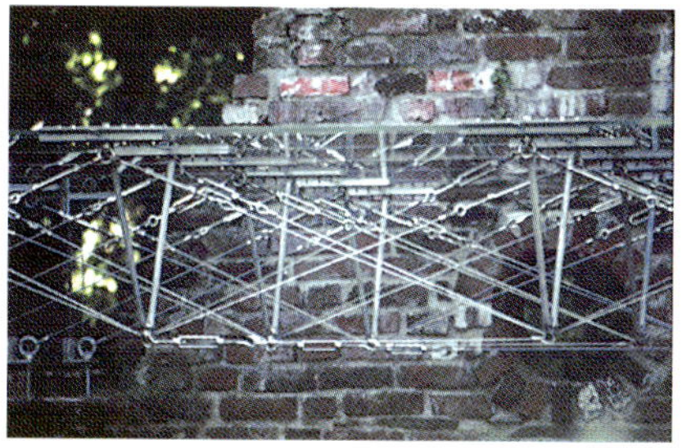

3 Konstruktionsausschnitt

4 Dachaufsicht
5 Konstruktionsausschnitt

Konstruktive Durchbildung
Elemente / Details

Eck- und Fußpunkte bestanden aus 9-mm-Stahlplatten und Winkeln, die durch die Fugen zwischen den Glasscheiben verschraubt sind. So konnte auf Bohrungen im Glas verzichtet werden, um die Kosten zu reduzieren. Den Auflagerpunkt im Mauerwerk bildete ein 16-mm-Bolzen.

Die Lastübertragung zwischen den Stahlelementen und dem Glas erfolgte ausschließlich über Reibung mit einer 2 mm aramidfaserverstärkten Gummiplatte als Zwischenlager. Die verbindenden M6-Schrauben wurden mit einem vorgegebenen Drehmoment angespannt.

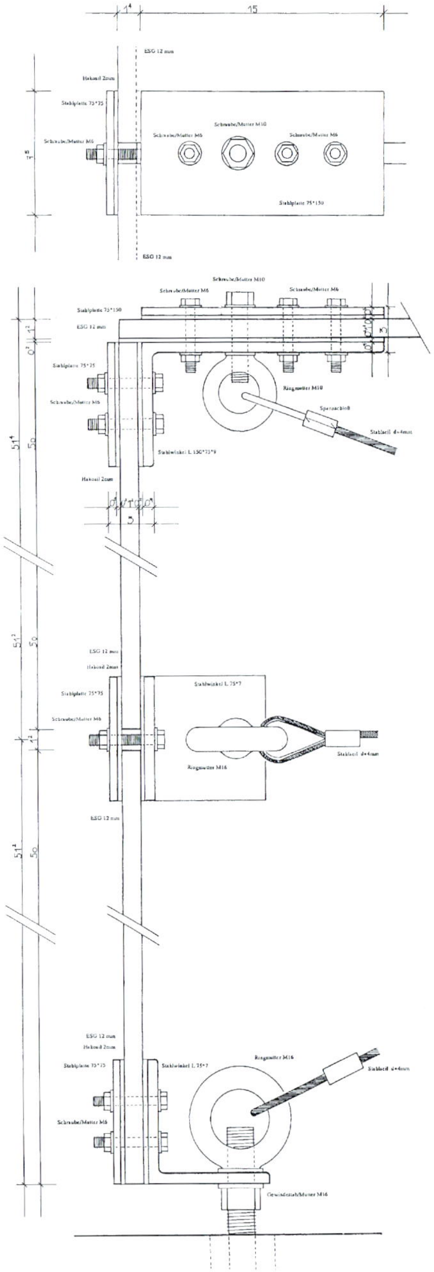

6 Detailausschnitt
7 Klemmplatte
8 Klemmplatte, Eckdetail

9 Detailschnitt

Konstruktive Durchbildung
Glas

Es wurde 12-mm-ESG verwendet, das als Druckgurt eingesetzt wurde. Der Einsatz von VSG war nicht möglich, da die zur Übertragung der Reibung nötige Pressung nicht in VSG-Scheiben eingebracht werden kann.

Kommentar

Die Realisierung des Projektes war nur als Versuchsbau ohne die Abhängigkeit von gesetzlichen Bestimmungen möglich, da Überkopfverglasungen nicht aus ESG bestehen dürfen, VSG-Scheiben aber nicht eingesetzt werden konnten.

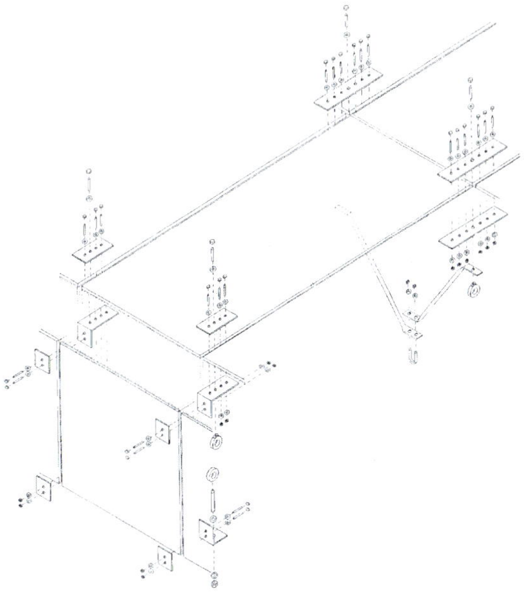

10 Isometrie
11 Dachaufsicht

Aachen

Glaspavillon

Daten

Ort / Jahr	Aachen, 1995
Standort	Templergraben
Bauherr	RWTH Aachen
Architekt / Ingenieur / Ausführende	Lehrstuhl für Baukonstruktion (Tragwerklehre) / RWTH Aachen
Sponsoring	VEGLA u. a.

Aufgabe / Konzept

Für einen temporären Ausstellungspavillon zur 125-Jahr-Feier der RWTH Aachen wurde ein Baukastensystem aus vorgefertigten Elementen entwickelt. Der Pavillon besteht ausschließlich aus Glas und ist einfach demontierbar. Einzig die Verbindungsmittel sind aus Stahl. Auf geklebte Verbindungen wurde wegen der Demontagemöglichkeit verzichtet.

1 Gesamtansicht
2 Gesamtansicht

Tragwerk

Der Pavillon hat bei einer Höhe und Breite von 2,50 m eine Länge von 6,25 m und besteht aus einem additiven System eingespannter Stützen und Träger sowie Dach- und Wandscheiben.

Die Stützen sind in je zwei U-Profile eingespannt. Auf ihnen liegen die Träger als Zangenkonstruktion auf. Die Dachscheiben sind auf die Träger aufgelegt, die Wandscheiben stehen auf den U-Profilen. Die Aussteifung erfolgt in Querrichtung über die Einspannung der Stützen; die Wandscheiben gewährleisten die Längsaussteifung.

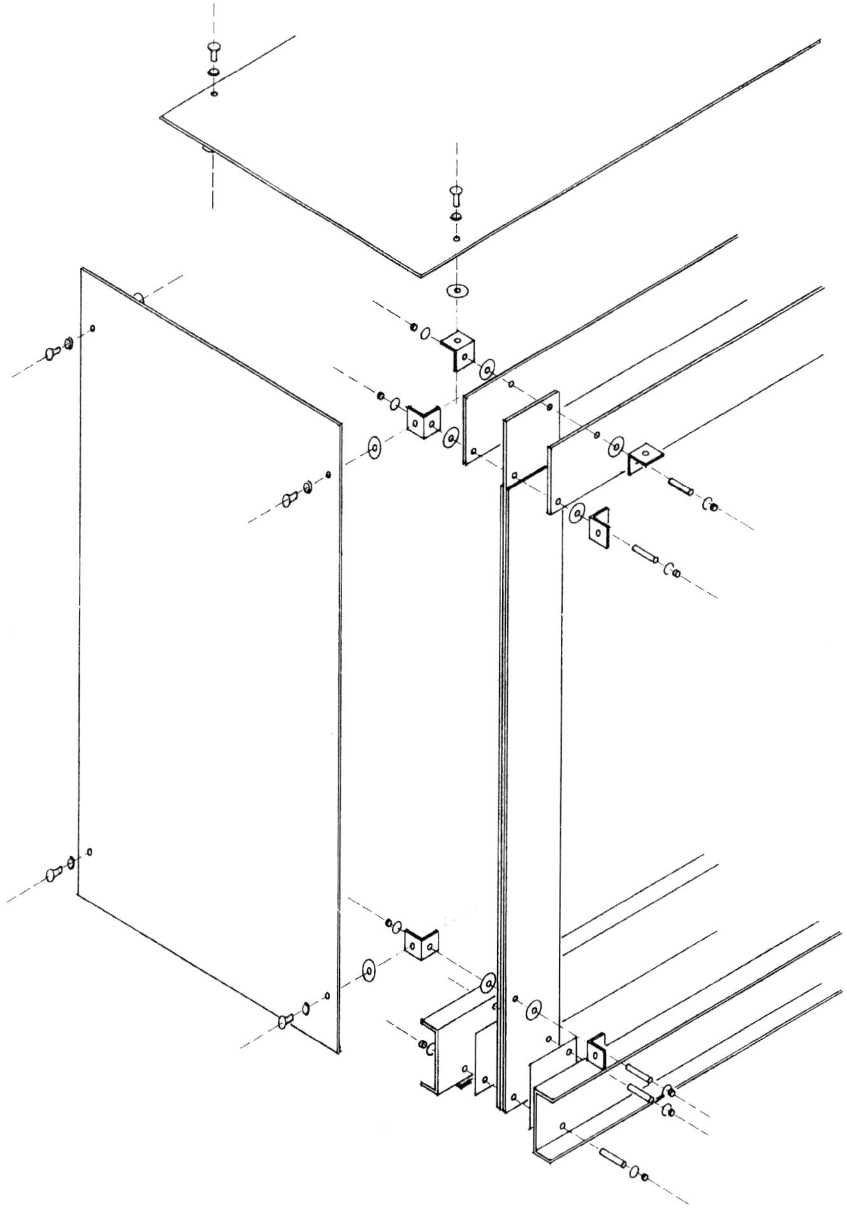

3 Tragwerk-Isometrie

Konstruktive Durchbildung
Elemente / Details

Alle Tragelemente sind aus Glas. Entsprechend haben die Verbindungsmittel nur fixierende Funktion. Sie bestehen aus Stahlwinkeln mit Langlochbohrungen und sind mit den Scheiben durch 10-mm-Bolzen in Senkbohrungen verbunden.

Der Sockel des Pavillons besteht aus je zwei U-Profilen, die auf höhenverstellbaren Gerüstfüßen aufgeständert sind. Die Einspannung der Glasstützen erfolgt mittels 20-mm-Bolzen. Die Vertikallasten aus den Glasstützen werden über Flachstahlauflager an den U-Profilen abgetragen.

Der Eingang besteht aus zwei Schwingtüren. Als Gelenk dient eine Silikonfuge über die ganze Türlänge.

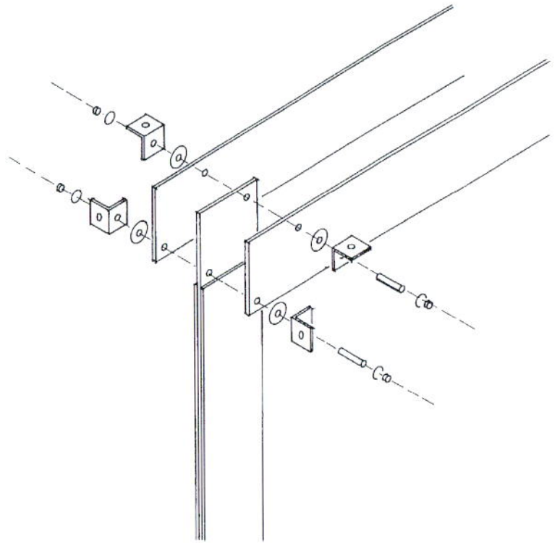

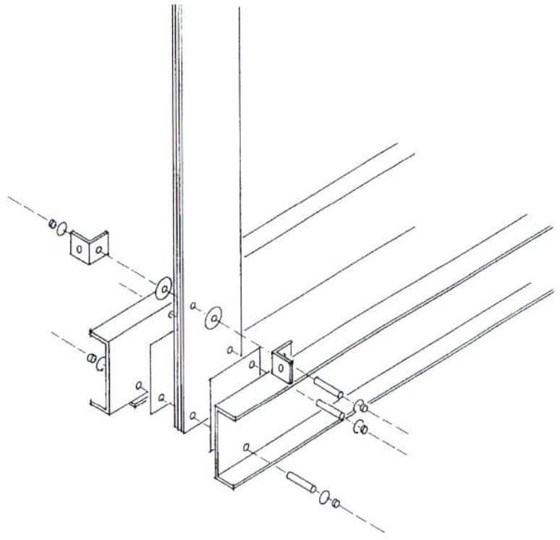

4 Kopfpunkt-Isometrie
5 Fußpunkt-Isometrie

6 Kopfpunkt
7 Fußpunkt

Konstruktive Durchbildung
Glas

Stützen und Träger wurden aus VSG hergestellt, um die notwendige Resttragfähigkeit zu gewährleisten.

Die Stützen bestehen aus 3 x 12 mm ESG, die Träger aus 2 x 6 mm TVG. Dach- und Wandscheiben mit einer Größe von 1,25 x 2,50 m wurden aus 12 mm ESG hergestellt.

Zur Vermeidung von Glas-Glas-Kontakt wurden 3 mm Zwischenlager aus transparentem PVC verwendet.

Kommentar

Als temporäres Objekt konnte der Ausstellungspavillon nur verwirklicht werden, weil er nicht zum Aufenthalt von Menschen vorgesehen ist. Um diesen zu ermöglichen, müßten die Dachscheiben aus VSG bestehen.

8 Ausschnitt

9 Ausschnitt
10 Innenraum

Aachen

Glas-Stahl-Tragwerk

Daten

Ort / Jahr	Aachen, 1996
Standort	Schinkelstraße
Bauherr	RWTH Aachen
Architekt / Ingenieur / Ausführende	Lehrstuhl für Baukonstruktion (Tragwerklehre) / RWTH Aachen
Sponsoring	Felder / Pfeiffer / VEGLA / Weller u. a.

Aufgabe / Konzept

Für die Nordfassade der Bibliothek der Fakultät für Architektur wurde ein Glas-Stahltragwerk entwickelt, bei dem Glas sowohl den Raumabschluß als auch einen Teil der tragenden Konstruktion bildet.

Für den Entwurf war es wichtig, daß das System in sich geschlossen und additiv erweiterbar ist. Es sollte aus einfachen Elementen und Halbzeugen hergestellt werden können.

Das realisierte System besteht, ähnlich der menschlichen Wirbelsäule, aus einem Fachwerkträger, dessen Druckgurt in der Mitte liegt. Mit den durchdringenden Stahlteilen verliert die Glasfläche an Härte. Dem präzisen Baustoff Glas wird der grober verarbeitete Baustoff Stahl gegenübergestellt.

1 Nordfassade der Bibliothek

Tragwerk

Die 6 x 20 m große Fassade besteht aus zehn Feldern mit neun vertikalen Fachwerkträgern, die aus einem gläsernen Druckgurt und beidseitig außenliegenden, vorgespannten Zugseilen bestehen. Die jeweils äußeren 8-mm-Tragseile sind mit 2 t vorgespannt, die 5 mm Diagonalseile entsprechend geringer. Sie bilden das Fachwerk zur Aufnahme der Windlasten.

Die Vorspannung der Tragseile wird durch den aus sieben Scheiben bestehenden Glasdruckgurt aufgenommen, der auch das Eigengewicht der Konstruktion tragen muß. Das System ist in sich geschlossen und leitet bis auf Verkehrslasten und Eigengewicht keine Kräfte aus der Vorspannung in das Gebäude ab.

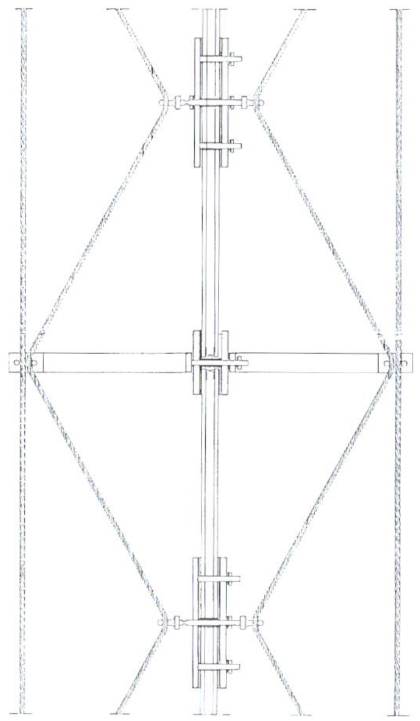

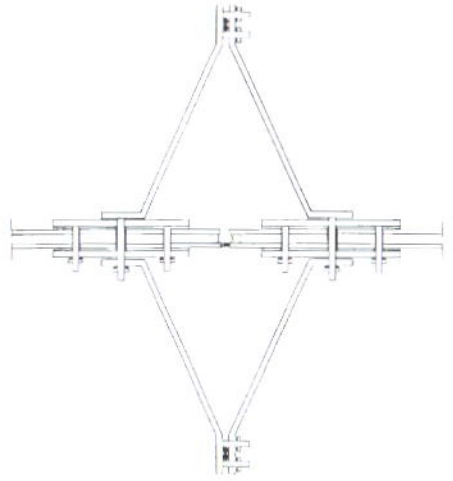

2 Vertikalschnitt
3 Horizontalschnitt

4 Fassadenausschnitt
5 Fassadenausschnitt

Konstruktive Durchbildung
Elemente / Details

Bei der Detaillierung wurde darauf geachtet, einfache Stahlteile zu verwenden und keine Bohrungen im Glas vorzunehmen, um die Konstruktion in einem kostengünstigen Rahmen zu halten.

Druckstäbe, Klemmplatten und Randanschlußelemente wurden aus 10-mm-Flachstahl hergestellt und vor der Montage verzinkt. Die Verbindung erfolgt durch Schrauben in den Fugen zwischen den Glasscheiben. Die Klemmplatten in den Vertikalfugen fixieren mittels höhenverstellbaren Knotenpunktes die Diagonalseile.

Durch die Spreizung der Druckstäbe wird das seitliche Kippen des Fachwerkträgers verhindert, so daß keine kreuzende Seilebene notwendig ist.

Der Anschluß an das Haus erfolgt mittels U-Profilen und Stahllaschen für die Tragseile.

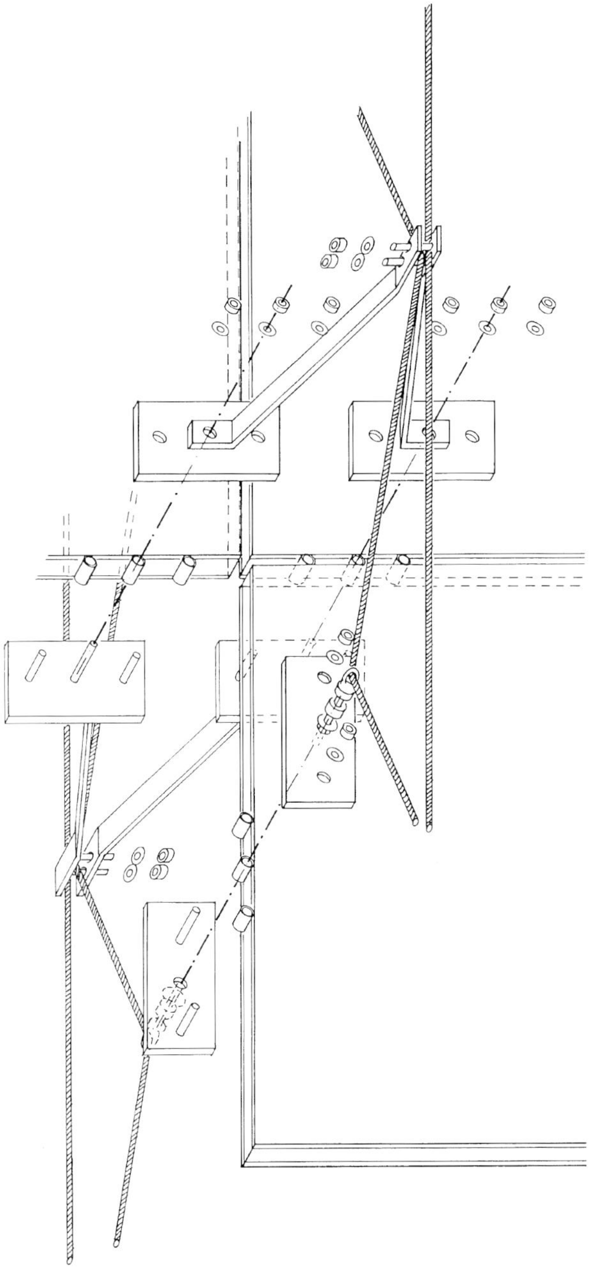

6 Detail-Isometrie

Konstruktive Durchbildung
Glas

Glas wird als Druckgurt des vorgespannten Fachwerkträgers eingesetzt. Die 2,00 x 0,80 m großen Isolierglasscheiben bestehen aus je zwei 6-mm-ESG-Scheiben mit einem Luftzwischenraum von 14 mm. Sie werden über ihre kurze Länge auf Druck belastet.

Im Fall der Zerstörung einer gesamten Isolierglaseinheit übernehmen deren benachbarte Scheiben die Traglast. Dieser Belastungsfall war für die Dimensionierung maßgeblich.

Kommentar

Trotz der Verwendung von Glas als primäres Tragwerkelement ist eine einfache Detaillierung erreicht worden. Dies war nur durch die Belastung der Scheiben mit Druck möglich, da die Einleitung von Zugkräften aufwendigere Details erfordert.

Der Einsatz des Systems ist auch horizontal oder in Bögen und freien Formen möglich.

7 Fassadendetail
8 Innenansicht

9 Fassadendetail
10 Außenansicht

Wohnhaus Benthem

Daten

Ort / Jahr	Almere, 1985
Standort	De Fantasie 10
Bauherr	Jan Benthem
Architekt	Benthem & Crouwel

Aufgabe / Konzept

Als einer von zehn preisgekrönten Entwürfen konnte das Wohnhaus auf einem für fünf Jahre kostenfrei zur Verfügung gestellten Grundstück realisiert werden. Für die Ausführung wurden im Zuge des Wettbewerbes alle Bauvorschriften außer Kraft gesetzt.

Um das Haus nach dieser Zeit, ohne Spuren zu hinterlassen, demontieren zu können, wurden alle Bauteile minimiert und das Gebäude auf ein Raumfachwerk mit nur vier Auflagerpunkten gestellt.

Dem Grundraster von 2 x 2 m entsprechen die Schlaf- und Nebenräume, der Wohnraum ist 6 x 8 m groß.

Drei der vier Wände werden von raumhohen Glasscheiben gebildet; die vierte Wand sowie der Boden bestehen aus 2 x 5 mm Sperrholz mit 30 mm PU-Schaum. Als Dach wurde ein Trapezblech mit Wärmedämmung und Dichtungsfolie verwendet.

1 Haus Benthem

Tragwerk

Das unterspannte Dach wird von den drei Glaswänden, bestehend aus raumabschließenden Glasscheiben und -schwertern, und der Rückwand getragen. Es muß mit zwei Spannseilen im Innenraum gegen Sog gesichert werden.

Die Glasscheiben der Wände sind gegen Biegung durch Windlasten mittels der Aussteifungsschwerter stabilisiert. Diese tragen außerdem das Dach, um beim Bruch zweier Glasscheiben einen Kollaps des gesamten Hauses zu vermeiden.

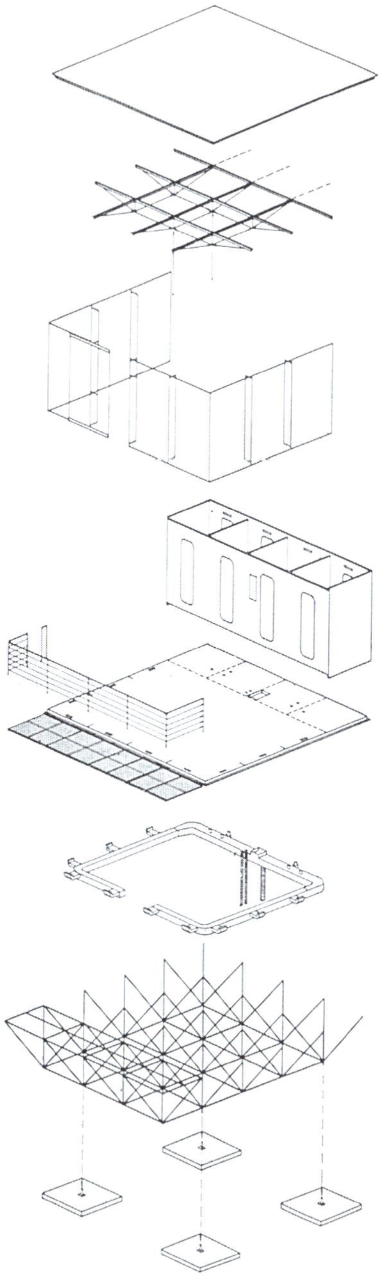

2 Explosions-Isometrie des gesamten Hauses

3 Ausschnitt

Konstruktive Durchbildung
Elemente / Details

Die Verbindung der Glasschwerter an Dach und Boden erfolgt über 75/40 mm starke L-Winkel und 2,50-mm-Neopren-Zwischenlager, die die Glasscheiben an deren Enden fassen. Hier befinden sich Bohrungen im Glas, durch die die Winkel mit 10-mm-Bolzen in Nylon-Hülsen verbunden sind.

Die Glasscheiben ruhen oben und unten in Aluminiumprofilen, die mit Winkeln am Haus befestigt sind.

Glasscheiben und -schwerter sind mit L-Winkeln und Senkkopfbolzen verbunden. Diese haben jedoch nur Montagefunktion, da die Silikonfuge die Scheiben und Schwerter kraftschlüssig verbindet.

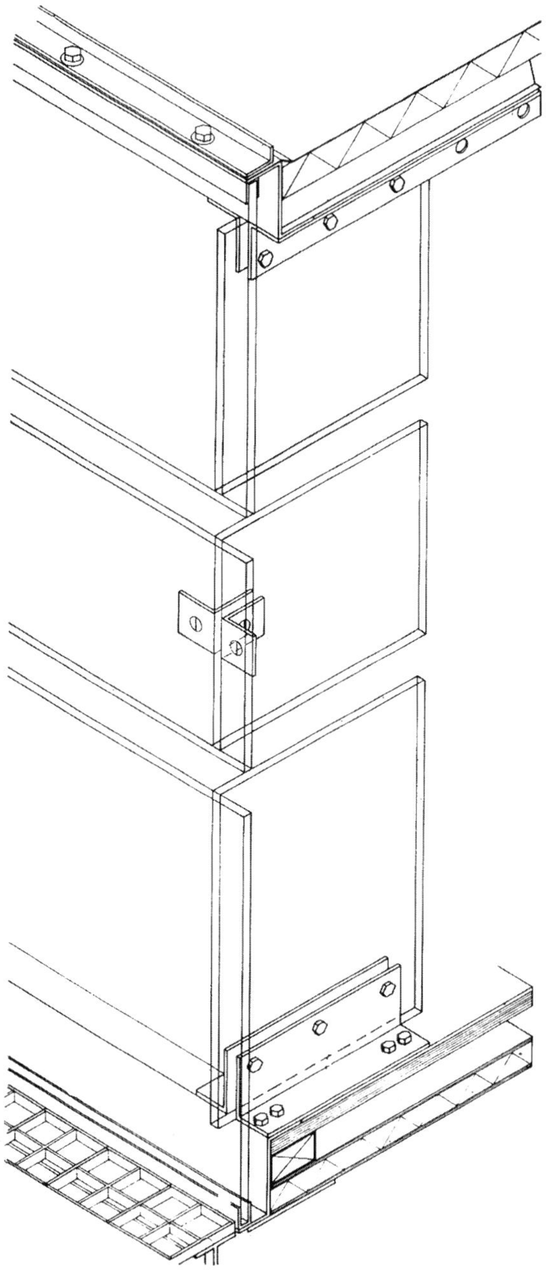

4 Detail-Isometrie Kopfpunkt / mittlere Verbindung / Fußpunkt

Konstruktive Durchbildung
Glas

Die raumhohen Glasscheiben aus ESG haben eine Größe von ca. 2,00 x 2,50 m und sind 12 mm dick. Die Glasschwerter aus ESG sind bei einer Höhe von 2,50 m ca. 0,25 m tief und 15 mm dick.

Die Vertikalfugen zwischen den Scheiben sind mit 5 bis 8 mm Silikon abgedichtet.

Kommentar

Die Realisierung des Projektes war sicherlich nur durch die Aussetzung der Bauvorschriften möglich.

Fraglich erscheint die Wohnnutzung bei Einscheibenverglasung, da eine Überhitzung bzw. Auskühlung nicht zu verhindern ist.

Der Architekt, der auch Nutzer ist, betrachtet das Haus als Wohnexperiment.

5 Seitenansicht
6 Terrasse (Zustand 1996)

Amsterdam

Gläserner Konzertsaal der „Beurs van Berlage“

Daten

Ort / Jahr	Amsterdam, 1988 – 1989
Standort	Damrak 277
Bauherr	Nederlands Philharmonisch Orkest
Architekt	Pieter Zaanen
Ingenieur	M. Eekhout
Ausführende	Octatube

Aufgabe / Konzept

Im Zuge der Umnutzung der Amsterdamer Börse (1898 – 1903) von H. P. Berlage zu einem Konzert- und Veranstaltungsort wurde für einen der beiden Konzertsäle ein gläserner Kubus entworfen. Dieser „Raum im Raum“ war notwendig, um die akustische Trennung der Konzertsäle ohne große Veränderungen des denkmalgeschützten Gebäudes zu erreichen.

Der diagonal in den Raum gestellte Saal ist vollständig verglast und hat einen rechteckigen Grundriß mit einer Ausbeulung, dem „Cello-Bauch“, um dem Flatterecho entgegenzuwirken. Er hat eine Größe von 21,60 x 13,00 m und eine Höhe von 9 m. Die Oberfläche der Außenseite ist glatt, um den umgebenden Raum nicht zu stören, das Tragwerk befindet sich auf der Innenseite.

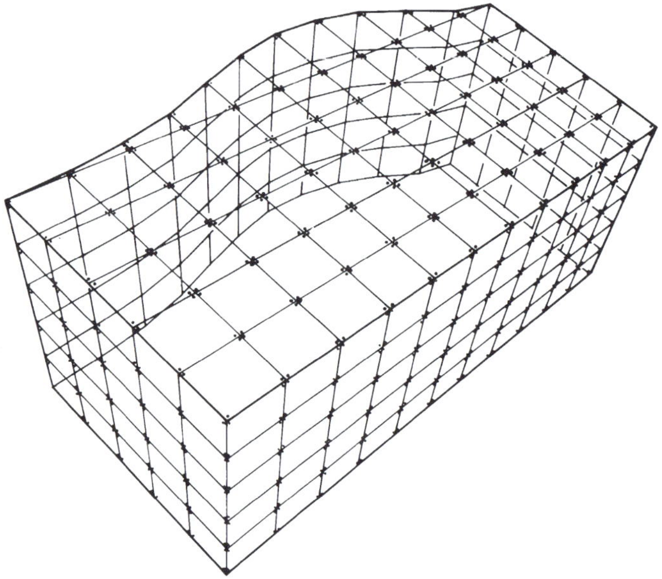

1 Perspektive der Verglasung
2 Gläserner Konzertsaal

Tragwerk

Das Primärtragwerk besteht aus sechs Stahlstützen und einem Raumfachwerk, welches das gläserne Dach und die abgehängten Glaswände trägt.

Eine der Seitenwände, der „Cello-Bauch", wird durch 13 Stützen gebildet, an die die Glasscheiben mittels Punkthaltern angeschlossen sind. Die drei anderen Wände wurden mit einer hängenden Verglasung geschlossen. Diese besteht aus jeweils fünf aneinanderhängenden Glasscheiben und ist durch vertikal verlaufende Verspannungen gegen horizontale Lasten stabilisiert. Da es sich um einen „Raum im Raum" handelt, konnten die Horizontallasten sehr gering angesetzt werden.

Beim Bruch einer Glasscheibe tragen deren benachbarte Scheiben die Lasten der Glaswand. Der Konstrukteur spricht von einer sich einstellenden „quadratischen Kettenlinien-Wirkung", weshalb ein progressiver Kollaps, der sich durch die gesamte Konstruktion fortsetzt, ausgeschlossen ist. Der Bruch einer oberen Scheibe während der Montage bestätigte diese Annahme.

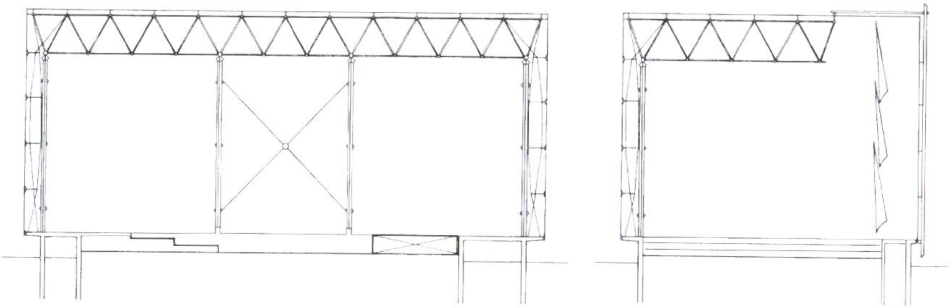

3 Quer- und Längsschnitt
4 Innenraum

Konstruktive Durchbildung
Elemente / Details

Die Stützen des Primärtragwerkes wurden aus 100-mm-L-Profilen, die zu einer Kreuzform verbunden sind, hergestellt, das Raumfachwerk aus Rundrohren und die 13 Fassadenstützen aus 121-mm-Rundrohren.

Die Verspannung der hängenden Verglasung besteht aus 8-mm-Spannstäben, die in den Knotenpunkten mit 70-mm-Stahlringen verbunden sind. An diese Knotenpunkte sind auch die Glashalter angeschlossen. Sie bestehen aus vier X-förmig angeordneten Edelstahlstäben mit zylindrischen Köpfen. Die Glasscheiben werden an den Haltern mit Senkkopfschrauben und Gummipuffern in Punktbohrungen fixiert. Diese Lagerung ist nicht gelenkig ausgebildet.

Die „Froschhändchen" verbinden sowohl die Glasscheiben untereinander als auch die Glaswand mit der aussteifenden Verspannung.

Die Türen sind konstruktive, von der hängenden Verglasung unabhängige Elemente.

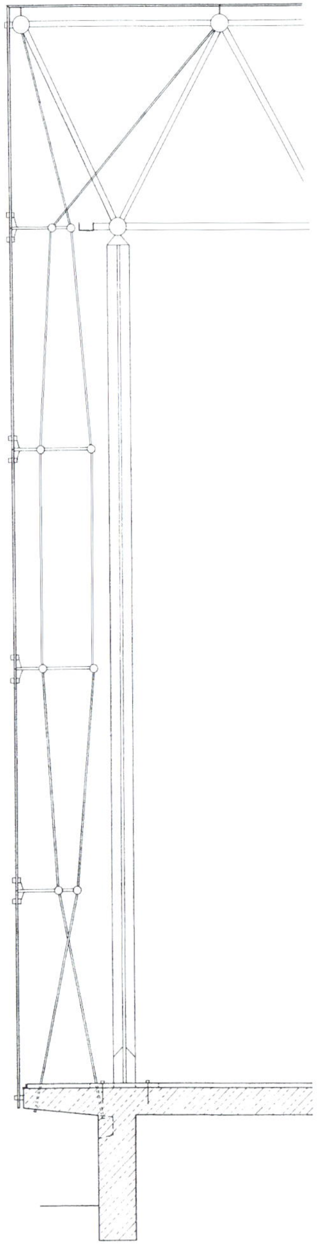

5 Detailquerschnitt Glaswand

6 Innenraum
7 Dachtragwerk, hängende Glaswand und „Cello-Bauch" mit Rundrohrstützen

Konstruktive Durchbildung
Glas

Die Glasscheiben des Daches bestehen aus 1,80 x 1,80 m großen VSG-Scheiben aus vorgespanntem Glas. Die 1,80 x 1,80 m großen Scheiben der Wände bestehen aus 8 mm getönten ESG-Scheiben mit 20-mm-Punktbohrungen, die von den vier Ecken jeweils einen Abstand von 100 mm besitzen. Sie sind durch die „Froschhändchen" miteinander verbunden und leiten so ihr gesamtes Eigengewicht in die oberste Glasscheibe ein. Hier muß das Gewicht der Fassade über die Punktbohrung in das Raumfachwerk übertragen werden.

Um Bautoleranzen aufnehmen zu können, wurden in den Senkbohrungen asymmetrische Gummipuffer verwendet.

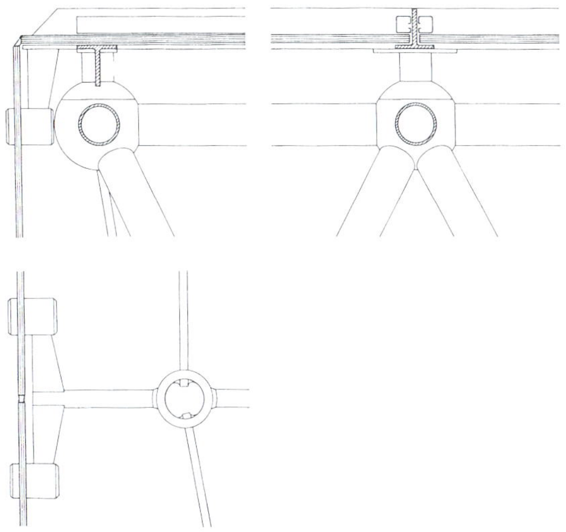

Kommentar

Leider konnte die anfänglich vorgesehene verspannte Dachfläche wegen der zurückhaltenden Genehmigungsbehörden zum damaligen Zeitpunkt nicht durchgesetzt werden.

Die Fixierung der Glasscheiben mittels nichtgelenkiger Glashalter erzeugt zusätzliche Biegespannungen in den Scheiben. Da aber die Belastungen gering sind, erscheint diese sicherlich auch kostengünstigere Befestigung sinnvoll.

8 Detail: Dach- und Wandverglasung mit Raumfachwerk und Verspannung
9 Verspannte Glaswand

Arnhem

Skulpturen-Pavillon

Daten	
Ort / Jahr	Arnhem, 1986
Standort	Abgebrochen
Bauherr	Stichting Sonsbeek Beelden
Architekt	Benthem & Crouwel
Ingenieur	ABT – Arnhem

Aufgabe / Konzept

Für die Skulpturen-Ausstellung „Die Haut“ in Sonsbeek entwarfen die Architekten Benthem und Crouwel einen transparenten Pavillon als Witterungsschutz für empfindliche Skulpturen. Er sollte nicht als massiver Baukörper in Erscheinung treten und wurde deshalb fast vollständig aus Glas gebaut. Die Stützenfüße wurden ins Erdreich eingegraben und der Boden mit Sägemehl ausgelegt, so daß sich der Pavillon harmonisch in den Park einfügte.

Er hatte auf dem leicht geneigten Gelände eine Größe von 24,00 x 6,20 m und eine Höhe von 3,65 m. Stützen, Wände und Dach waren verglast. In Querrichtung wurde er von Fachwerkträgern überspannt, die mit einer leichten Biegung ausgeführt wurden, damit das Regenwasser abfloß. Die Stirnseiten waren mit vergitterten Toren geschlossen.

1 Skulpturen-Pavillon

Tragwerk

Das Tragwerk des Pavillons bestand aus Glasstützen im Abstand von 2 m, an die 6,20 m überspannende Stahlfachwerkträger als Zangenkonstruktion angeschlossen waren. Auf diesen lagen die Dachscheiben auf. Die Wandscheiben waren mit den Kopfplatten der Fachwerkträger verschraubt.

Die Längsaussteifung erfolgte über die Wandscheiben, die Queraussteifung konnte sowohl durch die Einspannung der Glasstützen als auch durch die Rahmenwirkung der Stützen mit den Fachwerkträgern geschehen.

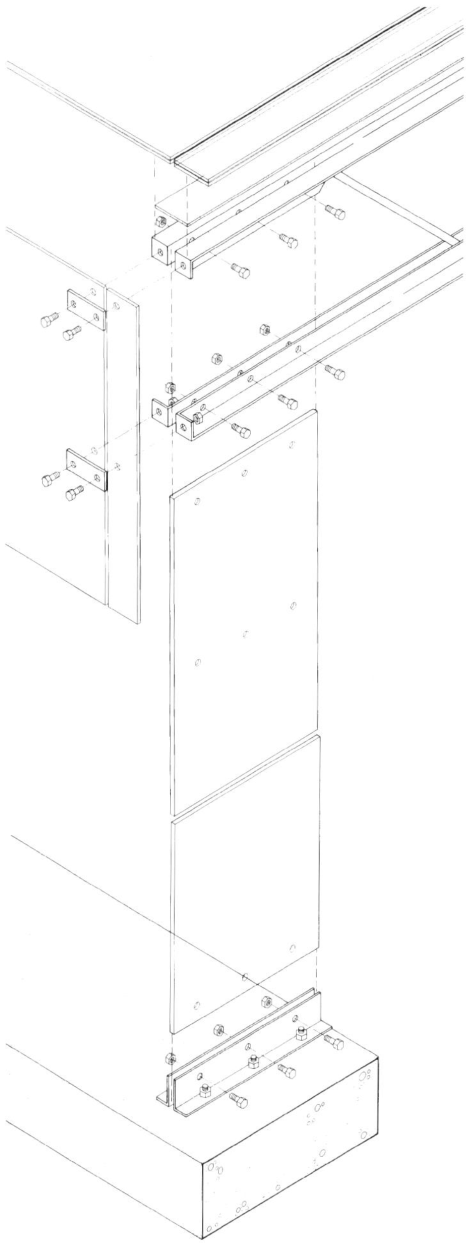

2 Explosions-Isometrie Glasstütze Träger mit Wand- und Dachscheiben

Konstruktive Durchbildung
Elemente / Details

Die Glasstützen hatten eine Höhe von 3,65 m und waren 0,58 m tief. Die angeschlossenen Fachwerkträger überspannten 6,20 m, waren 0,60 m hoch und bestanden aus 60 x 60-mm-L-Profilen und 20-mm-Diagonalstäben. Sie waren zangenartig mit M12-Schrauben an die Glasstützen angeschlossen.

Der Fußpunkt der Glasstützen bestand aus 100 x 50-mm-L-Profilen, die im Betonfundament verankert waren und die Glasstützen mit M12-Schrauben hielten.

Die Wandscheiben hatten eine Größe von 2,00 x 3,65 m, die Dachscheiben von jeweils 2,00 x 3,10 m. Als Zwischenlage zwischen Glas und Stahl diente auf der Innenseite ein 10-mm-PU-Lager, auf der Außenseite eine 2,50 mm starke Filzunterlage, um Zwängungen im Glas zu vermeiden.

3 Detailausschnitt

4 Ansicht Stirnseite
5 Seitenansicht

Konstruktive Durchbildung
Glas

Die Stützen bestanden aus 15-mm-, die Wandscheiben aus 10-mm-ESG. Für das Dach wurde 18-mm-VSG verwendet.

Die Fugen waren mit Silikon geschlossen.

Kommentar

In seiner bis in die Details durchgehaltenen Einfachheit ist der Pavillon kaum zu übertreffen.

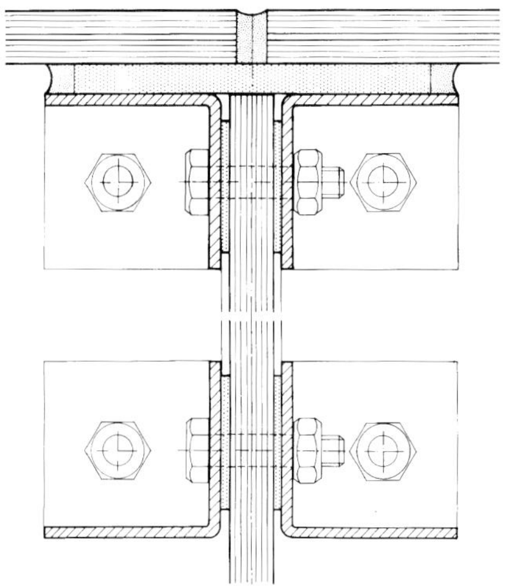

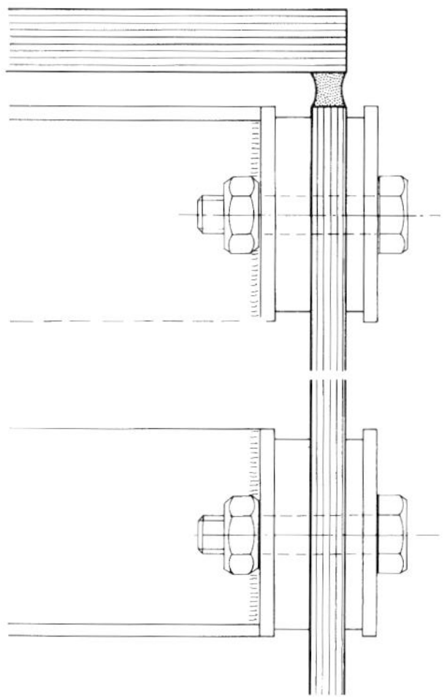

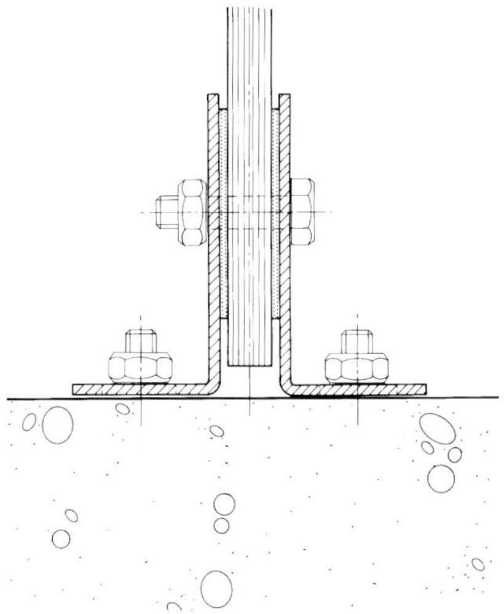

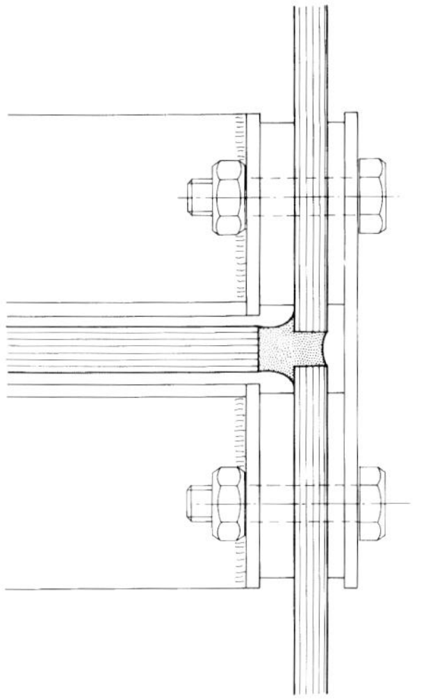

6 Schnitt: Kopf Glasstütze
7 Schnitt: Fuß Glasstütze

8 Querschnitt: Kopf Glasstütze
9 Horizontalschnitt: Glasstütze

Bretten | **Stadtbahnhaltestelle**

Daten

Ort / Jahr	Bretten, 1992
Standort	Bretten-Stadtmitte
Bauherr	Stadt Bretten
Architekt	Jürgen Braun
Ingenieur	BGT Ingenieurbüro / Peter Beyle
Ausführende	Bischoff Glastechnik

Aufgabe / Konzept

Für eine ca. 50 m lange Überdachung des Bahnsteiges der Stadtbahn, die Bretten mit Karlsruhe verbindet, wurde eine gefaltete Glaskonstruktion entwickelt, bei der Glas sich selbst tragen sollte. Ähnlich dem Vorbild des „Ridge-and-furrow-Daches" ruhen gegeneinandergelehnte Glasscheiben auf geknickten Rohren und stabilisieren sich auf diese Weise gegenseitig.

Eine zuerst vorgesehene reine Glaskonstruktion aus gegeneinandergelehnten Glasscheiben ohne Stahlrohre mußte aus Zulassungs- und Kostengründen aufgegeben werden.

1 Stadtbahnhaltestelle

Tragwerk

Das Haupttragwerk besteht aus geknickten Rohren, die als einhüftige Rahmen in den Fußpunkten eingespannt sind. Die Auskragung beträgt 3,50 m, der Achsabstand ca. 2 m.

Auf diesen Rahmen sind die Glasscheiben in Dach und Wand als Grat-und-Kehle-Dach aufgesetzt. Die Neigung der Scheiben beträgt 46°.

2 Tragwerk der Bahnsteigüberdachung
3 Gesamtansicht

Auf die Rohre wurden der Länge nach Laschen aufgeschweißt, mit denen die Glasscheiben verschraubt sind. Die Verbindung der Glasscheiben im First erfolgt durch Edelstahlbeschläge und Verschraubungen. Der Grat selbst ist mit einem Abdeckprofil geschlossen.

4 Treppenbereich
5 Ansicht von außen

Konstruktive Durchbildung
Glas

Aus Sicherheitsgründen ist die Verglasung als VSG aus TVG ausgeführt worden. Die gegeneinandergeneigten Scheiben des Grat-und-Kehle-Daches überspannen ca. 2 m und tragen neben ihrem Eigengewicht die Auflagerlast der gegenüberliegenden Scheibe.

Das Glas ist im Bereich der Brüstung mit einem Verlaufsraster bedruckt, um Sichtschutz zu bieten.

6 Ende der Überdachung
7 Gesamtüberdachung
8 Eckpunkt des Grat-und-Kehle-Daches

Disentis	Raiffeisenbank
Daten	
Ort / Jahr	Disentis, 1997
Bauherr	Raiffeisenbank Disentis
Architekt	W. Schmidt
Ingenieur	Glasconsult, Zürich und Langenthal (Dr.-Ing. R. Hess / E.Wälchli, Ing. SIA/ASC)
Ausführende	Tuchschmid AG

Aufgabe / Konzept

Der neue gläserne Anbau dient als Ersatz für den im Zuge von Tunnelarbeiten abgerissenen alten Eingangsbereich. Er besteht aus Glasträgern und -stützen sowie einer Glaseindeckung und besitzt Abmessungen von ca. 3,50 x 7,50 m. Seine Höhe beträgt 3,20 m.

Dank des Einsatzes von Statischem Silikon konnte auf Schrauben oder metallische Verbindungen im sichtbaren Bereich völlig verzichtet werden.

1 Glasanbau der Raiffeisenbank

Tragwerk

Das Ganzglastragwerk besteht aus 3,20 m hohen Stützen, auf denen 3,50 m überspannende Träger liegen. Ein Auflagerschuh in der rückwärtigen Wand bildet das zweite Auflager. Der Achsabstand von 1,06 m wird mit einer horizontalen Glaseindeckung überspannt, die ca. 0,60 m auskragt. Die Aussteifung der Konstruktion erfolgt über die Glasscheiben von Dach und Wand.

Bei der Berechnung wurde von einer Schneelast von 6,20 kN/m² ausgegangen. Sie kann sowohl von der unteren als auch von der oberen Glasscheibe der Überkopfverglasung aufgenommen werden.

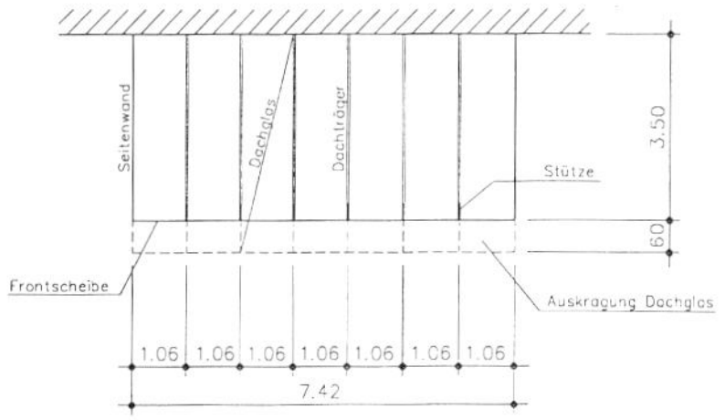

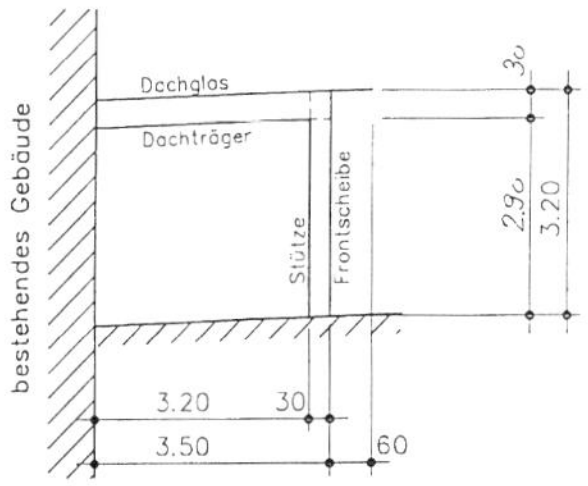

2 Dachaufsicht
3 Schnitt

4 Auflagerpunkt Dachträger: Glasstütze

Konstruktive Durchbildung
Elemente / Details

Der Stützenfuß ruht auf Neoprenklötzchen in einem U-Profil und ist seitlich mit Silikon verklebt. Das Trägerauflager am Stützenkopf wird durch ein 10-mm-Acrylglasauflager gebildet, wobei die mittlere Glasscheibe der Stütze zurückspringt und somit der Träger nur auf den äußeren Scheiben ruht.

Die Dacheindeckung liegt auf den Glasträgern mit einem 10-mm-Silikonprofil und seitlichen Verklebungen auf. Im Bereich des Stoßes von Dach und Fassade sind Dach- und Wandscheiben als Stufenisolierglas ausgebildet.

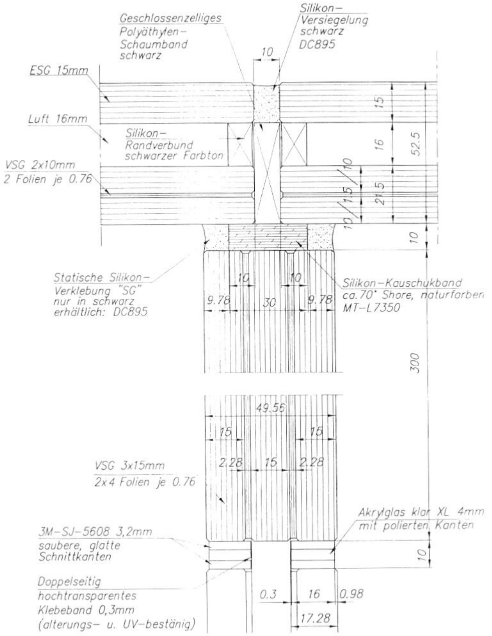

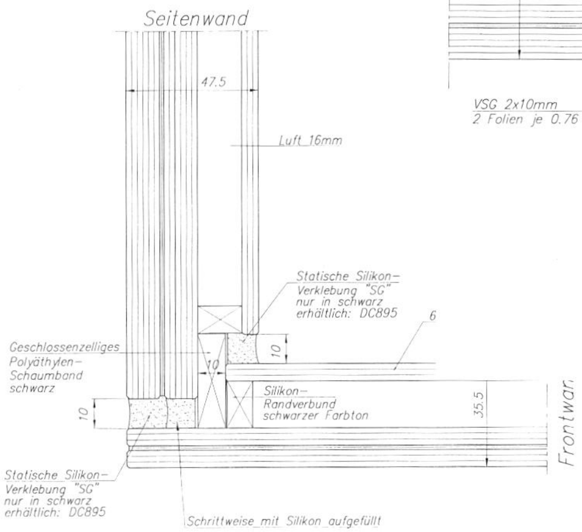

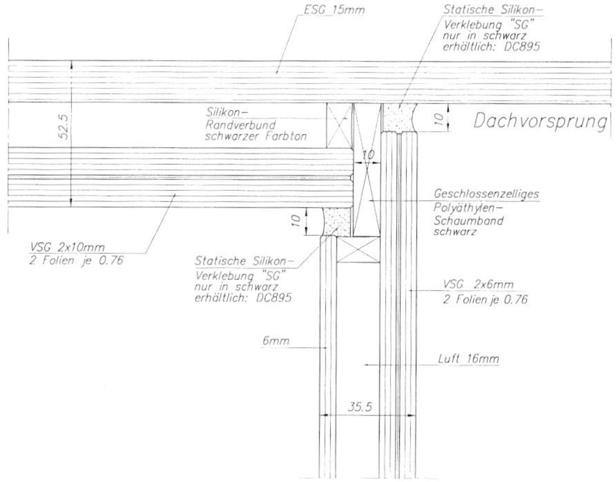

5 Detailpunkt Auflager Dachträger: Glasstütze
6 Eckdetail: Glasfassade

7 Detail: Dachverglasung – Fassade

Konstruktive Durchbildung
Glas

Stützen und Träger sind jeweils 0,30 m hoch und bestehen aus VSG, bestehend aus 3 x 15-mm-Floatglas mit jeweils 6,00 x 0,38 mm starken PVB-Folien. Die Verstärkung der Folie sowie die Verwendung von Floatglas wurden gewählt, um beim Bruch eine längere Reststandsicherheit zu erhalten.

Als Dacheindeckung dienen Isolierglaseinheiten aus einer oberen 15-mm-ESG-Scheibe, einem Luftzwischenraum von 16 mm und einer unteren VSG-Scheibe aus 2 x 10-mm-Floatglas.

Die Wandverglasung wurde aus einer inneren 6 mm starken Floatglas-Scheibe, einem Luftzwischenraum von 16 mm und einer äußeren VSG-Scheibe aus 2 x 6-mm-Floatglas erstellt.

Kommentar

Eines der wenigen Projekte, bei dem durch den Einsatz von statischem Silikon auf Schrauben verzichtet werden konnte.

8 Seitenansicht des Glasvorbaus

Düsseldorf

Glassteg – Glastec 96

Daten

Ort / Jahr	Düsseldorf, 1996
Standort	Messe Düsseldorf, abgebrochen
Architekt / Ingenieur	T. Lemberg / Institut für Baukonstruktion und Entwerfen an der Uni Stuttgart, Betreuer: Prof. S. Behling, J. Achenbach
Sponsoren / Ausführende	Böhm GmbH / Ego Dichtstoffwerk, Pilkington Flachglas AG / Syma-System AG

Aufgabe / Konzept

Eine Sandwich-Konstruktion bildete die Idee für diesen Steg, bei dem die Tragfähigkeit der Glaselemente durch geschickte Fügung zu einem Verbund gesteigert wurde.

Als Verbindungselement zwischen dem gläsernen Ober- und Untergurt wurden aus einer Reihe von Vorschlägen – Röhren, Dreiecken, Trägern, Wellenträgern und Fachwerkträgern – einfache Glasstege für den Schubverband gewählt.

Der 1,00 x 4,30 m große Steg wurde während der Messe mit bis zu sechs Personen belastet und am letzten Messetag durch eine Last von 450 kg zum Einsturz gebracht.

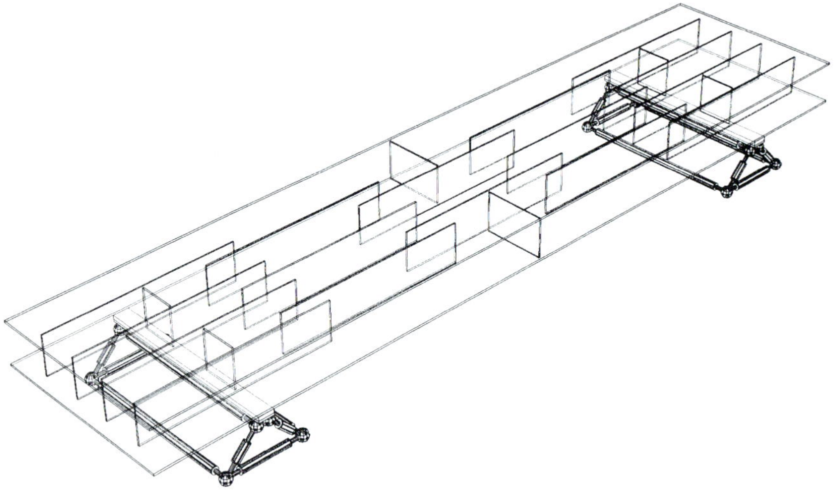

1 Isometrie des Glassteges
2 Realisierter Glassteg

Tragwerk

Die Sandwich-Konstruktion bestand aus einem oberen Druckgurt und einem unteren Zuggurt aus jeweils einer Glasscheibe. Der Schubverbund zwischen diesen wurde durch vier Glasstege im Auflager gebildet, die sich auf zwei im Feld reduzieren. Dies entsprach der Schubbelastung des Systems. Die Verzahnung erfolgte, um Spannungsspitzen an den Enden der Stege zu verhindern. Sie waren durch Steifen gegen Knicken gesichert.

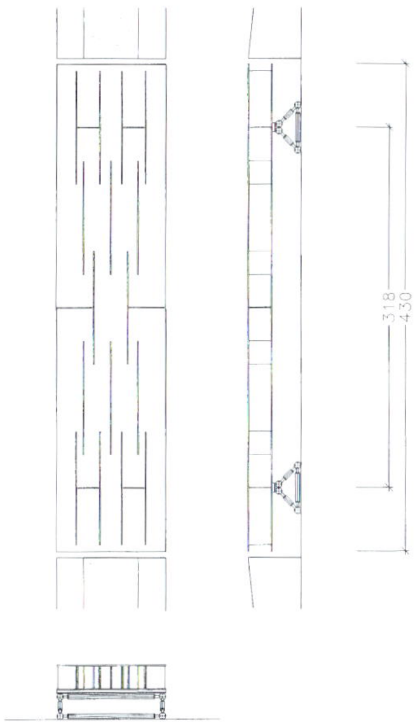

3 Grundriß / Ansicht / Schnitt

4 Glassteg

Konstruktive Durchbildung
Elemente / Details

Eine zuerst vorgesehene Verklebung der Scheiben mit Silikon wurde verworfen, da sich keine Lösung fand, bei der das Herausquellen des Silikons aus den Fugen verhindert werden konnte.

Der daraufhin verwendete UV-Reaktionskleber hatte jedoch den Nachteil, als Kontaktkleber keine Unebenheiten ausgleichen zu können. Folglich waren aufgrund der Maßtoleranzen des Glases keine durchlaufenden Klebefugen möglich.

5 Glassteg

6 Bereich der verklebten Stege

Konstruktive Durchbildung
Glas

Ober- und Untergurt wurden jeweils aus einer 1,00 x 4,30 m großen, 10 mm starken TVG-Scheibe hergestellt. Die Stege bestanden aus 0,20 x 1,00 m großen, 8 mm starken Floatglasscheiben.

Kommentar

Die Ganzglaskonstruktion des Steges war sowohl formal als auch konstruktiv gelungen und läßt weitere, ähnliche Anwendungen erwarten.

7 Belastungsversuch des Glassteges

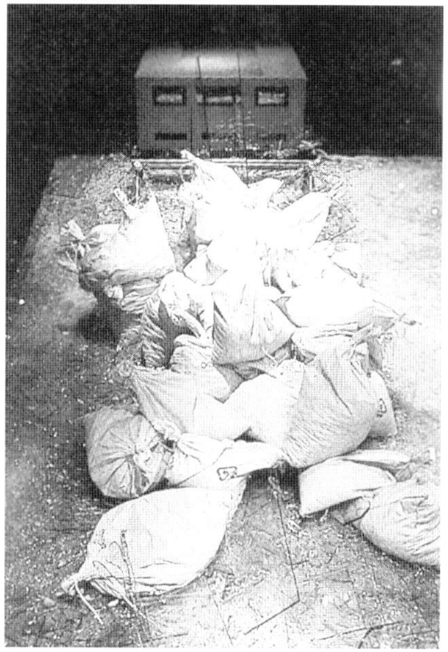

8 Bruch nach der Belastung mit 450 kg

Düsseldorf

Tensegrity-Struktur – Glastec 96

Daten

Ort / Jahr	Düsseldorf, 1996
Standort	Messe Düsseldorf, abgebrochen
Architekt / Ingenieur	S. Gose + P. Teuffel / Institut für Baukonstruktion und Entwerfen 2 an der Uni Stuttgart, Betreuer: Prof. S. Behling, J. Achenbach sowie Institut für Konstruktion und Entwurf an der Uni Stuttgart, Betreuer: Prof. J. Schlaich, S. Engelsmann
Sponsoren / Ausführende	Pfeiffer Seil- und Hebetechnik / Schott Rohrglas / Industriebau Haller / FMPA-Baden-Württemberg / IAGB Uni Stuttgart

Aufgabe / Konzept

Tensegre Raumstrukturen, entwickelt von R. Buckminster Fuller, zeichnen sich durch eine deutliche Trennung von Zug- und Druckstäben aus, wobei die Zugstäbe aus einem kontinuierlichen Band bestehen können, während die Druckstäbe unterbrochen sind und sich nicht berühren.

Das hier ausgeführte tensegre System war in sich geschlossen und bestand aus vier einzelnen „Ringen“, deren Druckstäbe durch Seile untereinander verbunden sind. Es ruht auf vier inneren Stützen.

1 Raumstruktur im Eingangsbereich der Messe

Tragwerk

Die acht Glasrohre bilden die Druckstützen. Sie sind mit Seilen räumlich so verspannt, daß sie sich weder untereinander noch den Boden berührten und somit ein tensegres System darstellten. Die räumliche Struktur ruhte über Abspannungen auf vier Glasrohren.

Für die Stützen wurden Rohre gewählt, da diese die optimale Querschnittsform für Druckstäbe besitzen und so die Druckfestigkeit von Glas unter Beweis gestellt werden konnte. Für die Glasrohre wurden 20 kN für die Langzeitbelastung und 60 kN als Kurzzeitbelastung angenommen.

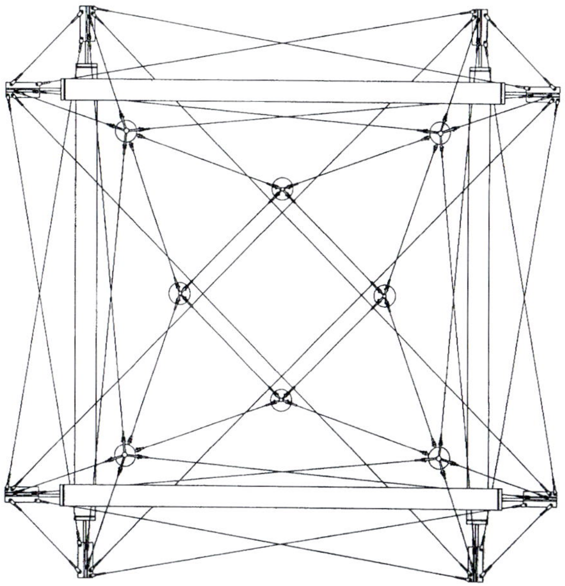

2 Systemgrundriß
3 Teilbereich des Systems

4 Eckbereich des Systems

Konstruktive Durchbildung
Elemente / Details

Um eine Schwächung des Glasquerschnittes zu vermeiden, wurden keine Bohrungen vorgenommen. Der Anschluß der Seile erfolgte über aufgeklebte Stahlplatten mit Rundstäben und Laschen.

Die Stahlplatten wurden mit einem Zweikomponenten-Epoxidharz verklebt. Anfänglich vorgesehene PU-Polymerschichten erwiesen sich in Versuchen als unbrauchbar.

Als Zugelemente dienen 1 x 19-Edelstahlseile mit einem Durchmesser von 5 mm.

5 Grundriß / Schnitt Anschluß: Glasrohr – Kopfplatten
6 Detail: Kopfplatte

7 Kopfplatte mit Fußpunkt des Gesamtsystems im Hintergrund

Konstruktive Durchbildung
Glas

Die Glasrohre aus Druma-Schott-Rundglas hatten einen Durchmesser von 135 mm und eine Wandstärke von 6 mm. Ihre Länge betrug 1,57 bzw. 2,76 m.

Kommentar

Der Entwurf besitzt eine interessante räumliche Struktur, bei der die Druckstäbe aus Glasrohren bestehen und damit ihre Leistungsfähigkeit beweisen.

8 Ausschnitt des tensegren Systems

Duisburg

Wilhelm-Lehmbruck-Museum

Daten

Ort / Jahr	Duisburg, 1959 – 1964
Standort	Friedrich-Wilhelm-Straße 40
Bauherr	Wilhelm-Lehmbruck-Museum
Architekt	Manfred Lehmbruck
Ausführende	Glasbau Hahn

Aufgabe / Konzept

Der rechteckige Ausstellungsraum für die Arbeiten von Wilhelm Lehmbruck wurde mit einem verglasten Lichthof versehen.

Um eine maximale Transparenz zu erreichen und der eindeutigen Trennung von massiven Bauteilen und offenen Flächen zu entsprechen, wurden die Wände zum Lichthof hin mit einer hängenden Verglasung geschlossen.

1 Skulpturenhof mit hängender Verglasung

Tragwerk

Die ca. 7 m hohe hängende Verglasung besteht aus neun Scheiben mit einer Breite von ca. 2,60 – 3,00 m und ist durch Glasschwerter innen und außen gegen Windlasten stabilisiert. In den Eckbereichen wurde auf äußere Glasschwerter verzichtet.

Da es sich um eine hängende Verglasung handelt, besteht für die Scheiben nicht das Risiko des Knickens unter Eigengewicht. Entsprechend konnten sie sehr dünn ausgeführt werden.

Die Tür zum Lichthof ist als unabhängiges Bauteil in die Glasfassade eingestellt.

2 Innenraum mit Skulpturenhof

Konstruktive Durchbildung
Elemente / Details

Die Glasscheiben sind an ihrem oberen Ende mit je zwei Zwillingsklammern aus Messing-Bronze gefaßt und ermöglichen so eine zwängungsfreie, hängende Lagerung. Die Fassung des Glases erfolgt über aufgeklebte Bronzehalter, in die die Zwillingsklammern eingreifen.

Die zur Stabilisierung vorgesehenen Glasschwerter haben innen eine Tiefe von ca. 20 cm, außen beträgt die Tiefe ca. 15 cm.

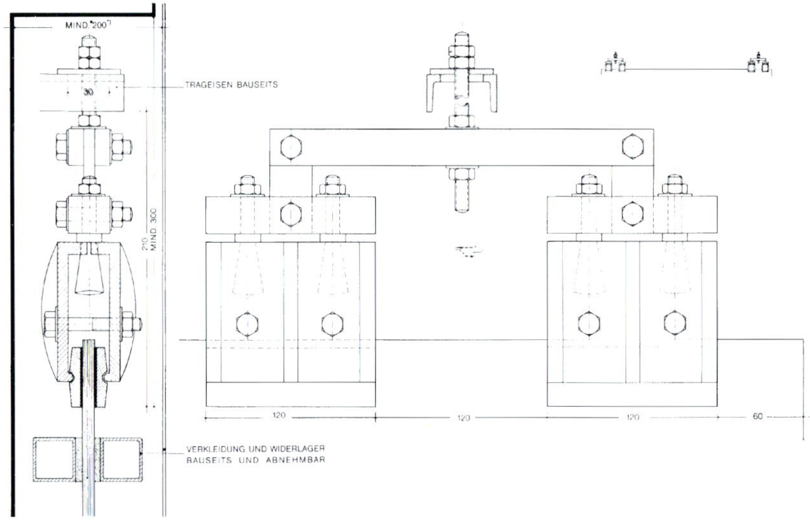

3 Glashalterung mittels Zwillingsklammern: Querschnitt / Ansicht
4 Fußpunkt der Verglasung

5 Fußpunkt im Eckbereich

Konstruktive Durchbildung
Glas

Die Glasscheiben wurden aus 15-mm-Floatglas, die Schwerter aus 10 bis 12-mm-Floatglas hergestellt. Letztere sind mit den Scheiben über ihre ganze Höhe durch Silikon verklebt.

Die Fugen wurden mit dauerelastischem, transparentem Silikon versiegelt.

Kommentar

Bei der hängenden Verglasung handelt es sich um die transparenteste Art der Verglasung, da auf alle Metallteile im Bereich der Fassade verzichtet werden kann und somit eine rein gläserne Fläche entsteht.

6 Skulpturenhof

7 Skulpturenhof

Eindhoven

Vordach des Evoluon

Daten

Ort / Jahr: Eindhoven, 1991

Bauherr: Philips
Architekt: G. Grosfeld
Ingenieur: M. Eekhout
Ausführende: Octatube

Aufgabe / Konzept

Im Zuge der Umnutzung als Kongreß-center wurde ein verspanntes Vordach für den Eingang des Eindhovener Evoluon als „markierende Landmarke“ entworfen.

Für das innovative Bauwerk sollte Glas konstruktiv verwendet werden. Das Vordach besteht aus einem 10 m hohen Pylon und einer 10 x 10 m großen, abgespannten Glasfläche.

1 Gesamtes Vordach

Tragwerk

Das Tragwerk besteht aus dem als eingespannte Stütze ausgebildeten Pylon, vier sich verzweigenden Armen, der Verspannung und der Verglasung.

Die Verglasung wird von den Armen gehalten, die auch die horizontal wirkenden Kräfte aus dem System aufnehmen. Die obere Verspannung trägt die Lasten aus Eigengewicht und Schnee in den Pylon ab, die untere Verspannung verhindert das Abheben der Glasfläche bei Wind. Die Zugstangen selbst verzweigen sich räumlich ähnlich dem Baumstützenprinzip.

2 Untersicht des Tragwerkes
3 Untersicht des Tragwerkes

Konstruktive Durchbildung
Elemente / Details

Der Vierkantpylon besteht ebenso wie die seitlichen Arme aus Flachstahl und ist in ein Betonfundament eingespannt.

Die Verspannung wurde aus stählernen Zugstangen hergestellt, an deren Enden sich die Anschlußpunkte für die Glaseindeckung befinden. Sie sind als kreuzförmige Punkthalter ausgebildet, die in Bohrungen in den Scheiben verschraubt sind.

Die Entwässerung der nach innen geneigten Glasfläche erfolgt durch ein Regenrohr im Pylon.

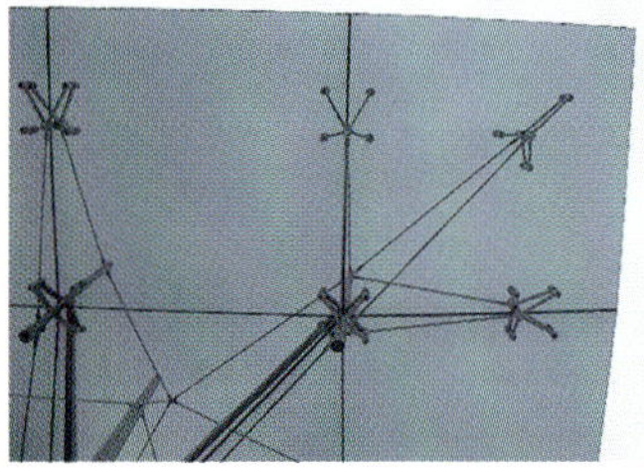

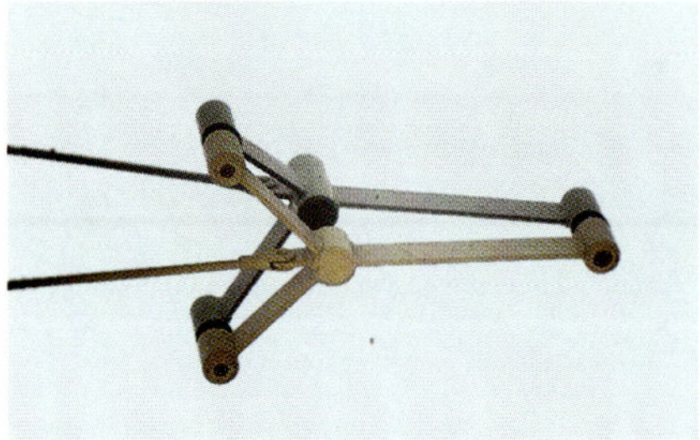

4 Untersicht der Eckscheiben
5 Fassung der Eckscheiben
6 Untersicht des Tragwerkes

Konstruktive Durchbildung
Glas

Die Verglasung besteht aus 32 2 x 2 m großen 10-mm-ESG-Scheiben. Die inneren Scheiben werden durch die Arme und die Verspannung getragen, die äußeren und besonders die in den Ecken gelegenen Glasscheiben tragen ihre vertikalen Lasten über die Abspannung und sich daraus ergebende Horizontallasten über die Scheibenebene ab. Der Bemessung zufolge ergibt sich eine maximale Durchbiegung von 5 mm für die Eckscheiben.

Kommentar

Der Aufwand für Tragwerk und Detaillierung erscheint angesichts der Aufgabenstellung übertrieben.

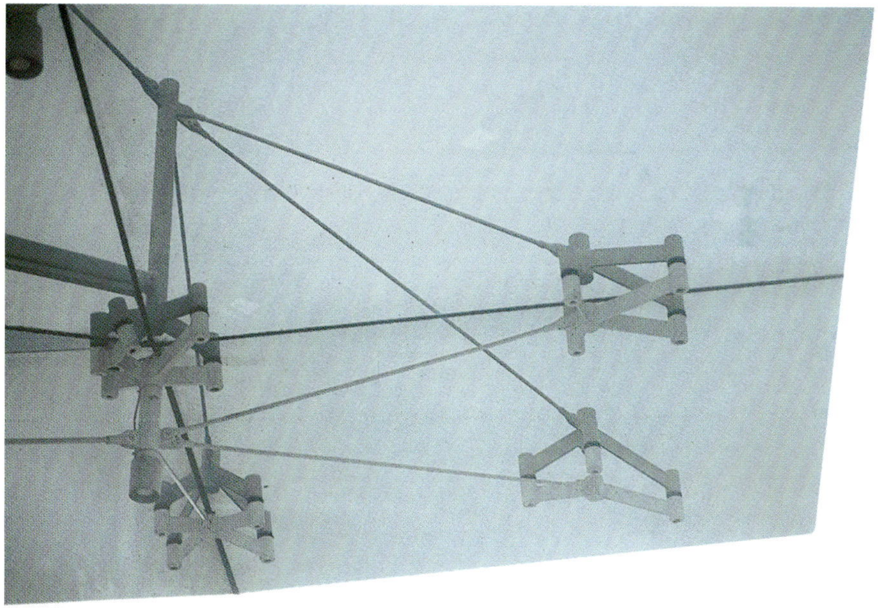

7 Kreuzförmige Glashalter
8 Untersicht einer Eckscheibe

Frankfurt

Eingangshalle Messeturm

Daten

Ort / Jahr	Frankfurt, 1991
Bauherr	Tischmann Speyer GmbH und Messeturm KG
Architekt	Murphy / Jahn
Ingenieur	F. Nötzold
Ausführende Glasfassade	BGT Bischoff

Aufgabe / Konzept

Der Eingangsbereich des Messeturmes wird durch einen Glaskegel zwischen den vier Ecksäulen, den sogenannten „Elefantenfüßen", gebildet. Die entstandene Halle hat eine Höhe von 18 m und wurde umlaufend verglast.

Die Fassade ist als hängende Verglasung in fünf horizontale Bänder von 3,20 m Höhe geteilt und wird durch horizontale Rundrohre unterbrochen. Das Raster der Glasscheiben beträgt 1,20 m.

Eingangstüren und Vordach sind als separate Elemente in die Fassade eingestellt.

1 Messeturm Frankfurt mit Eingangshalle

Tragwerk

Die Fassade besteht aus hängenden Glasscheiben und innenliegenden Aussteifungsschwertern. Beide sind an ihren Enden mit den horizontal verlaufenden gebogenen Rohren verbunden, in die über die Glasschwerter die Windlasten eingeleitet werden. Die vertikalen Lasten werden, angesichts des relativ schlanken Rohrquerschnittes, wahrscheinlich über die hängenden Glasscheiben abgetragen.

2 Außenansicht

3 Innenansicht

Konstruktive Durchbildung
Elemente / Details

Die Glasscheiben sind mittels acht Punktbohrungen mit den Schwertern und untereinander sowie mit dem äußeren Tragwerk verbunden. Über L-Winkel aus Edelstahl und Punktbohrungen sind die Aussteifungsschwerter angeschlossen.

Der Anschluß an die Rundrohre erfolgt über aufgeschweißte Laschen und Verschraubungen.

4 Anschlußdetail: Glasschwerter
5 Fassadenausschnitt

Konstruktive Durchbildung
Glas

Das Glas der Fassade und das der Aussteifungsschwerter besteht aus 19-mm-ESG.

Die ca. 3,20 x 1,20 m großen Scheiben tragen das Eigengewicht; die Schwerter gewährleisten die horizontale Aussteifung gegen Windlasten.

6 Detailausschnitt: Fassade

Groningen

Video-Galerie

Daten

Ort / Jahr	Groningen, 1988
Bauherr	Stadtverwaltung Groningen
Architekt	B. Tschumi
Ingenieur	RFR

Aufgabe / Konzept

Die Idee für die Video-Galerie wurde von dem Gedanken getragen, ein ungewohntes Raumgefühl für die Videoprojektionen zu erzeugen. Durch die zehngradige Neigung des Gebäudes in zwei Richtungen und die Reflexionen des Glases entsteht ein Gefühl gestörten Gleichgewichtes.

Der vollständig aus Glas bestehende Bau hat eine Größe von 21,60 x 3,60 m und eine Höhe von 2,60 m.

1 Video-Galerie

Tragwerk

Der Pavillon ruht auf einem Sockel aus Betonfundamenten und einem Stahlrahmen, an den die Glaselemente angeschlossen sind.

Das Tragwerk des Pavillons selbst besteht aus Stützen und Trägern aus Glas, auf denen die Eindeckung aufliegt. Die Aussteifung erfolgt in Längsrichtung durch die äußeren Glaswände, in Querrichtung durch eingestellte Glaswände.

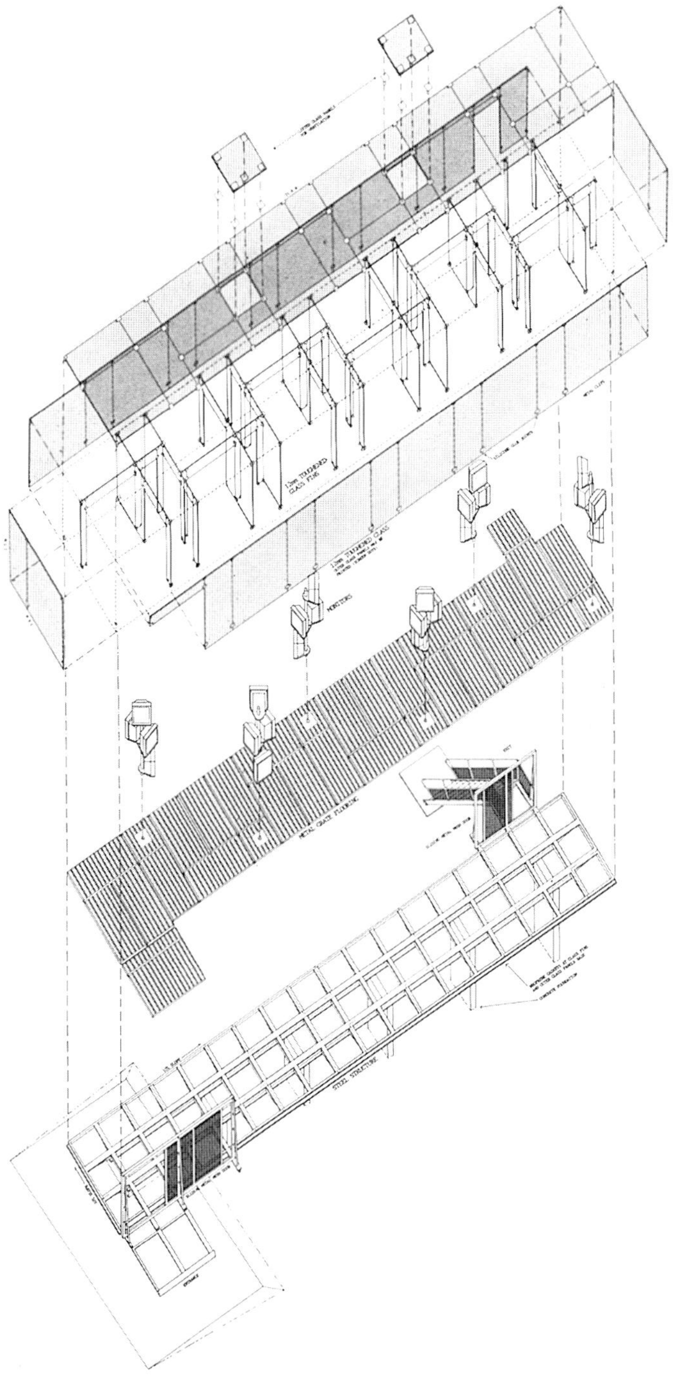

2 System-Isometrie

Konstruktive Durchbildung
Elemente / Details

Der Stahlrahmen des Sockels besteht aus I-Profilen, auf denen Gitterroste liegen.

Die Verbindung der Glasscheiben untereinander erfolgt über verschraubte Edelstahlklemmplatten und Klemmwinkel an vier bis sechs Punkten pro Platte.

3 Innenraum

Konstruktive Durchbildung
Glas

Alle Glaselemente wurden aus 12-mm-ESG hergestellt.

Da der ganze Pavillon aus Glas besteht, übernimmt dieses alle tragenden Funktionen. Es wurden gläserne Stützen, biegebelastete Träger und aussteifende Scheiben eingesetzt.

4 Zustand 1994

Hannover

Lindener Volksbank

Daten

Ort / Jahr	Hannover, 1996
Standort	Minister-Stüve-Straße 23
Architekt	Bünemann + Partner
Ingenieur	Ingenieurgemeinschaft Bergmann und Partner
Ausführende	Glasbau Seele / BGT

Aufgabe / Konzept

Im Zuge des Umbaus des Bankgebäudes aus den Siebziger Jahren wurden das verglaste Dach des Innenhofes in die zweite Etage verlegt und der Büro- und Schalterbereich neu gestaltet.

Dem Prinzip Transparenz in allen Bereichen folgend, wurde das Dach als Ganzglaskonstruktion ausgeführt. Fünf Dreigelenkbögen überspannen eine Weite von 9 m und sind mit Isolierglasscheiben eingedeckt. Die Länge der Konstruktion beträgt 14 m.

1 Glasdach der Lindener Volksbank

Tragwerk

Das Haupttragwerk wird durch die fünf Dreigelenkbögen gebildet, die entsprechend der auf sie wirkenden Biegebelastung ausgebildet wurden.

Gegen seitliches Ausknicken werden die Bögen durch quer verlaufende Rundrohre stabilisiert. Diese tragen auch die Punkthalter und Glasscheiben der Eindeckung.

Im Falle des Versagens aller drei Glasscheiben eines Bogengliedes wird dieses durch ein an der Unterseite eingelassenes Zugband und die Resttragfähigkeit der Glasscheiben am Herabfallen gehindert.

2 Ausschnitt Glasdach

3 Innenhof mit Glasdach

Konstruktive Durchbildung
Elemente / Details

Die gläsernen Bogenelemente sind mit Edelstahlschuhen gefaßt und an Stahllaschen angeschlossen, über die die Systemlasten in den umlaufenden Randbalken eingeleitet werden.

Die stabilisierenden horizontalen Rohre wurden mit Kopfplatten an die Glasbögen geschraubt. Mit V-förmigen Ärmchen sind die gelenkigen Punkthalter an den Rohren befestigt.

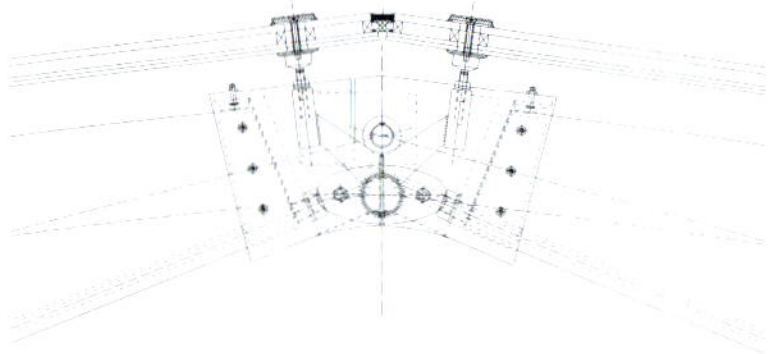

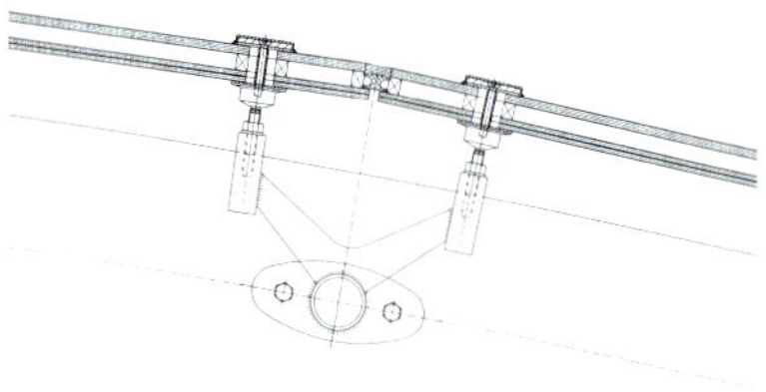

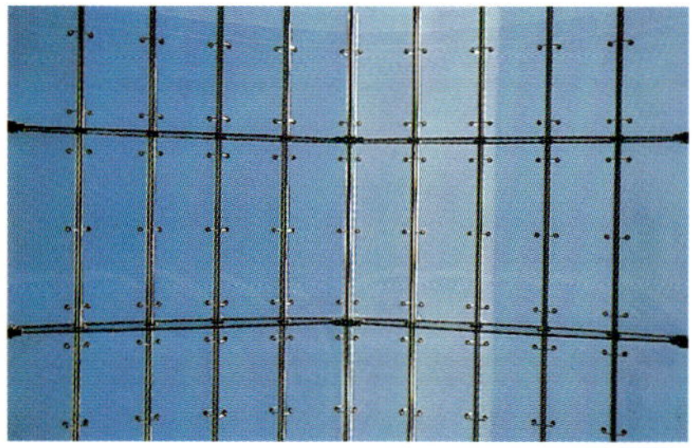

4 Detail: Firstpunkt
5 Firstpunkt
6 Glasdach

7 Detail: Glashalterung
8 Glashalter
9 Dachuntersicht

Konstruktive Durchbildung
Glas

Die Glasbögen bestehen aus VSG, zusammengesetzt aus zwei außenliegenden 10-mm-TVG-Scheiben und einer mittigen 15-mm-ESG-Scheibe.

Das Stahlband zum Erhalt der Resttragfähigkeit liegt unter der nach innen springenden mittleren ESG-Scheibe und ist an den Enden verspannt.

Die Eindeckung wurde als Isolierverglasung aus einer Einfachverglasung außen und einer inneren VSG-Scheibe hergestellt. Die Größe der Scheiben beträgt ca. 2,50 x 0,80 m. Jede der Scheiben wird durch sechs Punkthalter fixiert.

Die Fugen sind dauerelastisch versiegelt.

Kommentar

Als Ganzglaskonstruktion trägt dieses Projekt zur Entwicklung und Akzeptanz solcher Systeme bei, in denen Glas tragend eingesetzt wird. Besonders Rechnung getragen wird der Problematik der Resttragfähigkeit bei fast vollständiger Zerstörung des Glases.

Der Eindruck der Transparenz wird allerdings durch die quer verlaufenden Rohre etwas gestört.

10 Firstpunkt Glasdach

11 Glasdachuntersicht

Hulst

Blumenladen

Daten

Ort / Jahr	Hulst, 1989
Architekt	W. Lockefeer
Ingenieur	M. Eekhout
Ausführende	Oktatube

Aufgabe / Konzept

Der kleine Blumenladen im niederländischen Hulst wird aus zwei Backsteinkuben mit den Abmessungen 6,87 x 6,87 x 6,87 m gebildet. Ein verglaster Verbindungsbereich dient als Eingang. Die Belichtung der fensterlosen Kuben erfolgt ausschließlich über das vollständig verglaste Dach.

Es befindet sich auf einer Höhe von 5 m und besteht aus diagonalen und rechtwinkligen Verspannungen, die die Glaseindeckung halten. Es ist um 1% geneigt und wird in eine umlaufende Kastenrinne entwässert.

1 Innenraum des Blumenladens

2 Blumenladen in Hulst
3 Innenraum des Blumenladens

Tragwerk

Die Hauptunterspannungen liegen in den Diagonalen der Dachflächen. Rechtwinklig dazu verlaufen die Nebenunterspannungen. Beide sind durch Gegenspannseile gegen Sog gesichert.

Die Spreizen bestehen aus Rundrohren, auf deren Verlängerung sich die kreuzförmigen Glashalter befinden, die die Scheiben in ihren Ecken fassen. Das Glas verhindert das Kippen der Spreizen und wirkt so „passiv" stabilisierend.

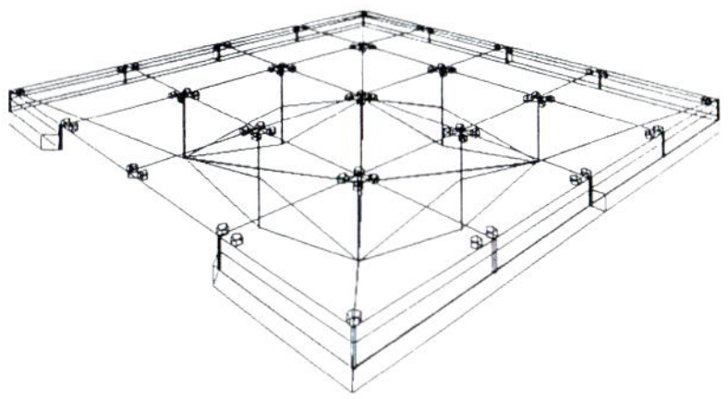

4 Isometrie des Dachtragwerkes
5 Untersicht des Dachtragwerkes

Konstruktive Durchbildung
Elemente / Details

Die Seile haben einen Durchmesser von 12 mm. Sie sind mittels Gabelterminals und Laschen an die Spreizen angeschlossen und können nachträglich angespannt werden.

Das Glas wird durch gummiummantelte 20-mm-Bolzen mit den X-förmigen Haltern der Spreizen verbunden.

Der Anschluß an das Haus erfolgt über die Kastenrinne und Auflagerkonsolen.

6 Spreize und Stütze in einem Knotenpunkt

7 Detail: Anschluß an das Mauerwerk mit umlaufender Kastenrinne
8 Glasstütze im Knotenpunkt

Konstruktive Durchbildung
Glas

Das Dach besteht aus Isolierglasscheiben mit einer oberen 8-mm-ESG-Scheibe, einem Luftzwischenraum von 12 mm und einer unteren VSG-Scheibe.

Die Scheiben haben eine Größe von 1,42 x 1,42 m und sind mit vier Bohrungen jeweils in den Ecken versehen.

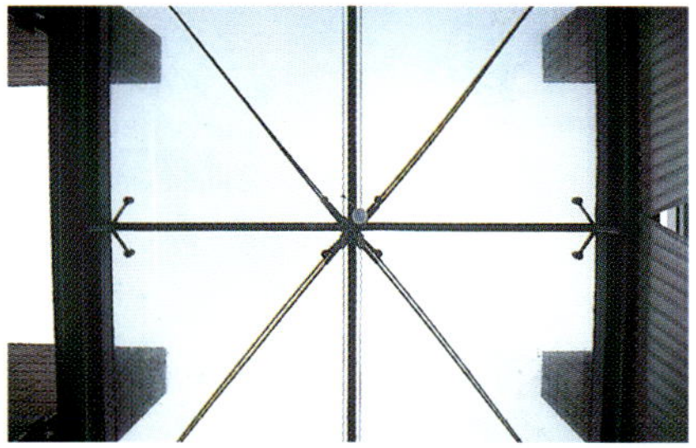

9 Dachuntersicht

10 Dachuntersicht im Eingangsbereich
11 Dachuntersicht des gesamten Blumenladens

Indianapolis

Sweeny Chapel

Daten	
Ort / Jahr	Indianapolis, 1987
Standort	Christian Theological Seminary
Bauherr	J. I. Miller
Architekt	James Carpenter Design Associates mit E. L. Barnes & Associates
Ausführende – Glas	Denton Vacuum Inc.

Aufgabe / Konzept

Der völlig weiße Innenraum der Kirche wird durch zwei nach Südwesten orientierte Fenster belichtet. Sie haben eine Größe von 4,92 x 4,92 m bzw. 9,35 x 3,06 m.

Je nach Sonnenstand ergeben sich im Inneren des Raumes verschiedene Lichtspiele, die durch die dichroitisch behandelten Gläser hervorgerufen werden, durch die das Licht in seine Spektralfarben zerlegt oder reflektiert wird.

1 Kircheninnenraum

Tragwerk

Aufbauend auf einem Raster von ca. 0,75 x 0,75 m, besteht das 9,35 x 3,06 m große Fenster aus fünf vertikalen Feldern, die durch vier Glasschwerter geteilt werden. Die 16 horizontalen Felder entstehen durch eingeklebte Glassteifen, die die Schwerter gegen Knicken stabilisieren und für die Reflexion des Sonnenlichts sorgen.

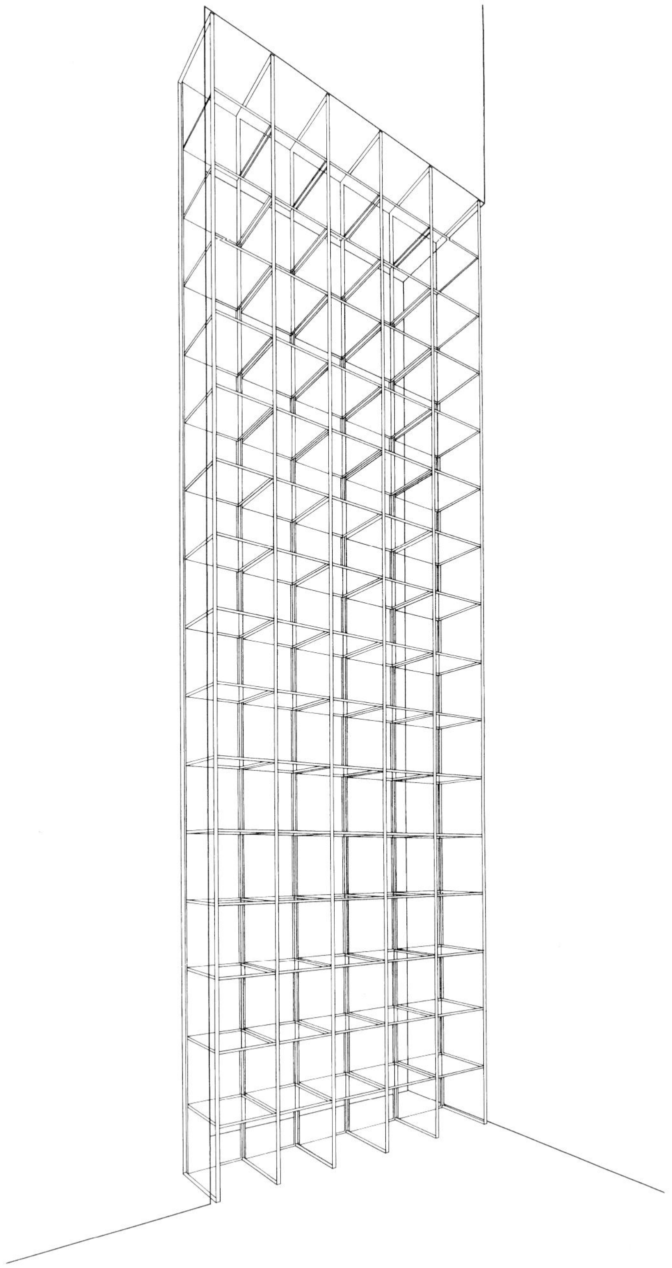

2 Perspektive Fensterkonstruktion

Die vertikalen Schwerter sind in Fußboden und Decke eingelassen.

Die horizontalen Steifen wurden mit Silikon zwischen die vier Schwerter und die beiden seitlichen Randscheiben geklebt. Auch die äußere raumabschließende Scheibe ist aufgeklebt.

3 Innenansicht

Konstruktive Durchbildung
Glas

Glasschwerter und -steifen bestehen als VSG aus 2 x 6-mm-Floatglas, wobei letztere mit einer dichroitischen Beschichtung versehen wurde, die durch Interferenzvorgänge das Licht je nach Einfallswinkel reflektiert oder durchläßt und so für das Farbenspiel sorgt.

Kommentar

Die Neuinterpretation des gotischen Kirchenfensters wurde formal und konstruktiv einwandfrei umgesetzt.

4 Lichtreflexion der horizontalen Glassteifen

5 Lichtreflexion

Ipswich

Willis Faber & Dumas

Daten

Ort / Jahr: Ipswich, 1971 – 1975

Architekt: N. Foster Associates
Ingenieur: A. Hunt Associates
Ausführende: Pilkington

Aufgabe / Konzept

Als Idee für den Neubau des Verwaltungsgebäudes stand ein offener Büroraum mit flexiblen Grundrissen und einer zur Stadt offenen Fassade. Das Gebäude sollte sich als „Glasamöbe" in den kleinteiligen Stadtgrundriß einfügen, indem die Höhe der umgebenden Gebäude nicht überschritten und die Nachbarbebauung in der Fassade widergespiegelt wird.

Der viergeschossige Bau besitzt ein zentrales Atrium und einen Dachgarten und baut auf einem Stützenraster von 14 x 14 m auf.

Die 320 m lange Fassade wurde erstmalig in dieser Größe vollständig aus Glas konstruiert: als hängende Verglasung mit stabilisierenden Aussteifungsschwertern.

Da es sich um Einfachverglasung handelt, mußte dem Problem der Klimatisierung durch ein günstiges Verhältnis zwischen Volumen und Außenhaut begegnet werden, was jedoch eine große Raumtiefe nach sich zog.

1 Ansicht

Tragwerk

Die Fassade ist als hängende Verglasung ausgeführt. Jeweils sechs Glasscheiben hängen, verbunden durch Patch Fittings, über drei Stockwerke an einem mittigen Bolzen, der in der Betonattika verankert ist.

Die Aussteifung gegen Windlasten erfolgt durch die halbgeschoßhohen, abgehängten Glasschwerter, deren Anschluß an die Fassadenscheiben horizontale Lasten aufnehmen kann, während vertikale Verformungen möglich bleiben.

Bei Orkan ist 1987 eine maximale Durchbiegung der Fassade von 10 cm beobachtet worden.

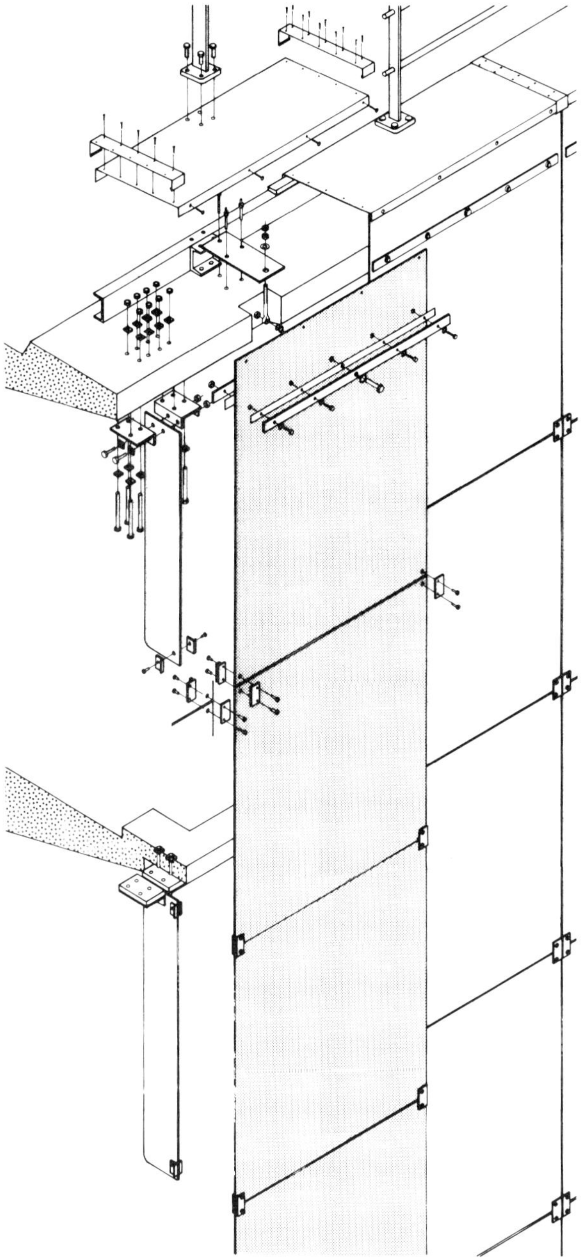

2 Explosions-Isometrie der Fassade

Konstruktive Durchbildung
Elemente / Details

Der obere Rand der hängenden Fassade ist mit verschraubten Flacheisen und den zentralen Bolzen an der Attika befestigt. Alle weiteren Scheiben sind durch verschraubte Stahlplatten, die Patch Fittings, verbunden. Diese sind wie offene Scharniere ausgebildet und als Gleitlager an die Geschoßdecken und Aussteifungsschwerter angeschlossen. Dadurch konnten zum einen ungewollte Vertikallasten vermieden werden, zum anderen ermöglichen sie den polygonalen Verlauf der geschwungenen Fassade.

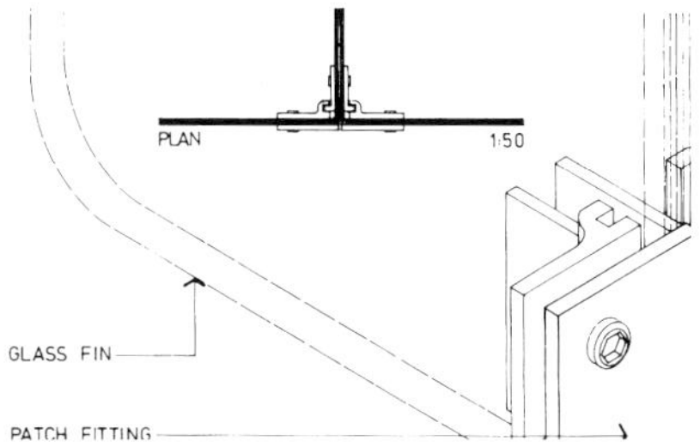

3 Innenraum hinter der Fassade

4 Detail des Patch Fittings
5 Fassadenspiegelung

Konstruktive Durchbildung
Glas

Die 12-mm-ESG-Scheiben der Fassade haben eine Größe von 2,00 x 2,50 m und entsprechen damit den damals maximal herstellbaren Größen für vorgespanntes Glas.

Die aneinanderhängenden Scheiben der Fassade führen die Lasten aus dem Eigengewicht nach oben ab. Die horizontalen Windlasten werden durch die Glasschwerter in das Stahlbetontragwerk abgeleitet.

Insgesamt wurden 930 Scheiben mit einer Fläche von 4500 m^2 eingesetzt.

Seit der Fertigstellung sind einige Scheiben durch Setzungen des Gebäudes und thermische Verformungen sowie durch den Orkan 1987 zerstört worden, ohne jedoch Personenschaden zu verursachen.

Kürzlich wurden alle Scheiben mit einer Folie versehen, um das Herausfallen von Splittern zu verhindern sowie einen längeren Zeitraum zum Austausch defekter Scheiben zu gewinnen.

Kommentar

Durch den Einsatz neuer Techniken wurde eine tragende Glaskonstruktion geschaffen, die wesentlich zur Entwicklung solcher Konstruktionen beigetragen hat und bis heute beeindruckt.

6 Fassadendurchblick

Glasdach auf Schloß Juval

Daten

Ort / Jahr	Juval, 1996
Bauherr	R. Messner
Architekt	R. Danz
Ingenieur	Delta-X
Ausführende	Geb. Fischnaller OHG

Aufgabe / Konzept

Die Ruine neben dem Bergfried sollte als Ausstellungsraum genutzt und vor weiterem Verfall bewahrt werden.

Zu diesem Zweck wurde ein Glasdach entworfen, das möglichst wenig in Erscheinung treten und das denkmalgeschützte Bauwerk nicht stören sollte. In seiner äußeren Form gleicht das Dach dem vorherigen mit den Abmessungen von ca. 14 x 17 m.

1 Schloß Juval

Tragwerk

Auf einem umlaufenden I-Profil, fixiert durch Kernbohrungen in der Bruchsteinwand, liegen fünf Fischbauchträger auf. Sie überspannen als Pfetten in einem Achsabstand von ca. 4 m die 14 m Distanz.

Auf diesen Trägern liegt die ca. 200 m^2 große Glaseindeckung als einfach unterspannter Träger auf. Aus der Unterspannung entstehen Biege- und Normalkräfte in den Glasscheiben. Diese werden außerdem zur Aussteifung der Gesamtkonstruktion herangezogen.

Zur Lastannahme wurden neben dem Eigengewicht 1,85 kN/m^2 Schneelast angenommen.

2 First des Glasdaches

Konstruktive Durchbildung
Elemente / Details

Die Fischbauchträger bestehen aus I-Profilen und sind mit kreuzförmigen Spreizen und zwei Abspannseilen unterspannt. Ihr Auflager wird durch die umlaufenden HE-B-120-Profile gebildet.

Die Fassung der Glasscheiben erfolgt durch an kleinen Ärmchen angeschweißte gelenkige Punkthalter in den vier Ecken der Glasscheiben. Die Unterspannung in der Mitte der Scheiben erfolgt durch Edelstahlzugstangen und Spreizen.

Die Kraftschlüssigkeit der Punkthalter wird durch nachträgliches Vergießen der Löcher mit Epoxidharz gewährleistet.

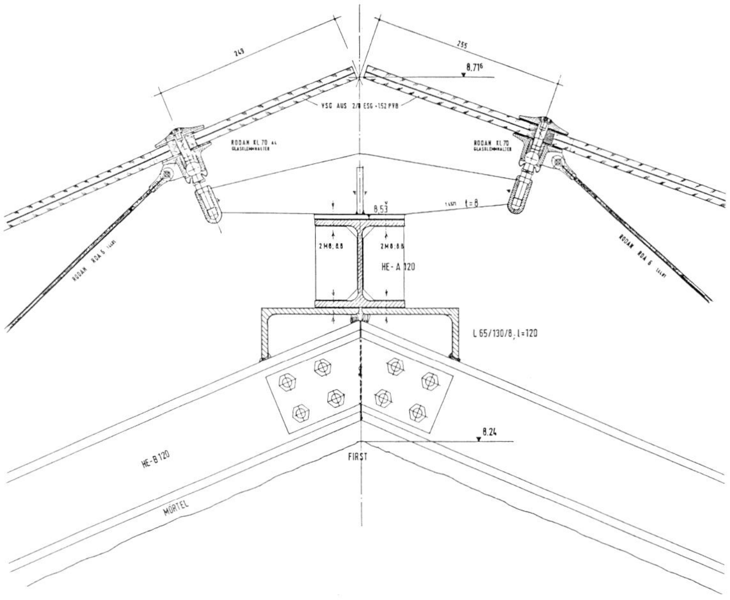

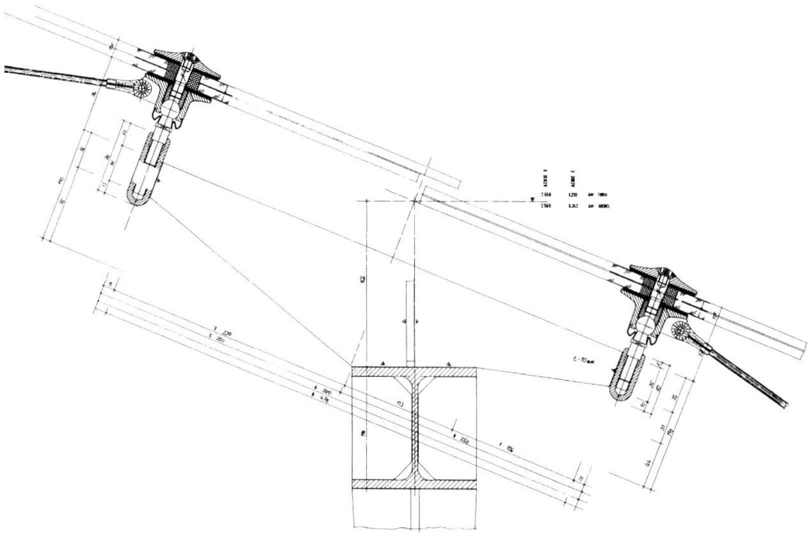

3 Detailzeichnung: First im Bereich des Mauergiebels
4 Anschluß der Verglasung an den Fischbauchträger

Konstruktive Durchbildung
Glas

Glas wirkt als Druckgurt der Unterspannung und steift die Konstruktion insgesamt aus.

Verwendet wurden VSG-Scheiben aus 2 x 8-mm-ESG. Die Scheiben werden durch je sechs Punktbohrungen gehalten und haben eine Größe von jeweils ca. 2,00 x 4,00 m.

Die Glasscheiben sind so überlappend montiert, daß keine Versiegelung der Fugen notwendig war.

5 Unterspannte Glasscheiben

Kingswinford | **Glasmuseum**

Daten

Ort / Jahr: Kingswinford, 1994

Bauherr: Dudley Metropolitan Borough Council
Architekt: Design Antenna
Ingenieur: Dewhurst Macfarlane

Aufgabe / Konzept

Das Glasmuseum Broadfield House wurde um einen Wintergarten als Eingangsbereich erweitert.

Alle konstruktiven und eindeckenden Bauteile dieses „Glasschmuckkästchens“ bestehen aus Glas. Der Raum hat eine Größe von 11,00 x 5,70 m und lehnt sich an das bestehende Bauwerk an. Seine Höhe beträgt 3,50 m.

1 Museum mit gläsernem Anbau

Tragwerk

In einem Achsabstand von 1,10 m spannen Glasträger über die kurze Strecke von 5,70 m. Sie liegen als Zangenkonstruktion auf den Glasstützen auf. Durch die Verbindung der einzelnen Scheiben mit Gießharz entsteht ein einhüftiger Rahmen, der sich an das bestehende Gebäude anlehnt. Die Eindeckung bilden Isolierglasscheiben.

Das Tragwerk ist für eine Schneelast von 0,75 kN/m² ausgelegt und kann zu Reinigungszwecken begangen werden.

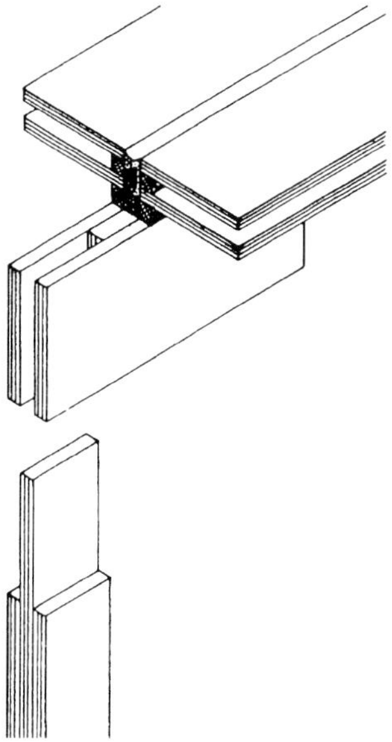

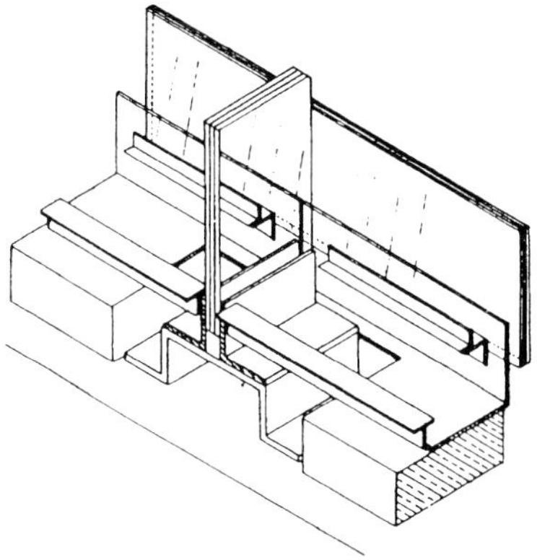

2 Axonometrie-Verbindung: Träger / Stütze

3 Axonometrie: Fußpunkt Stütze
4 Innenraum

Konstruktive Durchbildung
Elemente / Details

Glasträger und -stützen werden durch Stahlschuhe mit Acrylglashaltern gefaßt. Ihre Verbindung untereinander zu einer Zangenkonstruktion erfolgt durch Verkleben mit Gießharz.

Die eindeckenden Isolierglasscheiben wurden mit Silikon aufgeklebt und in den Fugen dauerelastisch versiegelt. Das Dach ist zur bestehenden Mauer geneigt und entwässert in eine Kastenrinne.

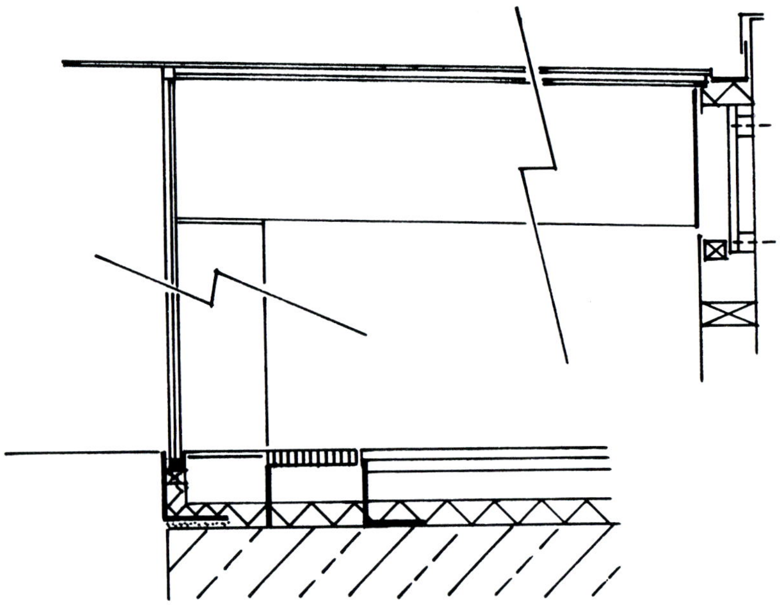

5 Detailschnitt: Fußpunkt / Ecke / Wandanschluß
6 Innenraum

Konstruktive Durchbildung
Glas

Die 5,70 m langen und 0,30 m hohen Glasträger wurden aus 3 x 10-mm-ESG gefertigt, ebenso die Stützen mit einer Höhe von 3,50 m und einer Tiefe von 0,20 m.

Die Isolierverglasung besteht im Dach aus einer oberen 10 mm starken, sonnenschutzbeschichteten ESG-Scheibe, einem Luftzwischenraum von 10 mm und einer bedruckten unteren VSG-Scheibe aus 2 x 6-mm-ESG.

Die Verglasung der Wand wurde ebenfalls als Isolierverglasung aus 8 mm starkem ESG, einem Luftzwischenraum von 10 mm und einer inneren 10-mm-ESG-Scheibe erstellt.

Das Glas übernimmt alle tragenden Aufgaben und wird auf Biegung und Normalkraft belastet.

Kommentar

Das Tragwerk besticht durch einfache Fügung der Elemente und den Verzicht auf nichtgläserne Verbindungsmittel. Der Vergleich mit dem Ganzglas-Wintergarten in London des gleichen Ingenieurs liegt nahe.

7 Außenansicht

8 Innenraum

Channel 4

Daten

Ort / Jahr	London, 1994
Bauherr	Channel 4
Architekt	R. Rogers Partnership
Ingenieur	Ove Arup + Partners
Planung Verglasung	Rice-Francis-Ritchie
Ausführende	Eiffel / SIV

Aufgabe / Konzept

Das neue Gebäude des Channel 4, das sich als Blockrandbebauung in die städtebauliche Struktur Westminsters einfügt, orientiert sich an Rogers' Formensprache des Centre Pompidou und des Lloyds-Building.

Der Eingangsbereich ist mit einer ansteigenden Ebene, einer Brücke mit schwebendem Vordach und einem vier Etagen hohen halbrunden Foyer großzügig inszeniert. Die Flanken des Foyers bilden die für Rogers typischen Treppen sowie Konferenzräume mit dahinterliegenden Bürobereichen.

Das Foyer selbst besteht aus einem konkaven Glaskörper in der Form eines Viertelkreises und ist von einem separaten Tragwerk vom Dach abgehängt.

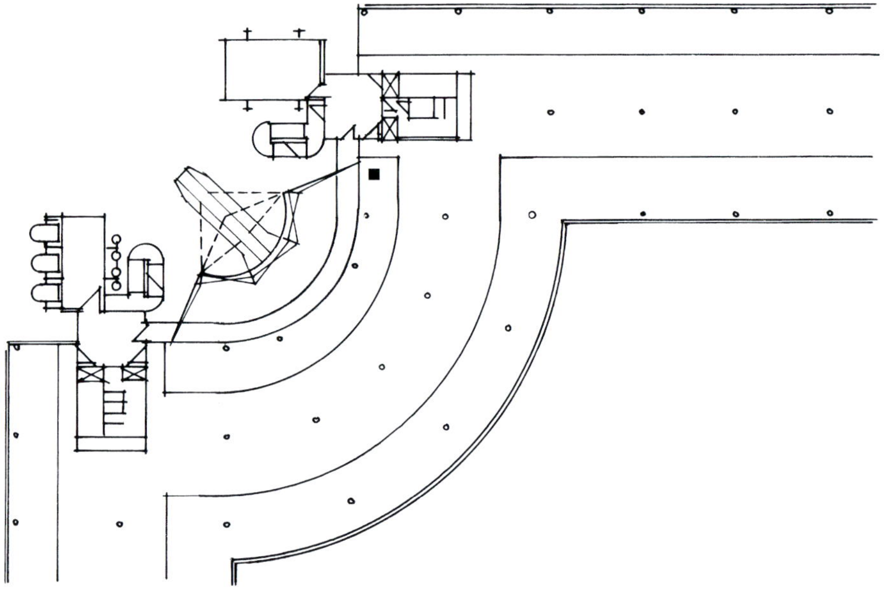

1 Grundriß Normalgeschoß
2 Eingangsbereich

3 Gesamtansicht

Tragwerk

Sowohl die Glasscheiben als auch die stabilisierende Seilnetzkonstruktion sind von Kragarmen im Dach abgehängt.

Die Glasscheiben hängen wie die Glieder einer Kette aneinander und tragen so das Gewicht der gesamten Fassade in die Kragarme ab.

Das innenliegende Netz von vorgespannten vertikalen und horizontalen Seilen dient der Stabilisierung gegen Windlasten. Im mittleren Teil des Viertelkreises werden die Winddrucklasten durch die Horizontalseile und die Windsoglasten durch die Vertikalseile aufgenommen, während in den Randbereichen die Horizontalseile die Soglasten und die Vertikalseile die Drucklasten aufnehmen.

Durch diese Umlagerung der verschiedenen Lasten entsteht ein flächig wirkendes Seilnetz, das die selbsttragende hängende Glasfassade stabilisiert.

Brücke / Vordach
Die Brücke und das abgehängte Vordach bestehen aus Flachstahlträgern mit angeschweißten Rippen, die die Glaseindeckung tragen.

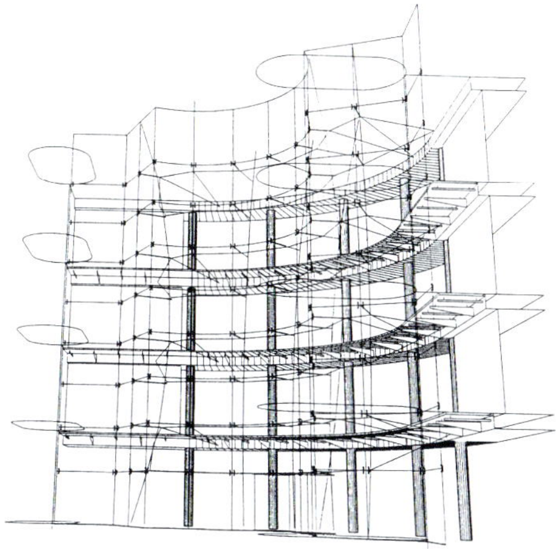

4 Fassaden- und Dachtragwerk

5 Isometrie: Seilnetz der Glasfassade
6 Glasfassade

Konstruktive Durchbildung
Elemente / Details

Das Seilnetz besteht aus 9 bis 11 mm starken Horizontalseilen mit einem Krümmungsradius von 6 m und aus 40 bis 44 mm starken Vertikalseilen, die wegen des Krümmungsradius von 40 m deutlich höhere Lasten von bis zu 44 kN aufzunehmen haben.

Der Anschluß an die Glasfassade erfolgt durch Edelstahldruckstäbe, die an den Seilen mit Gabelterminals angeschlossen sind und an deren Enden sich die gelenkig gelagerten Krallenfüße befinden, die auch die Glasscheiben miteinander verbinden.

Glas

Die gekrümmten 12-mm-VSG-Scheiben der Fassade sind 2,10 x 2,10 m groß und werden durch vier Punktbohrungen (Planar Fittings) mit Gelenken in der Scheibenebene gehalten. Die Verbindung zwischen den voneinander abgehängten Scheiben erfolgt über die Krallenfüße.

Die Abtragung der Vertikallasten der gesamten Fassade geschieht im Kopfbereich durch Punktbohrungen und federnde Auflager.

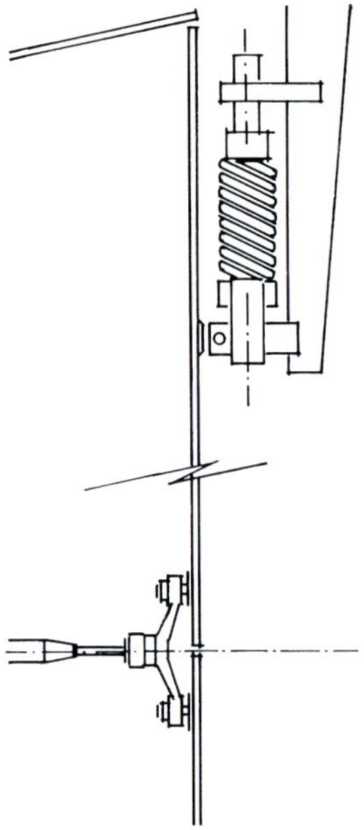

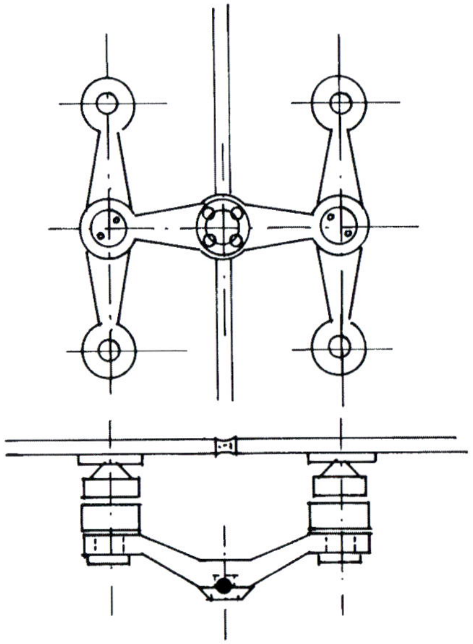

7 Befestigungselemente: Glasfassade, Vertikalschnitt
8 Krallenfuß: Ansicht / Horizontalschnitt / Einzelteile

9 Befestigung der Glasfassade: Kopfbereich
10 Befestigung der Glasfassade: Krallenfuß

Die Windlasten werden aufgrund der gelenkigen Lagerung ohne zusätzliche Biegung in den Scheiben in das Seilnetz abgeleitet. Nur an den Ecken der Stirnseiten des Viertelkreises stabilisieren sich die Glasscheiben durch eine Verklebung mit Silikon selbst.

Brücke / Vordach
Die Eindeckung des Vordaches besteht aus gebogenem VSG, das mittels Punkthaltern fixiert ist. Für den Belag der Brücke wurde 25 mm sandgestrahltes VSG gewählt.

Kommentar

Die Ähnlichkeit der Fassadenkonstruktion und der Details zu den Wintergärten der Cité des Sciences et de l'Industrie – Parc de la Villette ist unverkennbar.

Der statische Vorteil dieses Projektes durch die konkave Krümmung der Fassade führt zu einer Weiterentwicklung des Tragwerkes derartiger Fassadenkonstruktionen.

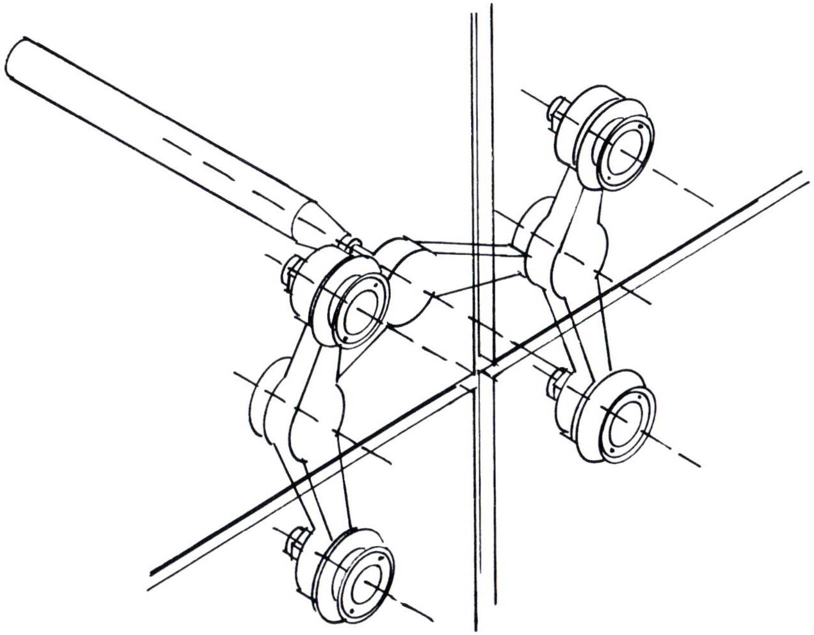

11 Isometrie Krallenfuß
12 Innenansicht Glasfassade
13 Außenansicht Glasfassade

14 Glasfassade
15 Abgehängtes Vordach / Eingangsbrücke

London

Ganzglas-Wintergarten

Daten

Ort / Jahr	London
Standort	Hampstead
Architekt	R. Mather Architects
Ingenieur	Dewhurst Macfarlane + Partner
Ausführende	P. Carter Shopfitting

Aufgabe / Konzept

An ein denkmalgeschütztes Haus wurde ein gläserner Wintergarten als kristalline Box angebaut, um den Raum der Erdgeschoßwohnung zu erweitern.

Bei der rahmenlosen Konstruktion aus Isolierglasscheiben konnte selbst auf Stahlverbindungsmittel verzichtet werden.

Um diesen nach Norden gelegenen Raum auch im Winter nutzen zu können und um Kondensation an den Scheiben zu verhindern, werden diese selbst beheizt. Dadurch wird neben der Raumheizung auch die notwendige Oberflächentemperatur gewährleistet.

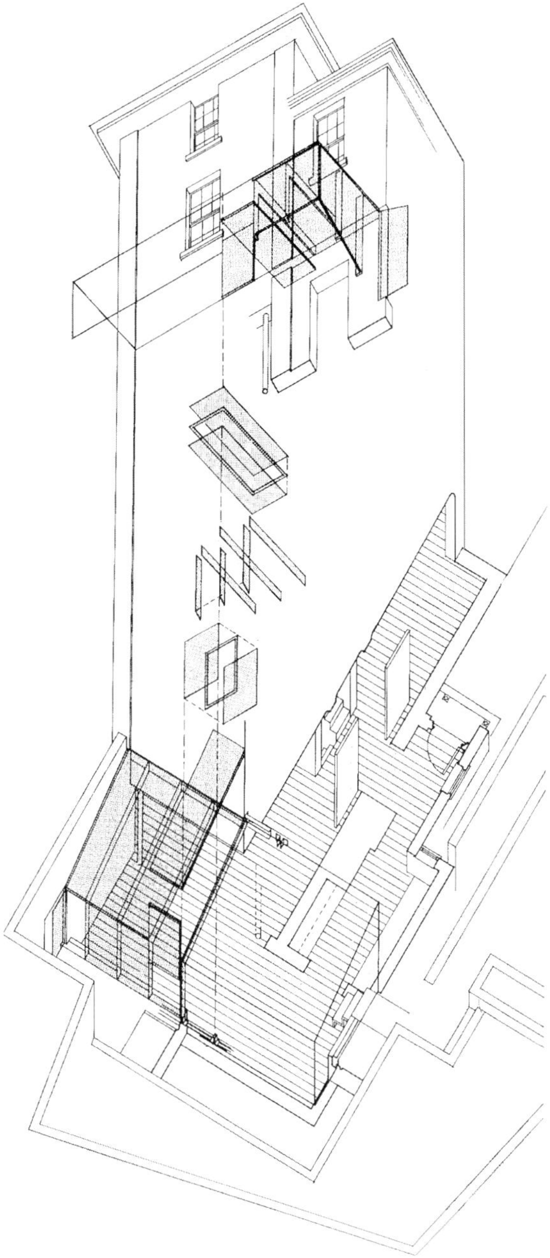

1 Isometrie des Glasanbaus

Tragwerk

Das Tragwerk der Ganzglaskonstruktion besteht aus einer Reihe von Stützen, auf denen Fischbauchträger ruhen. Durch die Verklebung des Auflagers kann von einer zusätzlichen einhüftigen Rahmenwirkung ausgegangen werden.

Die Eindeckung erfolgt durch großflächige Isolierglastafeln.

Konstruktive Durchbildung
Elemente / Details

Stützen und Träger der rahmenlosen Ganzglaskonstruktion sind in einer dem Holzbau verwandten Zapfenkonstruktion verbunden, wobei die Fixierung durch transparentes Silikon erfolgt.

Das untere Stützenauflager sowie das Wandauflager der Glasträger bestehen aus Stahlwinkeln, die mit den Glaselementen durch Bolzen und Halterungsscheiben verbunden sind.

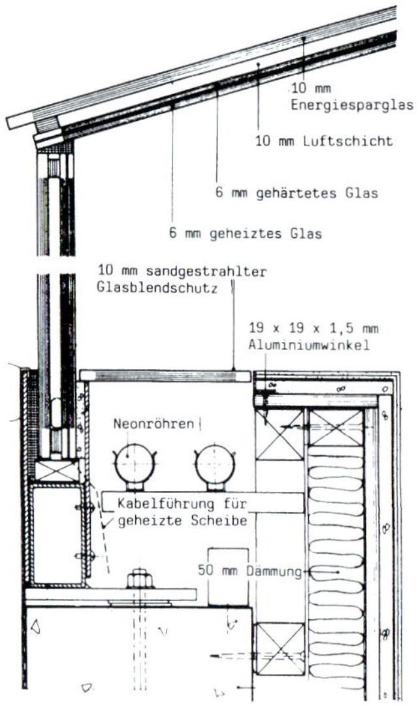

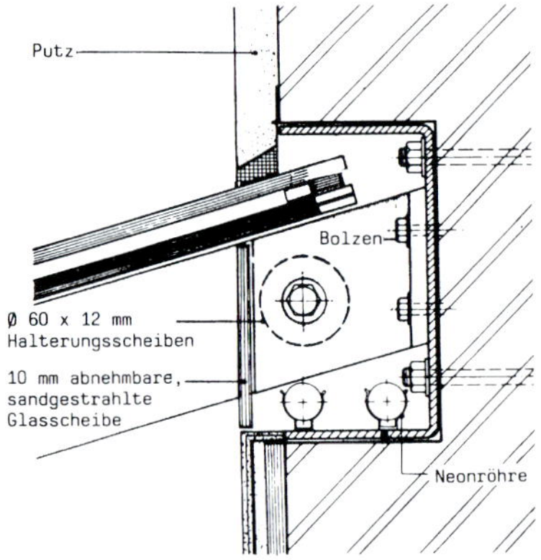

3 Detailschnitt durch Glasdach und -wand

4 Dachanschluß am Haus
5 Innenraum

Konstruktive Durchbildung
Glas

Die Stützen und Träger wurden als VSG ausgeführt, das aus drei Schichten 10-mm-ESG hergestellt wurde.

Die Isolierglasscheiben bestehen aus einer äußeren 10-mm-ESG-Scheibe, die beschichtet ist, um Heizwärme nach innen zu reflektieren, sowie einer VSG-Scheibe aus 2 x 6 mm starkem ESG auf der Innenseite. Diese wurde mit einem unsichtbaren leitenden Film überzogen, der als Heizung fungiert.

Der Glaszwischenraum beträgt 10 mm und entsteht durch einen umlaufenden Abstandhalter aus Glas.

Kommentar

Gelungen sind Konstruktion und Detaillierung ohne die Verwendung von Verbindungselementen im sichtbaren Bereich. Dies war nur durch Verkleben der Glaselemente, einschließlich der Isolierglasscheiben, mit transparentem Silikon möglich.

Fragwürdig erscheint jedoch der sicherlich hohe energetische Aufwand der Heizung über die Scheiben.

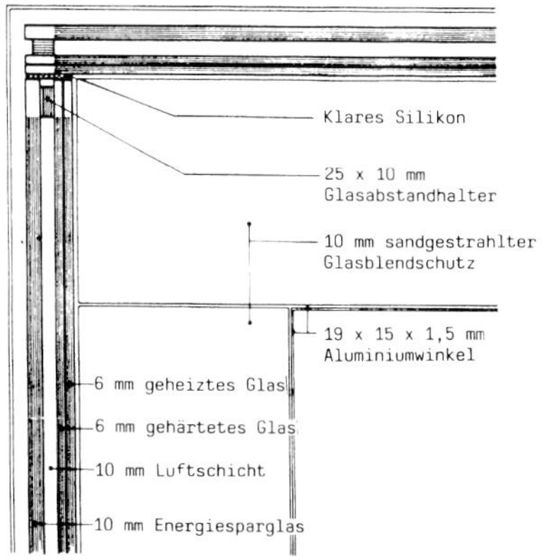

6 Eckdetail: Grundriß

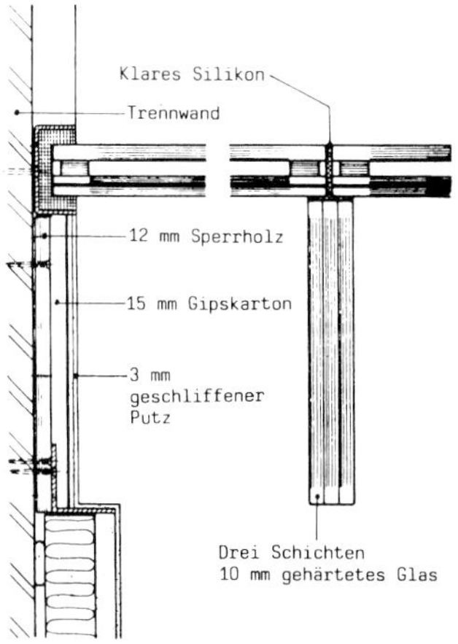

7 Dachanschluß Gartenwand

8 Seitenansicht mit Tür

London

Joseph Shop

Daten

Ort / Jahr: London, 1988
Standort: Fulham Road

Bauherr: J. Ettadgui / Joseph Ltd.
Architekt: E. Jiricna Architects

Aufgabe / Konzept

Bei der Neueinrichtung des Modeladens wurde eine zentrale Treppe zur Erschließung des Untergeschosses realisiert. Sie soll durch ihre besondere Gestaltung und die Verwendung von Glasstufen den Kunden animieren, auch den unteren Geschäftsbereich zu besuchen.

Die gesamte Treppe aus 15 Stufen ist durch Zugstangen von der Decke abgespannt und zum Boden stabilisiert. Sie überwindet eine Höhe von 2,50 m.

1 Treppe im Modeladen Joseph

Tragwerk

Das Tragwerk der Treppe besteht aus einem vorgespannten Fachwerkträger aus Zugstäben, in den die Stufen eingelegt sind und der zur Stabilisierung zur Decke hin verspannt ist. Vertikale und sich kreuzende Zugstangen spannen den Träger zusätzlich nach unten ab.

Die Unterspannung der Stufen erfolgt sprengwerkartig in deren Ecken.

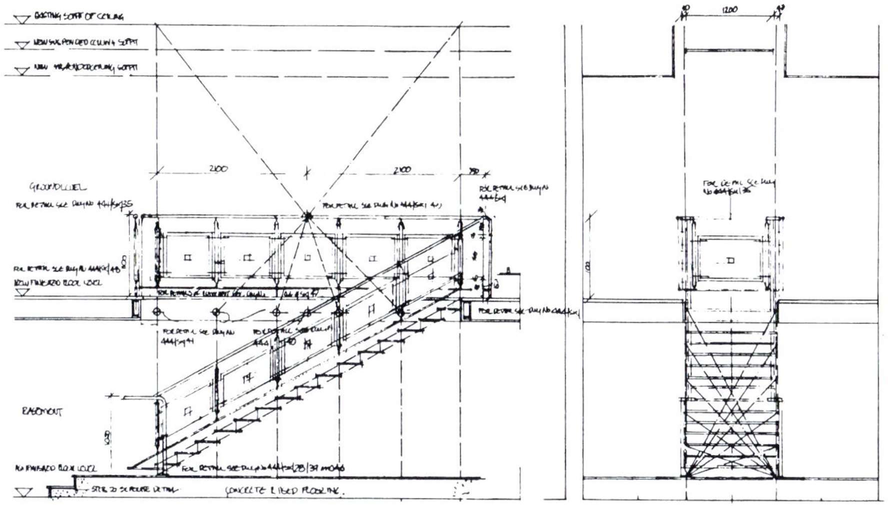

2 Längs- und Querschnitt
3 Ausschnitt

4 Treppe mit Diagonalverspannung

Konstruktive Durchbildung

Elemente / Details

Alle Tragelemente und Verbindungsmittel wurden aus matt poliertem Edelstahl hergestellt. Als Zugstangen dienen 8 bis 10 mm starke Rundstäbe, die über Gabelterminals an Verbindungsbolzen angeschlossen sind.

Die Glasstufen werden mit U-Profilen an den kurzen Seiten gefaßt und mit der Unterspannung verschraubt. In der Mitte werden sie von einem Edelstahlteller unterstützt.

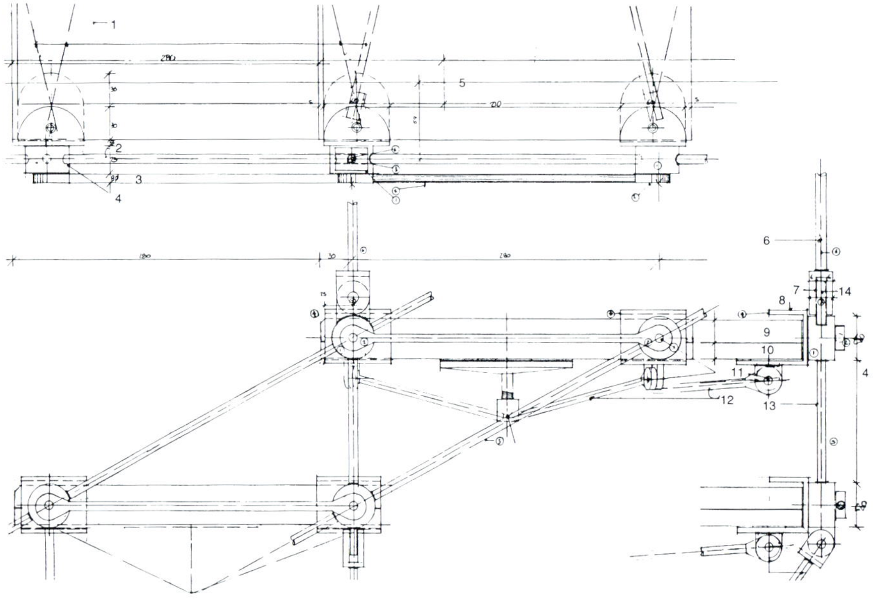

5 Detailgrundriß, -ansicht, -schnitt der Treppenkonstruktion
6 Ausschnitt: Fachwerkträger mit Stufen

7 Ansicht mit Diagonalverspannung

Konstruktive Durchbildung
Glas

Die Stufen bestehen aus teilweise mattiertem 20-mm-Glas und einer unterseitigen 15-mm-Acrylglasverstärkung. Sie überspannen 1,20 m.

Kommentar

Diese Treppe ist eine von mehreren dieser Art, die von den Architekten realisiert wurden.

Trotz der vielen eingefügten Verspannungen ist beim Betreten ein leichtes Schwingen zu verspüren.

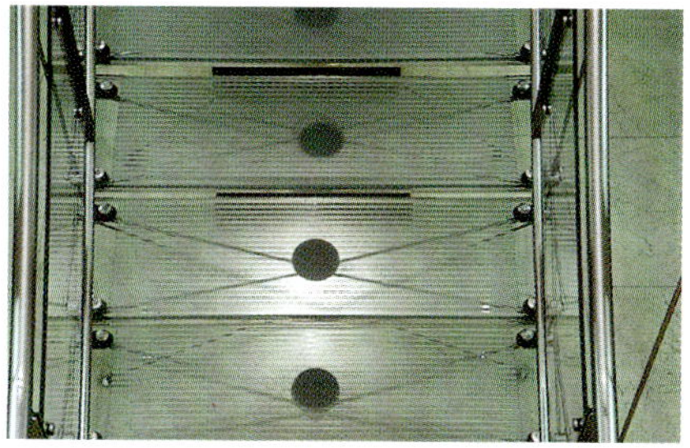

8 Glasstufen

9 Aufsicht aus Glasstufen mit Unterspannung
10 Vorderansicht

London

Lowe Flat

Daten

Ort / Jahr	London, 1996
Bauherr	C. Lowe
Architekt	Brookes Stacey Randall
Ingenieur	Dewhurst Macfarlane
Ausführende	P. Carter Contracts

Aufgabe / Konzept

Bei dem Umbau dieser kleinen Dachwohnung wurde eine zu wesentlichen Teilen aus Glas bestehende Treppe zu der vorgesehenen Empore entworfen und realisiert.

Die Treppe mit zwölf Stufen überwindet eine Höhe von 2,40 m und eine Länge von 3,80 m. Die Breite beträgt 1 m.

Da sie sich im privaten Bereich befindet, konnte auf einen außenliegenden Handlauf verzichtet werden.

Eine zusätzliche kleine Brücke von der Empore zur Dachterrasse besteht ebenfalls aus einer bedruckten Glasplatte.

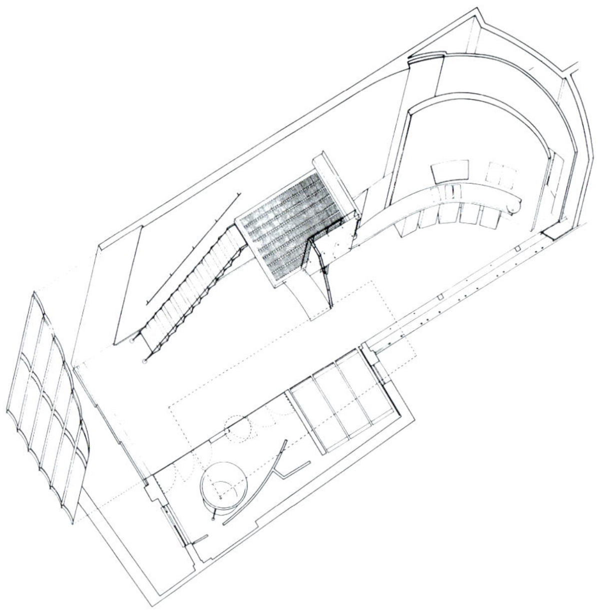

1 Isometrie der Dachwohnung
2 Innenraum mit Glastreppe zur Empore

Tragwerk

Die Treppe wird von zwei Fachwerkträgern als Wangen getragen. Als Ober- und Untergurt dienen Rundrohre. Die Diagonalen des Fachwerkträgers bestehen aus den Tritt- und Setzstufen. Sie wurden aus Glas hergestellt und übernehmen die im System auftretenden Kräfte.

3 Innenraum

Konstruktive Durchbildung
Elemente / Details

Ober- und Untergurt wurden aus 20-mm-Edelstahlrundrohren erstellt. Die Glasstufen sind durch L-Winkel und Senkkopfschrauben untereinander und mit den Rundrohren verbunden. Der Anschluß an Boden und Decke erfolgt über Edelstahlteller.

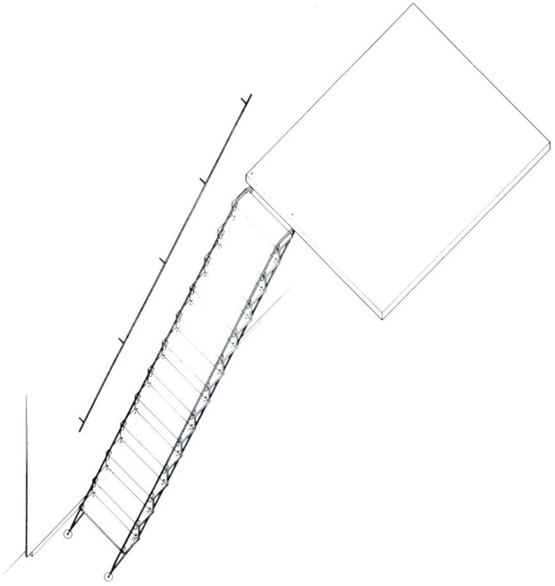

4 Isometrie der Treppe
5 Fußpunkt

Konstruktive Durchbildung
Glas

Die Glasstufen übernehmen ihre Biegebelastung sowie die Normalkraftbelastung aus dem Fachwerksystem. Sie bestehen aus VSG-Scheiben mit einer oberen 12 mm starken ESG-Scheibe und einer unteren 10 mm starken ESG-Scheibe. Die Größe der Trittstufen beträgt 0,29 x 1,00 m, die der Setzstufen 0,18 x 1,00 m.

Kommentar

Die Treppe bildet eines der wenigen Fachwerksysteme, bei dem Glas konstruktiv eingesetzt wird.

6 Innenraum mit Treppe

7 Innenraum mit Glasbrücke

London

Now & Zen

Daten	
Ort	London
Standort	4A Upper St. Martin's Lane
Architekt	R. Mather

Aufgabe / Konzept

Das Ziel des Entwurfes für den Restaurantumbau war ein nachts erleuchtetes extrovertiertes Juwel, in dem man sehen und gesehen werden kann. Entsprechend dient als Eingangs- und Schaufassade des Restaurants eine Ganzglaskonstruktion mit eingestellter gläserner Drehtür.

Der Bereich vor der Fassade ist als Glasfußboden ausgebildet, um den im Keller befindlichen Gastraum zu belichten. Eine kleine Brücke führt zum Eingang.

1 Restaurant Now & Zen

Tragwerk

Das Fassadentragwerk besteht aus fünf großformatigen Scheiben, die als hängende Verglasung ausgebildet sind. An den drei oberen Glasscheiben sind die zwei unteren mittels Punkthaltern angehängt. Durch zwei von oben abgehängte Schwerter wird die Fassade gegen Windlasten ausgesteift.

Die Drehtür im Eingangsbereich, die auch vollständig aus Glas besteht, ist separat eingesetzt. Neben ihr befindet sich die Fluchttür.

2 Eingangsbereich

Konstruktive Durchbildung

Elemente / Details

Die oberen Glasscheiben sind mittels Punktbohrungen an L-Winkeln und Flachblechen befestigt. Die Verbindung zu den unteren Glasscheiben und den Schwertern erfolgt über H-förmige Punkthalter und Senkkopfschrauben.

Oben sind die Glasschwerter ebenfalls mit L-Winkeln und Punktbohrungen fixiert.

Den Fußpunkt der eingestellten Drehtür bilden Flacheisen; die obere Glasscheibe ist aufgeklebt und hält das verschraubte Türelement.

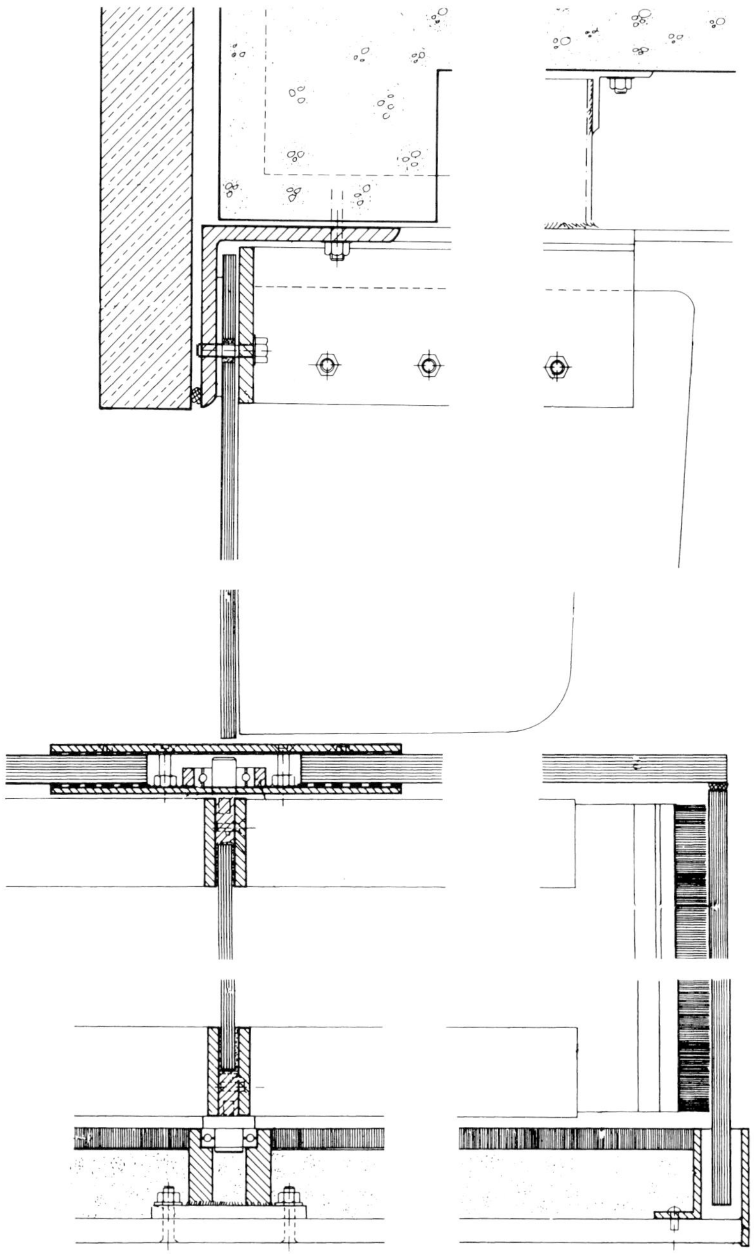

3 Detailschnitt: Kopfbereich / Drehtür / Fußpunkt Drehtür

Konstruktive Durchbildung
Glas

Die Fassade besteht aus drei ca. 1,50 x 3,50 m und zwei ca. 1,50 x 2,40 m großen 12-mm-ESG-Elementen.

Die gebogenen Scheiben des Windfanges sind 15 mm stark, die obere Glasscheibe 22 mm.

Die Überkopfverglasung zum Keller besteht aus 40 mm starken VSG-Scheiben.

4 Eingangsbereich mit Drehtür

Luxembourg

Musée d'Histoire de la Ville de Luxembourg

Daten

Ort / Jahr	Luxembourg, 1996
Standort	Heilig-Geist-Straße
Bauherr	Stadt Luxembourg
Architekt	C. Lentz
Ingenieur	Gehl, Jacoby & Associés

Aufgabe / Konzept

Das stadtgeschichtliche Museum der Stadt Luxembourg wurde in ehemaligen Adels- und Bürgerhäusern aus dem 17. bis 19. Jahrhundert untergebracht.

Als zweiter Eingang dient ein U-förmiger Hof, dessen Fassade vollständig aus Glas besteht. Das Dach des Eingangsbereiches wurde geschlossen ausgeführt, nur das umlaufende Band wurde verglast, um das Dach von den bestehenden Bauwerken zu trennen.

Der Hof hat eine Tiefe von 7,70 m und eine Breite von 14 m. Die Höhe der Verglasung beträgt 12 m.

1 Foyer des stadtgeschichtlichen Museums

Tragwerk

An der konventionellen Stahlstruktur des Daches aus I-Profilen wurde eine hängende Verglasung aus elf Feldern mit jeweils drei aneinanderhängenden Glastafeln ausgeführt. Die gesamte Glaswand hängt über Punktbohrungen an innenliegenden Glasschwertern, die die Lasten in die Dachkonstruktion einleiten. Die Stabilisierung gegen Windlasten erfolgt ebenfalls über die Schwerter, die aus drei Teilen bestehen und in den Stößen mit Edelstahlblechen verbunden sind.

2 Foyer des stadtgeschichtlichen Museums

Die Verbindung der Glasschwerter mit den Scheiben erfolgt über Winkel und Senkkopfschrauben. Jede Fassadenscheibe ist mit sechs Bohrungen in den Ecken und langen Rändern versehen.

Die einzelnen Glasschwerter sind mit verschraubten Edelstahlblechen untereinander verbunden. Den Anschluß an das Dachtragwerk bilden mit den Glasschwertern verschraubte Edelstahlplatten, die über zwei Bolzenpaare an auskragende Konsolen anschließen. Der Fußpunkt der Glasschwerter besteht aus L-Winkeln.

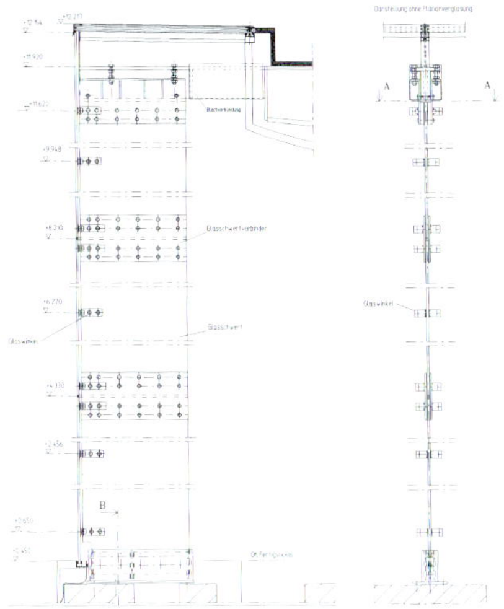

3 Detailschnitt / -ansicht der Glasschwerter
4 Blick durch die Glaswand

5 Verbindung der Glasschwerter

Konstruktive Durchbildung
Glas

Die Fassadenverglasung besteht aus 12-mm-ESG. Die einzelnen Scheiben haben eine Größe von 1,27 x 3,76 m.

Die Glasschwerter wurden aus 19-mm-ESG hergestellt und haben Abmessungen von 0,76 x 3,76 m.

6 Blick aus dem Eingangsfoyer

Mönchengladbach

BMW-Hammer

Daten

Ort / Jahr	Mönchengladbach, 1995
Standort	Krefelder Straße
Bauherr	Hammer + Co GmbH + Co KG
Architekt	bap – Büro für Architektur und Planung
Ingenieur	Grambusch & Janhsen
Ausführende	Heinrich Weller GmbH & Co KG / Glasbau Seele GmbH

Aufgabe / Konzept

Der Neubau des Autohauses mit seiner 12 000 m^2 großen Fläche beinhaltet Verkaufsräume, Kundenservice, Werkstatt und Logistik unter einem Dach. Die Verwaltung befindet sich auf dem sonst eingeschossigen Baukörper unter einem Flugdach. Das äußere Erscheinungsbild sollte möglichst transparent sein, um „die Umwelt und die Natur ins Haus zu holen". Die gewünschte Verbindung zwischen Service und Verkauf drückt sich in der Gleichbehandlung der Fassaden und der transparent ausgeführten Trennung im Inneren aus.

Die Fassade wurde als Pfosten-Riegel-Konstruktion ausgeführt, wobei die Pfosten durch Glasschwerter unterstützt werden. Die Verglasung wird durch Punkthalter fixiert.

1 Eingangsbereich mit Verwaltung
2 Rückwärtiger Ausstellungsbereich

Tragwerk

Die Pfosten-Riegel-Fassade besteht aus Glas-Stahl-Pfosten mit einer maximalen Höhe von 9,20 m und Rundrohrriegeln im Abstand von 2,40 m. Die mit Stahlplatten gefaßten Glasschwerter der Pfosten stabilisieren diese. Bei Versagen der Schwerter gewährleisten die Platten die Reststandsicherheit.

Die Scheiben der Verglasung sind durch Klemmplatten als Punkthalter mit dem Fassadentragwerk verbunden.

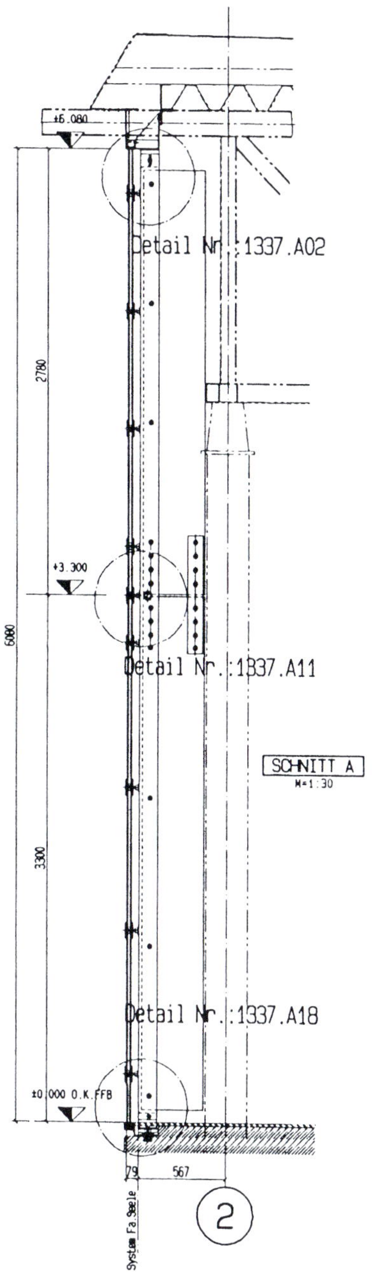

3 Fassadenschnitt

4 Außenansicht
5 Innenansicht

Konstruktive Durchbildung
Elemente / Details

Die Glas-Stahl-Pfosten bestehen aus je zwei 120 x 20-mm-Flachstahlplatten, die das zwischen ihnen liegende Glasschwert fassen. Da die Schwerter nicht in der vollen Höhe der Fassade herstellbar sind, bestehen sie aus zwei Teilen und sind auf der Innenseite in den Stößen mit Laschen über Bolzen verbunden. Die Riegel bilden 63 mm starke Stahlrohre.

Die Punkthalter der Verglasung bestehen aus je zwei 100-mm-Edelstahlplatten. Der äußere Klemmteller wurde durch die Fugen mit einer 8-mm-Senkkopfschraube am inneren Klemmteller und einem mit dem Tragwerk verschweißten oder verschraubten 12-mm-Bolzen fixiert.

Fuß- und Kopfpunkt werden durch Edelstahllaschen und Bolzen zwischen den Flachstahlplatten gebildet.

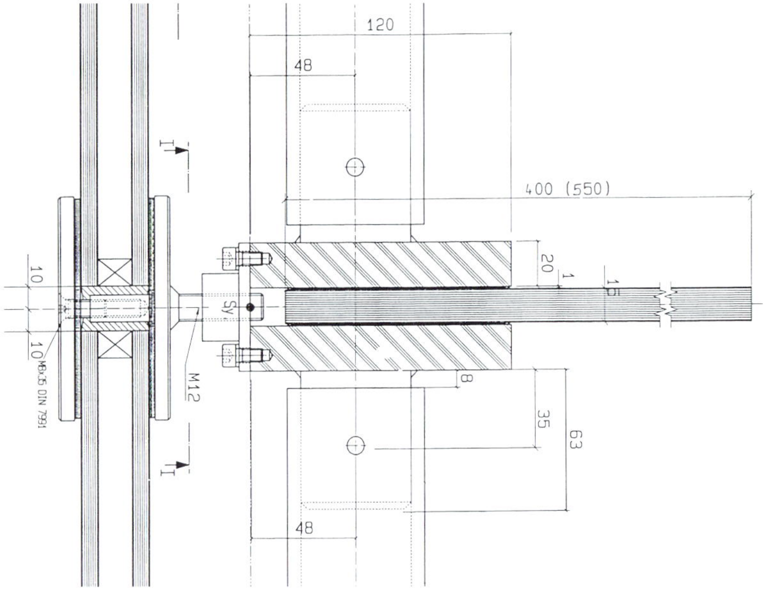

6 Detailschnitt horizontal
7 Glas-Stahl-Pfosten mit Anschlußdetails

8 Anschluß der Fassadenscheiben mit Klemmtellern

Konstruktive Durchbildung
Glas

Die stabilisierenden Glasschwerter bestehen aus 15-mm-ESG. Sie haben eine Breite von 40 oder 55 cm und sind bis zu einer Höhe von 9,20 m eingesetzt. Im Stoß sind die langen Glasschwerter mit Stahllaschen und acht Bolzen verbunden.

Die Verglasung wird durch 3,30 x 2,40 m große Isolierglasscheiben, bestehend aus zwei 8-mm-Scheiben mit einem 16-mm-Luftzwischenraum, gebildet.

Kommentar

Die konstruktiv verwendeten Stahlelemente der Fassade reduzieren den tragenden Anteil des Glases auf eine stabilisierende Wirkung.

9 Klemmplatten im Eckbereich der Glasfassade
10 Eckbereich der Glasfassade

München

Glaszentrum

Daten

Ort / Jahr: München, 1991

Standort: Otto-Hahn-Straße 18–20

Bauherr: Glaszentrum München

Ingenieur: Flachglas Consult GmbH

Aufgabe / Konzept

Der Eingangsbereich des Glaszentrums mit Produktions- und Lagerhallen auf einer ca. 3 800 m^2 großen Fläche besteht aus einem schrägen Glasdreieck.

15 rechtwinklige und dreieckige Glasscheiben liegen auf einem Gerüst aus Glasträgern und schließen die ca. 14 m breite und 10 m hohe Fläche. Die Eingangstür ist als separates Bauteil eingestellt.

1 Glaszentrum
2 Eingangsbereich

Tragwerk

Das Tragwerk der schrägen Glasfläche besteht aus einem gläsernen Trägerrost: Drei horizontale und sechs vertikale Glasträger sind in den Knoten mit Winkeln verbunden und an vier Knoten in der Mitte der Konstruktion durch Stahlstützen und das Gestell der Eingangstür unterstützt. Die Formgebung der Glasträger entspricht der Belastung.

Die Glaseindeckung liegt mit Abstandhaltern auf den Trägern auf.

3 Konstruktion des Eingangsbereiches

Konstruktive Durchbildung
Elemente / Details

Die Glasträger sind untereinander und mit der umgebenden Mauer durch jeweils acht verschraubte L-Winkel mit Verstärkungslaschen verbunden. Jeder Träger wird an den Winkeln durch acht Schrauben fixiert. Diese aufwendige Befestigung scheint notwendig zu sein, um die auftretenden Biegebelastungen zwischen den einzelnen Glasträgern weiterzuleiten.

Die Isolierglaseindeckung wird als Pfosten-Riegel-Konstruktion mit Aluminiumpreßleisten und Abstandhaltern auf dem Trägerrost fixiert.

4 Detailpunkt der Glasträger und der Glaseindeckung

Konstruktive Durchbildung
Glas

Der Glasträgerrost besteht als VSG-Scheibe aus drei 10/15/10-mm-ESG-Scheiben. Die Isolierverglasung des Daches wurde aus 10-mm-ESG außen, dem Luftzwischenraum und 16-mm-VSG innen hergestellt.

Kommentar

Die wenig anspruchsvolle Industriearchitektur soll durch den Eingangsbereich aufgewertet werden. Die vielleicht aus der Zeit heraus verständlichen groben Details und überdimensionierten Glasträger können dies nur bedingt leisten.

5 Glasträger und Unterstützung von unten

München

Hotel Kempinski, Glastreppe

Daten

Ort / Jahr	München, 1993
Standort	Flughafen München
Bauherr	Flughafen München GmbH
Architekt	Murphy / Jahn
Ingenieur	Schlaich Bergermann und Partner
Ausführende	BGT Bischoff Glastechnik

Aufgabe / Konzept

Das Hotel besteht aus zwei fünfgeschossigen parallelen Flügeln und einem 40 m breiten Innenhof, der von einer Bogenkonstruktion in 25 m Höhe überspannt wird. Die Stirnseiten sind mit zwei 25 x 40 m großen, ebenen Seilnetzfassaden geschlossen (siehe auch Abschnitt 8.3).

Zur Erschließung des Untergeschosses wurde eine unterspannte Stahltreppe mit Glasstufen realisiert. Die Treppe überwindet eine Höhe von 5,3 m und spannt über 13 m.

1 Untersicht Glastreppe

Tragwerk

Die Treppe besteht aus zwei I-Profil-Wangen, die von einer sich verzweigenden Unterspannung gestützt werden. Auf diesen Wangen liegen Glasstufen auf, die 2,60 m überspannen.

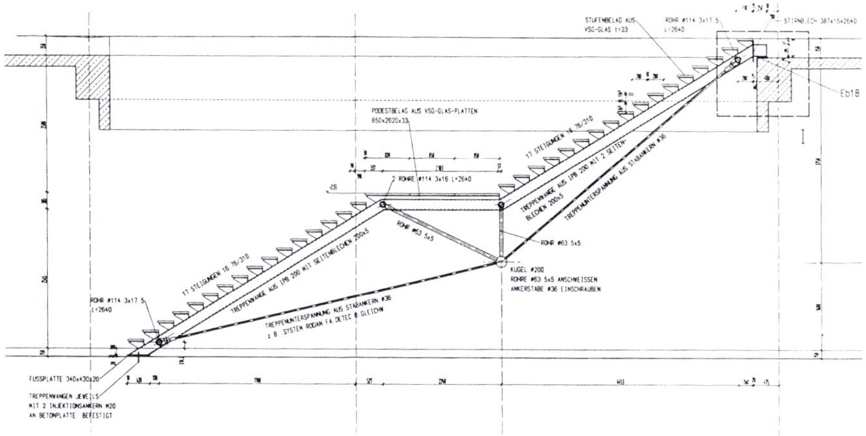

2 Schnitt: Treppe
3 Treppenaufsicht

4 Treppenuntersicht

Konstruktive Durchbildung
Elemente / Details

Die Wangen werden von IPB 200-Profilen gebildet. Die Unterspannung besteht aus 63-mm-Rundrohren und 36-mm-Stabankern.

Die Glasstufen liegen auf Lagern aus 10-mm-Blechen auf und sind mit verdeckten Schrauben befestigt.

5 Detailaufsicht

6 Stufenuntersicht

Konstruktive Durchbildung
Glas

Die Glasstufen haben eine Größe von 25,40 x 262,00 cm und werden als Biegeträger belastet.

Anfänglich vorgesehene 30 mm starke VSG-Scheiben mußten aus Zulassungsgründen als 57-mm-VSG ausgeführt werden. Der Verbund besteht aus einer oberen und unteren 5-mm-Schutzscheibe und zwei mittleren 22-mm-Scheiben aus vorgespanntem Glas. Die obere Schutzscheibe ist rutschhemmend beschichtet.

Selbst im Versagensfall mehrerer Scheiben wurde eine genügende Resttragfähigkeit nachgewiesen.

Kommentar

Trotz der Spannweite besitzen die Stufen auch bei dynamischer Belastung eine erstaunliche Steifigkeit.

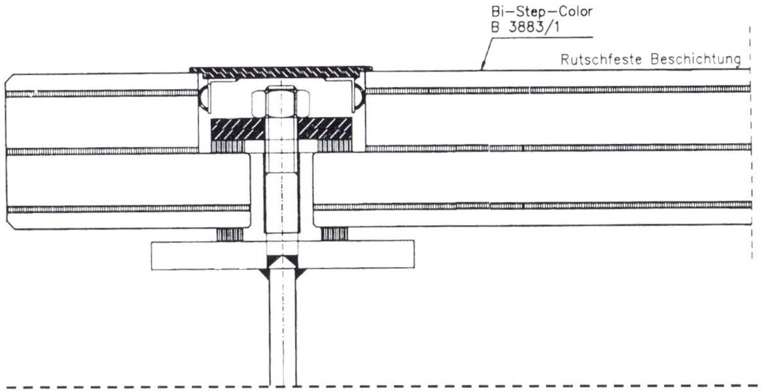

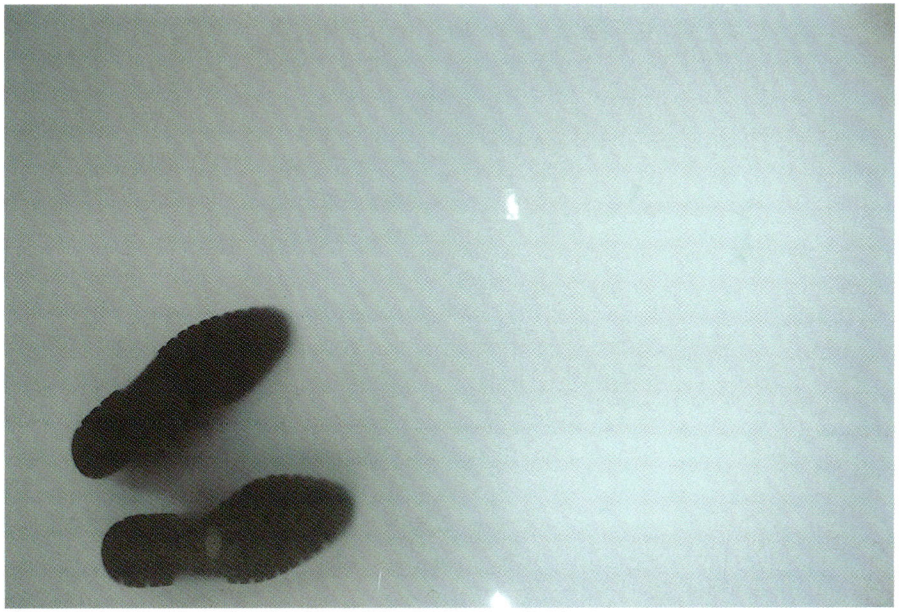

7 Detailschnitt: Stufenbefestigung
8 Stufenuntersicht

München

Kranichflug

Daten

Ort / Jahr: München, 1992
Standort: Flughafen München

Bauherr: Deutsche Lufthansa
Künstler: R. Santarossa
Ingenieur: Lehrstuhl für Stahlbau / RWTH Aachen

Ausführende: Flachglas Consult GmbH

Aufgabe / Konzept

Das Glaskunstwerk „Kranichflug" im Münchner Flughafen ist einem in Formation fliegenden Schwarm Kraniche nachempfunden. Zusätzlich ist jede der dreieckigen Glasscheiben mit dem Lufthansa-Logo bedruckt.

Das Kunstwerk sollte als erstes vorgespanntes Flächentragwerk mit Glas als konstruktives Element ausgeführt werden, wobei darauf geachtet wurde, daß der Materialeinsatz dem Flugzeugbau entsprechend minimiert wurde. Es besteht aus 15 Glastafeln, 21 Druckstäben und 450 Spannseilen und hat mit 6 x 7 m eine Größe von ca. 20 m².

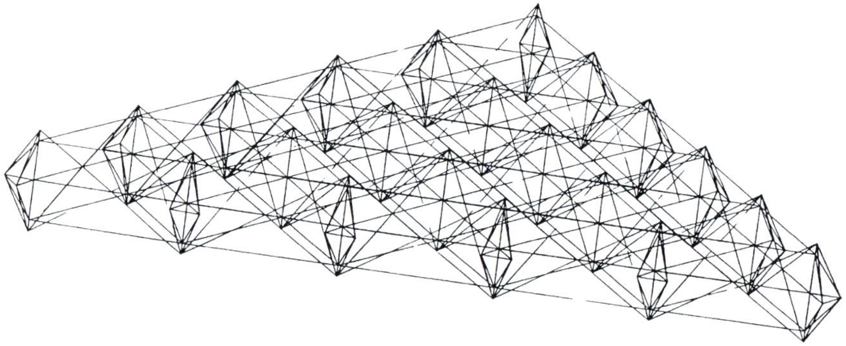

1 Gesamtsystem
2 Gesamtsystem im Flughafen

Tragwerk

Das System besteht aus in drei Richtungen verlaufenden vorgespannten Fachwerkträgern mit vertikalen Druckstäben, Diagonalseilen und horizontalen Zugseilen als Ober- und Untergurte. Die eingebrachte Vorspannung in den Zugseilen wird durch die auftretende Druckspannung aus Systemlasten und Belastungen zu einem Teil abgebaut. Um ein geschlossenes System zu erhalten, wird diese Vorspannung als Druckkraft in die eben angeordneten, in der neutralen Achse liegenden Glasscheiben eingeleitet.

Während des Aufbaus wurden die Vorspannungen über Seilfrequenzmessungen kontrolliert: Ähnlich einer Gitarrenseite wird die Tonfrequenz des Seiles in einem definierten Längenabschnitt gemessen.

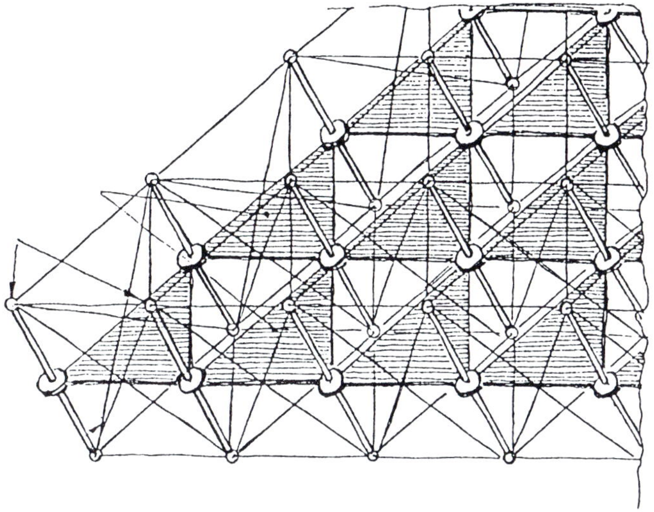

3 Teilausschnitt: System-Isometrie
4 Teilausschnitt

5 Fachwerkträger mit Glasdruckstab

Konstruktive Durchbildung
Elemente / Details

Die Pfosten des Systems bestehen aus 17-mm-Edelstahlrundstäben und sind an den Enden mit speziellen Köpfen für den Anschluß der diagonalen Zugseile versehen. Unterhalb der Köpfe befinden sich Klemmhülsen zur Befestigung der Ober- und Untergurtseile. In Stabmitte werden die Glasscheiben mit Klemmtellern und Kunststoffelementen als elastische Einspannung fixiert.

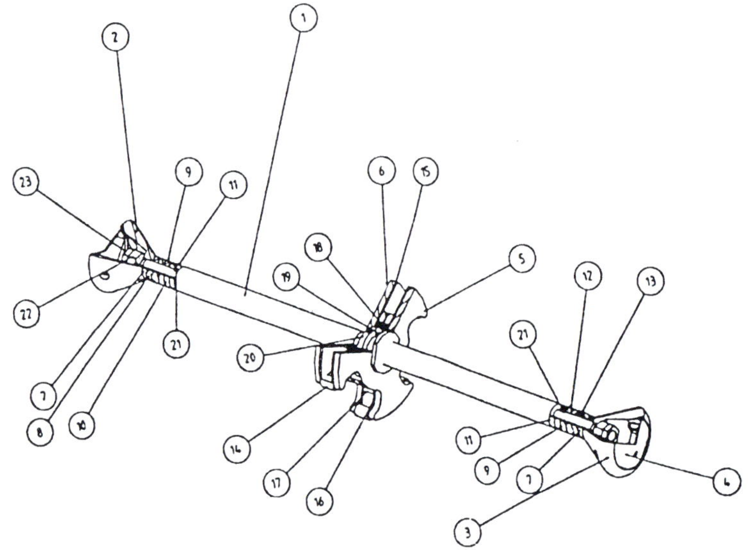

6 Pfosten mit Anschlußelementen
7 Pfosten im System

8 Eckpfosten

Konstruktive Durchbildung
Glas

Glas übernimmt in diesem Projekt sowohl Normalkraftbelastungen aus dem System als auch Biegebelastungen aus Eigengewicht und Verformung.

Die Glasscheiben haben eine Größe von jeweils 1,16 x 1,32 m und bestehen aus VSG mit je zwei 8-mm-ESG-Scheiben, um im Versagensfall die notwendige Reststandsicherheit zu gewährleisten. Da die Verbundwirkung der Scheiben durch die PVB-Folie nur für kurze Belastungen ausgelegt ist, wurden die Glasscheiben für die Berechnung getrennt angenommen. Die Bemessung der Scheiben erfolgte mit FE-Berechnungen. Des weiteren wurden mit einzelnen Scheiben Bauteilversuche unter simulierten Belastungen durchgeführt.

Kommentar

Dieses geschlossene, sich selbst stabilisierende System ist eines der wenigen Beispiele, bei denen Glas in einem Fachwerksystem durch Aufnahme der Systemdrucklasten Tragfunktionen übernimmt.

9 Randpfosten mit Seilumlenkung
10 Eckbereich

München

Refractive Tensegrity Rings

Daten

Ort / Jahr	München, 1992
Standort	Flughafen München II
Bauherr	Flughafengesellschaft München / BMW AG
Architekt	James Carpenter Design Associates
Ingenieur	Ove Arup + Partners

Aufgabe / Konzept

In einer der Eingangshallen des Münchner Flughafens befinden sich zwei unter der Decke schwebende seilverspannte Glasringe. Sie bestehen als Tensegrity-System (nach R. Buckminster Fuller) aus dreieckigen Glasscheiben, die durch ihre dichroitische Beschichtung besondere Lichteffekte erzeugen.

Jeder der beiden untereinanderhängenden Ringe hat einen Durchmesser von ca. 7 m.

1 Abgehängte Glasskulptur

Tragwerk

Jeder Ring wird aus 16 ca. 1,30 x 1,30 m großen Würfeln gebildet, von denen jeder aus vier dreieckigen Glasscheiben besteht, die an einer Kante aneinanderstoßen. Die äußeren Ecken der Scheiben sind mit Seilen untereinander verbunden.

Die Würfel werden mit horizontalen äußeren und inneren Seilen zu einem Druckring verspannt. Ein oberes und ein unteres Seil sichern die horizontale Lage der Würfel, indem sie mit den Glasscheiben ein Fachwerksystem erzeugen.

Jeder Ring ist an sechs Punkten von der Decke abgehängt.

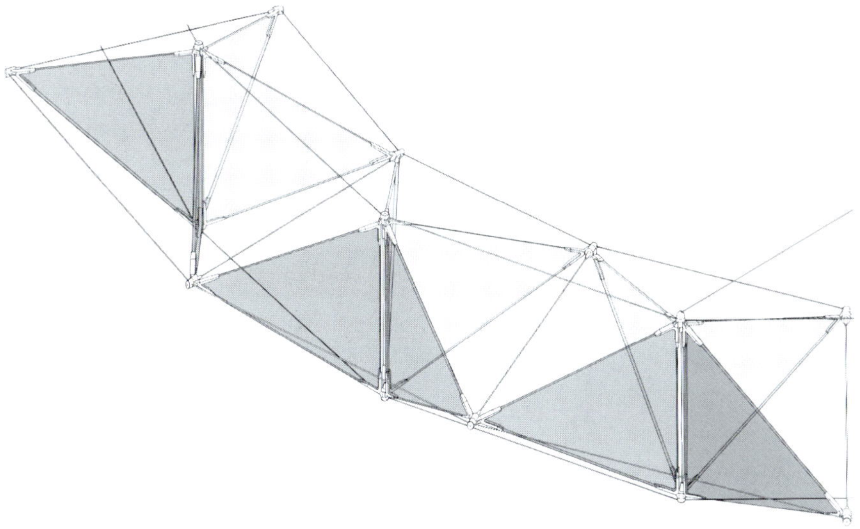

2 Teilausschnitt der Gesamtstruktur
3 Untersicht

Konstruktive Durchbildung
Elemente / Details

Spezielle Aluminiumschuhe mit Kunststoffauflagern fassen die Ecken der Glasscheiben. Da diese durch das System druckbelastet sind, ist keine Fixierung mit Schrauben notwendig.

Die Aluminiumschuhe wurden über Schrauben und Edelstahlverbinder an die Stahlseile angeschlossen. Sie sind untereinander mit einem vertikalen Seil verbunden.

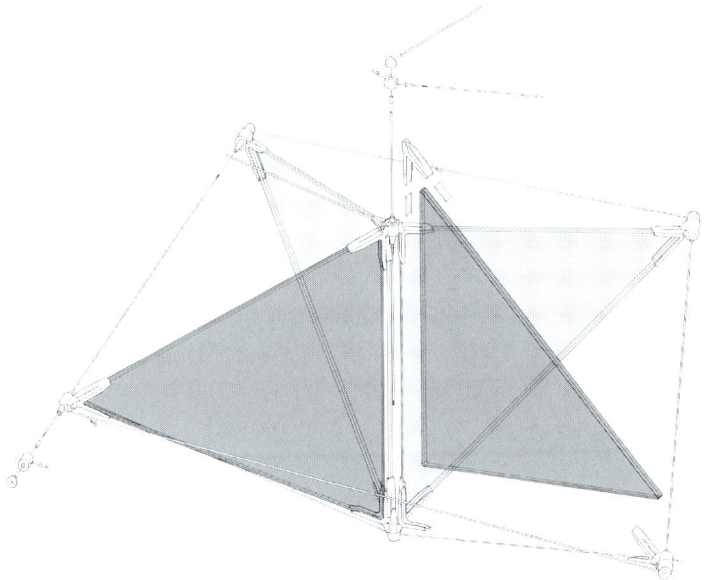

4 Konstruktion der Glaswürfel
5 Detailausschnitt

6 Fassung der Glasscheiben mit einem Aluminiumschuh

Konstruktive Durchbildung
Glas

Die dreieckigen VSG-Elemente bestehen aus 2 x 6-mm-Scheiben.

Zur Erzeugung der gewünschten Lichteffekte, einer Zerlegung des Lichtes in seine Spektralfarben, sind sie dichroitisch beschichtet.

Kommentar

Diese Raumstruktur mit dem konstruktiven Einsatz von Glas ist bis ins Detail perfekt konstruiert.

Leider ist die Plazierung im gestalterisch unruhigen Eingangsbereich etwas unglücklich.

7 Teilausschnitt der Konstruktion

8 Lichtreflexionen der dichroitisch beschichteten Scheiben

München

Tribünenhaus der Trabrennbahn

Daten

Ort / Jahr: München, ca. 1970
Standort: München-Daglfing

Architekt: G. Wiegand

Aufgabe / Konzept

Das Tribünenhaus wurde als fünfgeschossiger Stahlbetonbau mit einem Stützenraster von 18 m ausgeführt. Die Zuschauertribünen wurden mit drei zurückspringenden Fensterbändern über jeweils zwei Geschosse geschlossen. Sie haben eine Höhe von jeweils 7 m und eine Länge von bis zu 60 m. Um eine maximale Aussicht zu erhalten, wurden die Fensterbänder sprossenlos ausgeführt.

1 Zuschauertribüne der Trabrennbahn

Tragwerk

Die Fensterbänder sind in die umgebende Stahlbetonkonstruktion eingefügt worden. Es handelt sich um eine hängende Verglasung aus jeweils zwei aneinanderhängenden Scheiben über die Höhe von ca. 7 m.

Im Achsabstand der Scheiben von ca. 2 m wird die Fassade punktuell mit ca. 1,30 m langen, horizontalen Glasstützen gegen Windlasten stabilisiert. Diese Glasstützen leiten ihre Lasten in die Stahlbetonkonstruktion ab.

2 Innenraum mit zweigeschossiger Glasfassade

3 Ansicht Glasfassade

Konstruktive Durchbildung
Elemente / Details

Die obere Fassung der hängenden Verglasung besteht aus Klemmplatten und Schrauben, die die Glasscheiben mit Punktbohrungen halten. Die Fassade ist über ihre ganze Länge mit L-Winkeln an das Haus angeschlossen. Der untere Anschluß erfolgt über ein Gleitlager.

Die Glasstützen sind mit zwei L-Winkeln und einem Gleitlager im Kreuzungspunkt der Glasscheiben verschraubt. Die Verbindung zum Haus erfolgt ebenfalls über zwei L-Winkel.

4 Ausblick auf Trabrennbahn

Konstruktive Durchbildung
Glas

Die 14 mm starke ESG-Verglasung der Fassade trägt sich selbst über die aneinanderhängenden Scheiben. Die Belastung erfolgt als Normalkraft in Scheibenrichtung. Die Größe der Scheiben beträgt ca. 2 x 3 bis 4 m.

Die 19-mm-Glasstützen, die die Fassade stabilisieren, werden ebenfalls in Scheibenrichtung mit Normalkraft belastet. Ihre Größe beträgt ca. 1,30 x 0,18 m.

5 Fassadendetail: Aufsicht

6 Fassadendetail: Untersicht

Norwich

Sainsbury Centre for Visual Arts

Daten

Ort / Jahr — Norwich, 1978

Bauherr — Sir Robert und Lady Sainsbury

Architekt — N. Foster Associates

Aufgabe / Konzept

Nahe dem Unicampus sollte ein Ausstellungscenter mit Unterrichtsmöglichkeiten und Restaurant entstehen.

Der verwirklichte Bau besteht aus einer 150 x 35 m großen Halle und ist durch zwei Brücken in drei Bereiche für die verschiedenen Nutzungen geteilt. Der Raum wird von einer 2,40 m breiten Hülle umschlossen, in der sich Tragwerk, technische Installationen und Nebenräume befinden. Das Tragwerk der Halle besteht aus Dreigurtstützen und -trägern mit einer Höhe von 2,40 m. Die Träger überspannen den Innenraum ohne zusätzliche Unterstützung und liegen in einem Achsabstand von ca. 4 m.

Die nach Osten und Westen orientierten Stirnseiten des Bauwerkes werden von raumhohen Verglasungen geschlossen, die um eine Achse zurückspringen. Da sie Ganzglaskonstruktionen sind, halten sie als minimale Unterbrechung die Blickbeziehung zur Natur aufrecht.

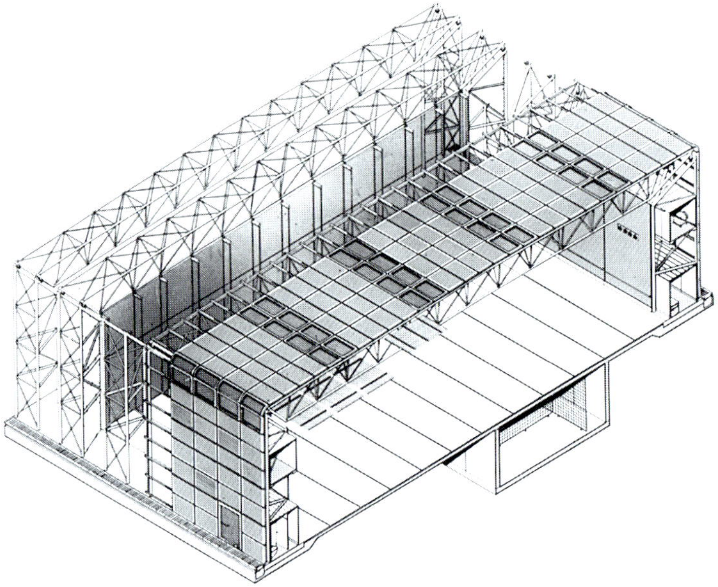

1 System-Isometrie
2 Ansicht von der Zugangsbrücke

Tragwerk

Das Tragwerk der Halle besteht aus fachwerkartig ausgeführten Dreigurtstützen und Dreigurtträgern.

Die Fassaden der Stirnseiten wurden als Ganzglaskonstruktion hergestellt: Raumhohe Glasscheiben im Raster des Fachwerkträgers schließen den Innenraum. Sie sind als stehende Verglasung ausgeführt und gegen Knicken und Windlasten (1,40 kN/m^2) mit hängenden Glasschwertern stabilisiert. Der obere Anschluß an das Haupttragwerk ist in der Höhe flexibel ausgebildet, um zusätzliche Lasten in der Glasfassade durch Bewegungen des Tragwerkes zu vermeiden.

3 Ansicht Süd-Ost

Konstruktive Durchbildung
Elemente / Details

Die stehende Verglasung ist an ihrem oberen Ende elastisch mit dem Fachwerkträger des Haupttragwerkes so verbunden, daß nur horizontale Lasten eingeleitet werden: Mit einem elastischen Kunststoffprofil wird die Glasfassade angeschlossen, die Glasschwerter sind mit einem Klemmprofil und Laschen mit Langlochbohrungen fixiert.

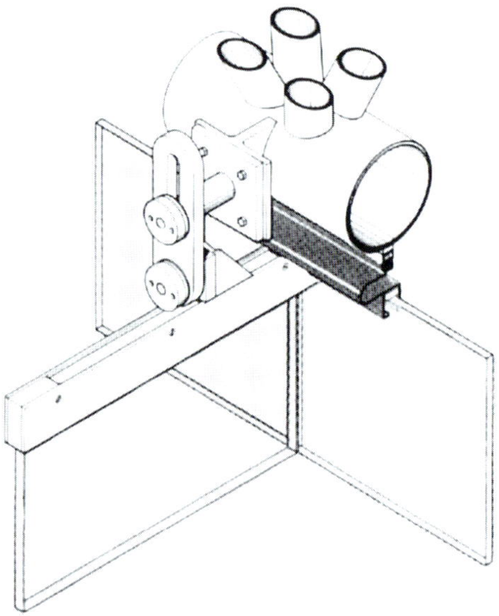

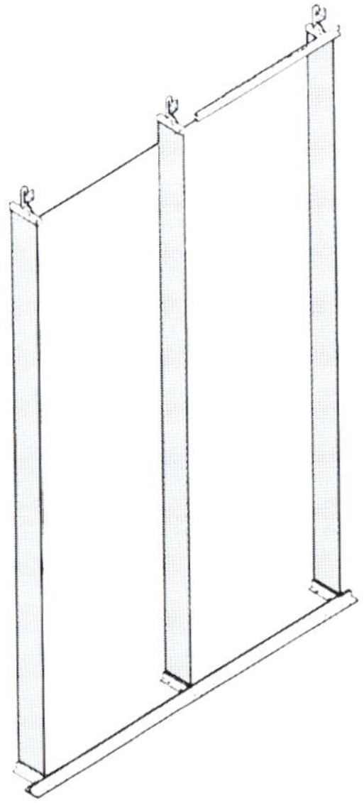

4 Detail: oberer Fassadenanschluß
5 Isometrie: Fassadenkonstruktion

6 Fassade mit Dreigurtfachwerkträgern

Konstruktive Durchbildung
Glas

Die Fassadenscheiben bestehen aus 15-mm-, die Glasschwerter aus 25-mm-ESG und haben eine Tiefe von 0,60 m. Die Scheiben besitzen eine Größe von 2,40 x 7,50 m.

Die Verbindung der Glasschwerter mit den Fassadenscheiben erfolgt über eine Verklebung, die auch die Fugen schließt.

Kommentar

Die Transparenz und Einfachheit dieser vollständig aus Glas bestehenden Fassade beeindruckt. Ingenieurtechnisch interessant ist die Ausführung als stehende Fassade dieser Höhe.

7 Innenraum

Paris

50 Avenue Montaigne

Daten

Ort / Jahr: Paris, 1993
Standort: 50 Avenue Montaigne

Bauherr: ARC Union / Dumez
Architekt: Epstein, Glaiman & Vidal
Ingenieur: Rice-Francis-Ritchie
Ausführende: Eiffel

Aufgabe / Konzept

Im Zuge des Umbaus mehrerer Bauwerke im näheren Bereich wurde ein halbzylindrisches Atrium als Eingangszone geschaffen. Die Südfassade wurde als hängende Glaswand ausgebildet, um Licht in das Gebäude zu bringen und um das Atrium zu einem Vollkreis zu spiegeln. Aus diesem Grund wurden die Glashalter auf der Außenseite angeordnet.

Der Halbzylinder hat einen Radius von 8 m und ist 24 m hoch. Insgesamt besitzt die Fassade eine Fläche von 384 m^2, die Dachverglasung ist 128 m^2 groß.

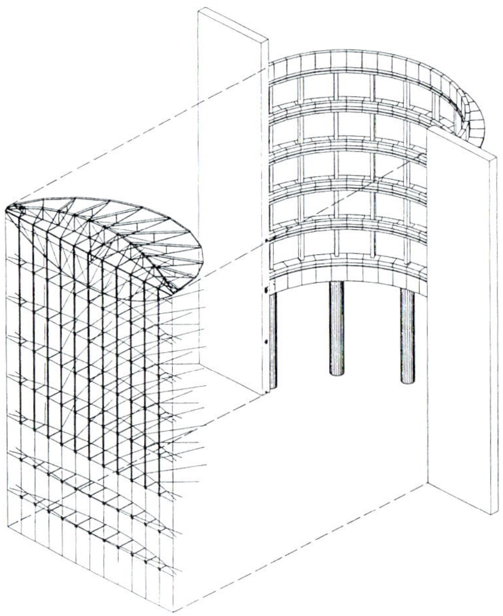

1 System-Isometrie
2 Innenraum

3 Spiegelung zum Vollkreis

Tragwerk

Die 24 x 16 m große Fassade besteht aus einer hängenden Glaswand. Sie ist an einem außenliegenden fischbauchförmigen Fachwerkträger befestigt. Die Scheiben sind an der jeweils oberen fixiert, wobei die oberste am Kopf elastisch mit dem Fachwerkträger verbunden ist, um beim Bruch einer Scheibe die Verformungen des Systems besser aufnehmen zu können.

Die Windaussteifung erfolgt über horizontale Seile mit Druckspreizen, die in einem vertikalen Abstand von 3 m die Lasten seitlich in die Geschoßdecken einleiten. Windsog und asymmetrische Lasten werden durch radiale Abspannungen von den Geschoßdecken aufgenommen. Im unteren Bereich der Fassade wurde anstatt der Radialseile eine Hinterspannung für Winddruck und -sog angeordnet.

Das Dachtragwerk aus einfach unterspannten Trägern liegt ebenfalls auf einem Fachwerkträger auf.

4 Innenraum

Konstruktive Durchbildung
Elemente / Details

Der Kopfpunkt der Fassade ist durch Federelemente elastisch am Fachwerkträger angeschlossen. Alle weiteren Scheiben sind untereinander durch außenliegende X-förmige Halter verbunden. Der Anschluß an die Hinterspannung aus Edelstahlseilen erfolgt über gelenkig gelagerte Edelstahlstäbe im Fugenkreuz.

Die Halter fassen die Glasscheiben in den Ecken mit in der Scheibenebene gelenkigen Bolzen. Aufgrund dieser Lagerung konnten größere Durchbiegungen von bis zu l/80 der Spannweite zugelassen werden.

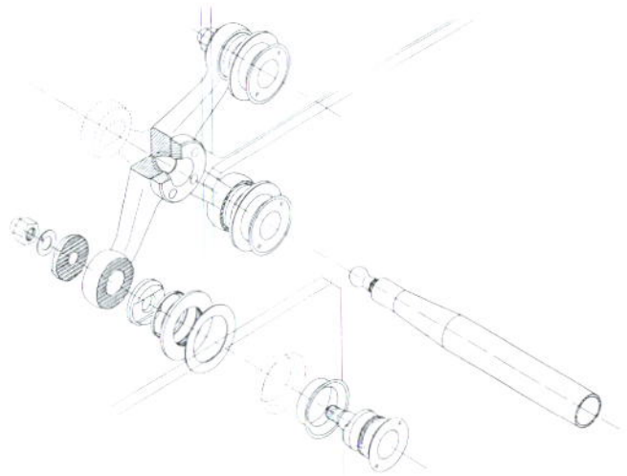

5 Detail-Isometrie
6 Fassadenanschluß an das Haus

7 Außenliegender Glashalter
8 Glashalter mit Edelstahlstützen

Konstruktive Durchbildung
Glas

Alle 96 mit einem Siebdruck versehenen Scheiben der Fassade wurden aus 15-mm-ESG hergestellt. Sie haben bei einer Breite von 1,30 m eine Höhe von 3 m. Im unteren Bereich wurden 3,80 m hohe Scheiben verwendet.

Die Fugen sind mit Silikon versiegelt.

Kommentar

Mit diesem Projekt wurde die hinterspannte Fassade der Wintergärten der Cité des Sciences et de l'Industrie – Parc de la Villette geschickt weiterentwickelt.

9 Transparenz der Fassade
10 Blick durch den Glasvorhang in den Innenhof

Paris

Cité des Sciences et de l'Industrie – Parc de la Villette

Daten

Ort / Jahr	Paris, 1986
Standort	Parc de la Villette
Bauherr	Etablissement Public du Parc de la Villette
Architekt	A. Fainsilber
Ingenieur	Rice-Francis-Ritchie
Ausführende	CFEM

Aufgabe / Konzept

Die ehemaligen, nie fertiggestellten Pariser Schlachthäuser wurden zu einem Wissenschaftspark umgebaut. Als Südfassade erhielt der Bau im Bereich des abgesenkten Sees drei Wintergärten. Sie haben die Funktion, die Wärme des Gebäudes zu regulieren und durch das Grün eine Verbindung zum Park herzustellen.

Jeder dieser Wintergärten hat eine Höhe und Breite von 32,40 m und ist 8,10 m tief. Die Konstruktion wurde, um eine hohe Transparenz zu erreichen, als verspanntes System leicht und filigran ausgebildet.

1 Wintergarten der Bibliothek

2 Wintergarten der Bibliothek
3 Wintergarten des Technikmuseums

Tragwerk

Das Primärtragwerk besteht aus Rundrohren in einem Raster von 8 x 8 m. Die Aussteifung gegen Windlasten erfolgt durch Auskreuzung im Dachbereich und eine horizontale bogenförmige Hinterspannung für Winddruck und -sog in der großen Fläche.

Die Verglasung eines Rasterfeldes wird von 4 x 4 aneinanderhängenden Glasscheiben gebildet. Die oberen Scheiben sind über elastische Lagerungen am Primärtragwerk befestigt, alle weiteren sind über H-Halter angehängt.

Ein Sekundärtragwerk leistet die Stabilisierung gegen Windlasten über jeweils zwei horizontale bogenförmige Hinterspannungen. Diese sind an die H-Halter angeschlossen.

Die maximale Durchbiegung bei Windbelastung beträgt 60 mm. Wegen der elastischen Lagerung des Glasvorhanges erfolgt auch bei Zerstörung von zwei nebeneinanderliegenden Glasscheiben kein Kollaps des gesamten Systems.

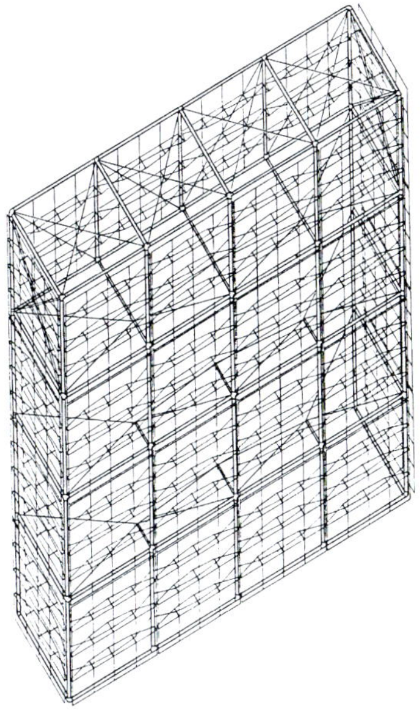

4 Innenraum

5 Tragwerk-Isometrie
6 Innenraum

Konstruktive Durchbildung
Elemente / Details

Edelstahlrohre mit einem Durchmesser von 300 mm bilden das Primärtragwerk. Ihre Verbindung untereinander erfolgt mit verschweißten Gußelementen.

Die elastische Lagerung der oberen Glasscheiben erfolgt über mittig angeordnete Federanschlüsse. Die H-Halter, die alle weiteren Scheiben miteinander und mit der Hinterspannung verbinden, wurden aus Stahlguß hergestellt und sind in drei Richtungen justierbar. Die Scheiben werden über Gelenke in der Glasebene angeschlossen, um eine momentenfreie Krafteinleitung zu ermöglichen.

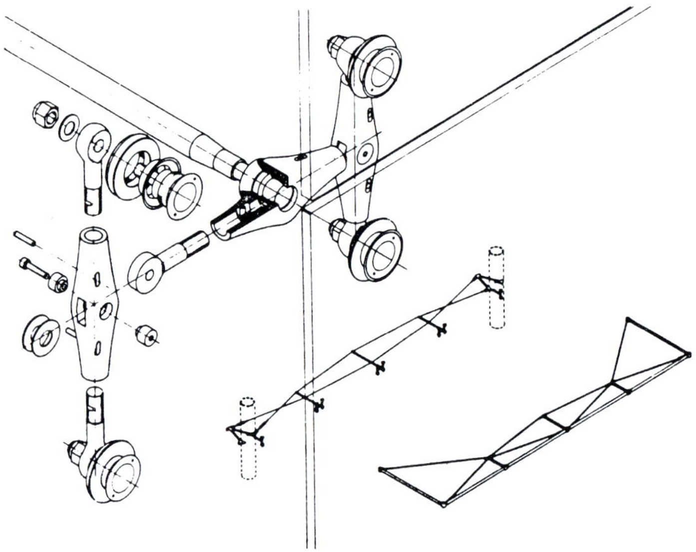

7 Systemzeichnung: Glashalterung / Hinterspannung der Glasfläche und Gesamttragwerk
8 Tragwerk des Glasvorhanges

Konstruktive Durchbildung
Glas

Die Verglasung besteht aus 2 x 2 m großen ESG-Scheiben. Sie tragen das Eigengewicht der Glasfassade als Zugkraft in Scheibenebene in das Primärtragwerk ab.

Die Fugen der Fassade wurden mit transparentem Silikon geschlossen.

Kommentar

Die konsequente Anwendung des Prinzips Hinterspannung für Glasfassaden und die Entwicklung einer gelenkigen Glaslagerung mit Punktbohrungen führten zu einem für den Konstruktiven Glasbau epochalen Bauwerk, das wesentlich zur Durchsetzung solcher transparenten Konstruktionen beigetragen hat.

9 Eckbereich
10 Fassadeninnenansicht

Paris

Glasbauten „Parc André Citroen“

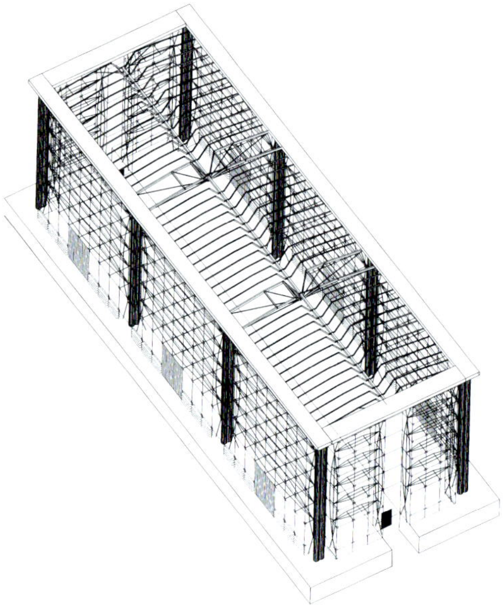

Daten

Ort / Jahr	Paris, 1992
Standort	Parc André Citroen
Bauherr	Direction des Parcs, Jardins et Espaces Verts de la ville de Paris
Architekt	P. Berger
Ingenieur	Rice-Francis-Ritchie
Ausführende	Eiffel

Aufgabe / Konzept

Als „städtischer Garten“ zur „Repräsentation und Rekreation“ wird der Park von einer zentralen Rasenfläche, umrahmt mit einem Wassergraben, gebildet. Zwei Gewächshäuser als Kopfbauten bilden den Eingang. Sieben kleine Gewächshäuser flankieren eine Seite des Parkes.

Die beiden großen Gewächshäuser haben bei einem Raster von 15 x 15 m eine Größe von 15 x 45 m und sind 15 m hoch. Entwurfsideen waren der Gegensatz zwischen alten und neuen Baumaterialien, ausgedrückt durch die Verwendung von Stein für den Sockel und Holzstützen im Gegensatz zu den modernen Materialien Edelstahl und Glas, sowie der Dialog zwischen Architektur und Natur.

Die kleinen Gewächshäuser wurden für verschiedene Themen konzipiert und haben bei einer Höhe von jeweils 9 m eine Größe von 8 x 6 m.

1 System-Isometrie
2 Eines der beiden Gewächshäuser

Tragwerk

Das Haupttragwerk der großen Gewächshäuser wird von je acht Holzstützen mit einer Höhe von 15 m gebildet. Auf diesen Stützen liegen umlaufende Stahlträger, die die einfach unterspannte Konstruktion des Satteldaches und seine Verglasung tragen.

Die Fassaden werden von hängenden Glaswänden geschlossen: Die 15 x 15 m großen Felder zwischen den Stützen sind in neun horizontale und sieben vertikale aneinanderhängende Glasscheiben unterteilt. Die unteren Scheiben hängen an den oberen, die elastisch mit dem Haupttragwerk verbunden sind.

Die Stabilisierung gegen Wind erfolgt über ein doppeltes Seilverspannungssystem: Vertikale Seilträger halten horizontale Rohrträger, die für Zug und Druck horizontal hinterspannt sind. Das Gewicht dieser Träger wird von Zugseilen in das Haupttragwerk eingeleitet. Die Stirnseiten sind durch Einbuchtungen für die vom Subtragwerk unabhängig eingestellten Türen unterteilt.

3 System des Fassadentragwerkes
4 Innenraum

Konstruktive Durchbildung
Elemente / Details

Die Stützen des Haupttragwerkes bestehen aus Holz, die Randprofile des Daches aus Stahl.

Das Fassadentragwerk wird aus Edelstahlseilen und verschweißten Rundrohren gebildet. Die Verbindung der Glasscheiben untereinander erfolgt mit an den Trägern angeschlossenen X-förmigen Edelstahlhaltern. Der Anschluß der Scheiben geschieht durch in Scheibenebene gelenkige Punkthalter. Im Bereich des oberen Randes sind die Glasscheiben mit Federelementen elastisch aufgehängt.

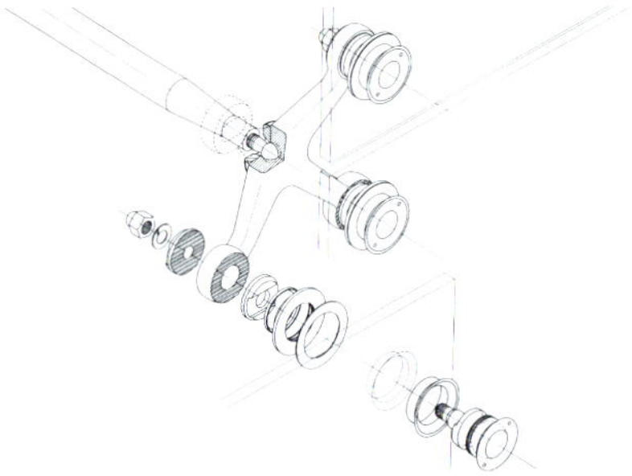

5 Kopfpunkt der Glasfassade mit elastischer Lagerung
6 Punkthalter im Detail
7 Horizontalträger und Glashalter

8 Elastisches Eckprofil

9 Blick durch zwei Glasfassaden im Eckbereich

Konstruktive Durchbildung
Glas

Die ESG-Scheiben haben eine Größe von ca. 1,50 x 2,20 m und sind an allen vier Ecken mit Bohrlöchern für die gelenkigen Punkthalter versehen. Auch bei dieser hängenden Glaswand tragen die oberen Scheiben das Gewicht der unteren als Zuglast in das Haupttragwerk ab.

Die Fugen sind mit Silikon geschlossen. In den Eckbereichen sind zur Aufnahme von Wärmedehnungen elastische Kunststoffprofile eingeklebt.

Kommentar

Obwohl die Baukörper freistehen und so die Glaswände gegen den Himmel ihre Transparenz entfalten können, erreicht dieses Projekt in der Konstruktion nicht die Filigranität der Vorgängerbauten (Wintergärten der Cité des Sciences et de l'Industrie – Parc de la Villette), da druckbelastete Elemente in der Horizontalebene verwendet wurden.

Fragwürdig erscheint auch die Dauerhaftigkeit der elastischen Kunststoffprofile im Eckbereich.

10 Fassade von innen
11 Blick durch zwei Fassadenebenen

Paris

Inverse Pyramide des Louvre

Daten

Ort / Jahr	Paris, 1993
Standort	Louvre
Bauherr	EPGL
Architekt	I. M. Pei
Ingenieur	Rice-Francis-Ritchie
Ausführende	Eiffel / SIV

Aufgabe / Konzept

Um die unterirdischen Laden- und Ausstellungsräume mit Tageslicht zu versorgen, wurde eine versenkte Pyramide, die wie ein Lüster mit skulpturalem Charakter erscheinen sollte, konzipiert.

Die Öffnung im Boden hat eine Größe von 13 x 13 m, die Konstruktionshöhe der Pyramide beträgt 8 m.

1 Pyramide als skulpturaler Glaslüster

2 Glaspyramide im Untergeschoß

Tragwerk

Das Tragwerk, welches die Bodenöffnung schließt, besteht aus zwei diagonal verlaufenden Scharen von jeweils sechs fischbauchförmig unterspannten Trägern. In dieses System sind jeweils vier einfach unter- bzw. überspannte Stützen eingefügt, die zusammen mit den Hauptträgern jeweils neun Scheiben der Eindeckung tragen.

Die Pyramide wird aus vier Glasvorhängen in Form der Pyramidenflächen gebildet. Die rautenförmigen Scheiben hängen aneinander und sind in ihren Ecken verbunden.

Um das Ausbeulen der Flächen zu verhindern, befindet sich im Inneren der Pyramide ein System aus zwei Ebenen mit je vier untereinander mit Diagonalverspannungen ausgesteiften Luftstützen, die räumlich zum Rand der Öffnung abgespannt sind. Von diesem System verlaufen Seile in das Zentrum der einzelnen Scheiben und verhindern deren Ausweichen. Die Vorspannung in den Seilen entsteht nur durch das Eigengewicht der Verglasung.

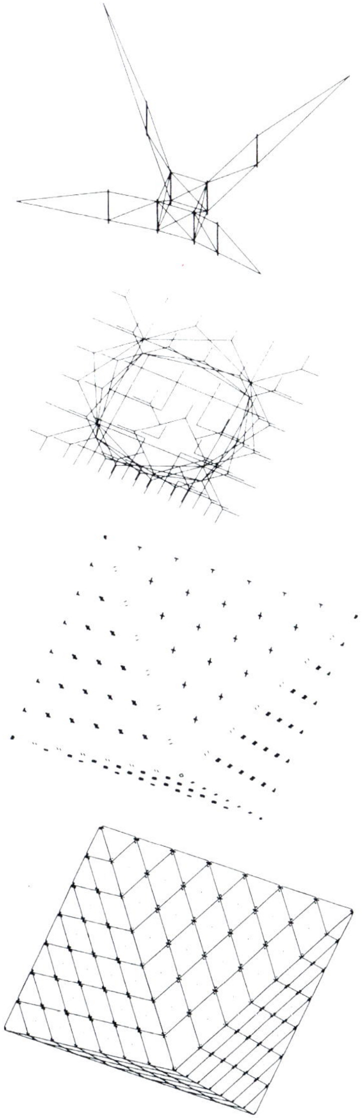

3 Explosions-Isometrie des Pyramidentragwerkes

4 Blick ins Tragwerk

Konstruktive Durchbildung
Elemente / Details

Das Tragwerk der Bodenöffnung besteht aus Rundstäben und Spannseilen. Die Fassung der Glasscheiben erfolgt über Pyramiden aus Flachstahl und durch die Fugen verschraubte Anpreßstäbe.

Die Scheiben der Pyramide sind untereinander mit Edelstahlkreuzen und gelenkigen Verschraubungen verbunden. Die Halterung in der Mitte der Scheiben erfolgt mit Edelstahlpunkthaltern. An den Graten der Pyramide sind die Scheiben ebenfalls mit Edelstahlpunkthaltern verbunden.

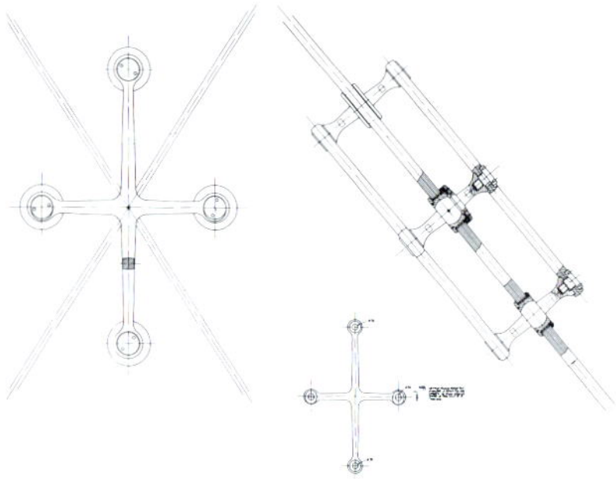

5 Edelstahlhalter der Grate

6 Verbindung mit Edelstahlkreuzen
7 Detailzeichnung der Edelstahlkreuze
8 Pyramidengrat mit Edelstahlhaltern und Haltern in Scheibenmitte

Konstruktive Durchbildung
Glas

Die 170 m² große Verglasung der Bodenöffnung besteht aus 30-mm-VSG, aufgebaut aus drei Scheiben. Sie übernimmt neben der Belastung aus Verkehrslasten, Schnee und eventuellen Personenlasten die Stabilisierung der Stützen des Tragwerkes, um ein Kippen zu verhindern.

Die Pryamide ist mit 210 m² rautenförmigen 10-mm-VSG-Scheiben verglast, die aneinanderhängend einen Teil ihres Eigengewichtes als Normalkraft in Scheibenebene abtragen.

Die Fugen der Pyramidenscheiben sind, um eine Luftzirkulation zu ermöglichen, nicht versiegelt.

Kommentar

Die inverse Pyramide ist eine der wenigen tatsächlich räumlichen Konstruktionen, bei der Glas eine tragende Funktion übernimmt.

9 Pyramidenspitze
10 Blick durch Pyramide und Bodentragwerk

Paris	Maison de la RATP
Daten	
Ort / Jahr	Paris, 1995
Standort	54 Quai de la Rapée
Architekt	Sirvin et Associés
Ingenieur	S.G.T.E. / Arcora
Ausführende	Quatre Chemins

Aufgabe / Konzept

Der Neubau des Verwaltungsgebäudes der Pariser Verkehrsbetriebe (Régie autonome des transports parisiens) beinhaltet mit seinen ca. 97000 m^2 Fläche auf 17 Etagen eine „innere Straße" zur Durchquerung des Gebäudes mit acht Büroetagen, einer Tiefgarage sowie Logistik- und Infrastruktureinrichtungen. Des weiteren soll die Verbindung zu der zukünftigen Métrostation der Météor-Linie erfolgen.

Ein neungeschossiger Glaskubus markiert den Eingang zum inneren Erschließungsbereich am Quai de la Rapée.

1 Frontfassade mit Glaskubus

2 Ansicht: Glaskubus

Tragwerk

Der Glaskubus hat eine Höhe von 28 m, eine Tiefe von 10 m und ist 6 m breit. Er wird von fünf horizontalen Stahlrohrrahmen im Abstand von 6,20 m getragen, die diagonal ins Haus zurückverspannt sind. Die umlaufenden Rahmen bestehen aus Vierendeelelementen aus Rundrohren. Die Scheiben der hängenden Verglasung sind an vertikalen Zugstäben befestigt, über die ihr Eigengewicht in die Vierendeelrahmen abgeleitet wird. Der vertikale Rahmenabstand entspricht dabei der Größe von vier Scheibenformaten.

Die Windlasten werden durch vertikale Glasschwerter aufgenommen. Sie bestehen aus drei Teilen, von denen die oberen und unteren als Zangenkonstruktion ausgeführt wurden, die das mittlere Glasschwert halten. Die Verbindung der Schwerter mit der Fassadenverglasung erfolgt über gelenkige Punkthalter. In den Eckbereichen werden die Windlasten durch Rundrohre aufgenommen.

3 Fünf horizontale Rahmen des Glaskubus mit Rückverspannung

4 Rahmentragwerk des Glaskubus mit Schwertern

Konstruktive Durchbildung
Elemente / Details

Die Vierendeelrahmen wurden aus Rundrohren hergestellt, die Rückverspannung bilden Stahlseile.

Die H-förmigen Glashalter bestehen aus Edelstahl. Sie sind in der Glasebene gelenkig fixiert und halten die Scheiben über Senkkopfschrauben in Punktbohrungen jeweils in den Ecken. An den H-Haltern sind die Edelstahlzugstangen angeschlossen, die das Eigengewicht der Scheiben in die Rahmen abtragen. Über Laschen mit einem Bolzen sind die Glasschwerter mit den Scheiben verbunden.

Der Fuß- und Kopfpunkt der Glasschwerter besteht ebenfalls aus Laschen, die mittels eines Bolzens die Schwerter halten.

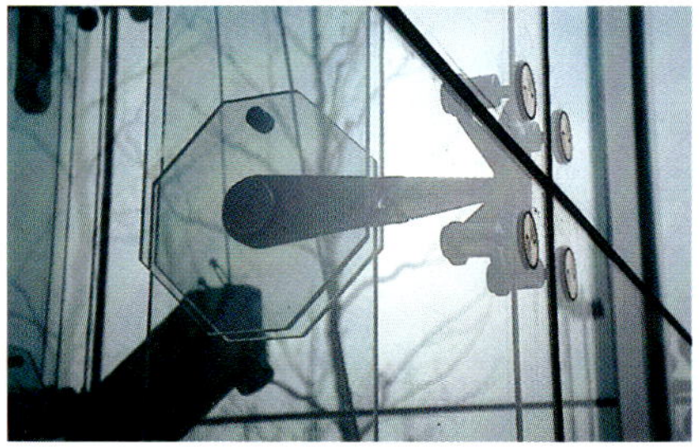

5 H-Halter mit Anschluß an das Glasschwert
6 Fußpunkt eines Glasschwertes

7 H-Halter
8 Glashalterung mit „halben H-Haltern“ im Eckbereich

Konstruktive Durchbildung
Glas

Die Fassadenverglasung besteht aus 1,50 x 2,00 m großen Glastafeln. Die Lasteinleitung erfolgt über die vier Punktbohrungen in den Ecken.

Die Glasschwerter haben bei einer Breite von ca. 0,40 m eine Länge von ca. 1,70 m oder 3,40 m. Sie bestehen aus ESG.

9 Glaskubus vom Eingangsbereich aus

10 Eindruck der Transparenz

Restaurant „Maison Blanche“

Daten

Ort / Jahr: Paris, 1991
Standort: 15 Avenue Montaigne

Bauherr: SITECE – SCIC AMO
Architekt: B. de Kosmi, G. Fanti, A. Kechichian
Ingenieur: Beaulieu
Ausführende: Eiffel

Aufgabe / Konzept

Der Neubau des Restaurants befindet sich auf dem Dach des Théâtre des Champs-Elysées. Er ist ein wenig zurückversetzt, um von der Straße nicht direkt erkennbar zu sein. Bis auf die Südfassade, die mit einem vorspringenden Glaskasten das Panorama der Stadt zelebriert, sind alle Seiten geschlossen.

Da die zusätzlichen Lasten von den bestehenden Gebäuden nicht aufgenommen werden konnten, mußten sechs völlig entkoppelte Pfeiler durch die Gebäude geführt werden. In einem der Pfeiler befindet sich der Aufzug zur Erschließung, die durch einen vom Theater separaten Eingang erfolgt.

1 Blick aus dem Restaurant

Tragwerk

Der vorspringende Glaskasten besteht aus drei Feldern, die von vier zu einem Vierendeelträger verbundenen Rahmen gebildet werden. Er hat die Abmessungen 23,00 x 5,50 m und kragt um 1,50 m aus.

Die Stirnseite ist mit einer hängenden Glaswand geschlossen, die durch 3 x 7 aneinanderhängende Scheiben gebildet wird. An den oberen elastisch gelagerten Scheiben sind die jeweils unteren beiden Scheiben angehängt. Die Stabilisierung gegen Windlasten erfolgt durch horizontale Hinterspannungen für Druck und Sog.

2 Rahmentragwerk mit Seilhinterspannung und Verglasung

3 Blick aus dem Restaurant

Konstruktive Durchbildung
Elemente / Details

Das Rahmentragwerk des vorspringenden Fensters wurde aus Rundrohren gefertigt und vor Ort verschweißt.

Die hängende Glaswand ist am oberen Ende mit mittig in den Scheiben angeordneten Federn elastisch gelagert. Zur Ableitung der Windlasten in das Rahmentragwerk sind am oberen und unteren Ende der Fassade horizontal bewegliche Halter vorgesehen. Die Hinterspannung in Fassadenmitte wird durch Zugseile und Druckspreizen mit X-förmigen Haltern gewährleistet, die auch die Scheiben untereinander verbinden. Die Fassung der Glasscheiben erfolgt mit in der Scheibenebene gelenkigen Punktbohrungen.

4 Elastische Federlagerung am oberen Ende der Fassade
5 Druckspreizen mit X-förmigem Halter
6 Hinterspannung der Fassade im Kopfbereich
7 Horizontal bewegliche Halterung im Kopfbereich
8 Hinterspannung im Bereich der Rahmen

Konstruktive Durchbildung
Glas

Da es sich um eine hängende Glaswand handelt, tragen die oberen Scheiben der Fassade das Gewicht der unteren als Zuglast in die Rahmenkonstruktion ab.

Die Verglasung ist als ESG ausgeführt und besteht aus ca. 1,80 x 3,30 m großen Scheiben.

Die Fugen sind mit Silikon geschlossen.

Kommentar

Die Ähnlichkeit von Konstruktion und Detaillierung zum Projekt Cité des Sciences et de l'Industrie – Parc de la Villette ist offensichtlich.

9 Blick durch die Fassade

Paris | **Werkstätten des Louvre**

Daten

Ort / Jahr — Paris, 1993
Standort — Louvre

Bauherr — Etablissement Public du Grand Louvre

Architekt — Brunet & Saunier
Ingenieur — O.T.H.
Ausführende – Glas — Sitraba

Aufgabe / Konzept

Die Werkstätten des Louvre für Konservierung, Dokumentation und Autentizitätsprüfung sind unterirdisch um einen Lichthof gruppiert. Dieser hat die Funktion, das Tageslicht zu den 120 Arbeitsplätzen zu leiten. Er hat eine Größe von 4 x 16 m und ist mit drei Geschossen 12 m tief. Geschlossen ist er mit einem um 3 % geneigten Glasdach, welches auf elf Glasträgern aufliegt.

Die Büroeinheiten sind mit Glaswänden aus VSG getrennt, um möglichst viel natürliche Belichtung zu ermöglichen. Interessant ist die diffuse Lichtstreuung der Trennwände, da die mittlere der drei Scheiben zerstört wurde.

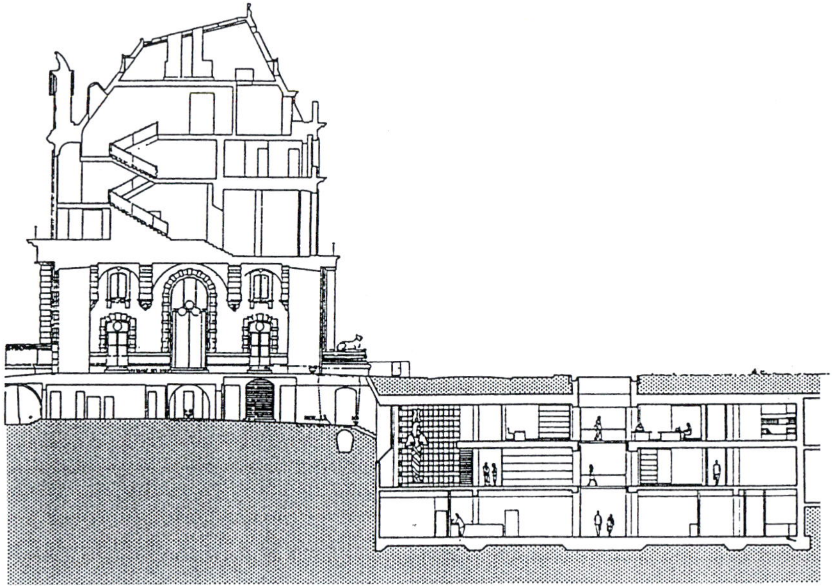

1 Gebäudeschnitt
2 Bürobereich mit Glastrennwänden

Tragwerk

Das Dach des Innenhofes wird von elf Glasträgern in einem Achsabstand von 1,40 m und der Glaseindeckung gebildet. Die Träger überspannen eine Distanz von 4,60 m.

Da eine solche Konstruktion in Frankreich noch nicht ausgeführt worden war, mußten umfangreiche Untersuchungen angestellt werden. Es stellte sich heraus, daß die vorgesehene Last von 5 kN/m^2 und die daraus resultierende Belastung von 30 bis 50 kN pro Glasträger bei weitem unter der tatsächlichen Tragfähigkeit mit bis zu 140 kN lag.

3 Innenhof mit Glasdach

Konstruktive Durchbildung
Elemente / Details

Die Glasträger sind mit U-förmigen Schuhen aus 15-mm-Flachstahl an ihren Enden gefaßt.

An die Glaseindeckung ist ähnlich dem Structural Glazing ein umlaufendes Aluminiumprofil geklebt, welches am Rand auf einem Rechteckrohr aufliegt. Auf diesem befindet sich im Bereich der Glasträger ein neoprengelagertes Aluminiumprofil, in welches die Glaseindeckung eingelegt ist. Durch Schrauben werden die Scheiben gesichert.

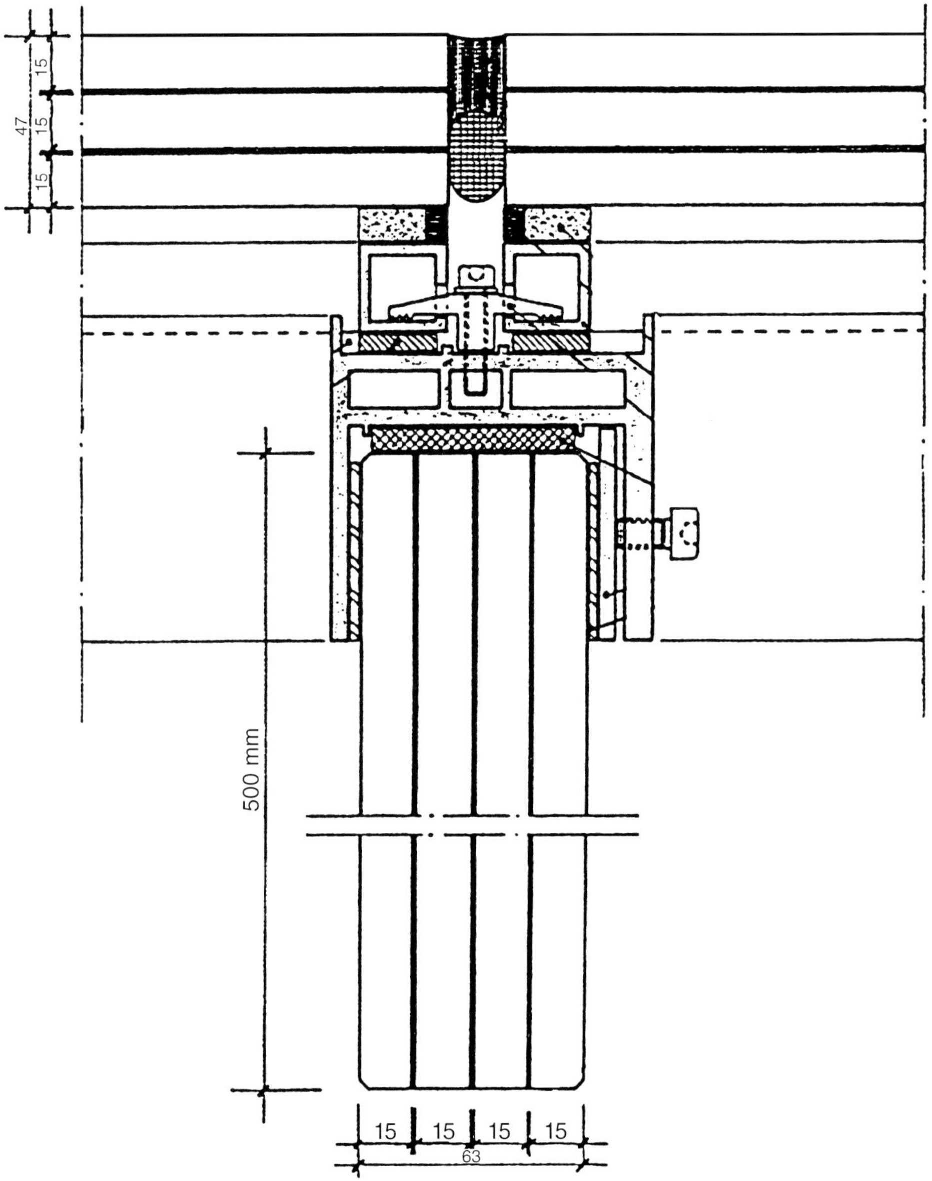

4 Detailschnitt: Glasbalken / Glasträger

Konstruktive Durchbildung
Glas

Die Glasträger wurden aus vier 15-mm-ESG-Scheiben hergestellt und haben eine Größe von 4,60 x 0,60 m. Die Glaseindeckung besteht aus drei 15-mm-ESG-Scheiben mit den Abmessungen 4,60 x 1,40 m.

Die Fugen sind mit Vorlegeband und Silikon versiegelt.

Kommentar

Das System erreicht durch die Fügung eine große Einfachheit. Die Transparenz wird jedoch etwas durch die Aluminiumprofile zwischen dem Glasträger und der Eindeckung gestört.

5 Innenhof mit Glasbrücken

Philadelphia

Refractive Light Spine

Daten

Ort / Jahr: Philadelphia, 1989

Standort: University City Science Centre

Bauherr: Redevelopment Authority of Philadelphia

Architekt: James Carpenter Design Associates mit V. Group

Ingenieur: R. Silman Associates

Ausführende – Stahl: Navtec Inc.

Aufgabe / Konzept

Bei dem Projekt handelt es sich um eine von mehreren Skulpturen, bei denen dichroitische Gläser mit seilverspannten Strukturen kombiniert wurden.

Die ca. 16 x 6 m große Skulptur, die sich im Eingangsbereich eines sechsgeschossigen Gebäudes befindet, besteht aus 36 Glasscheiben. Diese reflektieren die Landschaft in das Gebäude und zerlegen das Licht durch einen Interferenzvorgang in seine Spektralfarben.

1 Räumliche Glasskulptur

Tragwerk

Ähnlich den von R. Buckminster Fuller entwickelten Tensegrity-Strukturen besteht die Glasskulptur aus sich in der Spitze treffenden Glasdreiecken als Druckelementen und einer Seilverspannung.

Je zwei Scheiben ergeben einen ca. 1,50 x 1,50 m großen Würfel; je neun werden zu zwei Türmen gestapelt und mit Seilen verspannt. Die Glasscheiben nehmen die im System aus der Vorspannung vorhandenen Druckkräfte auf. Das Gewicht der Konstruktion wird durch die vorgespannten Seile in die Decke abgeleitet. Sechs parabolische Seile stabilisieren das System gegen horizontale Lasten.

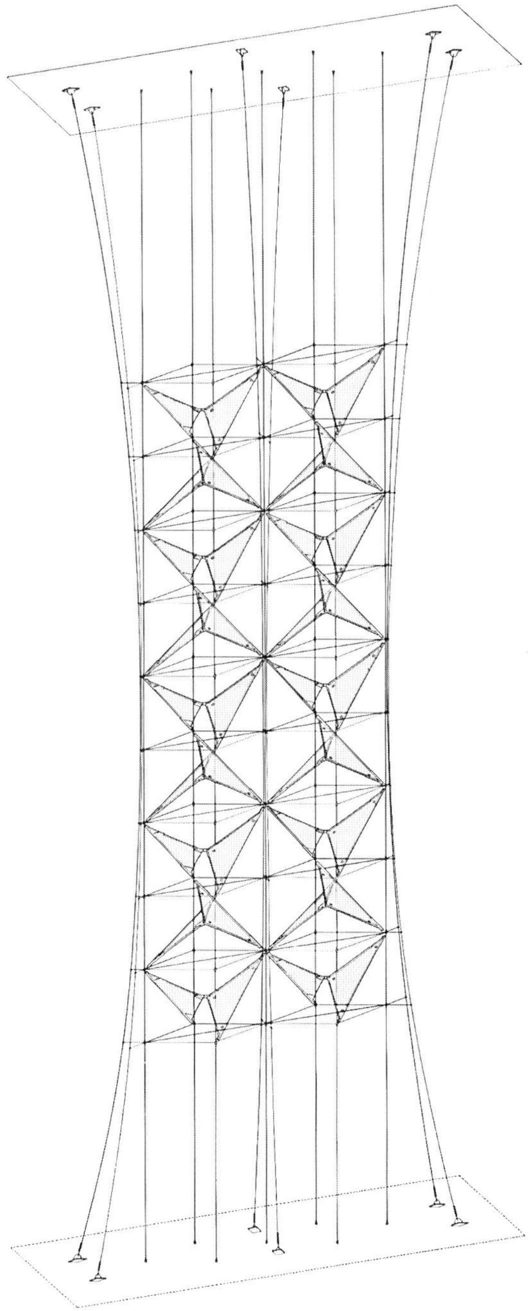

2 Perspektive des Tensegrity-Systems

Konstruktive Durchbildung
Elemente / Details

Die Edelstahlseile sind mit speziellen Edelstahlknoten verbunden. Der Anschluß der Glasscheiben an das System erfolgt über Aluminiumhalter, die die Drucklast aus dem Glas in den Ecken aufnehmen. Sie sind mit einer Schraube fixiert. Untereinander sind die Scheiben gelenkig mit Aluminiumhaltern verbunden.

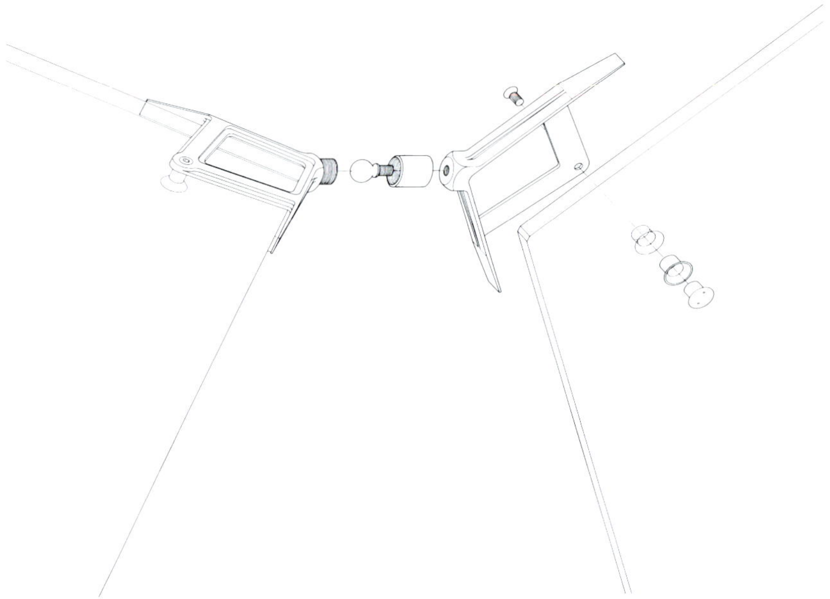

3 Verbindungspunkt der Glasscheiben
4 Ausschnitt der Konstruktion

Konstruktive Durchbildung
Glas

Bei dem verwendeten Glas handelt es sich um VSG aus 3-mm- / 6-mm- / 3-mm-Floatglas, das untereinander mit einer PVB-Folie verbunden ist.

Die Scheiben sind dichroitisch beschichtet, um die gewünschte Reflexion bzw. Zerlegung des Lichtes in seine Spektralfarben zu erzeugen.

Kommentar

Das räumliche Tensegrity-System der Glasskulptur wurde sowohl gestalterisch als auch konstruktiv konsequent umgesetzt.

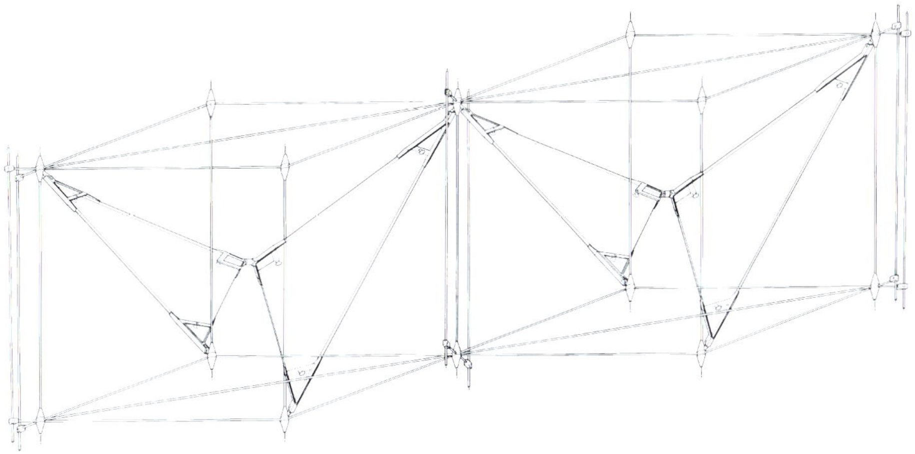

5 Zwei tensegre Würfel
6 Reflexionen der dichroitisch beschichteten Gläser

Rennes

Banque Populaire de l'Ouest

Daten

Ort / Jahr	Rennes, 1990
Standort	Montgermont / Rennes
Bauherr	Banque Populaire de l'Ouest et de l'Armorique
Architekt	O. Decq & B. Cornette
Ingenieur	Rice-Francis-Ritchie
Ausführende	Eiffel / PMB

Aufgabe / Konzept

Der Neubau der Bank besteht aus zwei Baukörpern, von denen der längere mit einer ca. 100 m langen Glasfassade auf der Südseite versehen wurde.

Sie sollte maximale Transparenz bieten und trotzdem Büro- und Computerarbeitsplätze ermöglichen. Entsprechend mußte für ausreichenden Sonnenschutz gesorgt werden. Aus diesem Grund wurde das Tragwerk nach außen gelegt: Ein Gerüst mit 9 x 12 m großen Rasterfeldern steht ca. 2 m vor der Fassade, die so stabilisiert wird. Der Sonnenschutz wird an dem Gerüst montiert.

1 Südansicht mit Glasfassade und Gerüst

Tragwerk

Die Glaswand der Fassade besteht aus je fünf aneinanderhängenden Scheiben, von denen die oberste elastisch mit dem Fachwerkträger verbunden ist, der über Konsolen die Last in das Tragwerk des Hauses einleitet.

Vor der Glaswand steht ein Gerüst aus Doppelrohrmasten mit einem Abstand von 12 m und einem Fachwerkträger als Querbalken. Zwischen den Masten befinden sich je drei horizontale Balken, die über 1,50 m lange Druckstäbe mit der Glaswand verbunden sind. Winddruck und -sog werden von den Balken aufgenommen, die mit einer liegenden fachwerkartigen Unterspannung versehen sind. Ihr Eigengewicht wird über V-förmige Zugstangen in den oberen Fachwerkträger eingeleitet.

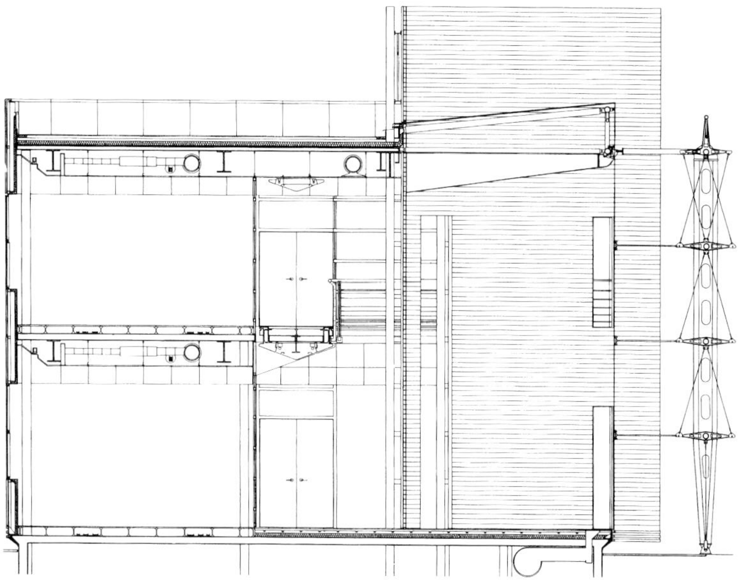

2 Gebäudeschnitt mit Glasfassade (rechts)
3 Zwischenraum Gerüst – Glaswand

4 Innenraum mit leicht geschwungenem Eingangsbereich

Konstruktive Durchbildung
Elemente / Details

Die Glaswand ist mit Federn elastisch an den aus Rundrohren gefertigten Fachwerkträger angeschlossen. Die Konsolen sind als I-Profil-Träger ausgebildet.

Das Gerüst vor der Glaswand besteht aus verschweißten Rundrohren und Edelstahldruckstäben. Die Fassung des Glases erfolgt mit X-förmigen Haltern und in der Glasebene gelenkigen Bolzen. Der Druckstab ist ebenfalls gelenkig angeschlossen.

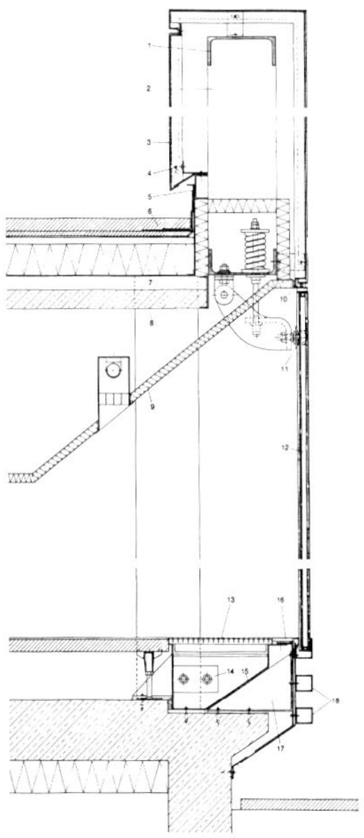

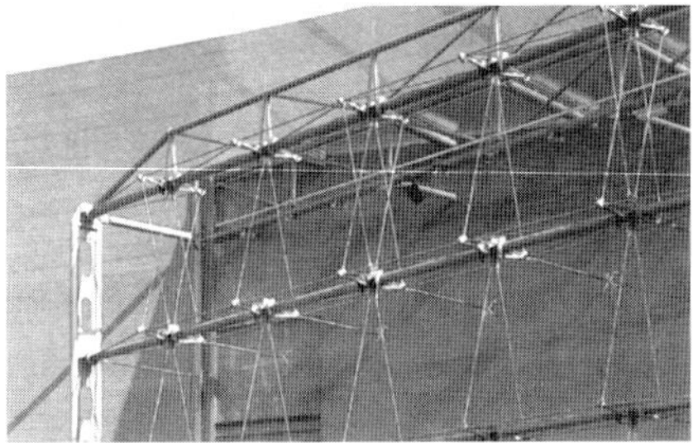

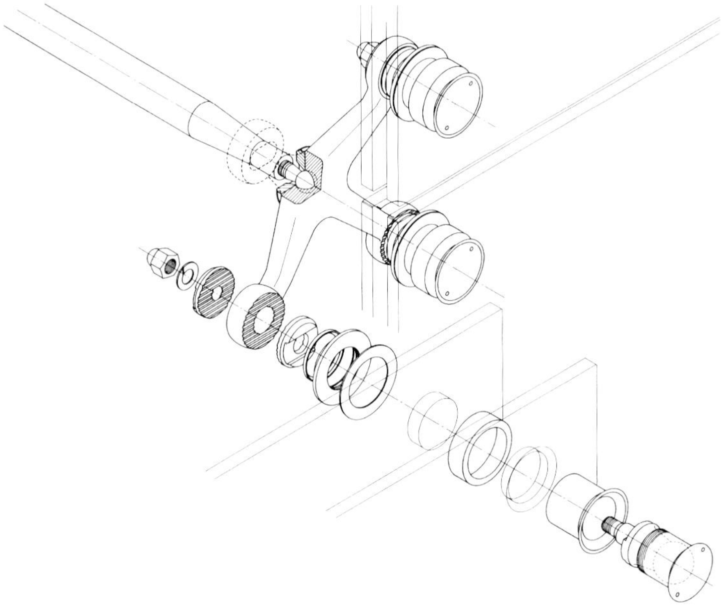

5 Fassadenschnitt im Bereich der Büros mit Federlagerung der Glasscheiben

6 Ausschnitt Fassadenkonstruktion
7 Explosionszeichnung: Glashalter / Isolierglasscheiben

Konstruktive Durchbildung
Glas

Die ESG-Verglasung aus 2 x 2 m großen Scheiben ist im Eingangsbereich als Einfachverglasung, im Bereich der Büros als Isolierverglasung ausgeführt. Da alle Scheiben nur in den Ecken punktweise gehalten sind, mußten auch die Isolierglasscheiben erstmalig mit Punktbohrungen und verklebten Aluminiumabstandhaltern versehen werden.

Kommentar

Die Transparenz, die in ähnlichen Projekten (Wintergärten der Cité des Sciences et de l'Industrie – Parc de la Villette u. a.) erreicht wird, leidet unter dem aufwendigen vorgestellten Gerüst.

8 Innenraum im Eingangsbereich

Rhode Island

Fresnel Ring

Daten

Ort / Jahr	Rhode Island, 1997
Standort	Rhode Island Convention Centre
Bauherr	Rhode Island State Council of the Arts
Architekt	J. Carpenter Design Associates
Ingenieur	Arup Associates
Ausführende	Tripyramid Structures / John Depp Inc. / Sabre Yachts

Aufgabe / Konzept

Der frei unter der Decke der ca. 20 m hohen Eingangsrotunde des Rhode Island Convention Centre schwebende Glasring basiert auf Untersuchungen aus dem 19. Jahrhundert von August Fresnel, der zur Lichtbündelung, beispielsweise für Leuchttürme, fokussierende Glaselemente entwickelte.

Die entsprechende Anordnung der Scheiben sowie ihre dichroitische Beschichtung führen zu einem je nach Tages- und Jahreszeit wechselnden Lichtspiel. Nachts wird der Innenraum durch Beleuchtung des Kunstwerkes erhellt.

1 Eingangshalle mit gläsernem Ring

Tragwerk

Die Konstruktion des Glasringes besteht aus 36 gekrümmten Carbonrippen, zwischen die gläserne Druckstäbe geklemmt wurden. Um diese unter Druck zu halten, wurden umlaufende Zugseile eingefügt. Ein Rundrohr faßt die Rippen an ihrem oberen Ende. Es dient als Torsionsring, um die Lasten der Konstruktion in die Abspannpunkte zu leiten. Als Form entsteht so ein Ausschnitt einer Rotationsparabel mit einem Durchmesser von ca. 14 m und einer Höhe von ca. 2 m.

Jeweils drei der 18 Aufhängungspunkte des Ringes werden zusammengefaßt und so vom Dachtragwerk abgehängt, daß kein Schwingen der Konstruktion entstehen kann.

Um die Standsicherheit des Systems nachzuweisen, wurden Belastungsversuche mit der 1,5fachen Last, simuliert durch mit Wasser gefüllte Eimer, durchgeführt.

2 Ausschnitt der Konstruktion

Konstruktive Durchbildung
Elemente / Details

Die Rippen des Systems wurden von einem Bootsbauer aus Carbon-Fiberglas hergestellt. Sie sind am oberen Ende mit einem Stahlrohr verbunden.

Der Anschluß der Glasscheiben erfolgt über Aluminium-Klemmelemente und Edelstahlzugseile.

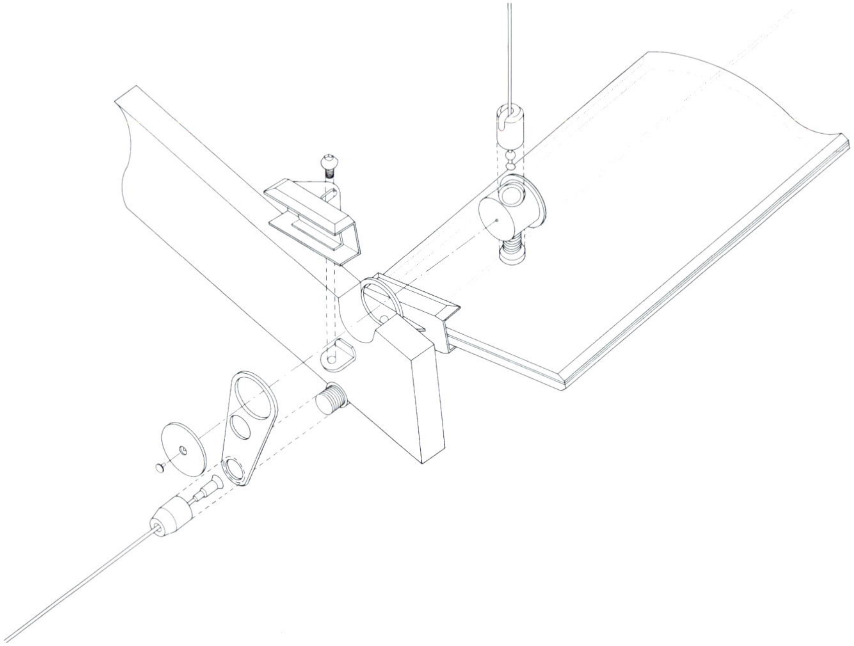

3 Explosionszeichnung: Detail
4 Ausschnitt: Detail

Konstruktive Durchbildung
Glas

Die 252 VSG-Scheiben bestehen aus je einer oberen Scheibe von 4 mm und einer unteren von 8 mm. Sie sind dichroitisch beschichtet, um für das gewünschte Lichtspiel das auftreffende Licht in seine Spektralfarben zu zerlegen.

5 Schwebender Glasring

Rotterdam

Glasbrücke

Daten

Ort / Jahr	Rotterdam, 1994
Standort	Watertorenweg 36
Bauherr	Kraaijvanger & Urbis
Architekt	D. J. Postel – Kraaijvanger & Urbis
Ingenieur	R. Nijssen – ABT
Ausführende	Alverre / VEGLA

Aufgabe / Konzept

Absolute Transparenz im Kontrast zu der sonst expressiven Fassade der Gebäude war das Entwurfsziel für den Verbindungssteg zwischen den beiden Trakten des Architekturbüros. Dementsprechend wurde der Steg vollständig aus Glas konzipiert und ausgeführt. Er befindet sich im ersten Stock und überspannt 3,20 m. Seine Höhe beträgt 2,30 m, die Breite 1,3 m.

1 Glasbrücke

Tragwerk

Auf zwei Glasträgern, deren Form der Momentenlinie folgt, liegt die Bodenplatte auf. Die seitlichen Wände sind an den bestehenden Gebäuden mit kräftigen Haltern fixiert und tragen das Dach. Alle Scheiben sind untereinander mit speziellen Punkthaltern verbunden.

Um bei Glasbruch Scheiben austauschen zu können, ohne die gesamte Brücke demontieren zu müssen, wurden zusätzlich zu den Wänden, die als geschoßhohe Träger für die Brücke ausreichen würden, die unteren Träger vorgesehen.

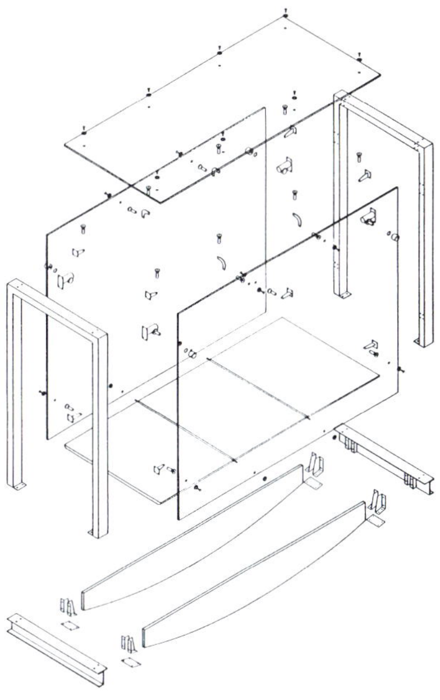

2 Explosions-Isometrie
3 Glasbrücke von unten

4 Auflager und Anschluß an das Haus

Konstruktive Durchbildung
Elemente / Details

Die Glasträger werden von 10 mm starken Stahlblechen gefaßt. Sie schließen an die am Haus befestigten U-Profile an.

Die Glasscheiben sind untereinander mit übereck verlaufenden Platten aus 7-mm-Edelstahl und Punkthaltern verbunden. Diese besitzen Gelenke außerhalb der Scheibenebene, um Biegebelastungen im Glas zu verringern.

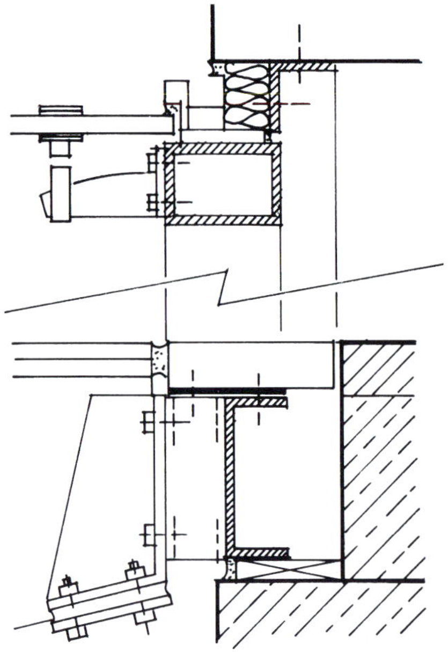

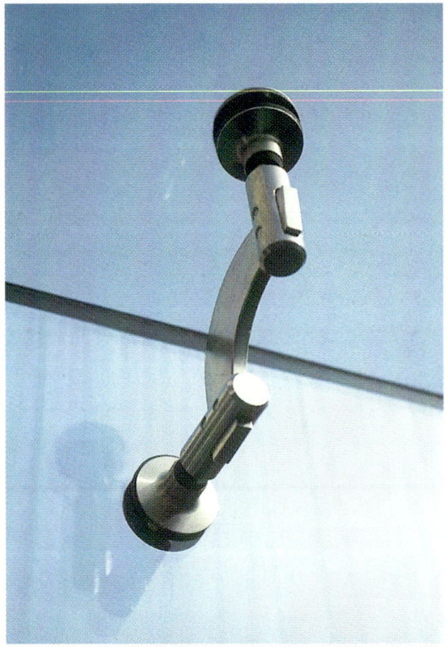

5 Detailschnitt: Hausanschluß
6 Fußpunkt mit Auflager der Träger

7 Fixierung der Scheiben untereinander
8 Kopfpunkt

Konstruktive Durchbildung
Glas

Die Träger wurden aus 3 x 10 mm starkem VSG hergestellt. Sie haben eine Länge von 3,08 m, sind 0,38 m hoch und mit einer Krümmung versehen, die einem Radius von 6,50 m entspricht. Die auf ihnen ruhende Bodenplatte besteht aus 2 x 15-mm-VSG und hat Abmessungen von 2,95 x ca. 1,30 m.

Die 2,30 m hohen Wandscheiben bestehen aus je einer inneren 10-mm-ESG-Scheibe und einer äußeren 6-mm TVG-Scheibe, verbunden zu einer VSG-Einheit. Die Dachscheibe hat den gleichen Aufbau. Dach- und Wandscheiben sind mit jeweils acht Punktbohrungen zur Fixierung versehen.

Kommentar

Bei diesem Projekt wird die Idee der „Glasbrücke“ konsequent umgesetzt.

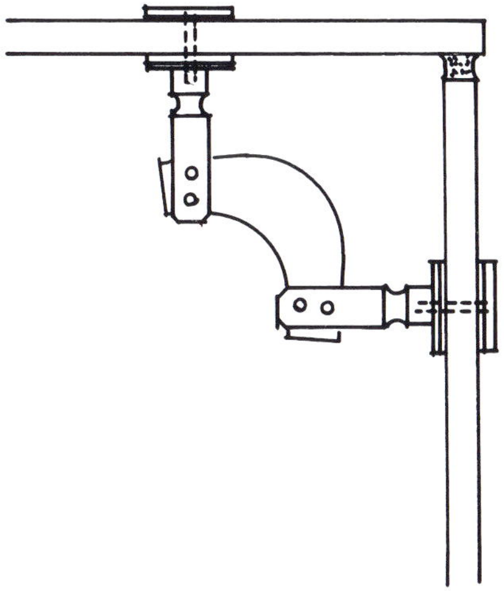

9 Detail der Fixierung der Scheiben untereinander
10 Glasbrücke von unten

Rotterdam

Nederlands Architectuurinstituut

Daten

Ort / Jahr: Rotterdam, 1993
Standort: Rochussenstraat

Bauherr: NAI
Architekt: J. Coenen
Ingenieur – Glasfassade: Oktatube
Ausführende: Oktatube

Aufgabe / Konzept

Das Architekturinstitut besteht aus drei Baukörpern. Das aufgeständerte Archiv paßt sich dem bogenförmigen Verlauf der Straße an, der Ausstellungskubus sowie der Büro- und Bibliothekstrakt mit der „Pergola“ sind zum Park hin orientiert. Das Foyer darunter wird von einer sich selbst tragenden Glasfassade umschlossen, die je nach Situation eine Höhe von 3, 6 oder 9 m besitzt. Die innenliegende Hinterspannung wurde vertikal angeordnet, um die vielen Türdurchbrüche zu ermöglichen.

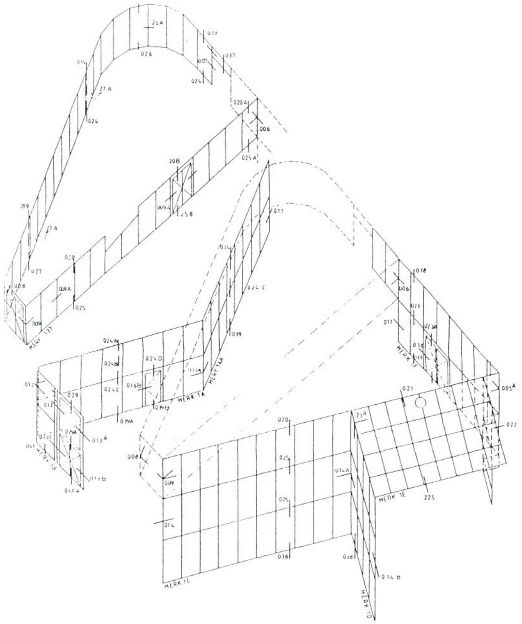

1 Isometrie der Fassadenverglasung
2 Parkseite des Architekturinstitutes

Tragwerk

Die Glasfassade besteht aus zwei Tragsystemen: Die Stabilisierung gegen Windlasten erfolgt über vertikale Hinterspannungen für Druck- und Zuglasten. Sie haben eine statische Höhe von $^{1}/_{10}$ der Fassadenhöhe und werden von horizontalen Zugstäben gegen seitliches Ausweichen gesichert.

Des weiteren verhindert die Hinterspannung das Knicken der Scheiben in der Ebene. Dies ist notwendig, da es sich hier um eine stehende Verglasung zu handeln scheint: Da der obere Anschluß der Fassade keine besondere Aufhängung vorsieht, im unteren Anschluß aber ein Auflager zu erkennen ist, muß von einer Fassade mit aufeinanderstehenden Glasscheiben ausgegangen werden. Bis zu drei Scheiben sind übereinander mit X-förmigen Punkthaltern jeweils in den Ecken verbunden, wobei in der Mitte noch eine zusätzliche Halterung vorgesehen wurde.

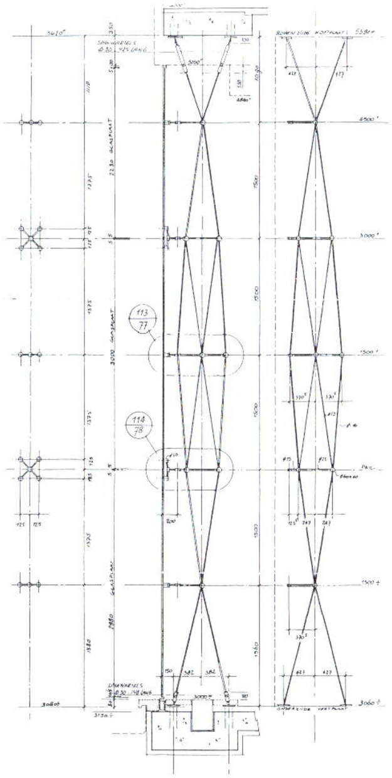

3 Ansicht / Schnitt der Fassadenkonstruktion

4 Fassadenkonstruktion im Bereich des Cafés

Konstruktive Durchbildung
Elemente / Details

Die Hinterspannung wurde aus verschweißten 12-mm-Zugstangen mit runden Knotenelementen gefertigt. An den Enden sind Gewinde zur Befestigung und Einleitung der Vorspannung vorgesehen. Die Horizontalzugstäbe haben einen Durchmesser von 16 mm. Als Druckstäbe für die Glashalter dienen massive 25-mm-Rundstahlprofile.

Der Glasanschluß erfolgt über X-förmige Halter aus Flachstahl mit runden Auflagern: Die Glasscheiben selbst sind mit Bolzen angeschraubt. Durch diese Verbindung werden die Lasten von Scheibe zu Scheibe übertragen.

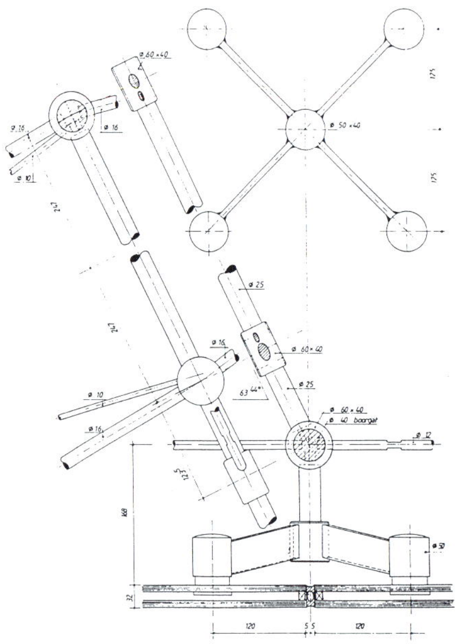

5 Detail: Glashalter
6 Untersicht Fassadenkonstruktion

7 Glashalter

Konstruktive Durchbildung
Glas

Die Scheiben haben im allgemeinen die Abmessung 1,50 x 3,00 m und sind an je sechs Punkten mit Punktbohrungen und Bolzen gehalten. Es handelt sich um Isolierglasscheiben aus 10 mm starkem ESG außen, einem 12 mm breiten Luftzwischenraum und 10 mm starkem ESG innen.

Die Fugen sind mit schwarzem Silikon versiegelt.

8 Eingangsbereich mit in die Fassade eingestellter Tür

St. Germain-en-Laye

Stadtverwaltung

Daten

Ort / Jahr	St. Germain-en-Laye, 1995
Standort	Rue Léon Désoyé
Bauherr	Ville de St. Germain-en-Laye
Architekt	Brunet & Saunier
Ingenieur	O.T.H. / Alto – M. Malinowski
Ausführende	Chantiers Modernes / Quatre Chemins

Aufgabe / Konzept

Der zentrale Innenhof der Gemeindeverwaltung wird von einem Glasdach überdeckt, das auf gläsernen Stützen ruht. In der Mitte befindet sich eine zum Innenraum schrägverglaste Öffnung.

Erstmalig wurden in diesem Ausmaß gläserne Stützen verwendet, um die Möglichkeit der hohen Druckbelastung des Glases auszunutzen. Zwölf Kreuzstützen tragen die 500 m^2 große Fläche mit einem Raster von 5,40 x 5,40 m.

1 Innenhof mit öffentlichen Schaltern

Tragwerk

Die gelenkig angeschlossenen Kreuzstützen mit einer Höhe von ca. 3,50 m und einer Breite von 0,25 m tragen ein Raster aus Stahlprofilen, auf dem wiederum das Rahmensystem der Dachverglasung aufliegt. Die horizontale Aussteifung erfolgt über den Anschluß an die seitlichen Baukörper.

Im Versagensfall einer Stütze besitzt das Raster der Stahlträger genügend Steifigkeit, um die zusätzliche Belastung aufzunehmen.

Die maximale Last auf den Stützen beträgt 6 t. Da der geforderte Sicherheitsfaktor 9 betrug, wurden die Stützen jedoch in Versuchen bis zum Bruch bei 46 t belastet.

2 Glasstütze mit schräg verglaster Öffnung im Hintergrund

3 Glasstütze und Dachtragwerk

Konstruktive Durchbildung
Elemente / Details

Die Stützen sind an Kopf- und Fußpunkt mit einem 140 mm hohen Stahlschuh gefaßt. Sie ruhen in diesem auf einem 8-mm-Neoprenlager, um den Kontakt von Stahl und Glas zu vermeiden.

Die Stahlträger wurden als IPE 240 ausgeführt und sind über Stahlplatten und zwei Bolzen gelenkig an die Stützen angeschlossen. Der Fußpunkt ist ebenfalls mit Stahlplatten und zwei Bolzen gelenkig ausgebildet.

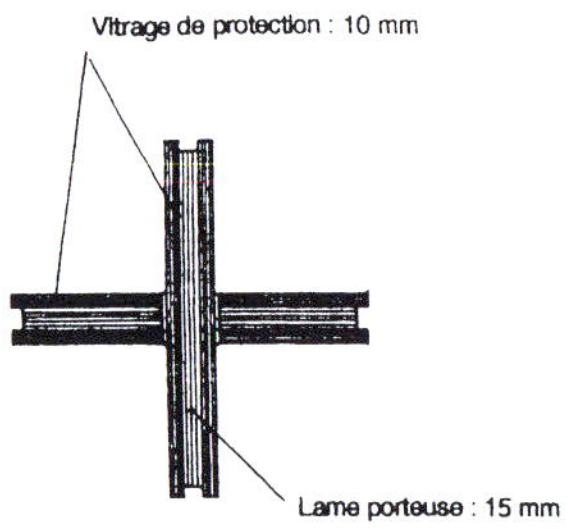

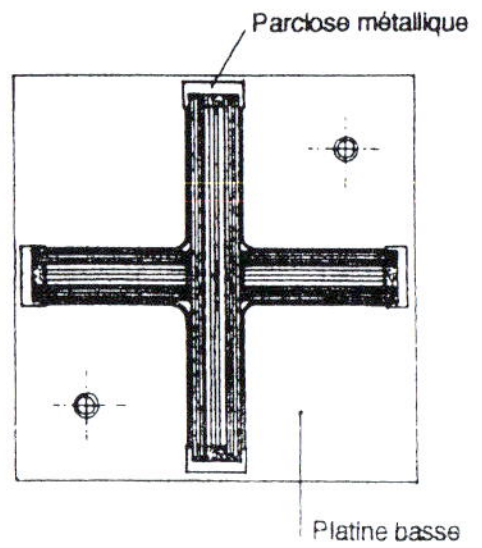

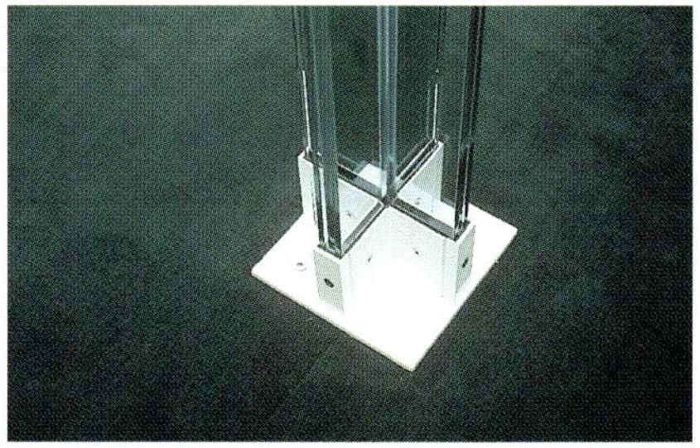

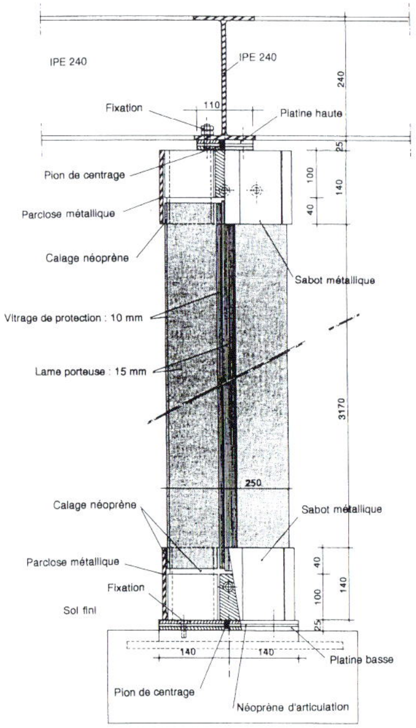

4 Grundriß: Glasstütze

5 Schnitt: Glasstütze / Auflager

6 Grundriß: Fußpunkt
7 Fußpunkt
8 Kopfpunkt

Konstruktive Durchbildung
Glas

Die Glasstützen bestehen aus einer 15-mm-ESG-Scheibe, die durch zwei seitlich aufgeklebte 10-mm-ESG-Scheiben geschützt ist. Das so entstandene VSG wird durch die seitlichen Flügel, ebenfalls aus VSG mit dem gleichen Aufbau, gegen Knicken stabilisiert.

Die tragenden mittleren Scheiben springen zurück, um gegen Zerstörung geschützt zu sein. Im Kopf- und Fußbereich stehen sie über, damit die Last nicht in die seitlichen Scheiben eingeleitet wird.

Kommentar

Bei diesem Projekt handelt es sich um die erstmalige Anwendung von gläsernen Stützen. Die Kreuzform der Stützen entspricht der Belastung.

Der gewünschte Eindruck eines ungestörten Raumes wird durch die große Transparenz der Glasstützen erreicht.

Stuttgart

Spielbank

Daten

Ort / Jahr	Stuttgart, 1996
Standort	Plieningstraße 150
Bauherr	Stella Musik AG
Architekt	Fiedler Aichele
Konstruktion Glasdach	R. Danz
Ingenieur Glasdach	DELTA-X
Ausführende	Metallbau Möckmühl

Aufgabe / Konzept

Der Neubau der Stuttgarter Spielbank fügt sich in das Gesamtensemble des Erlebniszentrums Stuttgart International mit seiner „modernen Formensprache" ein.

Der Bereich für das „Große Spiel" mit Restauration im Erdgeschoß und den Spieltischen im Untergeschoß hat einen separaten Eingang mit Glasvordach. Die Eingangsfront ist 12 m hoch und 10 m breit. Ein 4,50 m vorspringendes Dach schützt die Drehtür des Eingangs.

1 Eingangsbereich der Spielbank

2 Innenraum des Foyers

Tragwerk

Der Eingang wird von einer Glasfassade mit einem gläsernen Vordach gebildet. Die Fassade besteht aus sieben vertikalen und drei horizontalen Feldern und ist als Pfosten-Riegel-Konstruktion ausgeführt, bei der die beiden mittleren Riegel zur Aufnahme der Windlasten bogenförmig hinterspannt sind. Der Druckgurt dieses hinterspannten Trägers wird durch die eingesetzten Isolierglasscheiben stabilisiert. Die Hinterspannung erhält ihre Stabilisierung durch Zugstangen in der Stahlbetondecke, die auch das Eigengewicht des Systems tragen.

Das Vordach wird durch einen abgehängten fächerförmigen Trägerrost gehalten. Unter diesen Rost sind die Scheiben als unterspannte Träger gehängt, wobei das Glas die Obergurtlasten übernimmt. Bei Versagen einer VSG-Scheibe wird die Reststandsicherheit des Systems dadurch gewährleistet, daß sich die Scheibe auf die Unterspannung legt.

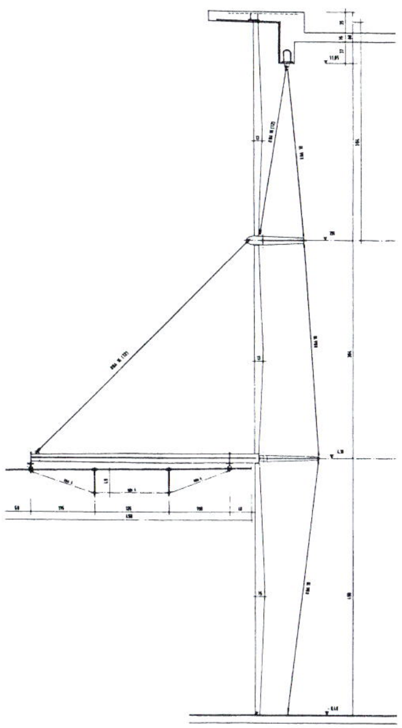

3 Fassadenschnitt

4 Unterspannte Glasträger
5 Untersicht Glasvordach

Konstruktive Durchbildung

Elemente / Details

Alle Stahlteile sind als Sonderelemente aus laserverschweißten 8 bis 10 mm starken Edelstahlblechen gefertigt. Die Pfosten der Fassade haben eine dem Momentenverlauf folgende Form. Als Zugelemente dienen Edelstahlstäbe mit Gewinden und Gabelterminals, die an Laschen angeschlossen sind. Die Verglasung liegt mit einem Kunststoffband direkt an den Pfosten an und ist außen an acht Punkten geklemmt.

Die Träger des Vordaches sind mit Schwertern durch die Glasfuge an die Fassadenstützen angeschlossen. Die untergehängte Verglasung ist mit gelenkigen Punkthaltern in Punktbohrungen fixiert. Da VSG-Scheiben verwendet wurden, die Bohrungen aber nicht exakt übereinanderliegen, wurden die Bolzen der Punkthalter mit flüssigem Kunststoff fixiert.

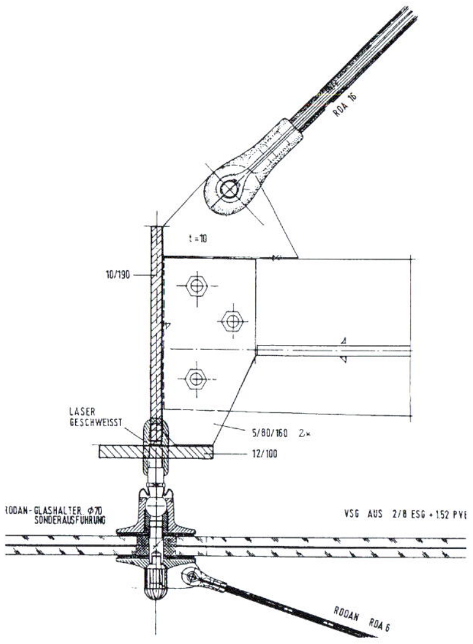

6 Vordachuntersicht von innen

7 Detail: Glasanschluß
8 Unterspannung mit Glashalter

Konstruktive Durchbildung
Glas

Die Fassadenverglasung, die auch das Fassadentragwerk aussteift, besteht aus bis zu 1,45 x 4,50 m großem Isolierglas, dessen innere Scheibe als VSG aus ESG hergestellt wurde.

Die Verglasung des Vordaches wurde aus VSG, bestehend aus 2 x 8-mm-ESG, hergestellt. Die Scheiben haben eine Größe von 1,45 x 4,50 m und sind mit 8 Punktbohrungen für die Unterspannung versehen.

Kommentar

Es handelt sich sicherlich um eine interessante Lösung eines unterspannten Trägers, der auch bei Versagen der Scheiben Reststandsicherheit bietet.

9 Eingangsfassade mit Vordach

10 Eingangsbereich

Talheim

Glastreppe, Verwaltungsgebäude Fischer

Daten

Ort / Jahr	Talheim, 1992
Standort	Im Egerten 1 – 3 / Rauher Stich
Bauherr	H. Fischer GmbH
Architekt	Art & Design
Ingenieur	Schlaich Bergermann + Partner
Ausführende	H. Fischer GmbH

Aufgabe / Konzept

Der Neubau des Verwaltungsgebäudes, bestehend aus zwei dreigeschossigen Bürotrakten mit einem durch eine Glastonne geschlossenen Innenhof, wird durch zwei Glastreppen mit Verbindungsstegen in jeder Büroetage erschlossen.

Die vollständig aus Glas bestehenden Treppen sind pro Geschoß zweiläufig mit 10 Stufen und einer Lauflänge von 2,50 m je Lauf. Die um 90° zueinander verdrehten Läufe der 1,25 m breiten Treppen werden durch quadratische Zwischenpodeste verbunden und schließen in einem Winkel von 45° an die verglasten Stege an.

Das Treppenauge ist verglast und wirkt als Lüftungskanal für die Luftumwälzung der Halle.

1 Glastreppe

2 Aufsicht auf die Glastreppen

Tragwerk

Das Tragwerk besteht aus je drei Rundrohrstützen im Treppenauge, die die Glastreppe und die Stege über Konsolen tragen.

Die Treppen selbst bestehen aus je zwei Wangen aus Glas, die an den Enden auf den Konsolen aufliegen. Ein Rundstab als Handlauf stabilisiert die Wangen gegen seitliches Knicken. Die Glasstufen sind in verschraubte L-Winkel eingelegt. Von den äußeren auskragenden Wangen werden die Podeste getragen.

Als Stege dienen zwei mit Glas eingedeckte Stahlprofile, die auf den Konsolen der Treppenstützen und den Bürobaukörpern aufliegen.

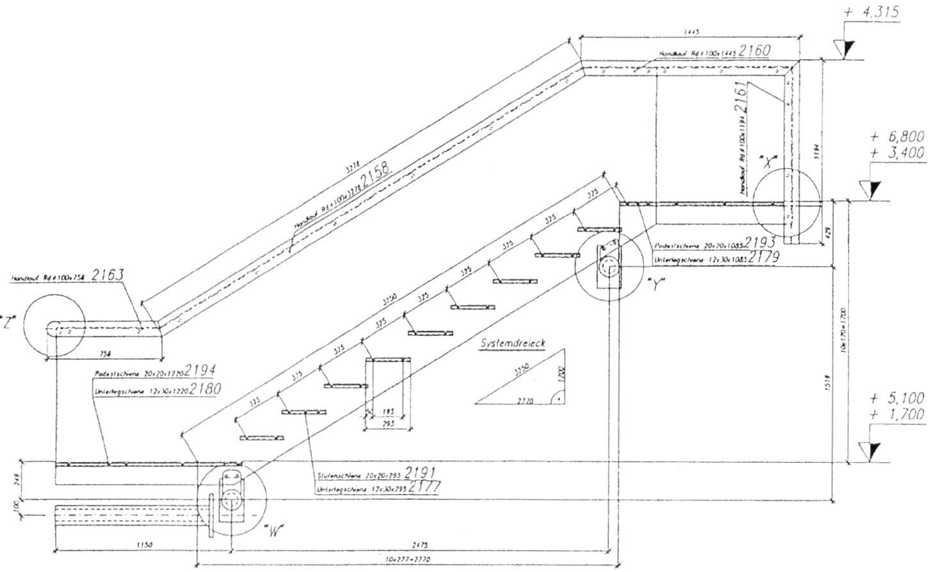

3 Detailschnitt der Glastreppe
4 Treppenaufsicht

5 Treppenuntersicht

Konstruktive Durchbildung
Elemente / Details

Stützen und Konsolen der Glastreppen bestehen aus verschweißten Stahlrohren. Über angeschweißte Laschen und Auflagerbleche sind die Wangen angeschlossen. Sie liegen in speziellen Kunststofflagern und sind mit zwei Bolzen fixiert.

An die Wangen sind mit je zwei Bolzen in Bohrungen und einer außenliegenden Leiste L-Winkel angeschlossen, in die die Glasstufen aus Stufen-VSG eingelegt und verklebt wurden. In der gleichen Art sind auch die Podeste angefügt.

Der Handlauf besteht aus einem massiven Edelstahlrundstab mit einem Schlitz und ist auf die Glasscheiben aufgesteckt. Imbusschrauben durch die Glaswange fixieren ihn.

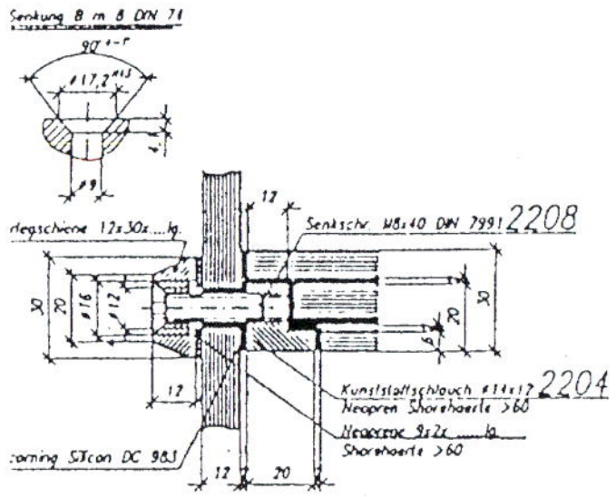

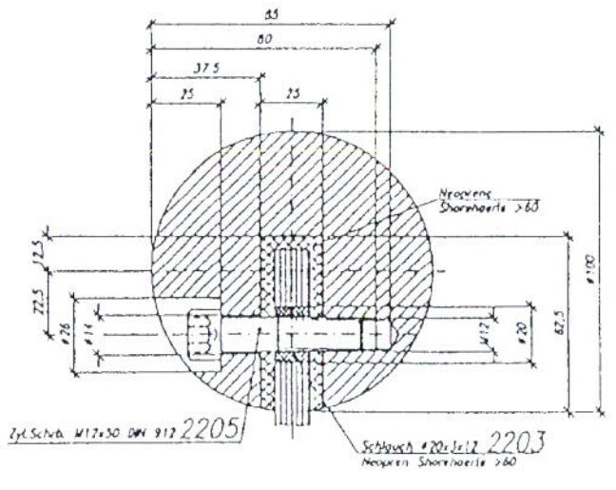

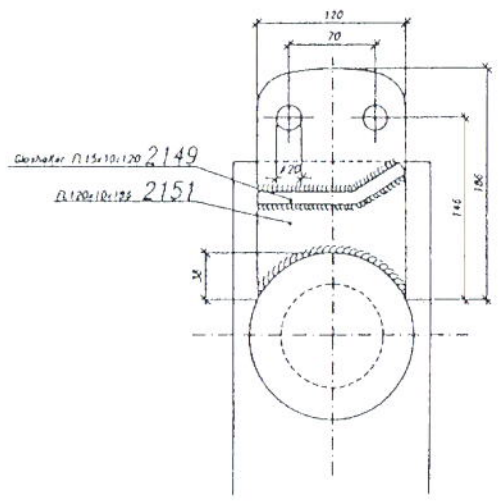

6 Detailschnitt: Anschluß Glasstufe / Glaswange
7 Anschluß Glasstufe / Glaswange

8 Detailschnitt: Anschluß Glaswange / Handlauf
9 Detailschnitt: Anschluß Konsole – Auflager für die Glaswange
10 Anschluß Konsole – Auflager / Glaswange

Konstruktive Durchbildung
Glas

Die Glaswangen wurden aus 2 x 6-mm-TVG, zu VSG verbunden, hergestellt. Die Stufen und Podeste bestehen aus VSG mit einer oberen 8-mm-ESG-Scheibe, einer mittleren 10-mm-TVG-Scheibe und einer unteren 8-mm-TVG-Scheibe. Als Laufflächen der Stege dienen VSG-Scheiben mit dem gleichen Aufbau, aber einer mittleren 12-mm-TVG-Scheibe.

Alle Laufflächen sind mit einem rutschfesten Farbsiebdruck versehen.

11 Glastreppe mit Glasstufen

12 Stufendetail

Tokio

Tokio International Forum

Daten

Ort: Tokio, 1996

Architekt: R. Vigñoly Architects

Ingenieur: Dewhurst + Mac Farlane

Aufgabe / Konzept

Das neue Kulturforum der Stadt Tokio hat vier Veranstaltungssäle, Ausstellungs- und Konferenzbereiche, ein Kulturcenter sowie Technikbereiche. Die Baukörper sind wegen des Lärms weitestgehend nach außen geschlossen und orientieren sich zu einer zentralen inneren Plazza.

Der in diesem Hof liegende U-Bahn-Zugang wird von einem auskragenden Glasdach mit den Abmessungen 4,80 x 10,60 m überdeckt.

1 Vordach zum U-Bahn-Zugang

Tragwerk

Das Dach wird von drei gläsernen Kragarmen getragen, die eine Distanz von 10,60 m überspannen. Sie bestehen aus je vier Glasträgern im Auflagerbereich, zwischen die zangenartig überlappend die drei nächsten Glasbalken und an diese die weiteren zwei sowie daran dann der letzte Träger angeschlossen wurden. Durch die Überlappung wird die Kraft in den Glasträgern zum Auflager übertragen. Dieses besteht aus einem durchlaufenden Rohr, an das die V-förmigen Laschen angeschweißt sind, die die Glasbalken halten.

Die Eindeckung erfolgt mit fünf auf den Trägern liegenden Glasscheiben.

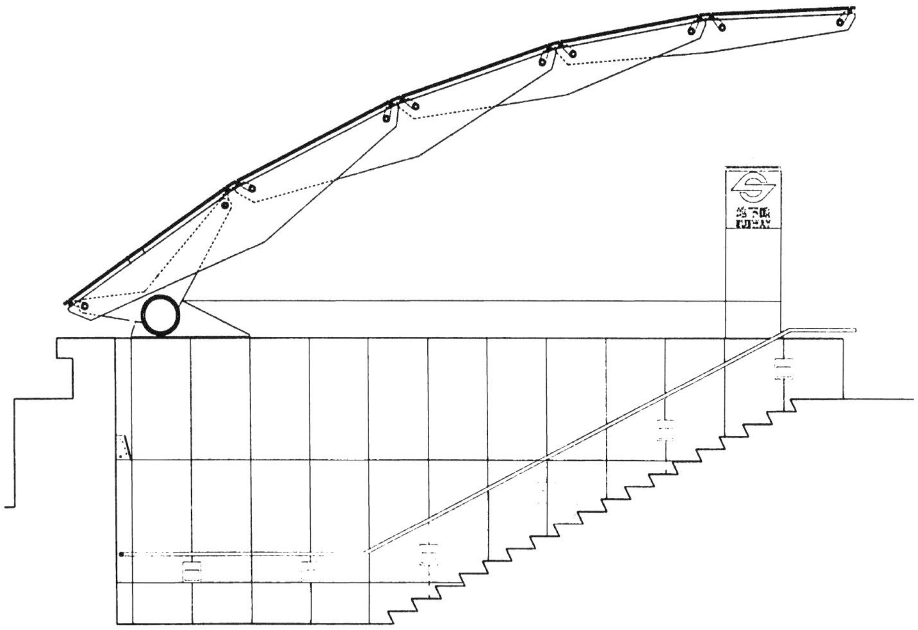

2 Systemschnitt mit U-Bahn-Zugang

Konstruktive Durchbildung
Elemente / Details

Als torsionssteifes Rohr wurde für das Auflager ein 45,70-cm-Stahlrohr verwendet. Die an das Rohr angeschweißten V-förmigen Stahllaschen haben eine Stärke von 40 mm. Die Verbindung zwischen den Laschen und den Glasträgern sowie deren Verbindung untereinander erfolgt über 40-mm-Bolzen durch Bohrungen im Glas.

Die Form der Glasbalken sowie ihre Aufdopplung zum Auflager hin entspricht dem Kraftverlauf des gesamten Systems.

Die Dachverglasung wird durch Punktbohrungen in den Knotenpunkten fixiert.

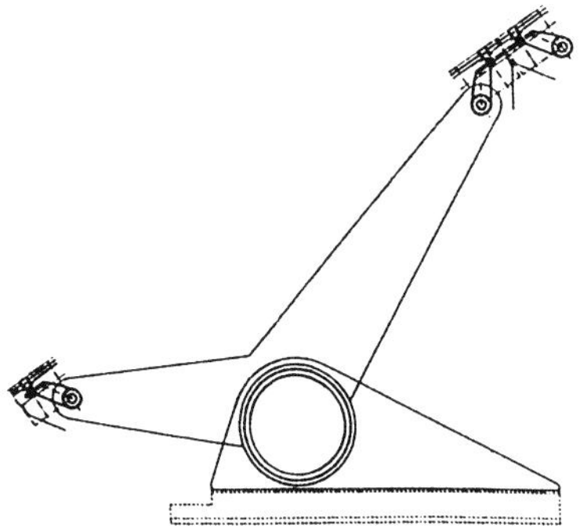

3 Detailschnitt: Auflagerbereich

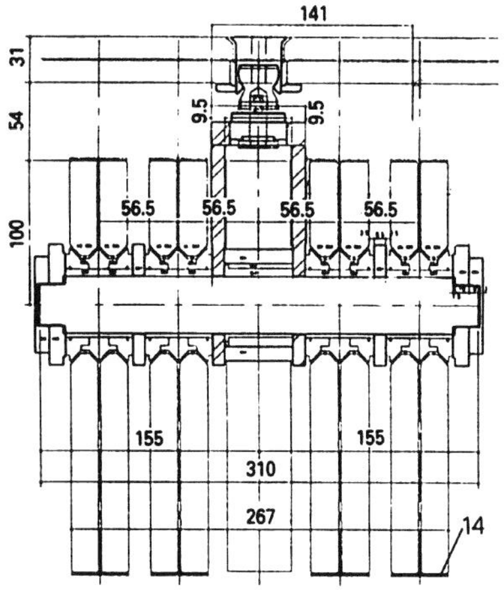

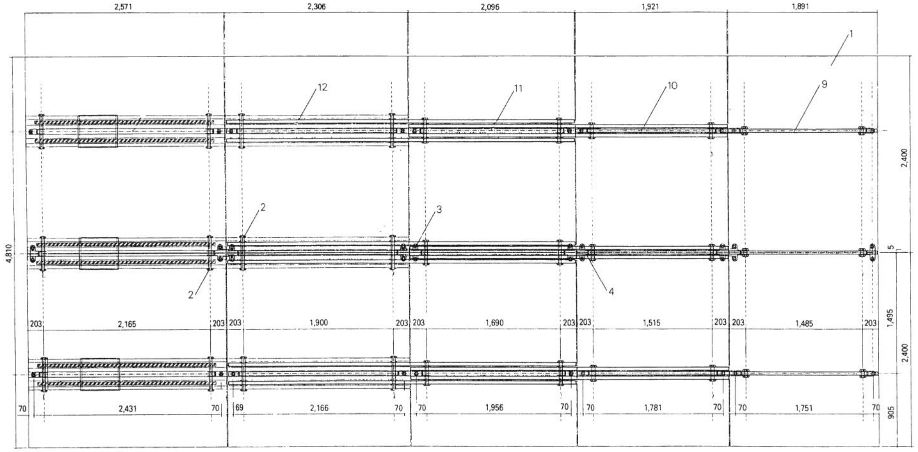

4 Detailschnitt durch die Verbindungsbolzen der Glasbalken
5 Dachaufsicht

Konstruktive Durchbildung
Glas

Die Glasbalken wurden aus 2 x 19-mm-ESG, zu VSG verbunden, hergestellt. Die Abmessungen der einzelnen Balken betragen ca. 2,50 x 0,40 m oder ca. 1,90 x 0,20 m. Die Glaseindeckung erfolgte mit 2,50 bis 1,90 x 4,80 m großen VSG-Scheiben aus 2 x 15-mm-ESG.

Kommentar

Es handelt sich hier um ein erstaunlich weit auskragendes Ganzglastragwerk, bei dem auch bei Formgebung und Fügung der Tragelemente den Notwendigkeiten des Kräfteverlaufes entsprochen wird.

6 Glasdachuntersicht

Würselen

Haus Albert Sous

Daten

Ort / Jahr — Würselen bei Aachen, 1984

Bauherr — A. Sous
Ingenieur — W. Führer
Ausführende — A. Sous

Aufgabe / Konzept

Als Gesamtkunstwerk versteht der Künstler seinen Rundbau mit Glaskuppel. Es entstand neben dem Wohn- und Atelierhaus aus dem Jahre 1963 ein Rundbau, den der Künstler in vierjähriger Arbeit mit einer Glaskuppel aus alten Flaschen schloß. Der Durchmesser der Kuppel beträgt ca. 9 m, die maximale Höhe ca. 4,50 m.

Um im Inneren den Raumeindruck einer Kugel zu erhalten, kann der Boden mit Wasser gefüllt werden.

1 Nachtansicht der Kuppel

Tragwerk

Die Kuppel wurde aus Flaschen in einem speziellen Mörtelbett gemauert. Die radialen und tangentialen Zugkräfte in der Kuppel werden nur über die Mörtelfugen übertragen, es erfolgte keine Bewehrung. Die Druckkräfte werden über Kontaktpressung abgetragen.

Die außen befindlichen Edelstahlbögen haben keine konstruktive Funktion, sondern dienten nur zur Formfindung während der Bauphase.

Da es sich bei dem Projekt nicht um übliche Baumethoden und Baustoffe handelt, wurde von der Baubehörde der Abriß gefordert. Nur die Deklaration als Kunstwerk und das Überstehen von Frühjahrsstürmen der halbfertigen und damit geschwächten Kuppel führten zur Duldung.

2 Innenansicht der Kuppel aus Glasflaschen

Nach Versuchen zeigte eine Verklebung der Glasflaschen mit einem mit Epoxidharz vermischten Mörtel die beste Festigkeit.

Um die Dichtigkeit der Kuppel zu erhalten, erfolgt alle zwei Jahre ein Anstrich mit einer Verkieselungsflüssigkeit.

3 Detail
4 Fügung der Glasflaschen

Konstruktive Durchbildung
Glas

Die Kuppel besteht aus ca. 30 000 gebrauchten Sekt- und Weinflaschen. Sie übernehmen die in einer Kuppel auftretenden Zug- und Druckkräfte.

Kommentar

Konzept und Raumeindruck sind ebenso interessant und spannend wie der Argumentationsweg bis zur Duldung und damit zum Erhalt des Bauwerkes.

5 Innenraumeindruck mit Wasser

8.3 Glas als Sekundärtragwerk

Amsterdam

Plantenkas Hortus Botanicus

Daten

Ort / Jahr: Amsterdam, 1990 –1993

Bauherr: Stichting Interimbeheer Hortus Botanicus Plantage / Amsterdam

Architekt: Zwarts & Jansma

Ingenieur: ABT / Adviesbureau voor Bouw-techniek bv

Ausführende: Van Diemen bv

Aufgabe / Konzept

Für den seit 1682 bestehenden Botanischen Garten Hortus Botanicus sollte ein neues Gewächshaus errichtet werden. Die Architekten entwarfen auf einem dreieckigen Grundriß ein 1500 m² großes Gewächshaus mit drei durch Glaswände getrennten Klimazonen: Es beinhaltet tropisches, subtropisches und Wüstenklima. Der Bau hat eine Höhe von 4 bis 11 m, besteht aus standardisierten Tragelementen, um nicht zu hohe Kosten entstehen zu lassen, und ist vollständig verglast.

Tragwerk

Das Primärtragwerk besteht aus 14 Hauptstützen in einem Abstand von 11 m und 34 dazwischenliegenden Luftstützen, die mit Zugstäben verspannt sind. Die Zugkräfte aus dem System werden in Fundamente im Erdreich eingeleitet.

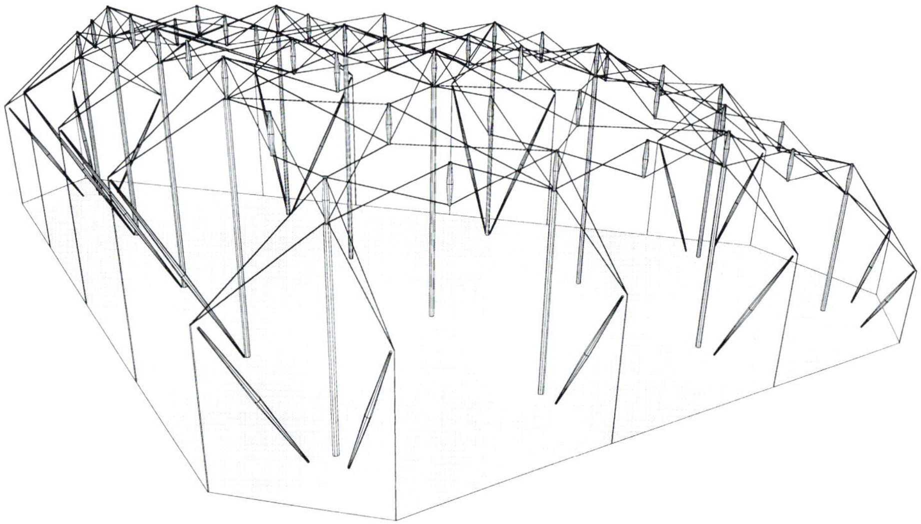

1 Gesamtansicht Gewächshaus

2 Dachlandschaft
3 Isometrie: Primärtragwerk

Als Sekundärtragwerk wurden über 5,50 m spannende IPE-Träger eingefügt. Darauf wurde eine einfache Pfosten-Riegel-Verglasung montiert, die jeweils 2,75 m überspannt.

Konstruktive Durchbildung
Elemente / Details

Die Hauptstützen bestehen aus Stahlrundrohren mit Durchmessern von 16,80 cm. An diese sind die 2,00 bis 4,20cm starken Zugstangen mit Laschen angeschlossen. Die Luftstützen wurden aus konischen Stahlrundrohren mit Durchmessern von 6,00 bis 11,40 cm hergestellt.

Das Sekundärtragwerk aus IPE 240-Profilen wurde ebenfalls mit Laschen angeschlossen; die Pfosten-Riegel-Verglasung ist auf den Knotenpunkten des Sekundärtragwerkes aufgesetzt.

Glas

Bei der Verglasung handelt es sich um eine nicht beschichtete Einfachverglasung.

Kommentar

Die Filigranität des Primärtragwerkes leidet unter dem sicherlich aus Kostengründen relativ grob ausgeführten Sekundärtragwerk. Der Verzicht auf die IPE-Träger bei einem feinmaschigeren Primärtragwerk hätte die Filigranität auch bei der Verwendung einer Pfosten-Riegel-Verglasung erhalten können.

4 Knotenpunkt: Hauptstütze / Dachhaut

5 Knotenpunkt: Hauptstütze
6 Innenraum / Sekundärtragwerk mit Eindeckung

Bad Cannstatt	Mineralbad Cannstatt
Daten	
Ort / Jahr	Bad Cannstatt – Stuttgart, 1994
Standort	Teinacher Straße
Bauherr	Stadt Stuttgart
Architekt	Beck – Erlang
Ingenieur	Schlaich Bergermann + Partner
Ausführende	H. Fischer GmbH

Aufgabe / Konzept

Die große Halle des Mineralbades ist mit einer 15 m überspannenden und 22 bis 35 m langen Glastonne überdacht. Im Gegensatz zu den massiven Baukörpern (Cannstatter Travertin) sollte die Glastonne möglichst transparent sein. Die Stirnseiten sind mit einfachen Pfosten-Riegel-Konstruktionen geschlossen, die zur Straße gerichtete endet mit einem 45°-Winkel in einem „Schiffsbug“. Bei dem Dachtragwerk handelt es sich um eine Netztonne.

Tragwerk

Die Netztonne hat einen parabelförmigen, polygonalen Querschnitt und besteht aus Rechteckmaschen. Diese werden durch 15 Geraden und 22 Bögen sowie 12 verkürzte Bögen im Bereich des „Schiffsbugs“ gebildet. Der Stich der Tonne beträgt 5,30 m. Das gesamte Glasdach steht auf der massiven Dachkonstruktion und ist einseitig durch V-Stützen erhöht.

1 Innenraum

2 Innenraum von der Empore

Durch vorgespannte Diagonalseile ist die Netztonne stabilisiert. Um die notwendige zweite Flächenkrümmung zu erreichen, wurden drei Seilfächer im Abstand von 10,60 m eingefügt, die die Konstruktion in die zweite Richtung verformen.

Konstruktive Durchbildung
Elemente / Details

Die 1,00 x 1,40 m großen Rechteckmaschen werden durch 60 x 40-mm-Flachstähle gebildet. Als Knotenpunkte dienen Kopplungsstücke (60 x 20 mm), die mit M12-Schrauben verbunden sind. Die Unterspannung aus je zwei parallelen Seilen ist auf der Innenseite mit Klemmtellern fixiert. Die Glasscheiben werden außen mit Klemmtellern in den Ecken gesichert.

Glas

Glas wurde als Sonnen- und Wärmeschutzisolierglaseinheit eingesetzt. Die äußere Scheibe besteht aus 6-mm-Floatglas, die innere aus 8-mm-VSG.

Die Fugen wurden dauerelastisch mit Silikon versiegelt.

Kommentar

Die Ähnlichkeit zu der Glastonne des Museums für Hamburgische Geschichte ist offensichtlich. Bei dieser Netztonne wurde jedoch eine zweite Krümmung eingebracht, wodurch ein räumliches Netzwerk entsteht.

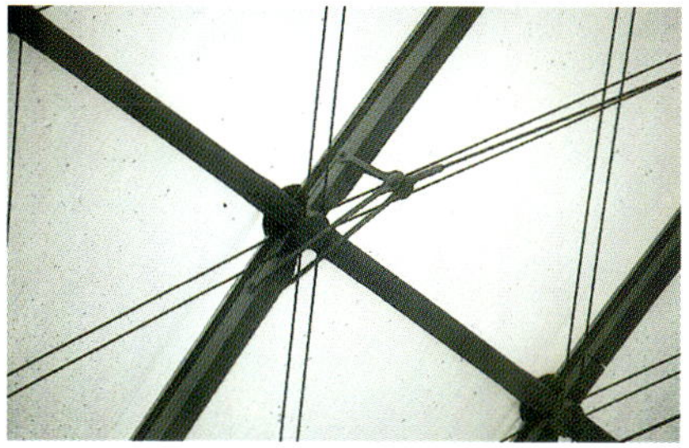

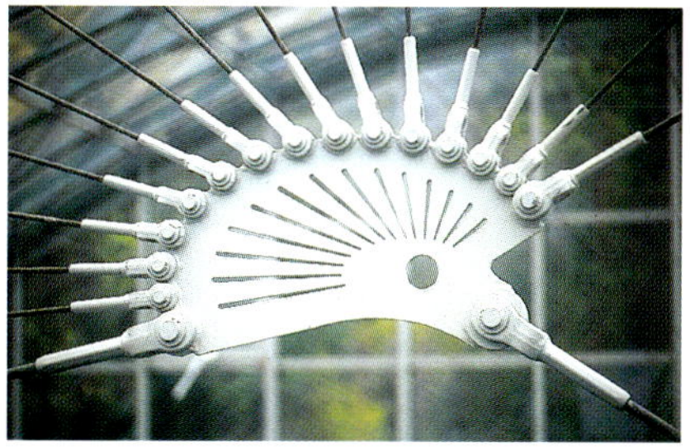

3 Hoffassade: Glastonne mit V-Stützen
4 Kopplungsstück mit Klemmplatten und Seilunterspannung
5 Anschluß der Seile des Seilfächers an die Glastonne

6 Hoffassade: Glastonne
7 Seilfächer
8 „Sonnenrad“ des Seilfächers

Bürogebäude Friedrichstraße

Daten

Ort / Jahr	Berlin, 1997
Standort	Friedrichstraße 1991–1992
Bauherr	P. Dussmann
Architekt	M. Volf
Ingenieur	ARGE Brandel + Biallas und Tobien
Ausführende	H. Fischer GmbH

Aufgabe / Konzept

Der Verwaltungsneubau erhielt über dem rechteckigen, nach oben abgestuften Innenhof ein gläsernes Dach. Dieses ruht auf einem umlaufenden Glasband und überdeckt mit 9 x 12 Feldern die ca. 16 x 20 m große Fläche.

Tragwerk

Das Tragwerk besteht aus einem Gitternetz mit quadratischen Feldern und einer diagonalen Unterspannung.

Um die Stabilität eines Gitternetzes zu erhalten, ist der Bereich in der Mitte der Fläche gleichsinnig gekrümmt. Da diese Krümmung aber nicht in den horizontalen Rand überführt werden kann, ist sie im Bereich der Ecke gegensinnig gekrümmt.

Die Unterspannung erzeugt durch ihren diagonalen Verlauf in den Quadraten steife Dreiecke und gibt dem System die notwendige Vorspannung.

1 Dachuntersicht

Konstruktive Durchbildung
Elemente / Details

Das Tragwerk wird aus rechteckigen Stahlvollquerschnitten und biegesteifen Stahlknoten gebildet. Die diagonale Seilunterspannung ist mit Klemmtellern und vier Schrauben an den Knoten gesichert.

Die Verglasung liegt auf Dichtungsprofilen auf und ist durch Klemmteller außen fixiert. Zu Reinigungszwecken wurden auf diesen Klemmtellern Ösenschrauben montiert.

Glas

Die Verglasung besteht aus ca. 1,20 x 1,20 m großen Isolierglaseinheiten mit einer inneren VSG-Scheibe.

Die Fugen sind mit schwarzem Silikon abgedichtet.

Kommentar

Das bei diesen Konstruktionen häufig auftretende Problem der Randausbildung mit unterschiedlichen Scheibenformaten wird durch den Wechsel von gleichsinniger und gegensinniger Flächenkrümmung geschickt gelöst.

2 Gegensinnige Flächenkrümmung im Eckbereich

3 Eckbereich außen
4 Knotendetail
5 Untersicht des Dachtragwerkes

Berlin

Flußpferdehaus Zoo Berlin

Daten

Ort / Jahr: Berlin, 1997
Standort: Zoo Berlin

Bauherr: Zoologischer Garten Berlin AG
Architekt: J. Gribl
Ingenieur: Schlaich Bergermann + Partner
Ausführende: H. Fischer GmbH

Aufgabe / Konzept

Das neue Flußpferdehaus des Zoos besteht aus den in das Erdreich eingelassenen Stallungen und einem verglasten Tragwerk über einem freien Grundriß. Dieser wird von zwei sich schneidenden Kreisen mit einem Halbkreisausschnitt gebildet. In diesem Bereich befindet sich eine vertikale verglaste Wand mit Lüftungselementen.

Tragwerk

Die Gitternetzkuppeln bestehen aus zwei gleichsinnig gekrümmten Kugelausschnitten mit Radien von ca. 17 m und ca. 21 m. Zwischen diesen Kugeln befindet sich eine verbindende Sattelfläche. Vorgespannte Diagonalseile erzeugen die für das System notwendigen Dreiecke.

Das gesamte Tragwerk ruht auf einem umlaufenden Stahlbetonbalken. Der Bereich der vertikalen Wand wird von einem Rundrohr getragen.

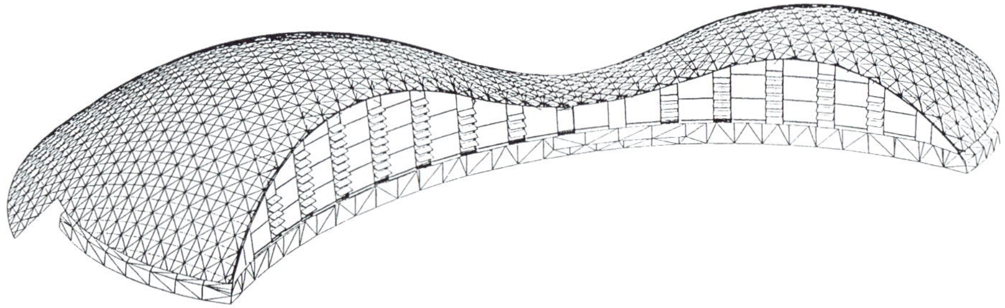

1 System-Isometrie
2 Zustand während der Verglasung

Konstruktive Durchbildung
Elemente / Details

Das Gitternetz wird aus Stahlvollquerschnitten, verbunden mit biegesteifen Knoten, gebildet. Die Diagonalunterspannung aus Edelstahlseilen ist mit Klemmtellern und vier Bolzen gesichert. Die Glasscheiben liegen auf Dichtungsprofilen auf und werden ebenfalls durch Klemmteller in den Knoten außen gehalten.

Als Randprofil im Bereich der vertikalen Wand dient ein polygonal der Rundung der Wand folgendes Rohr, an das die Stahlprofile und Diagonalseile des Gitternetzes mit Laschen angeschweißt sind.

Glas

Die Verglasung besteht als Isolierglaseinheiten mit Sonnen- und Wärmeschutzbeschichtung aus ca. 90 x 90 cm großen Elementen mit einer inneren 8-mm-VSG-Scheibe aus 2 x 4-mm-Floatglas, einem Luftzwischenraum von 12 mm und einer äußeren 6-mm-ESG-Scheibe.

Die Fugen sind mit schwarzem Silikon versiegelt.

Kommentar

Durch die sicherlich interessante Formgebung entstehen im Randbereich leider Verschnittflächen mit sehr kleinen Isolierglasscheiben.

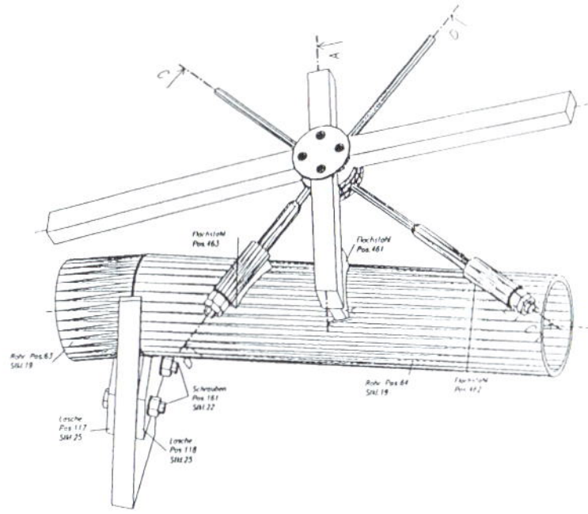

3 Systemknoten
4 Anschluß Tragwerk: Rundrohr im Wandbereich
5 Verglasungsprozeß
6 Tragprofile mit Dichtungsband und Bolzen des Knotenpunktes
7 Isolierglasscheibe des Randbereiches
8 Innenraum

Berlin	Recusist-Türme
Daten	
Ort / Jahr	Berlin, 1994
Standort	Mahlow bei Berlin
Bauherr	Rudolph Fassadentechnik
Architekt	H. D. Wollenberg
Aufgabe / Konzept	Der zweigeschossige Verwaltungsneubau hat im Bereich der Büros eine „Twinface-Fassade“. Auf der Rückseite des Gebäudes befinden sich zwei 13 m² hohe Dreifachschornsteine aus Glas, die die Tiefgarage entlüften.
Tragwerk	Als Tragmast dient jeweils ein Stahlrohr, an das die Glasrohre mit Laschen angeschlossen sind. Die Stahlmasten selbst sind am Fußpunkt und auf halber Höhe am Haus befestigt.

1 Rückseite mit den beiden Glasschornsteinen

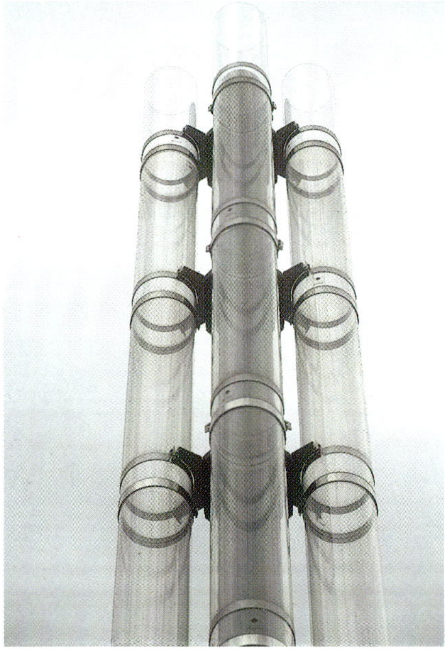

2 Befestigung der Glasschornsteine an den Stahlmasten

Konstruktive Durchbildung
Elemente / Details

Die Tragmasten bestehen aus Stahlrohren mit einem Durchmesser von 30 cm und sind feuerverzinkt.

Die Glasrohre wurden mit Edelstahllaschen untereinander und mit den Tragmasten in einem Abstand von 2,40 m verbunden.

Glas

Die Glasrohre bestehen aus einem Borsilikatglas (Recusist-Spezialglas), welches standardmäßig in der chemischen und pharmazeutischen Industrie eingesetzt wird.

Die einzelnen Elemente haben eine Länge von bis zu 2,40 m und einen Durchmesser von 29 cm.

Kommentar

Da die Glasrohre genügend Tragfähigkeit besitzen dürften, ist der nächste Schritt sicherlich der Verzicht auf den Stahlmast.

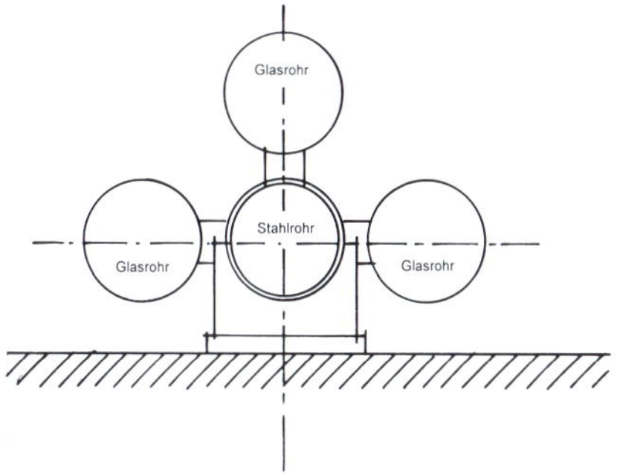

3 Grundriß
4 Edelstahllaschen für die Verbindung der Glasrohre untereinander sowie die Verbindung zum Tragmast

5 Seitliche Ansicht mit dem gut erkennbaren Tragmast

Bottrop

Ausstellungspavillon

Daten

Ort / Jahr: Bottrop, 1993
Standort: Neues Klärwerk Bottrop

Architekt: Hansen + Petersen
Ingenieur: Matthias Pfeifer
Ausführende: Verglasung: Glastec

Aufgabe / Konzept

In dem Ausstellungspavillon, der im Zusammenhang mit der „Internationalen Bauausstellung (IBA) Emscher Park“ neben dem neuen Klärwerk Bottrop errichtet wurde, wird über den ökologischen Umbau der Emscherregion informiert.

Der Ausstellungsraum ist großflächig verglast, um den Blick auf die Natur- und Industrielandschaft zu ermöglichen. Die Glasfläche kann zur Lüftung hydraulisch geöffnet werden. Über dem Ausstellungsraum befindet sich eine Aussichtsplattform.

1 Gesamtansicht
2 Verglaste Dachfläche von innen
3 Innenraum

Tragwerk

Das Tragwerk besteht aus zwei geschlossenen Türmen, die durch einen Brückenträger mit der Aussichtsplattform verbunden sind. Die beiden Glasflächen bestehen aus Fachwerkträgern in einem Achsabstand von 75 cm und der rahmenlosen Verglasung.

Konstruktive Durchbildung
Elemente / Details

Das Fachwerk des Brückenträgers besteht aus I-Profilen und hat eine Höhe von einem Meter. Daran lehnen sich die 25 cm hohen Edelstahlfachwerkträger aus Rundrohren an.

Die Fassung der Glasscheiben erfolgt durch gebogene Edelstahlhalter in einem Abstand von 75 cm.

Glas

Die Glasscheiben aus einfachem 6-mm-Floatglas haben eine Breite von ca. 37 cm. Sie sind schuppenartig angeordnet. Die Abdichtung der Fugen erfolgt über ein aufgeklebtes Silikonprofil.

Kommentar

Das Gebäude zeichnet sich durch die konsequente Anwendung eines Glashaltesystems zu einem transparenten Raumabschluß aus.

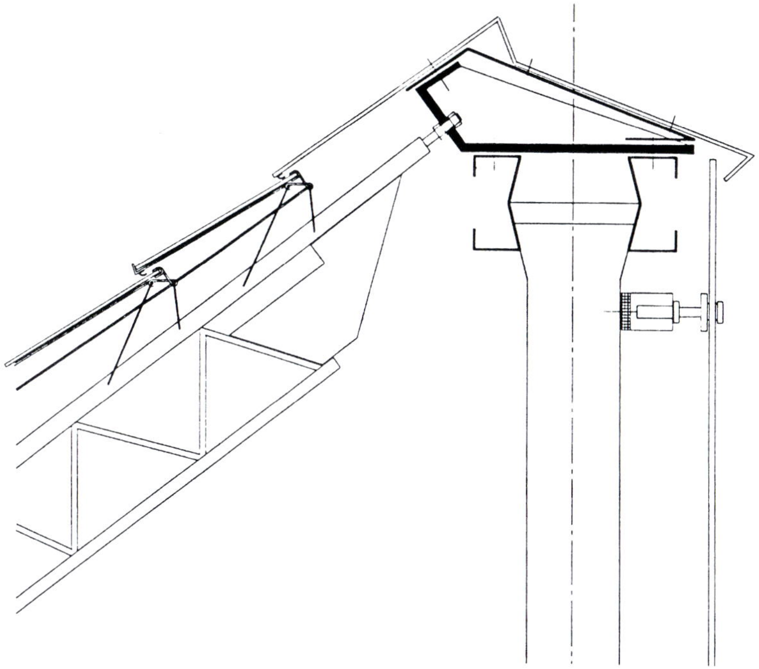

4 Kopfpunkt Glasdach
5 Edelstahlfachwerkträger

6 Glashalterung

Chur | **Bahnhofsüberdachung**

Daten

Ort / Jahr: Chur, 1992

Bauherr: Schweizerische PTT-Betriebe
Architekt: Richard Brosi mit Obrist und Partner
Ingenieur: Toscano AG mit Hegland + Partner / Ove Arup + Partners / RFR

Aufgabe / Konzept

Die große Glashalle überdeckt den Bereich der Postautostation über dem Gleiskörper. Sie besteht aus einer Bogenkonstruktion und überspannt 52 m. Die Länge des Daches beträgt 91 m.

Tragwerk

Das Tragwerk besteht aus 12 Bogenpaaren, deren Horizontalkräfte durch Zugbänder aufgenommen werden. Zusätzlich sind die Bögen mit speichenartig eingefügten Zugstangen stabilisiert. Die Bögen werden von insgesamt sechs Stützenpaaren mit dreieckigen Kragarmen getragen. Die Pfetten, die in einem Abstand von 2 m quer auf den Bögen aufliegen, tragen die Glasscheiben, die durch 30 cm lange Rohre auf dem Tragwerk aufgeständert sind.

1 Glashalle der Postautostation über den Bahngleisen

Konstruktive Durchbildung
Elemente / Details

Die Bögen bestehen aus Rohren mit einem Durchmesser von 33 cm und unterschiedlichen Wandstärken je nach Belastung. Sie sind durch 3,60 cm starke Zugstangen verbunden. Die Stützen wurden aus 40-cm-Rohren gefertigt, als Pfetten wurden 19 cm dicke Rohre verwendet. Die Bögen wurden geschweißt; die Verbindung der Zugstangen und Bögen sowie der Anschluß an die Stützen erfolgt über Bolzen. Die maximale Toleranz für den Stahlbau betrug 4 mm, da die Glaskonstruktion direkt auf das Tragwerk aufgebracht wurde.

Glas

Die Verglasung besteht aus ebenen 16-mm-VSG-Scheiben aus Floatglas. Die Glasscheiben sind 1 x 2 m groß und in den horizontalen Fugen mit Abdeckprofilen geschlossen. Die vertikalen Fugen wurden mit Silikon abgedichtet.

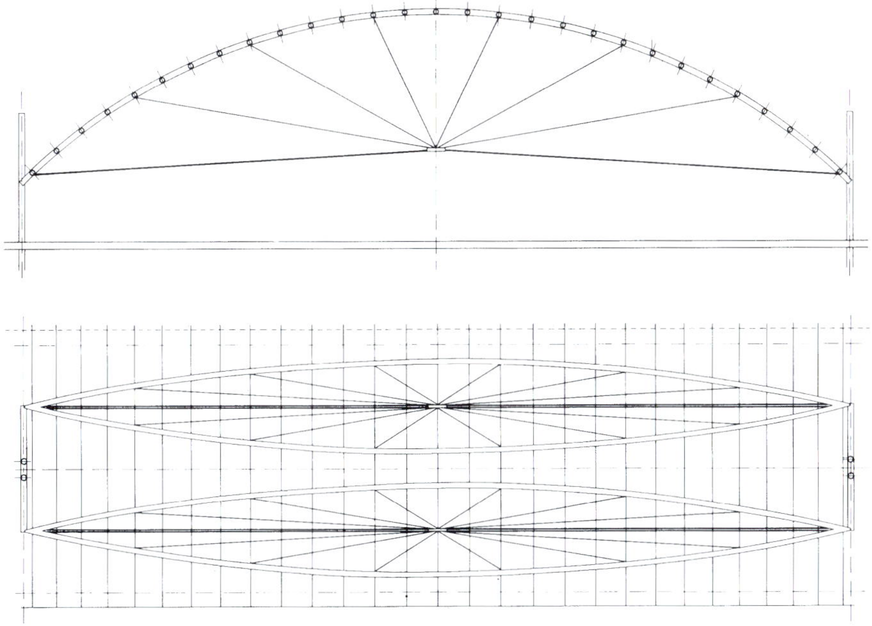

2 Querschnitt und Dachaufsicht
3 Glasdach

4 Fußpunkt der Bogenkonstruktion

Dortmund

Stadtbahnzugang Reinoldi

Daten

Ort / Jahr: Dortmund, 1992
Standort: Station Reinoldikirche

Architekt: von Lom
Ingenieur: Polonyi und Partner

Aufgabe / Konzept

Der fast 60 m hohe Pylon mit seinem Glasdach aus acht hyperbolischen Paraboloiden markiert den Zugang zur unterirdischen Stadtbahn in der Dortmunder Innenstadt. Zwei Wendeltreppen, die sich um den Pylon in die Tiefe winden, bilden den Zugang zur Haltestelle.

Tragwerk

Der Pylon besteht aus einem spitz zulaufenden Viergurt-Vierendeelträger und ruht über Streben auf acht Rundstützen.

Die acht Paraboloide sind mittels Stahlseilen in ihren Tiefpunkten von dem Pylon abgehängt, an dem sich auch die inneren Hochpunkte vereinigen, die äußeren kragen ca. 20 m aus. Die Paraboloide werden durch Viereckmaschen aus Stahlprofilen und diagonal verlaufenden Stahlseilen gebildet. Die so entstehenden ebenen Parallelogramme wurden verglast.

Ein Ringseil hält die Paraboloide zusammen, Abspannseile zum Pylon verhindern deren Abheben bei Wind.

1 Stadtbahnzugang Reinoldi
2 Eines der hyperbolischen Paraboloide

Konstruktive Durchbildung
Elemente / Details

Der Pylon besteht aus verschweißten Flachstahlprofilen, die Sprossen der Paraboloide aus 50-mm-Stahlprofilen. Die Zugseile haben einen Durchmesser von 20 mm.

Die Verglasung liegt als Preßleistenverglasung über Abstandhalter auf den Stahlprofilen auf.

Glas

Als Verglasung wurden ebene Parallelogramme aus ESG verwendet. Nur in den Randbereichen waren dreieckige Scheiben notwendig.

Kommentar

Ein Entwicklungsschritt ist in der Anwendung des hyperbolischen Paraboloides mit ebenen anstatt windschiefen Flächen zu sehen sowie in deren Addition zu einem Gesamtobjekt. Die Filigranität und Leichtigkeit der Konstruktion leidet jedoch unter der zusätzlichen Ebene von Verglasungsprofilen, die das Tragwerk aufdoppeln.

3 Unteres Auflager
4 Aufdopplung des Tragwerkes

5 Pylon und Abspannungen
6 Untersicht des Glasdaches

Dresden

World Trade Center

Daten

Ort: Dresden, 1996

Standort: Ammondstraße

Architekt: Nietz Prasch Sigl

Ingenieur: Schlaich Bergermann + Partner

Aufgabe / Konzept

Die zwei Riegelbauten der Shopping Mall sind mit einem Glasdach überdeckt. Die so entstandene Halle ist 120 m lang und 24 m breit. Zwei verspannte Glasfassaden schließen die Stirnseiten mit einer Fläche von 26 x 24 m.

Tragwerk

Das Tragwerk der Dachkonstruktion besteht aus einer Tonnenschale nach dem Gitternetzprinzip. Das rechtwinklige Raster mit einer Maschenweite von 1,35 x 1,35 m wird mit Diagonalseilen verspannt, wodurch ein Dreiecknetz entsteht. Der Bogenstich beträgt 4,40 m, die Spannweite 24,30 m. Die für die Membranschale nötige zweite Flächenkrümmung wird durch Seilbinder im Abstand von 16,20 m erzeugt.

Das Tragwerk der Fassaden besteht aus Vertikalseilen in einem Abstand von 1,35 bis 1,56 m, die das Eigengewicht tragen, und aus Horizontalseilen, die in einem Abstand von 1,72 bis 2,06 m in den seitlichen Baukörpern verankert sind, um die Windbelastung aufzunehmen.

1 Innenraum der Passage

2 Gesamteindruck
3 Eingangsfassade

Durch die Vorspannung der Horizontalseile mit 60 kN pro Seil wird die Verformung unter maximaler Windlast auf 0,60 m begrenzt.

Konstruktive Durchbildung
Elemente / Details

Das Dachtragwerk besteht aus 60 x 40 bzw. 60 x 60 mm starken Flachstählen, die in den Montagestößen geschraubt wurden. Die Diagonalseile haben einen Durchmesser von 8 mm. Die Bogenbinder bestehen aus 24-mm-Haupttragseilen und 10-mm-Ausfachungsseilen. Der Bogen der Binder wurde mit einem 200-mm-Stegblech verstärkt. Die Verglasung liegt direkt auf dem Tragwerk und wird außen mit Klemmtellern gehalten.

Die Verspannung der Fassaden wird von 20-mm-Edelstahlseilen gebildet, die in Klemmtellern aus Gußeisen miteinander fixiert sind.

Glas

Im Dach wurden MIG-Elemente aus außen 8-mm-ESG, einem Luftzwischenraum von 12 mm und innen 12-mm-VSG-Verglasung aus ESG eingebaut. Die Scheiben der Fassaden bestehen aus 12-mm-VSG aus ESG.

Kommentar

Durch die Verknüpfung der vom Museum für Hamburgische Geschichte bekannten Dachkonstruktion mit der beim Hotel Kempinski angewendeten verspannten Glasfassade entstand ein höchst transparenter Raum mit einem Glasanteil von über 95 %.

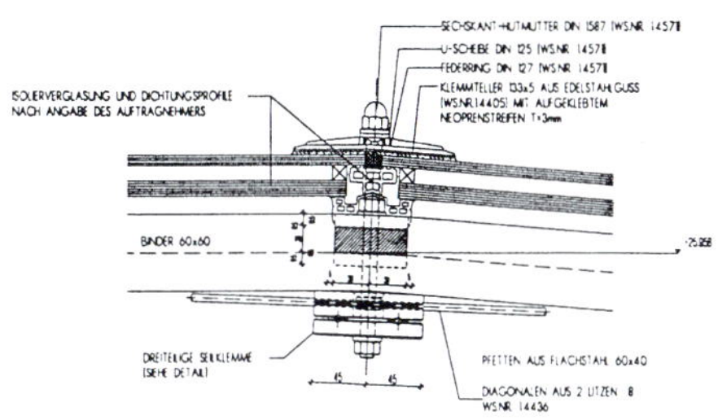

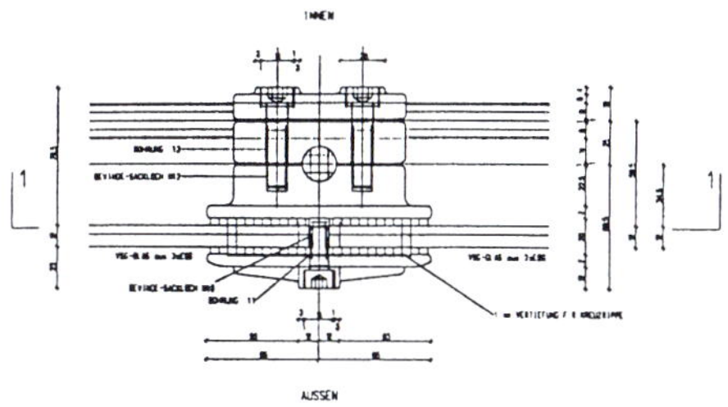

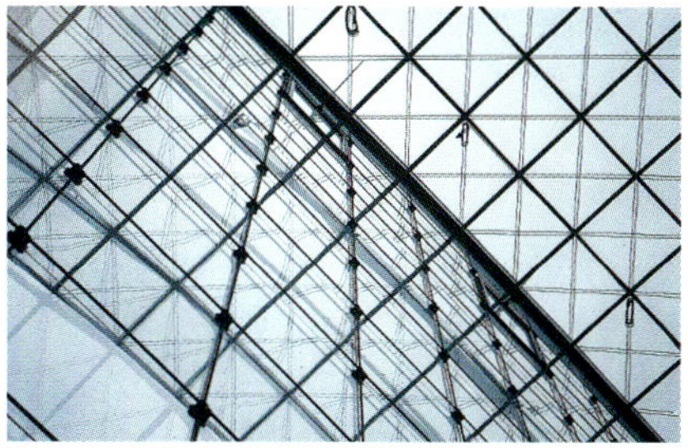

4 Detailschnitt der Dachkonstruktion
5 Anschluß Dach / Fassade
6 Rückwärtige Stirnwand

7 Horizontaler Detailschnitt durch die Fassadenkonstruktion
8 Glashalterung der Fassade
9 Stirnfassade von außen

Düsseldorf

Düsseldorfer Stadttor

Daten

Ort / Jahr: Düsseldorf, 1997

Standort: Südlicher Tunnelmund Rheinuferstraße

Bauherr: Engel Projektentwicklung GmbH

Architekt: Pezinka Pink und Partner

Ausführende: Josef Gartner & Co.

Aufgabe / Konzept

Über dem südlichen Tunnelende befindet sich der Büroneubau des „Stadttores".

Das Tragwerk des 70 m hohen rhombischen Baukörpers besteht aus vier, eine Halle flankierenden Stahlfachwerken, die über der Halle durch drei Portalrahmen verbunden sind. Zwischen den Stahlfachwerken befinden sich die zwei Bürotrakte, deren Außenhaut aus einer etagenweise hinterlüfteten, 1,40 m tiefen Doppelfassade besteht.

Bei der Halle handelt es sich mit 1000 m^2 Fläche um den größten verglasten Innenhof Europas, dessen Seiten mit zwei ca. 35 x 50 m großen Glasflächen geschlossen sind.

Tragwerk

Das Tragwerk der Fassade besteht aus vertikalen Seilhinterspannungen, die durch vier horizontale Fachwerkträger unterbrochen sind.

1 Bürogeschosse mit hinterlüfteter Doppelfassade
2 Gesamtprojekt

3 Glasfassade der Halle

Die Seilhinterspannung trägt das Gewicht der Fassade und des Tragwerkes in die Portalrahmen ab, wobei die Vorspannung durch Federn am unteren Ende der Seile aufrechterhalten wird.

Die Windlasten werden über die Hinterspannung in die horizontalen Fachwerkträger eingeleitet und von diesen in die seitlichen Baukörper abgetragen.

Konstruktive Durchbildung
Elemente / Details

Die Hinterspannung besteht aus Zugstangen mit Gußelementen, die an die verbindenden Rohre mittels geschweißter Stegplatten angeschlossen sind. Die Fixierung der Glasscheiben erfolgt über Flachstahlarme und gelenkige Punkthalter.

Die horizontalen Fachwerke bestehen aus verschweißten Rundrohren.

Glas

Als Verglasung wurden 3,00 x 1,50 m große 15-mm-ESG-Scheiben gewählt.

Die Fugen sind mit Silikon versiegelt. An den Rändern befinden sich bewegliche Fugen, um die Wärmeausdehnung von 4 cm aufzunehmen.

4 Halleninnenraum
5 Glasfassade

6 Kopfpunkt der Fassade
7 Tragwerk der Fassade

Düsseldorf	WDR-Landesstudio

Daten

Ort / Jahr	Düsseldorf, 1990
Standort	Stromstraße
Architekt	Parade & Parade
Ingenieur	Polonyi und Partner

Aufgabe / Konzept

Die viergeschossige Eingangshalle des U-förmigen Gebäudes wird mit einer verglasten Tonne überdeckt, in der sich Empfang und Erschließung befinden. Die gläserne Halle tritt im Eingangsbereich zwischen den massiven Baukörpern hervor.

1 WDR-Landesstudio

2 Glaseingangstonne

Tragwerk

Die Glastonne besteht aus Bögen und horizontalen Rippen. Durch die Diagonalseile entsteht eine Stabwerkschale, die die Lasten teilweise nach dem Prinzip der Tonnenschale in punktuelle Konsolenauflager einleitet. Im Eingangsbereich erfolgt die Lastabtragung kontinuierlich über die Fassadenstützen.

Zur Stabilisierung der Tonne sind vier Fachwerkbögen eingefügt.

Konstruktive Durchbildung
Elemente / Details

Die Stahlhohlprofile der Konstruktion sind in ihren Knoten verschraubt. Die innenliegende Seilverspannung ist durch Klemmplatten an den Stahlprofilen fixiert.

Glas

Die Glaseindeckung aus MIG-Elementen ist mit Preßleisten direkt auf dem Tragwerk fixiert.

3 Glastonne

4 Detail der Glastonne
5 Innenraum der Eingangshalle

Edinburgh

Festival Theatre

Daten

Ort / Jahr: Edinburgh, 1994
Standort: Nicolson Street

Bauherr: Edinburgh Festival Theatre Trust
Architekt: Law & Dunbar-Nasmith

Aufgabe / Konzept

Im Zuge des Umbaus des 2000 Plätze fassenden Festivalhauses für den modernen Theaterbetrieb wurde eine neue Eingangsfassade für das dreigeschossige Foyer gebaut. Die leicht nach innen geschwungene Fassade sollte das „Hineinsehen, Gesehenwerden und Herausschauen“ ermöglichen und ist entsprechend vollständig verglast.

1 Foyer des Festival Theatre

2 Eingangsbereich

Tragwerk

Das Tragwerk der Fassade besteht aus vertikalen, unterspannten Bindern, die das Gewicht der Scheiben und die Windlasten aufnehmen. Sie sind in einem Achsabstand von ca. 2 m an den Geschoßdecken befestigt.

Das nach außen gebogene Vordach ist über Stahlkonsolen und Zugstangen abgehängt.

Konstruktive Durchbildung
Elemente / Details

Die Binder wurden aus Rundrohren gefertigt. Über Abstandhalter sind H-Halter angeschlossen, die die Glasscheiben fixieren.

Glas

Die Einscheibenverglasung mit einer Größe von ca. 4 x 2 m wird durch sechs Punktbohrungen an den H-Haltern befestigt.

3 Vordach

4 Verglasung

Frankfurt

Werbeagentur

Daten

Ort / Jahr	Frankfurt a. M., 1995
Standort	Schwedlerstraße 6
Bauherr	M. Loulakis
Architekt	Schneider + Schumacher
Ingenieur	Ove Arup + Partners
Ausführende	Magnus Müller

Aufgabe / Konzept

Der sechsgeschossige Büroriegel der Werbeagentur bekam auf seiner Nordseite ein „Schaufenster" als gläsernen Anbau, in dem sich die Erschließung befindet. Dieser thermische und akustische Puffer sollte die gewünschte Kommunikation ermöglichen sowie Transparenz und Einprägsamkeit des Bauwerkes zum Ausdruck bringen.

Das gesamte Schaufenster hat eine Länge von 66 m, eine Höhe von 22 m und ist 2,80 m breit.

Tragwerk

Als Haupttragwerk des vollständig verglasten Körpers dient ein System aus auskragenden, rückwärtig verspannten V-Stützen am oberen Rand und jeweils zwei Seilen, an denen die Fassade abgehängt ist. Die Windlasten werden durch horizontale Stäbe direkt in die Geschoßdecken aus Stahlbeton abgeleitet. Die Ecken des Glaskörpers werden durch horizontal auskragende Rohrdreiecke stabilisiert.

1 Eckbereich
2 Eingangsbau mit sechsgeschossigem Glaskubus zur Erschließung des Büroriegels

3 Eckbereich
4 Innenraum des Glaskubus mit Treppe, Fahrstühlen und Balkonen

Konstruktive Durchbildung
Elemente / Details

Die X-förmigen Glashalter aus Edelstahl wurden mit den horizontalen Rundrohren (42 mm) und der Seilklemmung verschraubt. Die Tragseile haben einen Durchmesser von 14 bis 16 mm und sind über Gabelflansche angeschlossen.

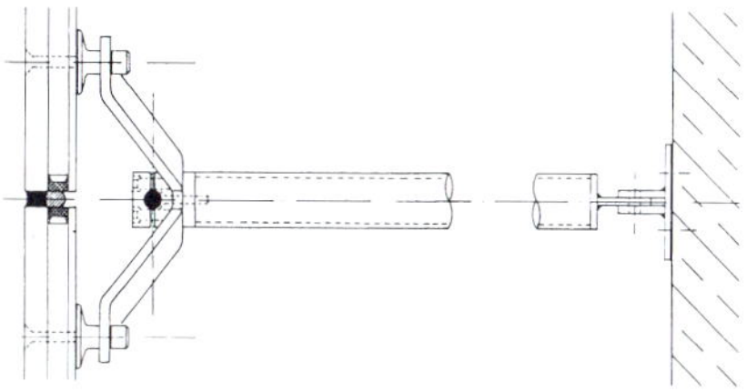

Glas

Bei den Scheiben mit den Abmessungen von 3,35 x 1,80 m handelt es sich um eine Isolierverglasung aus 15-mm-ESG außen, einem Luftzwischenraum von 15 mm und einer inneren 6-mm-ESG-Scheibe. In den Eckbereichen wurde wegen der erhöhten Windlasten außen eine 19-mm-ESG-Scheibe verwendet. Die Überkopfverglasung des Schaufensters besteht aus 15-mm-ESG außen und 12-mm-VSG innen.

Die Isolierglasscheiben werden nur in den vier Eckbereichen durch Senkkopfschrauben in Punktbohrungen gehalten.

Die Fugen sind mit schwarzem Silikon versiegelt. In den Eckbereichen wurde ein Stufenisolierglas verwendet, um die Fugen möglichst klein zu halten.

5 Detail: Befestigungspunkte
6 Ansicht: Ausschnitt

7 Detail: Befestigungspunkt Isolierverglasung
8 Eckbereich

Gersthofen

Büro- und Produktionsgebäude Glasbau Seele

Daten

Ort / Jahr: Gersthofen, 1992

Bauherr: Glasbau Seele
Architekt: Kauffmann Theilig
Ingenieur: Ingenieurgemeinschaft Meltingen
Ingenieurbüro Schlieter
Ausführende: Glasbau Seele

Aufgabe / Konzept

Der Neubau des Produktions- und Bürogebäudes des Glasbauunternehmens besteht aus einer rundum verglasten Halle mit einer Größe von 92 x 70 m und einem Querriegel für die Büronutzungen, der auch die Verbindung zu der bestehenden Halle herstellt.

Die ca. 11 m hohe Fassade der Halle teilt sich in vier horizontale Glasbänder. Die oberen drei Scheiben werden vom Fassadentragwerk gehalten, die untere Scheibe steht auf dem Boden auf und ermöglicht so Öffnungen und die notwendigen Dehnfugen.

1 Glasfassade der Produktionshalle mit Bürotrakt

Tragwerk

Die hängende Fassade der Produktionshalle setzt sich aus vertikalen Zugstäben und horizontalen Hohlkastenriegeln zusammen, in die die Verglasung eingesetzt ist. Die Zugstangen tragen das Eigengewicht der Fassade in das Dachtragwerk ab. Die Horizontallasten werden in die Riegel und von diesen über V-förmige Verbindungsrohre in die zurückspringenden Hauptstützen eingeleitet.

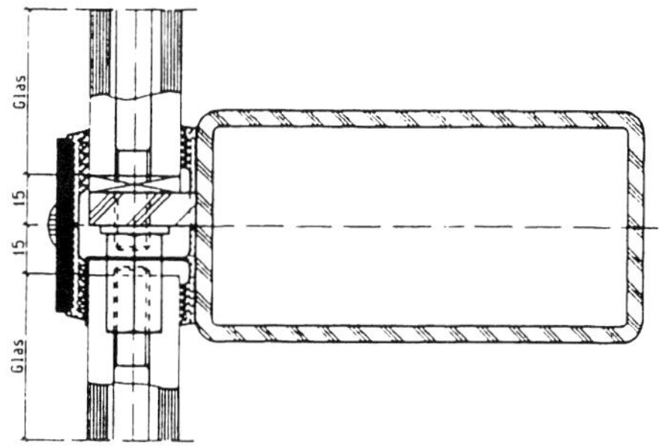

Konstruktive Durchbildung
Elemente / Details

Die 8 bis 12 mm starken Zugstangen befinden sich im Stoß der Glasscheiben und sind nach der dauerelastischen Versiegelung nicht mehr zu sehen. Als Auflager der Scheiben dienen an die Hohlkastenprofile angeschweißte Blechstreifen, mit denen auch die Zugstangen verschraubt sind. Die horizontalen Fugen der Verglasung werden mit verschraubten Flacheisen geschlossen.

Glas

Die Verglasung besteht aus großformatigen, ca. 3 x 3 m großen Isolierglaselementen.

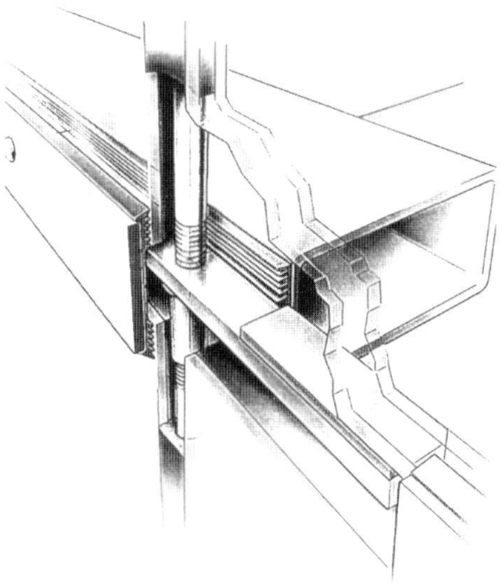

2 Detail: Horizontalriegel mit Zugstangen und Verglasung
3 Isometrie der Detailkonstruktion

4 Glasfassade

Gniebel **Bürohaus**

Daten

Ort / Jahr: Gniebel, 1995

Bauherr: Grundstücksgesellschaft Gniebel
Architekt: Kauffmann Theilig
Ingenieur: Pfefferkorn und Partner
Ausführende: Glasbau Seele

Aufgabe / Konzept

Auf dem leicht geneigten Südhang mit guter Sicht in die umgebende Landschaft wurde ein runder Baukörper mit einem Atrium konzipiert. Die Gebäude- und Bürostruktur sollte offen und kommunikativ sein. Dies wurde durch verglaste Büroräume und durch das Atrium als zentraler Erschließung erreicht, welches durch ein leicht geneigtes Glasdach mit einem ovalen Grundriß geschlossen ist.

Tragwerk

Wie ein überdimensionaler „Tennisschläger“ wurde das Glasdach aus einem umlaufenden Druckring und sich kreuzenden vorgespannten Seilscharen konstruiert. Der große Durchmesser beträgt 21 m, der kleine 13 m. Das System ist in sich geschlossen und leitet nur vertikale Lasten in die Auflager ab.

1 Glasdach
2 Atrium mit Erschließung

3 Seiltragwerk mit Verglasung
4 Glasdach mit Sonnensegel

Durch das Eigengewicht der Konstruktion und der Glaseindeckung erhalten die Seile ihren Durchhang von 20 cm. Diese Last verhindert auch das Abheben der Konstruktion. Bei zusätzlicher Belastung durch Wind und Schnee beträgt die maximale Verformung weitere 20 cm.

Konstruktive Durchbildung
Elemente / Details

Die Seile haben einen Durchmesser von 25 mm und sind in den Knoten durch verschraubte Klemmplatten verbunden. Die Verglasung ist durch justierbare Klemmringe und aufgeschweißte, gelenkige Punkthalter jeweils in den Ecken der Glasscheiben an die Seile angeschlossen.

Glas

Die Isolierverglasung mit einer Low-E-Beschichtung besteht aus oberem 10-mm-ESG, einem Luftzwischenraum von 15 mm und einer unteren Scheibe aus 12-mm-VSG.

Kommentar

Durch die Wahl eines äußerst effektiven Tragwerkes mit zugbelasteten Seilen im Bereich der Verglasung konnte ein fast ebenes Glasdach von hoher Transparenz verwirklicht werden.

5 Glasdach
6 Knotenpunkt von außen mit Abdichtung der Fugen und Glashaltern
7 Glasdach und Sonnensegel von oben

8 Glasdach
9 Knotenpunkt
10 Untersicht Glasdach

Hamburg

Car-Show-Room

Daten

Ort / Jahr	Hamburg, 1991
Standort	Friedrich-Ebert-Damm 10
Bauherr	A. C. Knapp-Voith
Architekt	Teherani + Raderschall
Ingenieur	Polonyi + Fink
Ausführende	K. Lenderroth Glaswerkstätten

Aufgabe / Konzept

Bei dem Umbau einer Industriehalle zu einem Autohaus wurde die zur Straße gewandte Fassade vollständig verglast. Als „exquisiter Show-Room“ sollte das „Schaufenster als Werbe- und Imageträger“ fungieren.

Der auf drei Seiten verglaste Raum hat eine Länge von ca. 80 m, eine Höhe von ca. 8 m und ist mit einem Wassergraben umgeben. Die Fassade ist zur Vermeidung von Spiegelungen um 10° nach außen geneigt und verläuft zum Eingang trichterförmig. Dieser ist durch eine Brücke und ein rotes Vordach markiert.

Tragwerk

Als Tragwerk für die Glasfläche dienen neun hinter der Fassade zurücksitzende Stützen mit je fünf V-förmigen Kragarmen, die „wie Schiffsmasten die Glassegel halten“. Zwei Stützen tragen zusammen drei Glasfelder aus sechs Scheiben.

1 Car-Show-Room

2 Außenansicht
3 Innenraum
4 Eckbereich des Show-Rooms mit Fassadentragwerk

Die Enden der Kragarme sind untereinander mit vertikalen Seilen verbunden, die das Gewicht der Fassade nach oben abtragen und im Stützenkopf zusammenlaufen. Die horizontalen Lasten werden über die Kragarme in die Stützen eingeleitet.

Konstruktive Durchbildung
Elemente / Details

Die Stützen bestehen aus Rundrohren mit einem Durchmesser von 29 cm. Die Kragarme wurden aus Flacheisen zu T-Profilen zusammengesetzt und mit Holz ummantelt. Der Anschluß des Glases erfolgt über X-förmige Edelstahlhalter in den vier Ecken der Glasscheiben.

Die Tragseile haben einen Durchmesser von 10 mm.

Glas

Die Glasscheiben bestehen aus 15-mm-ESG und sind mittels Senkkopfschrauben an den X-förmigen Haltern befestigt. Die Größe der Scheiben beträgt im Mittel 2,00 x 1,40 m.

Kommentar

Trotz biegebeanspruchter Stützen erreicht die Glaswand durch das hinter die Fassade zurückgesetzte Haupttragwerk eine große Transparenz. Die unsaubere Verarbeitung der Kragarme stört jedoch den Gesamteindruck.

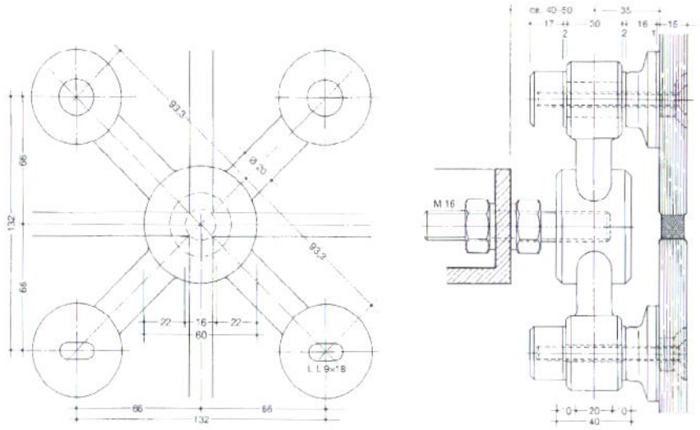

5 Ansicht / Schnitt X-Förmige Glashalter
6 Anschluß Glashalter / Kragarme
7 Eckbereich des Show-Rooms

8 Punktuelle Fassung der Glaswand
9 Stütze mit Kragarmen
10 Eckbereich / Kragarme

Hamburg

Museum für Hamburgische Geschichte

Daten

Ort / Jahr: Hamburg, 1989
Standort: Holstenwall 24

Bauherr: Verein der Freunde des Museums für Hamburgische Geschichte

Architekt: von Gerkan, Marg + Partner
Ingenieur: Schlaich Bergermann + Partner
Ausführende: H. Fischer GmbH

Aufgabe / Konzept

Der Innenhof des denkmalgeschützten Museums aus dem Jahre 1913 von Fritz Schumacher sollte überdacht werden. Die Konstruktion sollte möglichst wenig in Erscheinung treten, die vorhandene Bausubstanz weitestgehend unberührt lassen sowie möglichst geringe Lasten erzeugen.

Für den L-förmigen Grundriß wurde in Zusammenarbeit aller Beteiligten eine tonnenförmige Gitterschale entwickelt, die im Kreuzungspunkt eine Übergangskuppel besitzt.

Die gesamte Konstruktion hat eine Länge von ca. 65 m und eine Spannweite von 14 m bzw. 18 m.

Tragwerk

Das Gitter aus horizontalen und bogenförmigen Flachstahlprofilen wird durch die diagonale Seilverspannung zur Gitterschale aus steifen Dreiecken. Das ganze System ruht auf einem um-

1 Innenhof des Museums

2 Tonnenförmige Gitterschale mit fächerförmigen Zuggliedern

3 Übergangskuppel im Kreuzungspunkt der Gitterschalen

laufenden Randprofil 70 bis 90 cm über der Dachfläche. Es leitet die Lasten punktuell in die Geschoßdecken und Wände des alten Bauwerkes ein.

Nach dem Vorspannen der Seile stellte sich eine Verformung der Schale ein, die durch drei zusätzliche fächerförmige Zugglieder stabilisiert wurde.

Konstruktive Durchbildung
Elemente / Details

Die Sprossen des Tragwerkes bestehen aus 40 x 60-mm-Flachstählen und je zwei 6-mm-Diagonalseilen. Die Maschenweite des Gitters beträgt 1,15 x 1,15 m. Der Knoten des Systems besteht aus einem zentralen Bolzen, an den die Sprossen durch ein Sprossenkreuz angeschlossen sind. Die Klemmung der Seile nach dem Vorspannen erfolgte über Klemmplatten. Die Glasscheiben sind mit Neoprenprofilen auf die Sprossen aufgelegt und werden durch Preßteller außen punktuell fixiert.

Die gesamte Konstruktion ist mit Heizdrähten versehen, um Kondensation und zusätzliche Schneelasten zu vermeiden.

Glas

Die Verglasung besteht aus 10-mm-VSG mit einer oberen Lage von 6-mm-ESG und einer unteren Lage von 4 mm sonnenschutzbeschichtetem Floatglas. Windschiefe Scheiben wurden geschnitten oder bewußt verformt eingebaut.

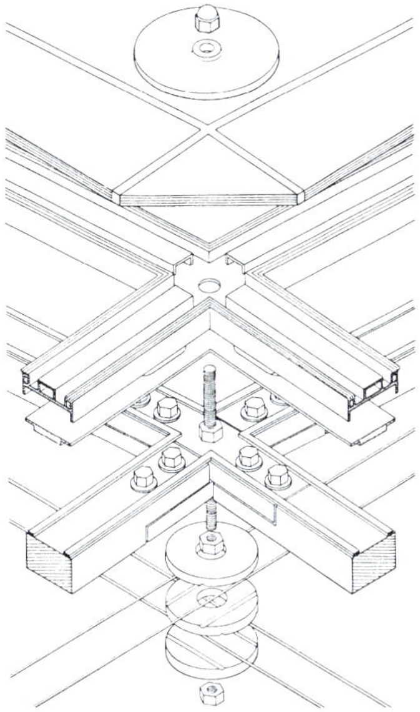

4 Explosions-Isometrie des Knotens
5 Glasdach von außen

6 Sprossenknoten mit Verspannung
7 Umlaufendes Randprofil mit Anschluß zum bestehenden Haus
8 Glasdach mit Durchsicht in den Innenhof

Köln

Glasdach Block 4, Media-Park

Daten

Ort / Jahr	Köln, 1993
Standort	Media-Park
Bauherr	H. Maiburg
Architekt	M. Volf
Ingenieur	Schlaich Bergermann + Partner
Ausführende	Glasbau Seele

Aufgabe / Konzept

Der trapezförmige Block 4 besitzt zur Belichtung der Tiefgarage einen Innenhof, der mit einem ovalen Glasdach als Regenschutz überdeckt wurde.

Der Überdachung des Hofes hat eine ovale Öffnung, die asymmetrisch in den Grundriß eingefügt wurde; der äußere Radius beträgt 19,00 bis 23,50 m, das innere Loch hat einen Radius von 9,70 bis 11,50 m.

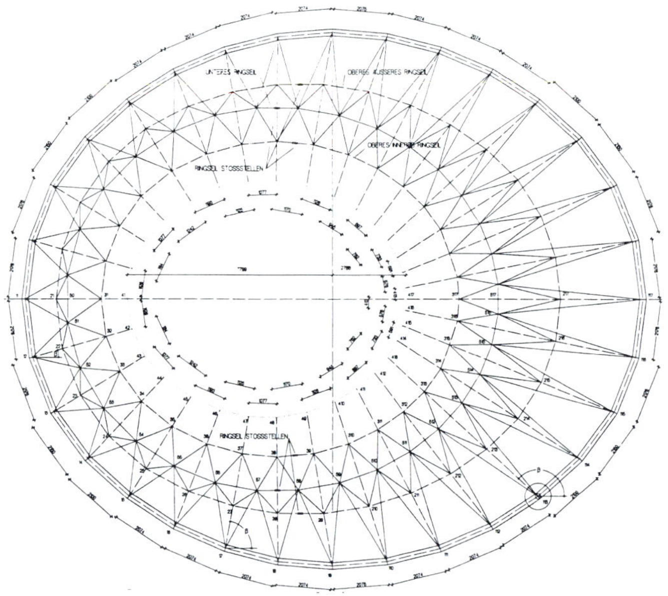

1 Grundriß
2 Dachaufsicht

Tragwerk

Das Tragwerk wird vom Prinzip des „Cable-Dome“ abgeleitet: Radial verlaufende Biegeträger mit V-förmigen Streben ruhen auf einem umlaufenden Tragseil, welches in die umgebenden Stahlbetondecken rückverspannt ist. Durch zwei obere umlaufende Ringseile werden die Biegeträger miteinander verbunden und daran gehindert, seitlich zu kippen.

Die maximale Verformung der Konstruktion beträgt 85 mm.

Konstruktive Durchbildung
Elemente / Details

Die radialen Biegeträger bestehen aus 5- bis 10-mm-T-Profilen. Die oberen Ringseile haben einen Durchmesser von 12 und 18 mm, das untere Tragseil von 32 mm.

Glas

Die Verglasung aus VSG (2 x 6 – 10 mm) wurde geschuppt aufgelegt und ist mit Preßleisten und Neoprenlagern auf den Trägern fixiert.

3 Dachuntersicht

4 Dachuntersicht
5 Unteres Tragseil mit Biegeträger und V-förmigen Streben

Vorhallendächer HBF Köln

Daten

Ort / Jahr: Köln, 1990
Standort: Hauptbahnhof

Bauherr: Deutsche Bundesbahn / Bundesbahndirektion Köln

Architekt: Busmann und Haberer
Ingenieur: Polonyi und Fink
Ausführende: H. Fischer GmbH

Aufgabe / Konzept

An den bestehenden Bahnhof aus dem 19. Jahrhundert wurden über dem Gleisbereich Vorhallendächer als additives System angefügt. Sie ordnen sich der großen Halle unter und erhalten, da sie verglast sind, die vorhandene Blickbeziehung zum Kölner Dom.

Die Vorhallendächer bestehen aus sich kreuzenden, horizontalen Zylinderflächen, die Kreuzgewölbe ergeben. Da der Gleisverlauf gekrümmt ist, entsteht ein verzerrtes Rautenraster.

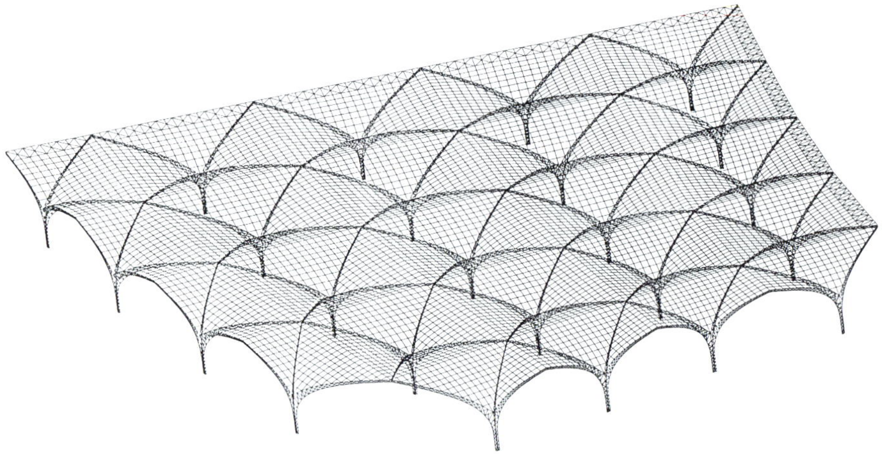

1 Isometrie des Tragwerkes
2 Vorhallendächer

Tragwerk

Die ursprünglich vorgesehene Stabwerkschale wurde als gekrümmter Trägerrost mit Fachwerkbögen in den Graten der sich kreuzenden Zylinderflächen ausgeführt.

Auf dem Grundraster von 0,90 x 0,90 m einer Masche aufbauend, beträgt die mittlere Spannweite 20 m.

Konstruktive Durchbildung
Elemente / Details

Der Trägerrost besteht aus verschweißten Rechteckhohlprofilen, die an die Fachwerkbögen angeschraubt sind.

Die Entwässerung erfolgt über Trichter in die Stiele der Fachwerkbögen.

Um den Bahnbetrieb während der Bauzeit erhalten zu können, erfolgte die Montage neben dem Bahnhof. Die fertigen Elemente wurden anschließend per Kran in ihre endgültige Lage gebracht und montiert.

Glas

Die Verglasung wurde als VSG ausgeführt und ist mit Preßleisten fixiert.

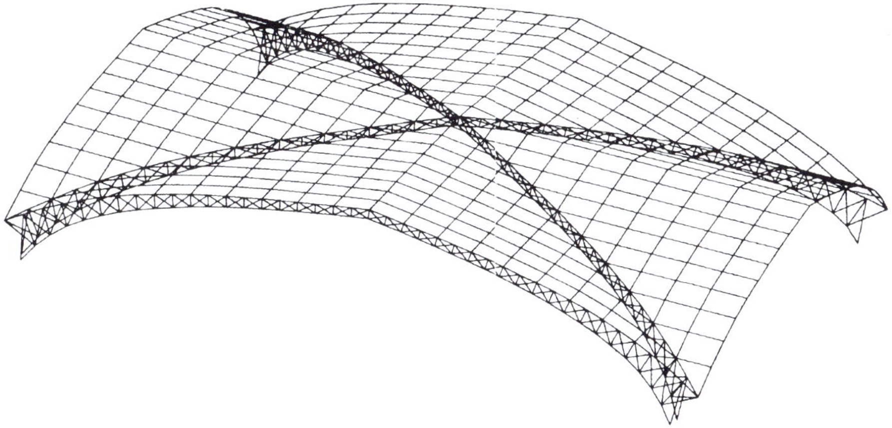

3 Isometrie eines Dachelementes
4 Innenraum mit Gleisanlage

5 Dachaufsicht
6 Innenraum

Leipzig

Bauwenshaus

Daten

Ort / Jahr: Leipzig, 1994
Standort: Schulstraße

Bauherr: P. Bauwens
Architekt: HPP Hentrich-Petschnigg & Partner
Ausführende: Glasbau Seele GmbH

Aufgabe / Konzept

Der Neubau des Geschäfts- und Bürogebäudes in der Leipziger Innenstadt besteht aus einem verglasten U-förmigen Innenhof mit fußläufiger Verbindung zum Burgplatz.

Der Hof ist mit einer Glastonne und einer verglasten Stirnwand geschlossen, mit dem Ziel, die möglichst filigrane Konstruktion weitestgehend zurücktreten zu lassen.

Die entstandene fünfgeschossige Halle hat eine Größe von 21 x 14 m.

Tragwerk

Das Tragwerk der Glastonne besteht aus sechs bogenförmigen Fachwerkbindern in einem Achsabstand von 4,50 m. Auf diesen liegen in einem Abstand von 1,70 m horizontale Riegel auf, die die Verglasungsprofile tragen.

1 Straßenansicht

2 Innenraum

Konstruktive Durchbildung
Elemente / Details

Die Fassade wird aus vertikalen Tragseilen und horizontalen Fachwerkträgern gebildet. Das Eigengewicht hängt an den Seilen, die Windlasten werden von den Fachwerkträgern aufgenommen.

Das Bogentragwerk wurde aus Rundrohren und massiven Zugstäben konstruiert. Als Horizontalriegel dienen Hohlkastenprofile, die die in Bogenrichtung verlaufenden Sprossen tragen. Die Verglasung wird auf den Sprossen durch Preßleisten fixiert.

Die Verglasung der Fassade wird durch kreuzförmige Punkthalter mit den Fachwerkträgern aus Rundrohren und den Tragseilen jeweils in einem Punkt verbunden.

Glas

Als Dachverglasung wurden 10 mm starke VSG-Scheiben eingesetzt. Die horizontalen Fugen sind mit Silikon abgedichtet.

Die Verglasung der Fassade besteht aus 8-mm-ESG; jede Scheibe ist an vier Punkten gefaßt.

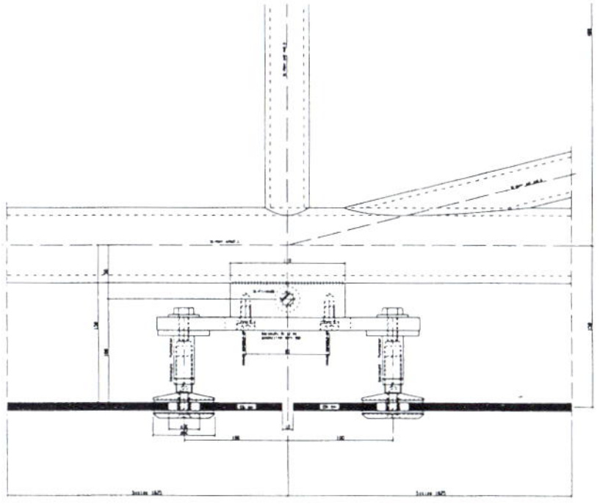

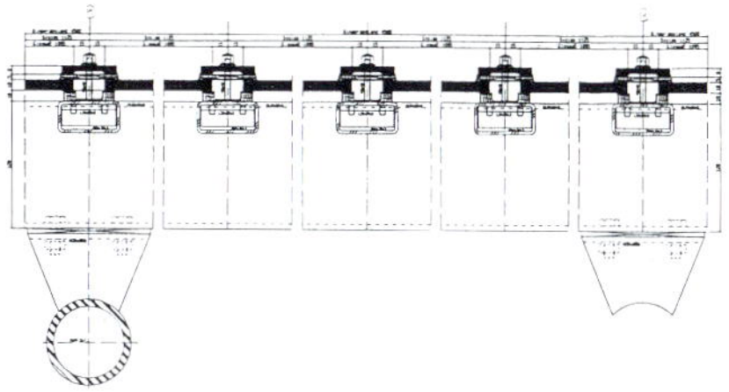

3 Horizontaldetailschnitt: Fassade
4 Anschluß Dach / Wand / Fassade

5 Längsschnitt: Dachverglasung
6 Detailpunkt: Fassade

Leipzig

Neue Messe, Glastonne der Verwaltung

Daten

Ort / Jahr	Leipzig, 1996
Bauherr	Leipziger Messe GmbH
Architekt	von Gerkan, Marg + Partner
Ingenieur	Polonyi + Partner
Ausführende	ARGE Mero / Seele

Aufgabe / Konzept

Der viergeschossige Innenhof der Messeverwaltung wurde mit einer 12,50 m überspannenden und 120 m langen Glastonne geschlossen. Das Tragwerk befindet sich auf der Innenseite, die Verglasung ist punktuell außen aufgesetzt.

Tragwerk

Als Tragwerk dient ein Gitternetz aus Rohrprofilen mit einer Maschenweite von 1,50 x 1,50 m. Zur Stabilisierung sind in jeder fünften Achse Seilunterspannungen eingefügt, die mit V-förmigen Abspannseilen fächerartig an dem Gitternetz befestigt sind. Dieses wird im Auflagerbereich mit der Unterspannung zusammengeführt und die Last in das umgebende Bauwerk eingeleitet.

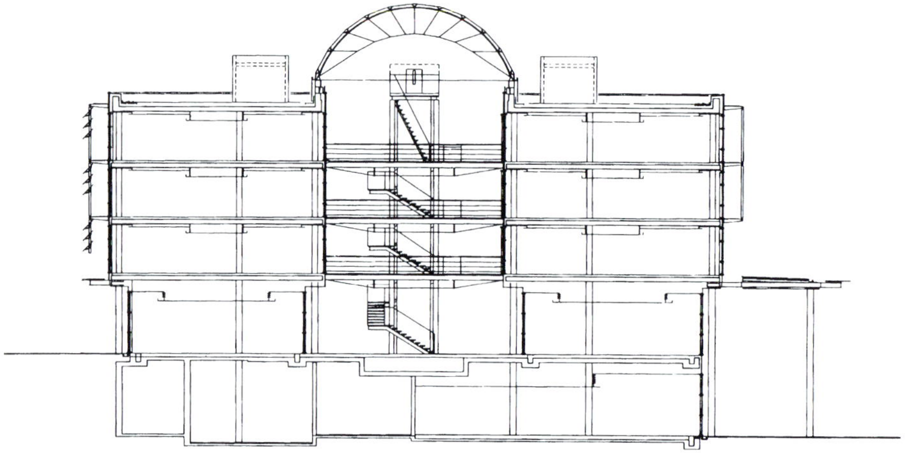

1 Innenraum

2 Querschnitt Verwaltungsgebäude
3 Dachuntersicht

Konstruktive Durchbildung
Elemente / Details

Das Gitternetz besteht aus Stahlrohren, als Verspannung wurden Stahlseile eingesetzt.

Die Befestigung der Glaseindeckung erfolgte über kreuzförmige „Frogfinger", auf denen die gelenkigen Punkthalter für die Glasscheiben montiert sind.

Glas

Die Verglasung aus 1,50 x 1,50 m großen VSG-Scheiben (6 und 8 mm) ist jeweils in den vier Ecken punktuell gelagert.

Die Fugen wurden dauerelastisch mit Silikon geschlossen.

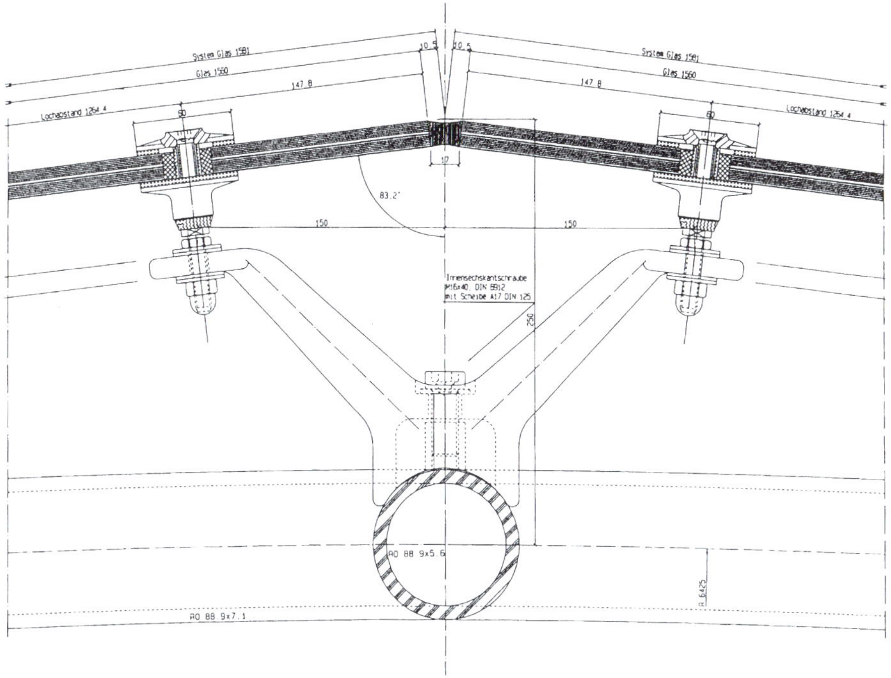

4 Detail: Glastonne
5 Tragwerkuntersicht

6 Gitternetz mit Unterspannung
7 Anschluß Gitternetz / Seilunterspannung

Leipzig	Neue Messe, Zentrale Halle
Daten	
Ort / Jahr	Leipzig, 1996
Bauherr	Leipziger Messe GmbH
Architekt	von Gerkan, Marg + Partner
Glas- / Stahlkonstruktion	I. Ritchie Architects
Ingenieur	Polonyi + Partner
Ausführende	ARGE Mero / Seele

Aufgabe / Konzept

Die Zentrale Halle zwischen den Ausstellungshallen bildet das verbindende Forum der Neuen Messe und dient als Eingangsbereich mit Ticketschaltern und Servicefunktionen. Der trotz der erreichten Filigranität erweckte Eindruck der Monumentalität liegt in dem Konzept der Halle als Indentifikationspunkt begründet.

Die Halle ist 244 m lang und 80 m breit. Der Bogenstich beträgt 30 m.

Tragwerk

Das außenliegende Tragwerk wird als Gitternetzwerk mit einer Maschenweite von 3 x 3 m aus Stahlrohren gebildet. Diese sind in den Ecken biegesteif miteinander verbunden und wirken im Gitternetz wie Vierendeelträger. Aussteifende Diagonalen sind nicht notwendig.

Die Stabilisierung des Gitternetzwerkes gegen Verformungen erfolgt

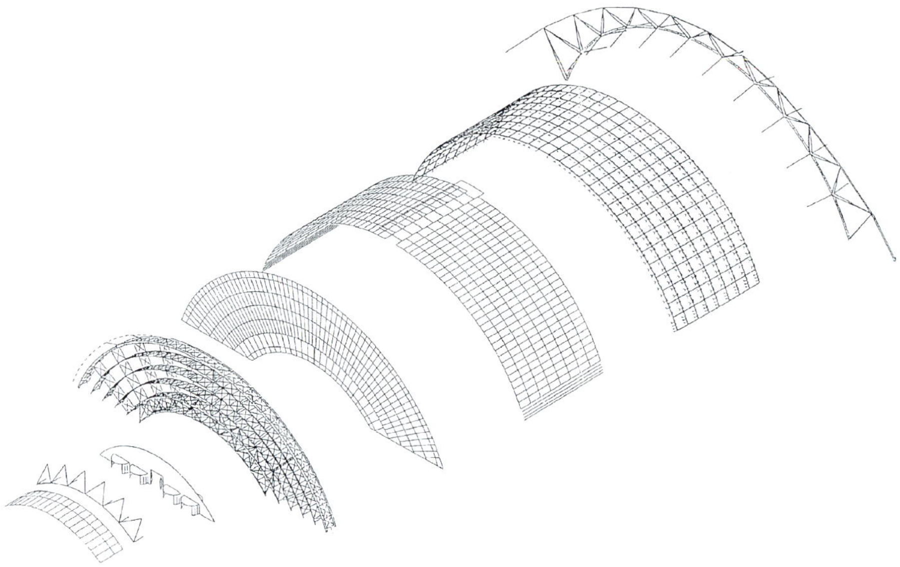

1 System-Isometrie
2 Innenraum

3 Bereich der Stirnwand

durch außenliegende Fachwerkbogenbinder im Abstand von 25 m mit einer Höhe von 4 bis 10 m.

Unabhängig von der Dachkonstruktion wurden die Stirnwände als horizontale Fachwerkbögen mit radialen Stäben ausgebildet. Diese Trennung war wegen der großen Verformungen der Halle notwendig.

Konstruktive Durchbildung
Elemente / Details

Die Tragelemente der Halle bestehen aus Stahlrundrohren und sind verschweißt oder als verschraubte Steckverbindungen ausgebildet.

Die Fixierung der Glasscheiben erfolgt über 0,66 m auskragende „Frogfinger“, an die über Einstellplatten zum Toleranzausgleich die gelenkigen Glashalter angeschlossen sind. Um die Scheiben zwängungsfrei zu lagern, wurden alle vier Halter einer Scheibe unterschiedlich gelenkig ausgebildet.

Glas

Die zum Sonnenschutz teilweise bedruckte Verglasung besteht aus 2 x 8 mm starkem weißen ESG. Insgesamt wurden 2600 m² mit 3 x 1,50 m großen Elementen verglast.

Die 8-mm-Fugen wurden wegen der großen Bewegungen mit verklebten Silikonprofilen geschlossen.

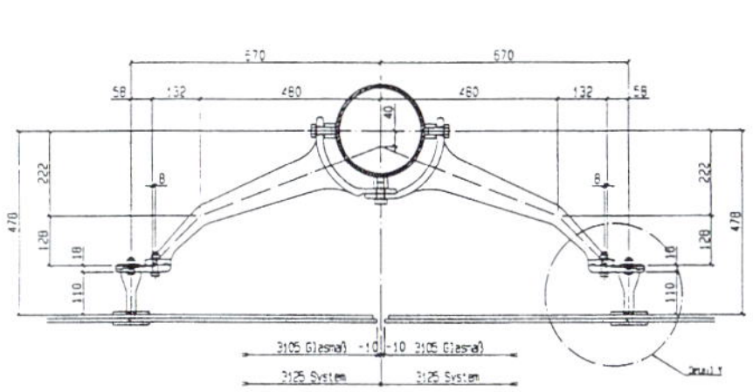

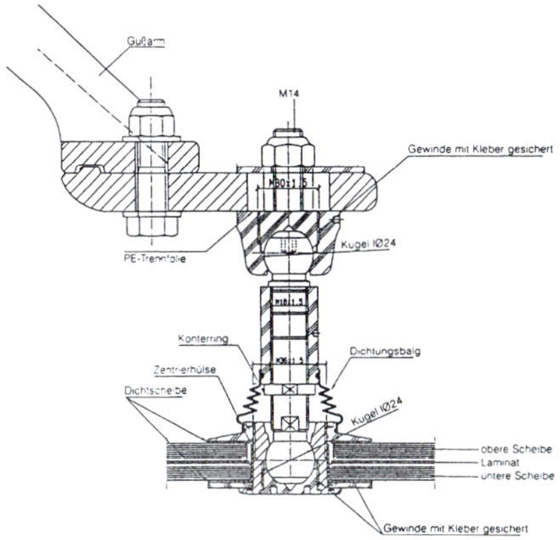

4 Schnitt: Frogfinger
5 Anschluß Frogfinger / Gitternetz
6 Tragwerkuntersicht

7 Gelenkiger Glashalter
8 Gelenkiger Glashalter
9 Stirnwand

Linz | **Design Center**

Daten

Ort / Jahr: Linz, 1993
Standort: Europaplatz 1

Bauherr: Landeshauptstadt Linz
Architekt: Herzog + Partner
Ingenieur: Sailer + Stepan

Aufgabe / Konzept

Das neue Kongreß- und Ausstellungsgebäude in Linz wurde als große Halle konzipiert, die für alle Nutzungen maximale Flexibilität garantieren soll. Neben dem Ausstellungsbereich befinden sich zwei Veranstaltungssäle mit 650 und 1200 Plätzen.

Entsprechend der Neuinterpretation des Themas Kristallpalast wurde eine Glaseindeckung gewählt, die jedoch klimatisch den heutigen Anforderungen entsprechen sollte: Neben der natürlichen Entlüftung, unterstützt durch einen Firstreiter als „Spoiler", wurde Wärmeisolierglas mit speziell entwickelten Lichtrastern eingesetzt.

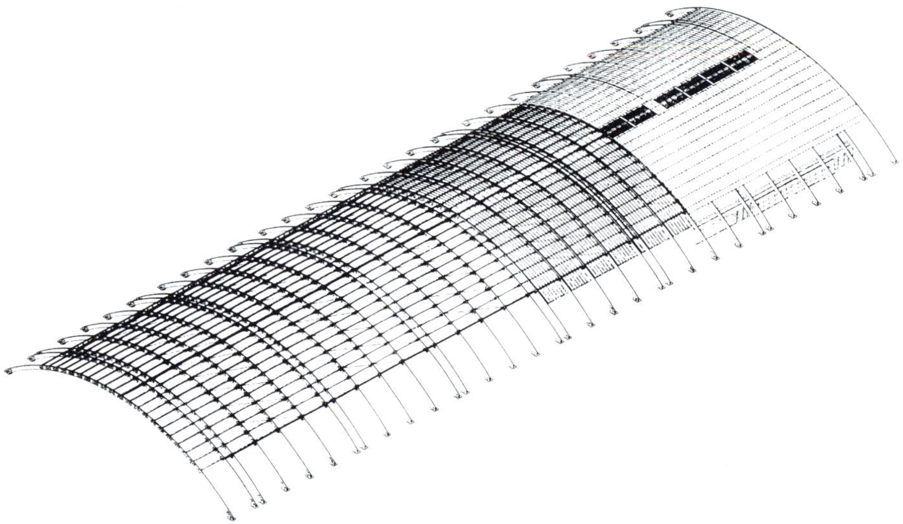

1 Isometrie der Dachkonstruktion
2 Eingangsbereich

Tragwerk

Das Tragwerk der 204 m langen und 73 m breiten Halle besteht aus 34 Bogenbindern im Abstand von 7,20 m mit einem Stich von 12 m. Die Horizontallasten der Bogenbinder werden in Spannkabel in der Bodenplatte eingeleitet.

Auf den Bögen liegen rechtwinklig die angevouteten Nebenträger in einem Abstand von 2,70 m. Die Verglasung wird von Sprossen im Abstand von 0,90 m getragen.

Konstruktive Durchbildung
Elemente / Details

Die Binder bestehen aus zwei parallelen, liegenden I-Profilen, die mit Abstandsblechen verbunden sind. Die aufliegenden Nebenträger wurden aus Blechen zu I-Profilen mit Vouten zusammengesetzt. Als Sprossen dienen IPE 100, auf denen die Verglasung mit Preßleisten fixiert ist.

Glas

Als Verglasung wurden Paneele aus Wärmeisolierglas mit einer unteren VSG-Scheibe eingesetzt.

In dem 16-mm-Luftzwischenraum befinden sich die Lichtraster, die, je nach Dachneigung und Himmelsrichtung ausgerichtet, für indirekte Belichtung sorgen und direkte Sonneneinstrahlung verhindern.

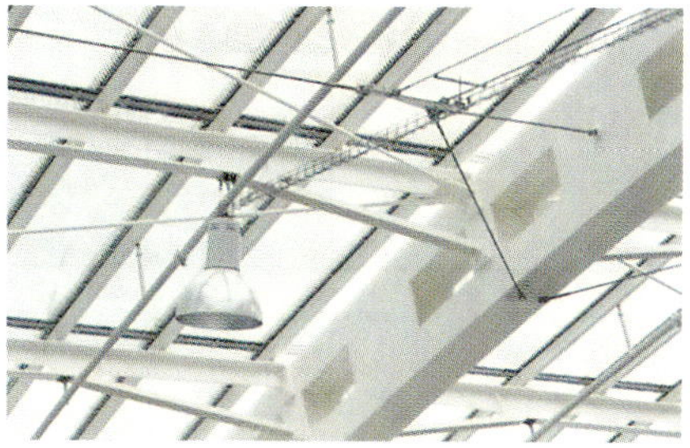

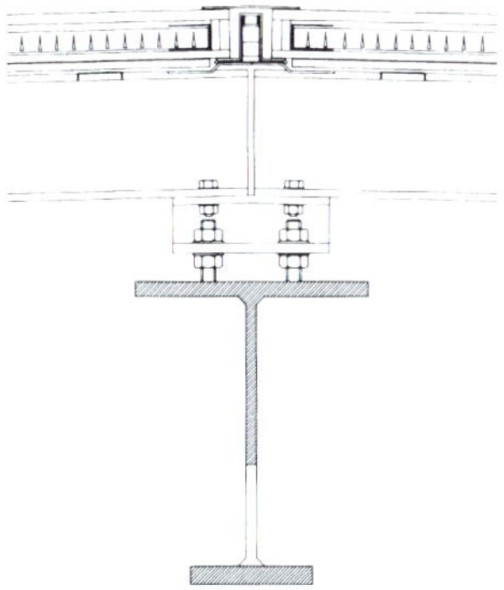

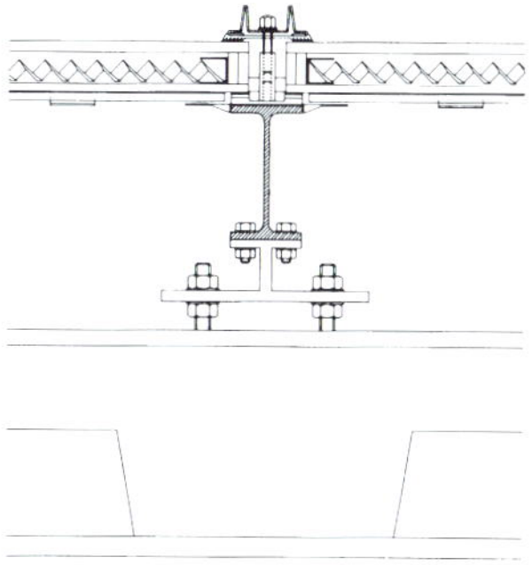

3 Lichteinfall durch die Glaspaneele
4 Querschnitt der Nebenträgerkonstruktion

5 Lichteinfall durch die Glaspaneele
6 Längsschnitt der Nebenträgerkonstruktion
7 Innenraum

London

Bracken House, Vordach

Daten

Ort / Jahr	London, 1988 – 1990
Standort	Friday Street / City of London
Bauherr	Obayashi Europe BV
Architekt	M. Hopkins + Partners
Ingenieur	Ove Arup + Partners
Ausführende	Trollope + Colls Construction Ltd.

Aufgabe / Konzept

Das ovale Bürogebäude, das nach dem Abbruch einer Druckerei zwischen die zwei denkmalgeschützten Seitenflügel eingefügt wurde, erhielt im Eingangsbereich ein gläsernes Vordach in Bogenform.

1 Vordach Bracken House
2 Gesamtansicht: Bracken House

Tragwerk

Die Konstruktion besteht aus räumlich von der Fassade abgehängten Stäben, an die neun Horizontalträger angeschlossen sind. Zwei zu den Seiten verspannte Stäbe, die ein der Seillinie folgendes Polygon bilden, stabilisieren das Dach gegen Unterwind. Durch die gewählte Tragwerkform entsteht ein räumliches Netz aus Zug- und Druckstäben, wodurch das Freihalten des Eingangsbereiches und der dahinterliegenden Fassade möglich wurde.

An dieses starre System wurden die mattierten Glasscheiben befestigt.

Konstruktive Durchbildung
Elemente / Details

Die relativ aufwendige Zugstabkonstruktion besteht aus Edelstahlstäben und Rundrohrprofilen.

Glas

Die Fixierung der mattierten Überkopfverglasung erfolgte mittels vier bis sechs Senkbohrungen je Scheibe; Glas wird ausschließlich als Eindeckung verwendet.

3 Detailansicht
4 Detailausschnitt
5 Frontalansicht

London

Daten

Standort	Stockley Park, London 1991
Architekt	I. Ritchie Architects
Ingenieur	Ove Arup + Partners

Bürogebäude B 8, Stockley Park

Aufgabe / Konzept

Im Gewerbegebiet Stockley Park, zwischen London und dem Flughafen Heathrow gelegen, entstand das Bürogebäude B 8, das auf einem Modulraster aufbaut.

Die gesamte Außenfassade sowie die Verglasung des Innenhofes bestehen aus Glaspaneelen mit einem Raster von 2,98 x 1,35 m, die zwecks Sonnenschutz zum Teil mit weißen Streifen bedruckt sind.

Dank verbesserter Isolierglaseinheiten konnte die Außenwandstärke auf 34 mm reduziert und damit die vermietbare Fläche gesteigert werden. [3]

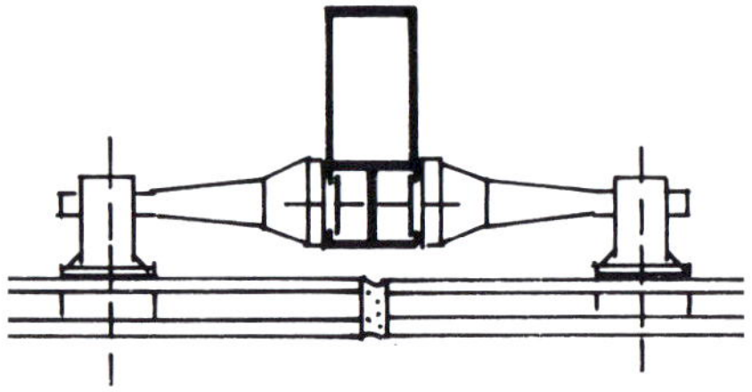

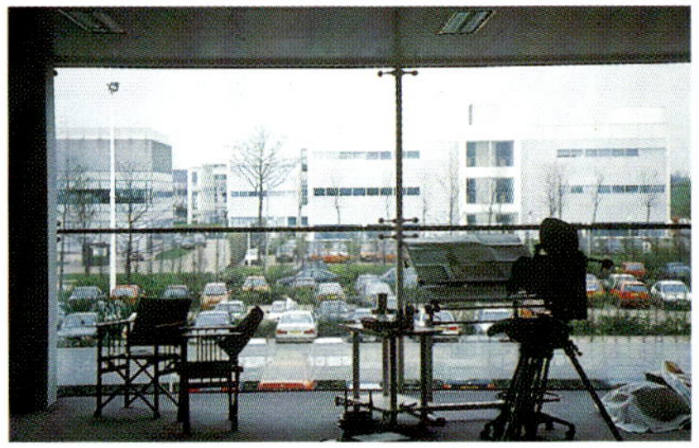

1 Bürogebäude B 8
2 Innenraum
3 Detailpunkt von innen

4 Fassadenansicht
5 Horizontalschnitt Fassadenstütze
6 Blick aus dem Innenraum
7 Detailpunkt von außen

Tragwerk

Bei der Fassadenkonstruktion handelt es sich um geschoßhohe Pfosten, von denen die Isolierglasscheiben losgelöst sind.

Kragarme aus Stahlrohren und Zugstäben bilden das Tragwerk der Innenhofüberdachung.

Konstruktive Durchbildung
Elemente / Details

Die Pfosten wurden mit Kerben versehen, in die in der Höhe flexible Alustäbe verschraubt wurden. An diesen wurden die Isolierglasscheiben mittels Edelstahlzapfen fixiert.

Diese Konstruktion und die Verwendung von vorgespanntem Glas mit Punktbefestigung ermöglichen einen Zwischenraum zwischen Pfosten und Fassade.

Glas

Die Isolierglaselemente bestehen aus 12-mm- und 6-mm-ESG mit einem Luftzwischenraum von 16 mm und konnten dank neuer Technologien erstmalig punktverschraubt verwendet werden.

Die Versiegelung erfolgte mit schwarzem Silikon.

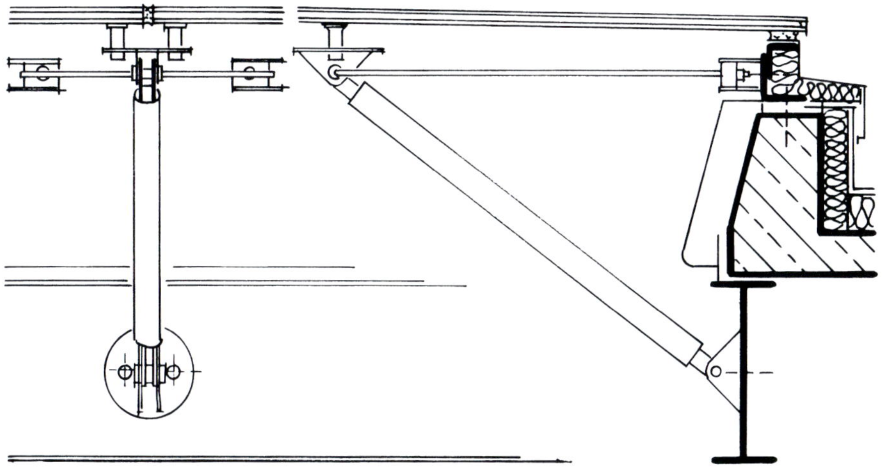

8 Detailschnitt: Innenhofdach
9 Innenhofdach

10 Innenhofdach

London

East Croydon Station

Daten

Ort	London – East Croydon, 1992
Standort	George Street
Bauherr	British Railways Board
Architekt	Brookes Stacey Randall
Ingenieur	A. Hunt Associates
Ausführende	Trafalgar House Construction Ltd.

Aufgabe / Konzept

East Croydon Station ist Umsteigebahnhof für 13 Mio. Fahrgäste pro Jahr und damit einer der wichtigsten Verkehrsknotenpunkte Londons.

Die Lasten der großen Halle über der Bahnstrecke mußten in Auflager neben den Bahngleisen eingeleitet werden, weshalb ein 55 m frei überspannendes Tragwerk gewählt wurde. Als Fundamente dienten vorhandene Ziegelwiderlager.

Die entstandene Halle wird mit einer abgehängten Glashülle als Wetterschutz geschlossen.

Tragwerk

Das Haupttragwerk besteht aus vier Doppelpylonen, von denen vier Fachwerkträgerpaare abgespannt sind. Durch die Rückführung der Abspannung auf die Fußpunkte der Pylone entsteht ein Rahmentragwerk, dessen Horizontalkräfte in Zugseile in der Bodenplatte eingeleitet werden.

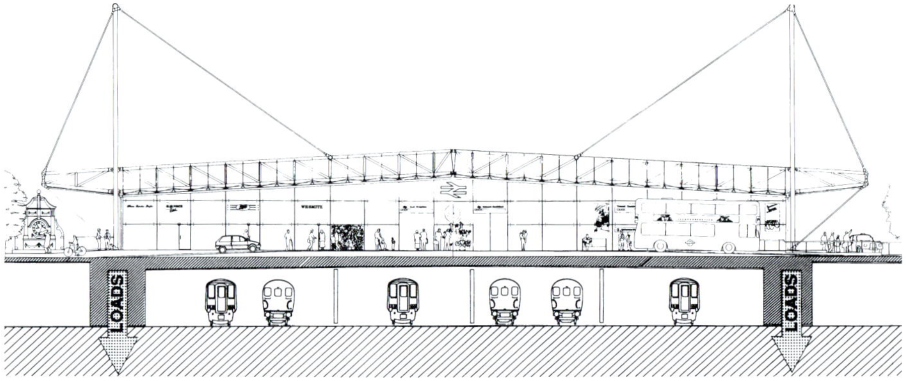

1 Schnitt des Tragwerkes
2 East Croydon Station

Zwischen den abgespannten Fachwerkträgern ist ein Fachwerkträgerrost eingelegt, von dem die Fassadenkonstruktion und das Dach abgehängt sind.

Das Tragwerk der Fassade besteht aus gelenkig gelagerten Stützen, die durch in der Höhe bewegliche Lager an das Haupttragwerk angeschlossen sind.

Konstruktive Durchbildung
Elemente / Details

Das Haupttragwerk besteht aus verschweißten Rundrohren.

Die ovalen Fassadenstützen wurden aus Aluminiumstrangpreßprofilen hergestellt. In vorgesehenen Nuten sind die V-förmigen Glashalter aus Edelstahlguß eingeschraubt, die die Glasscheiben mit Punkthaltern fixieren. Der Kopfpunkt der Fassaden ist verschieblich ausgebildet.

Glas

Als Fassadenverglasung wurden 2,99 x 2,08 m große 12-mm-ESG-Scheiben mit vier Punktbohrungen eingesetzt. Die Dachverglasung besteht aus 10-mm-VSG.

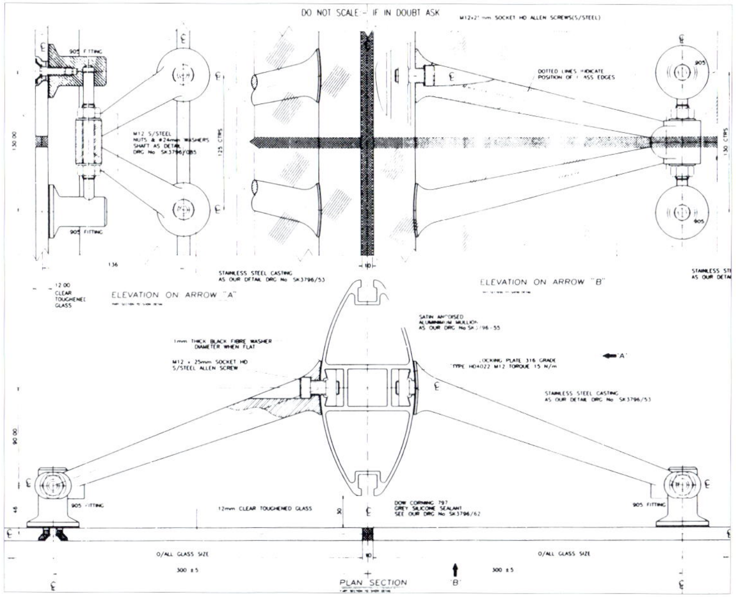

3 V-förmige Glashalter der Fassade
4 Überkopfverglasung des Daches

5 Fassadenstütze mit Glashaltern

London

Financial Times

Daten

Ort / Jahr: London, 1987 – 1988

Bauherr: Financial Times
Architekt: N. Grimshaw + Partners
Ingenieur: J. Robinson + Sons

Aufgabe / Konzept

Durch die Möglichkeiten der modernen Drucktechniken, die Redaktion von Satz und Druck zu trennen, konnte der Verlag ein neues Produktionsgebäude in verkehrsgünstiger Lage bauen. Neben der Zurschaustellung moderner Drucktechnik war die repräsentative Wirkung des Gebäudes beabsichtigt.

Es entstand ein rechteckiger Grundriß mit zwei großen Glasfassaden, die den Blick auf die Druckmaschinen ermöglichen, und mit zwei geschlossenen Kopfbauten für Vertrieb und Papierlager.

Tragwerk

Die 96 x 16 m große Nord- und Südfassade bestehen aus 15 Stahlstützen in einem Achsabstand von 6 m. An diese sind an Zugstäben abgehängte Fachwerkträger als Glashaltearme angeschlossen, die die 2 x 2 m großen Glastafeln tragen.

1 Frontfassade: Financial Times
2 Frontfassade: Financial Times

Konstruktive Durchbildung
Elemente / Details

Die Fassade hängt an Zugstäben, die die Last in die Stützen einleiten. Die Windbelastung wird durch die Glashaltearme in die Stütze abgeleitet, die somit hybrid belastet wird.

Das Glas wird nur als Raumabschluß verwendet.

Die Stützen bestehen aus zwei halben Stahlrohrprofilen mit unterschiedlichen Durchmessern und sind mit Blechen verbunden. An diese angeschlossen sind die Greifarme, hergestellt aus Massivstahlprofilen und Schweißverbindungen.

Glas

Den Anschluß an das Glas stellen kreisrunde Stahlteller her, sogenannte „dinner plates", die mit der Glasscheibe durch vier justierbare Schrauben verbunden sind.

Glas wurde in 2 x 2 m großen Tafeln aus 12-mm-ESG verwendet, der zur Bauzeit maximalen Scheibengröße bei Befestigung mittels Senkbohrung.

Die Fugen wurden mit schwarzem Silikon abgedichtet.

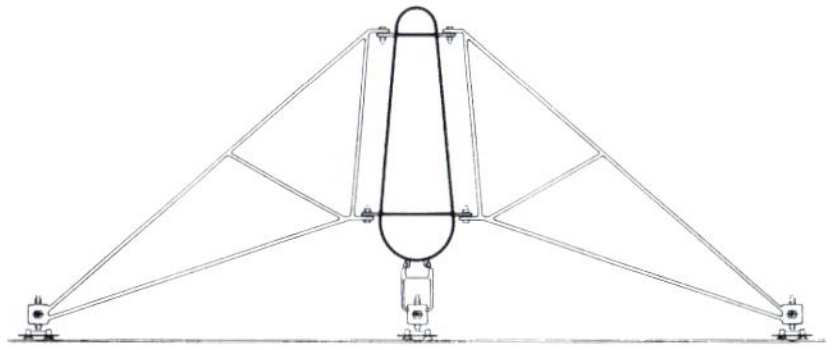

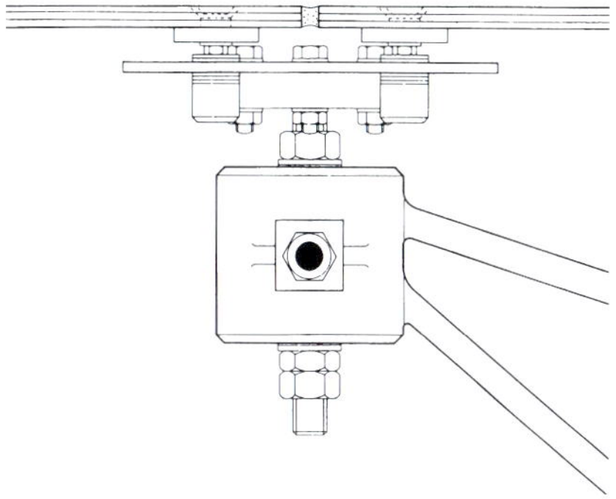

3 Grundriß der Stahlstütze mit Glashaltearmen
4 Frontfassade: Financial Times

5 Horizontalschnitt: Glashaltepunkt / „dinner plates"
6 Glashaltepunkt /„dinner plates"

London

Hilton Hotel

Daten

Ort / Jahr	London, 1988 – 1990
Standort	Heathrow Airport
Bauherr	BAA Hotels
Architekt	Manser Associates
Ingenieur	A. Hunt Associates / YRM

Aufgabe / Konzept

Das Flughafenhotel des Terminal 4 / Heathrow besteht aus zwei versetzten Flügeln mit Hotelnutzung und einem großen Atrium, das mit einem leichten System von nebeneinanderliegenden Fachwerkträgern auf Stahlstützen überdeckt ist.

Den Raumabschluß an den Schmalseiten des Atriums bilden zwei Schaufassaden, die von den Fachwerkträgern abgehängt sind. Der durch die startenden Flugzeuge erzeugte Lärmpegel von bis zu 95 dB (A) erforderte eine Doppelschaligkeit der beiden 25 x 8 m großen Schaufassaden.

Tragwerk

Beide Glasvorhangfassaden sind mittels untereinander verbundener Fachwerkträger von einem Viergurt-Fachwerkträger abgehängt.

1 Vorfahrt
2 Atrium

Die Windlasten werden durch drei horizontale Fachwerkträger, die die Fassade gliedern, in das Haupttragwerk abgeleitet.

Es entsteht ein sehr steifes System aus aufeinander aufbauenden Trägern mit einem Rastermodul von 2,80 m, dem auch der Fassadenzwischenraum entspricht.

Konstruktive Durchbildung
Elemente / Details

Aus Kostengründen wurden bei der konstruktiven Durchbildung der Anschlüsse keine gestalterisch aufwendigen Edelstahlelemente verwendet, sondern Platten aus einfachem Baustahl miteinander verschweißt und lackiert.

Des weiteren konnte wegen der hohen Steifigkeit des Tragwerkes auf eine große Flexibilität der Glasanschlußelemente verzichtet werden, nur der Anschluß der Fachwerkträger an die Glashalter wurde mit einem Langloch versehen.

Glas

Die Glasscheiben werden mittels Senkbohrungen und Verschraubungen in ihren Ecken gehalten. Die Fugen des nur als Raumabschluß verwendeten Glases sind mit Silikon versiegelt.

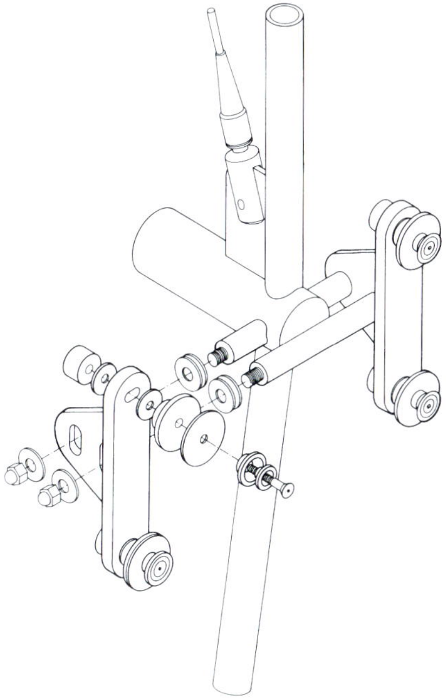

3 Detailausschnitt von außen
4 Detailpunkt
5 Detailausschnitt von innen

6 Fassade von außen
7 Fassade von innen

London

Insignia House

Daten

Ort / Jahr: London

Standort: 83 – 85 Mansell Street

Bauherr: Eastmount London Ltd.

Architekt: E. Keats + Associates
J. Winter + Associates

Ingenieur: Ove Arup + Partners

Aufgabe / Konzept

Vor einem konventionellen Stahlbetonskelettbau entstand ein Foyer in Form eines kristallinen Wintergartens.

Neben der offenen Geste zur Straße sollte mit dieser großen Halle ein Akustik- und Wärmepuffer entstehen, zu dem sich die Büros mit Balkonen öffnen. Aus Brandschutzgründen und zur getrennten Vermietbarkeit mußten jedoch die oberen Balkone verglast werden.

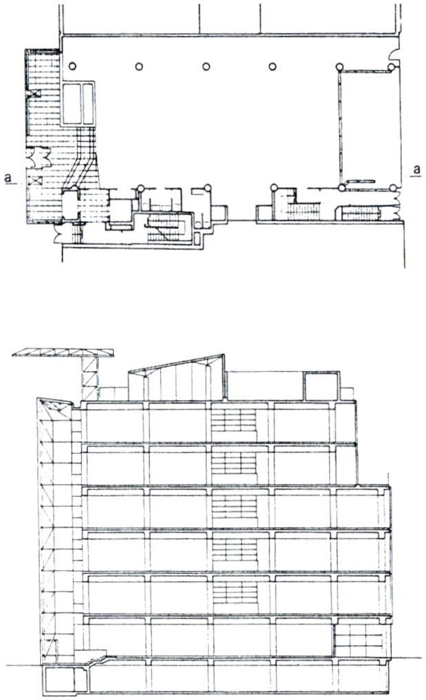

1 Glasbox
2 Schnitt / Normalgeschoßgrundriß

3 Glasbox
4 Gesamtansicht

Tragwerk

Anfänglich vorgesehene Biegeträger ähnlich denen des Financial-Times-Gebäudes wurden zugunsten der größeren Filigranität in Fachwerkträgersysteme aufgelöst. Das Tragwerk der 15 m breiten und 25 m hohen Glasbox besteht aus zwei senkrechten Trägerpaaren mit seitlichen Armen im Abstand von 2 m, die die Glasscheiben halten.

Zusätzliche Stabilisierung gegen Verdrehen erhalten die Fachwerkträger durch Diagonalverspannungen, die erst während der Montage endgültig fixiert wurden.

Konstruktive Durchbildung
Elemente / Details

Die verschweißten Fachwerkträger bestehen aus 50-mm-/140-mm-Stahlrohren, die gelenkig angeschlossenen seitlichen Arme aus 90-mm-Stahlrohren.

Glas

Die ca. 2 m/3,75 m großen 10-mm-ESG-Scheiben sind mit acht Punkthaltern (Planar fittings) auf Edelstahlplatten am Tragwerk befestigt.

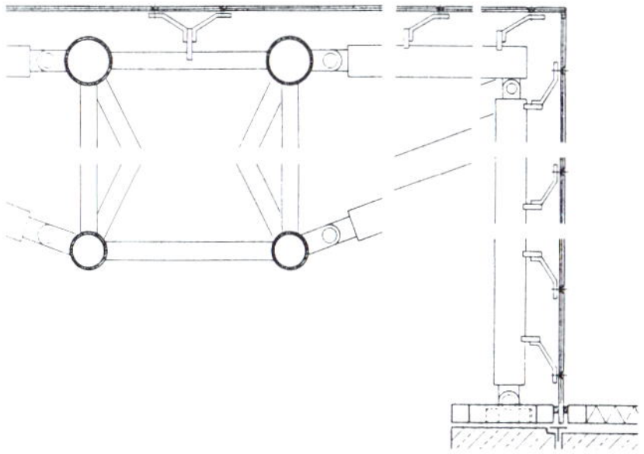

5 Glasbox
6 Horizontalschnitt: Fassade
7 Detailpunkt: Fachwerkträger

8 Glasbox
9 Ecke
10 Ecke

London | **Thames Water Tower**

Daten

Ort / Jahr: London, 1994 – 1995
Standort: Holland Park / London

Bauherr: Thames Water Ltd.
Architekt: Brookes Stacey Randall
Ingenieur: SMP Atelier One

Aufgabe / Konzept

Zur Umhüllung eines Überlaufrohres einer neuen Hauptwasserleitung wurde ein weithin sichtbares öffentliches Barometer konstruiert. Der gemessene Luftdruck wird über Signale an Wasserdüsen in der entsprechenden Ebene weitergegeben, die hellblau gefärbtes Wasser an der Innenseite der Glasscheiben herunterfließen lassen und damit den Luftdruck anzeigen.

Auf der Spitze des Turmes befindet sich eine Solaranlage in Form eines „Sonnenschildes“, das durch Öffnen und Schließen Sonnenintensität und Luftdruck angibt.

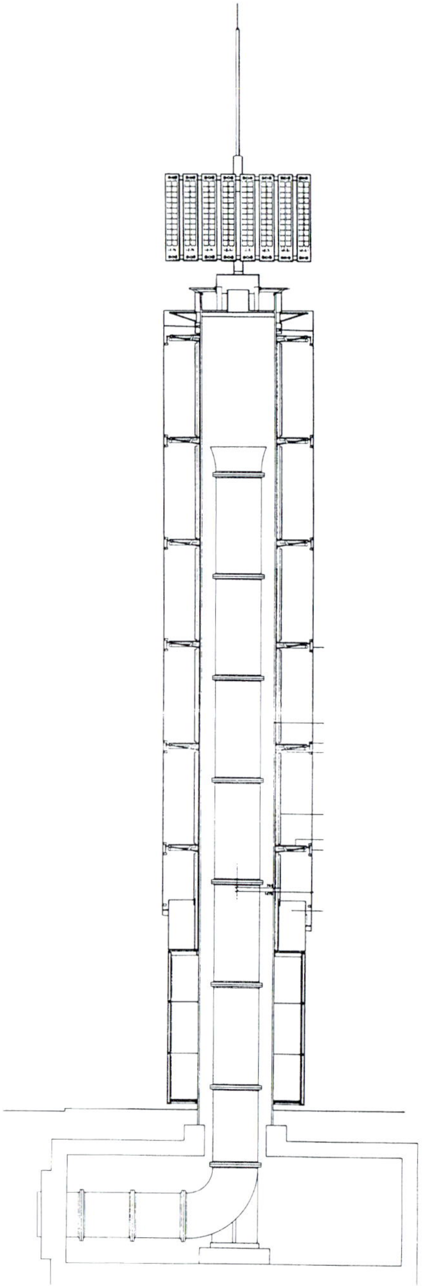

1 Gesamtansicht
2 Detailansicht

3 Schnitt durch das Barometer

Tragwerk

Das Haupttragwerk besteht aus einem 15 m hohen, eingespannten Stahlrohr mit einem Durchmesser von 1,50 m.

Daran angeschlossen sind in Höhenabständen von 2 m fünf Kragarme aus Gußstahl, die die Glasfassade und einen begehbaren Rost zur Wartung tragen.

Konstruktive Durchbildung
Elemente / Details

Die Kragarme aus Gußstahl sind als einfache Fachwerke ausgebildet, die in ihrer Form dem Kraftverlauf folgen und mittels gelenkiger Halter („Frogfinger") die Glasfassade tragen.

Glas

Bei dem äußeren Zylinder mit einem Durchmesser von ca. 3 m handelt es sich um 12 mm vorgespanntes und gebogenes Glas; die Fixierung an den gelenkigen Haltern erfolgt mittels Senkbohrungen.

Die Fugen zwischen den Scheiben wurden mit schwarzem Silikon abgedichtet.

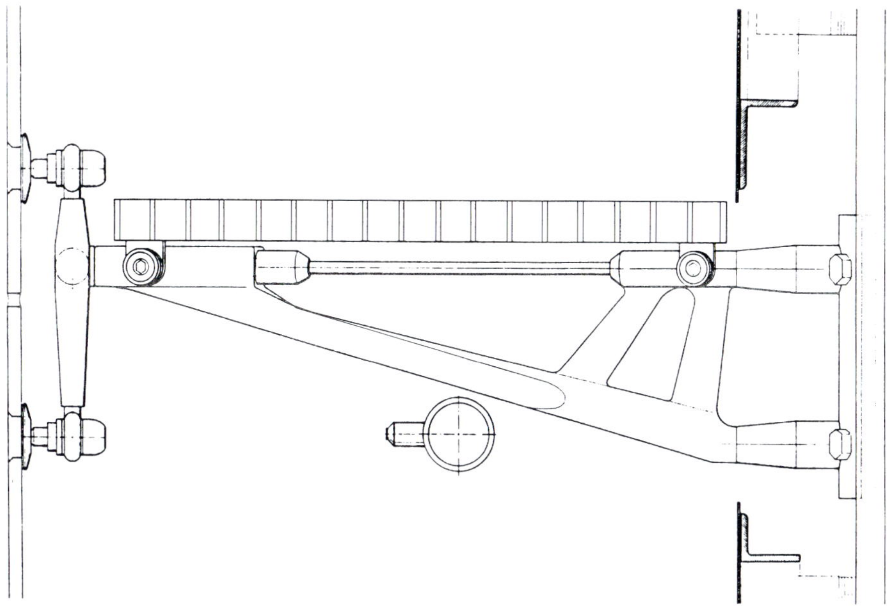

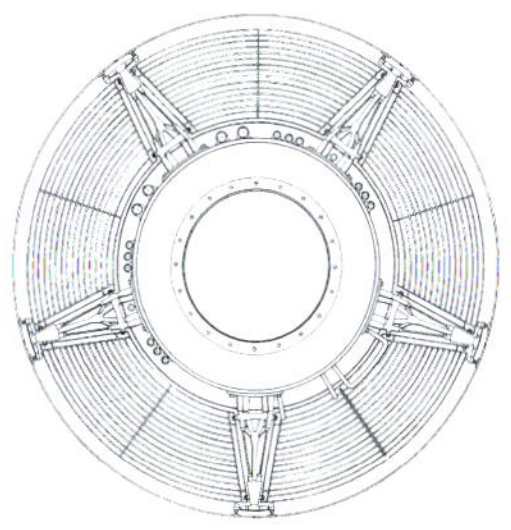

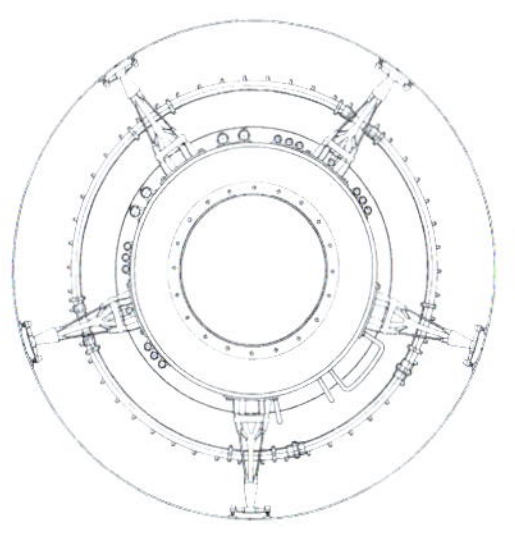

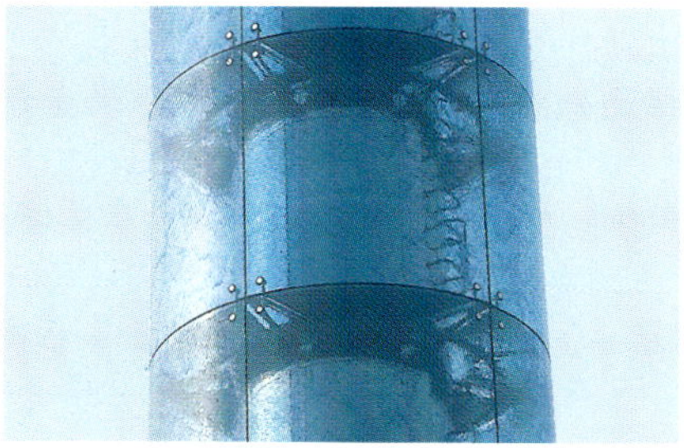

4 Detail-Vertikalschnitt
5 Horizontalschnitt: Ebene der Sprühringe
6 Detailausschnitt
7 Horizontalschnitt: Gitterrost-Ebene
8 Detailansicht

London

Waterloo International Terminal

Daten

Ort / Jahr: London, 1988 – 1993

Bauherr: British Railways Board

Architekt: N. Grimshaw + Partners

Ingenieur: YRM – A. Hunt Associates

Aufgabe / Konzept

Mit dem neuen Endbahnhof des Channel Tunnels sollte ein Symbol für das neue Zeitalter der Eisenbahn als konkurrenzfähigem Verkehrsmittel zwischen den Metropolen geschaffen werden. Entsprechend wurde eine einprägsame Bauform gewählt, die sich der vorhandenen Gleisstruktur anpaßt und der Eisenbahn ein 400 m langes Schaufenster zur Stadt verschafft.

Unter den aufgeständerten Gleiskörpern befinden sich alle für einen Bahnhof notwendigen Infrastruktureinrichtungen, Zoll und Wartehallen, so daß bis zu 15 Millionen Fahrgäste pro Jahr abgefertigt werden können.

Tragwerk

Auf einem Stahlbetonsockel, der Parkhaus, Servicezone und Wartebereich beinhaltet, ruht das 400 m lange Glasdach. Es besteht aus 35 bis 48 m überspannenden, 13 m hohen Dreigelenkbögen, die mit seitlichen Abspannungen ein räumliches Tragwerk bilden.

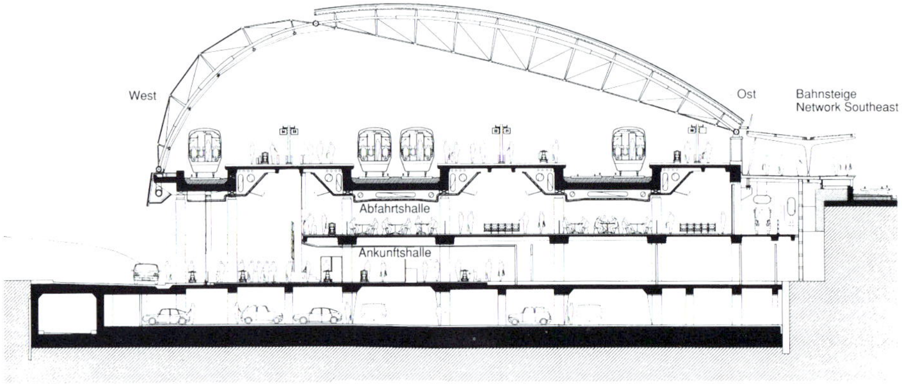

1 Querschnitt
2 Ansicht von der Straße

Konstruktive Durchbildung
Elemente / Details

Die aus Fachwerken gebildeten Bögen folgen nicht der Stützlinie und benötigen deshalb entsprechende Unter- bzw. Überspannungen. Die seitlichen Abspannungen zwischen den Bögen tragen die Glas- bzw. Dachflächen und gewährleisten die Queraussteifung.

Das Bogentragwerk sowie die seitlichen Abspannungen bestehen aus Stahlrohren bzw. -stabelementen, die in ihrer Dimension der Belastung folgen und mit Gußknoten verbunden sind. Die Gelenke wurden ebenfalls aus Stahlguß hergestellt.

Die Dacheindeckung erfolgte mit Edelstahltrapezblech auf höhenverstellbaren Edelstahlschienen.

Glas

Durch die „lockere Fassung" der ausschließlich rechtwinkligen 10-mm-ESG-Scheiben, die schuppenartig übereinanderliegen, können sowohl die Bewegungen des Gebäudes als auch Winkelveränderungen der freien Gebäudeform aufgenommen werden.

Die Abdichtung der Fugen erfolgte mit Neoprendichtungslippen.

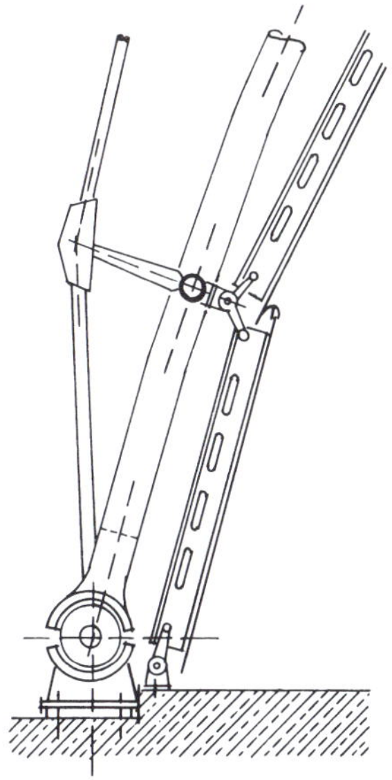

3 Perspektive Dachverglasung
4 Dachverglasung
5 Dachtragwerk

6 Fußpunktdetailschnitt
7 Fußpunkt

London

Daten

Ort / Jahr	London, 1988 – 1993
Bauherr	British Railways Board
Architekt	N. Grimshaw + Partners
Ingenieur	YRM – A. Hunt Associates

Waterloo Station, Glaswand

Aufgabe / Konzept

Mit dem Neubau des Waterloo International Terminals sollte für den bestehenden Bahnhof ein Raumabschluß geschaffen werden, der den Blick auf den Neubau und die Züge ermöglicht. Die realisierte Glaswand symbolisiert die Grenze, die bei der Einreise nach Großbritannien überschritten wird.

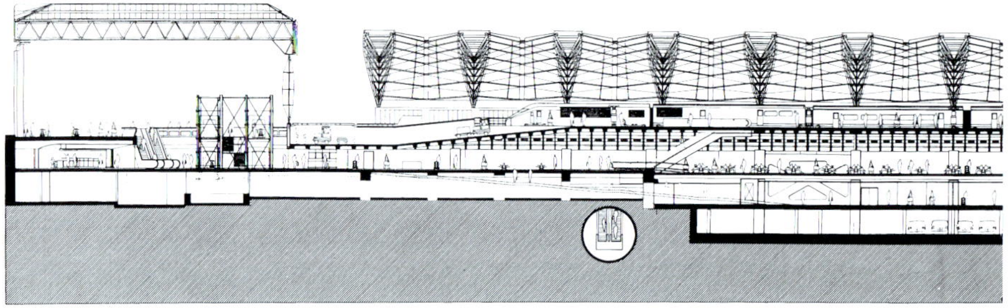

1 Glaswand von innen

2 Glaswand – Blick auf den International Terminal

3 Längsschnitt Alter Bahnhof – International Terminal

4 Glaswand von innen

Tragwerk

Das Tragwerk besteht aus innenliegenden Stahlstützen mit einem Achsmaß von ca. 2 m, die gegen Winddruck und -sog hinterspannt sind („bowstring“).

Konstruktive Durchbildung
Elemente / Details

Die Tragelemente bestehen aus Stahlrohren bzw. -stabelementen. Die Hinterspannung der auf der Innenseite stehenden Stütze wird an den Auflagern durch die Fugen der Glasscheiben geführt.

Glas

Die Befestigung der ca. 2 x 2 m großen Glasscheiben erfolgt mittels Krähenfüßen und Punktbohrungen in den vier Ecken der Glasscheiben.

Kommentar

Da wahrscheinlich keine zusätzlichen Lasten von dem historischen Tragwerk aufgenommen werden konnten, mußten die Druckkräfte der hinterspannten Konstruktion in die Druckstäbe der Fassade eingeleitet werden.

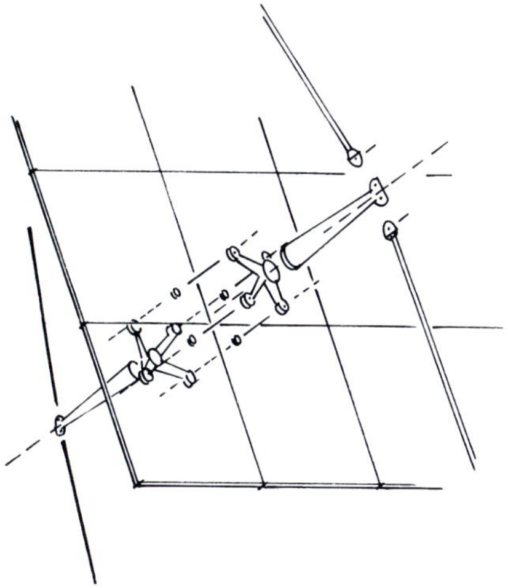

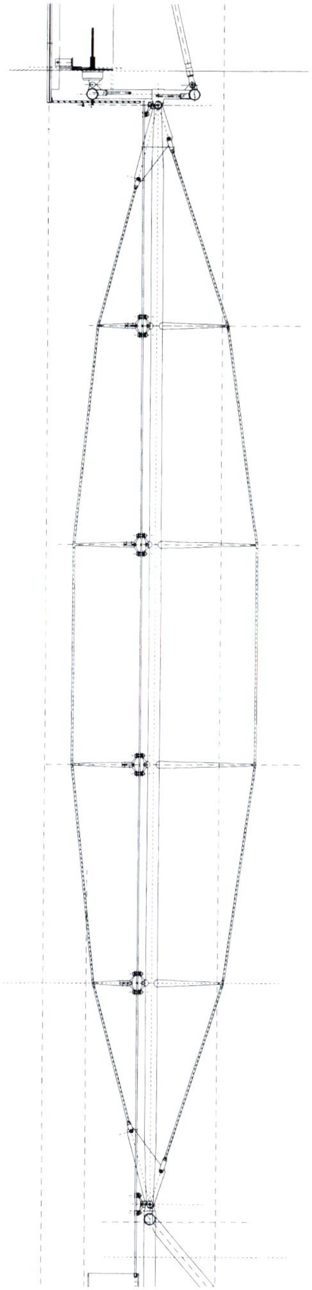

5 Detailausschnitt von außen
6 Explosionszeichnung der Glasbefestigung und Hinterspannung
7 Detailausschnitt von innen

8 Schnitt durch die Glaswand – Hinterspannte Stütze

Madrid	Museum Reina Sofia

Daten

Ort / Jahr	Madrid
Standort	Santa Isabel 52
Bauherr	Ministerio de Cultura
Architekt	I. Ritchie Architects mit Iniguez & Vazquez
Ingenieur	Ove Arup + Partners

Aufgabe / Konzept

Das Museum für Moderne Kunst fand in einem umgestalteten Hospital aus dem 18. Jahrhundert ein neues Domizil. Zur Erschließung wurden drei außenliegende, verglaste Aufzugs- und Treppentürme mit einer Höhe von 36 m hinzugefügt.

Tragwerk

Getragen von einem inneren Stahlgerüst für die Aufzüge, hängen die einzelnen Scheiben über „Delphinhalter" an Tragstäben, die das Eigengewicht nach oben ableiten. Das durch den Abstand Glas – Tragstab entstehende Moment wird durch nach unten verankerte Stäbe aufgehoben. Um Verformungen zu kompensieren, wurden für Trag- und Ankerstab die Materialien so gewählt, daß die verschiedenen Wärmedehnungskoeffizienten die Bewegung des Systems ausgleichen.

1 Lastenaufzug Ostfassade

2 Westfassade mit den beiden Aufzugtürmen
3 Glasfassade

Die Windlasten auf die Fassade werden von horizontal gelenkigen Haltern, die in den Ecken der Scheiben angeordnet sind, in das innere Tragwerk der Aufzugtürme eingeleitet.

Konstruktive Durchbildung
Elemente / Details

Die Delphinhalter bestehen aus geformten Edelstahlplatten mit Lagerzapfen und den gelenkigen Punkthaltern zur Glasbefestigung.

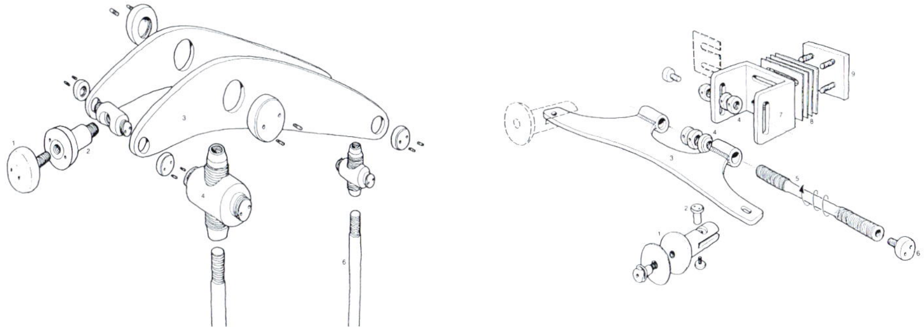

Die Halter der Windaussteifung wurden aus 6-mm-Edelstahlblechen geschnitten und mit Bolzen und Gabelplatten horizontal beweglich am inneren Tragwerk verankert. Die Befestigung der Scheiben erfolgte über Punktbohrungen. Trag- und Ankerstäbe bestehen ebenfalls aus Edelstahl.

Glas

Als Verglasung dienen 12-mm-ESG-Scheiben mit den Abmessungen 2,97 x 1,83 m. Jede Scheibe ist an allen vier Ecken gegen Windlasten fixiert, das Eigengewicht wird in die mittig angeordneten Delphinhalter eingeleitet.

Kommentar

Obwohl Tragwerk und Details interessant sind, stellt sich die Frage, ob diese Lastumleitung angesichts des so dicht hinter der Fassade liegenden Haupttragwerkes gerechtfertigt ist.

4 Delphinhalter

5 Blick von unten
6 Innere Halter für die Windaussteifung
7 Glasfassade der Aufzugtürme

Montréal

Musée des Beaux Arts de Montréal

Daten

Ort / Jahr: Montréal, 1991

Architekt: M. Safdie

Ausführende: MERO / Navtec

Aufgabe / Konzept

Der unter einem Marmorportico liegende Eingangsbereich und ein Wintergarten des neuen Museums in Montréal wurden mit einer filigranen Stahl-Glas-Konstruktion überdeckt.

Das Dach des Eingangsbereiches hat eine Neigung von 42° und eine Größe von 18,50 x 23,10 m, das Dach des Wintergartens neigt sich um 27° bei einer Größe von 13,10 x 33,80 m.

Tragwerk

Die Tragkonstruktionen der Dächer werden von parallelgurtigen Fachwerkträgerrosten gebildet. Da die Untergurte als Zugstäbe ausgebildet wurden und deshalb keine Drucklasten aus der Lastumkehrung bei Windsog aufnehmen können, wird die Konstruktion durch parabelförmige Seile rückverspannt.

1 Eingangsfassade mit Foyer
2 Innenraum Eingangsbereich

Die biegesteifen Knoten der Obergurte ermöglichen die Unterteilung der Felder durch ein oberflächenbündiges Sekundärtragwerk ohne eine zusätzliche Trägerebene. Das entstandene Raster hat die Abmessungen von ca. 1,50 x 3,00 m.

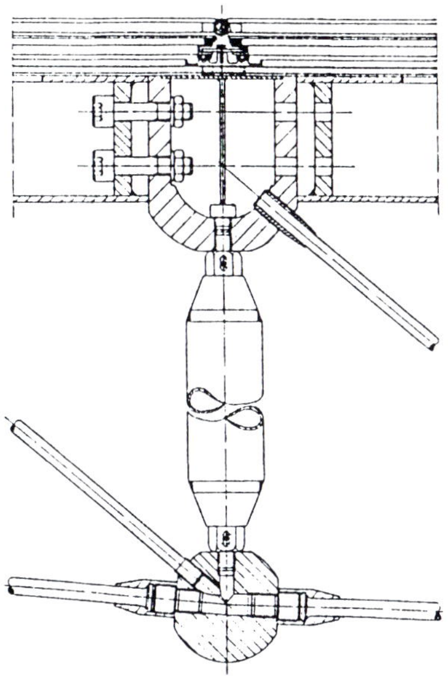

Konstruktive Durchbildung
Elemente / Details

Der Obergurt der Fachwerkträger besteht aus Kastenprofilen (140 x 70 mm); die Knoten aus biegesteif angeschlossenen „Napfknoten", die einen oberflächenbündigen Anschluß für die Eindeckung ermöglichen. Diagonal- und Untergurtzugstäbe wurden aus Edelstahl hergestellt; der Untergurtzugstab hat einen Durchmesser von 20 mm.

Das Sekundärraster wird durch geschlossene U-Profile gebildet, die seitliche Öffnungen für Installationen besitzen.

Glas

Als Verglasung wurden Isolierglasscheiben nach dem Prinzip des Structural Glazing mit Aluminium-Adapterrahmen montiert.

Die Fugen wurden mit Silikon geschlossen.

Kommentar

Die filigrane Konstruktion besticht durch ihre Einfachheit und Transparenz.

3 Detailschnitt: Fachwerkträgerrost
4 Innenraum Wintergarten

München | **Eissporthalle**

Daten

Ort / Jahr — München, 1983
Standort — Olympiapark

Bauherr — Olympiapark GmbH
Architekt — Ackermann und Partner
Ingenieur — Schlaich und Partner

Aufgabe / Konzept

Das Eisstadion des Münchner Olympiaparkes besteht aus einer Dreigelenk-Bogenkonstruktion, unter die ein gegensinnig gekrümmtes Seilnetz gehängt und zu den Seiten verspannt ist. Als Eindeckung des Seilnetzes dient ein PVC-beschichtetes Polyestergewebe. Die verglaste Randfassade, als „Membranfassade" ausgebildet, folgt dem geschwungenen Dachrand und hat eine Höhe von 3,60 bis 5,80 m.

Tragwerk

Das Tragwerk der Randfassade besteht aus Vertikalseilen, die in einem Abstand von 1,30 m vom Randseil zum Ringfundament verlaufen. Auf diese Seile sind die horizontalen Sprossen mit der Verglasung montiert.

Da es sich bei dieser „Membranfassade" um ein ebenes, vorgespanntes Seilsystem ohne gegensinnige Krümmung handelt, werden Horizontallasten erst durch Verformung des Seilnetzes aufgenommen. Diese sind

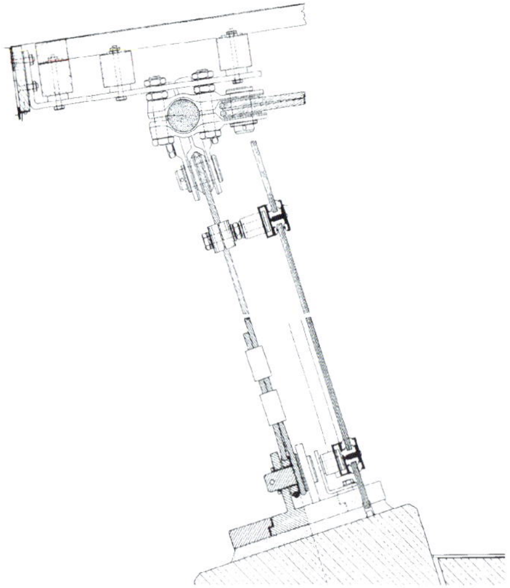

1 Fassadenschnitt
2 Innenraum mit geschwungener Fassade
3 Gesamter Innenraum mit Eisfläche

jedoch wegen der geringen Fassadenhöhe und der Vorspannung im System relativ gering.

Konstruktive Durchbildung
Elemente / Details

Die Fassadenseile mit einem Durchmesser von 11,50 mm sind mittels Klemmen am Randseil angeschlossen. Auf dem Fassadenseil sitzende Seilklemmen halten Z-förmige Flachstahlwinkel, an denen die horizontalen Aluminium-Profile in einem Abstand von 0,60 m befestigt sind. Die Glasscheiben sind durch innenliegende Preßleisten so mit den Aluminiumprofilen verbunden, daß das untere Ende der Scheiben fixiert ist, während sich das obere Ende bewegen kann. Dadurch wurde eine zwängungsfreie Lagerung der Scheiben möglich.

Der obere Rand der Fassade besteht aus nur am unteren Ende fixierten Glasscheiben, deren oberer Rand der geschwungenen Form des Dachrandes folgt.

Glas

Die Verglasung der Fassade besteht aus 1,30 x 0,60 m großen ESG-Scheiben.

Kommentar

Den Problemen der Verformungen des Gesamttragwerkes sowie der geschwungenen Form des Dachrandes wurde mit einer äußerst geschickten „Membranfassade“ mit einfachen Details begegnet.

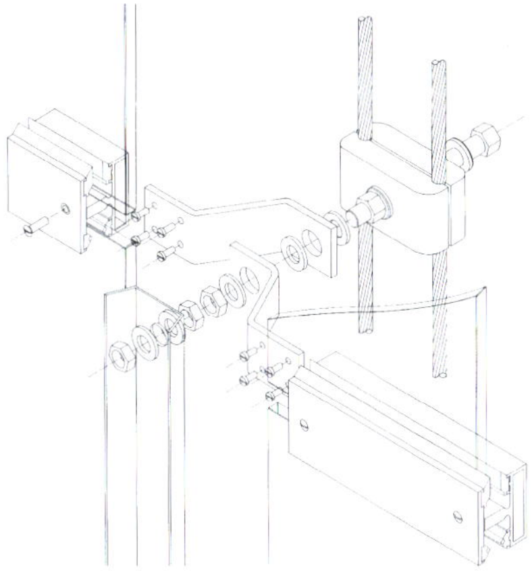

4 Explosionszeichnung: Fassadenkonstruktion
5 Außenansicht Fassade

6 Fußpunkt und Anschluß der Verglasung

München | **Hotel Kempinski**

Daten

Ort / Jahr: München, 1993
Standort: Flughafen München

Bauherr: Flughafen München GmbH
Architekt: Murphy / Jahn
Ingenieur: Schlaich Bergermann und Partner
Ausführende: H. Fischer GmbH / Pfeiffer GmbH

Aufgabe / Konzept

Das Hotel besteht aus zwei fünfgeschossigen parallelen Flügeln und einem Innenhof. Die 40 m überspannende, in der Mitte unterstützte Bogenkonstruktion, die den Innenhof in 25 m Höhe abschließt, liegt auf den seitlichen Baukörpern des Hotels auf.

Die Stirnseiten sind mit zwei 25 x 40 m großen ebenen Seilnetzfassaden mit einem Raster von 1,50 x 1,50 m geschlossen. Die Eingangstüren sind in diese Fassaden als separate Bauteile eingestellt.

Tragwerk

Das ebene Seilnetz der Fassaden wird von horizontalen und vertikalen, vorgespannten Seilen gebildet, die in ihren Knotenpunkten mit Klemmplatten verbunden sind.

Da das Netz eben ist, kann die Belastung aus Wind nur durch Verformung aufgenommen werden.

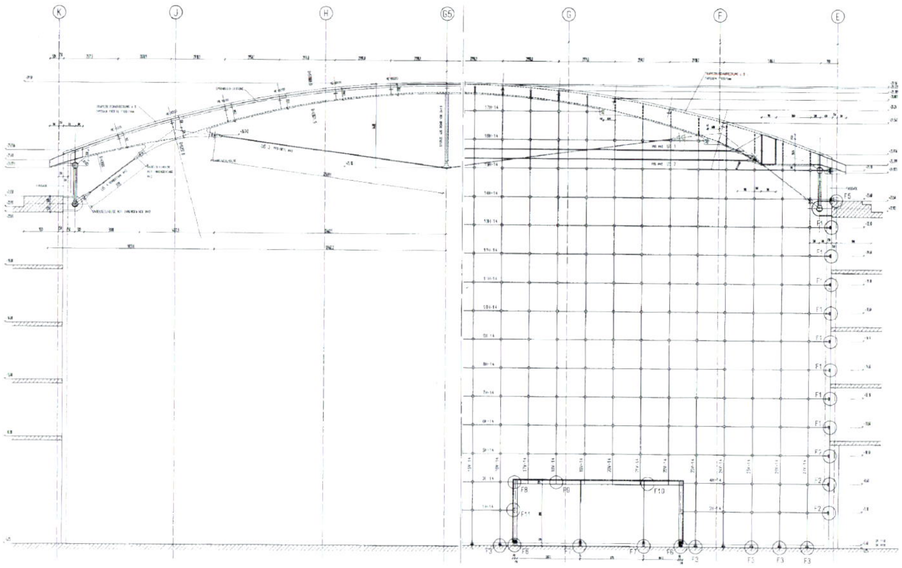

1 Querschnitt Hallentragwerk / Ansicht: Fassade mit Eingangsportalen
2 Vorfahrt mit Seilnetzfassade

Um das Dachtragwerk nicht zusätzlich zu belasten, werden diese Windlasten durch die mit 85 kN vorgespannten Horizontalseile in die seitlichen Baukörper eingeleitet. Die Vertikalseile tragen das Eigengewicht der Konstruktion und sind mit 25 kN vorgespannt. Die errechnete maximale Verformung der Fassade beträgt 90 cm.

Konstruktive Durchbildung
Elemente / Details

Die Seile haben einen Durchmesser von 22 mm und sind mit Edelstahlklemmplatten in den Knotenpunkten verbunden. Um die Vorspannung einbringen zu können, befinden sich an den Enden gelenkige Spannvorrichtungen, die auch die auftretenden Verformungen zulassen. Die Klemmplatten in den Knotenpunkten fixieren auch die Scheiben der Fassaden. Die Lagerung erfolgt „schwimmend" in Neoprenformteilen, um die Bewegungen zu ermöglichen.

Glas

Die Verglasung besteht aus 10-mm-VSG-Scheiben. Alle Ecken sind unter 45° abgeschnitten, um die Verschraubung in den Fugen zu ermöglichen.

Kommentar

Das ebene Seilnetz entspricht dem Wunsch nach einem filigranen Fassadentragwerk ohne allzuviele sichtbare Konstruktionselemente. Erstaunlich ist auch der Einsatz von Glas in diesem beweglichen System.

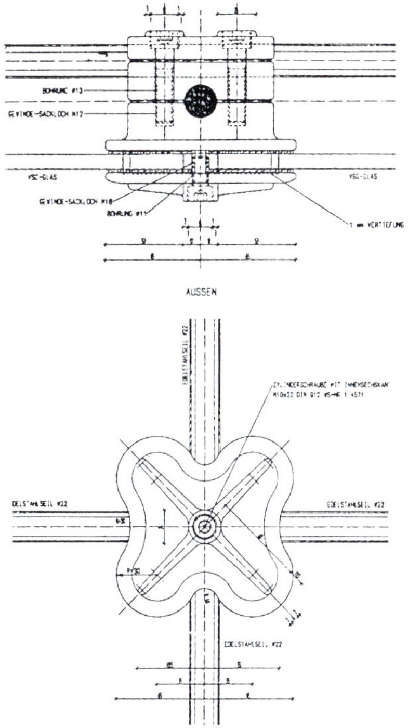

3 Grundriß / Schnitt: Knoten der Seil- und Glasbefestigung
4 Blick durch zwei Fassadenebenen

5 Knoten der Seil- und Glasbefestigung
6 Ebenes Seilnetz von außen

Neckarsulm

Aquatoll

Daten

Ort / Jahr	Neckarsulm, 1990
Bauherr	Stadt Neckarsulm
Architekt	Kohlmeier + Bechler
Ingenieur	Schlaich Bergermann und Partner
Ausführende	H. Fischer GmbH / Flachglas Consult GmbH

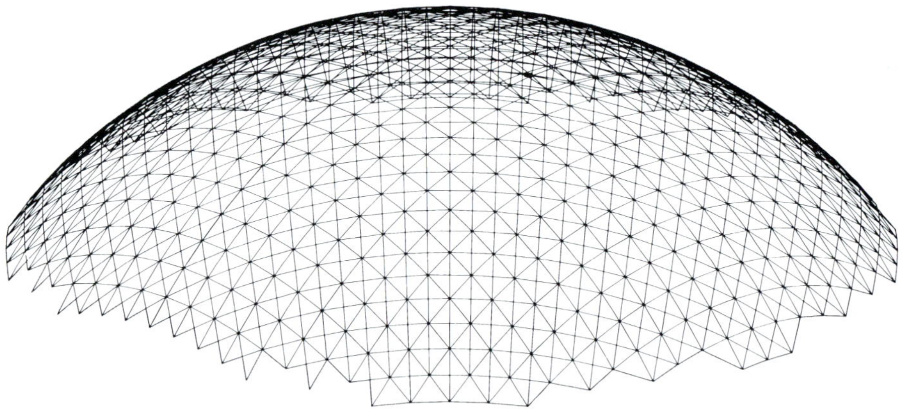

Aufgabe / Konzept

Für das zentrale Schwimmbecken des Freizeitbades wurde eine möglichst leichte und transparente Glaskuppel gewünscht.

Der realisierte Kuppelausschnitt hat einen Radius von 16,50 m und einen Durchmesser von 26 m. Sie liegt auf dem umlaufenden abgestuften Stahlbetonrand auf.

Tragwerk

Die Kuppel besteht aus Dreiecksmaschen, die durch ein viereckiges Grundraster aus Stäben mit einer diagonalen Seilverspannung gebildet werden. Durch die Dreiecksbildung und die zweisinnige Krümmung hat die Kuppel eine Schalentragwirkung. Die Geometrie entsteht durch Aufbauen der Vierecksmaschen und anschließendes Einfügen und Verspannen der durchlaufenden Diagonalseile.

1 Isometrie der Glaskuppel
2 Innenraum
3 Rand der Glaskuppel

Konstruktive Durchbildung
Elemente / Details

Alle Stäbe aus 60 x 40-mm-Flachstahl der Kuppel sind 1 m lang und an ihren Enden mit 60 x 20-mm-Stoßlaschen und M12-Bolzen gelenkig verbunden. Im Knotenpunkt dieser Stoßlaschen befindet sich ein Zentralbolzen, der die 5 mm starken kunststoffbeschichteten Spiralseile mittels dreier Klemmteller fixiert und die außenliegenden Preßteller der Verglasung hält.

Glas

Die Verglasung liegt mit einem Abstandsprofil direkt auf den Stäben auf. Die Fugen zwischen den Preßtellern sind mit Silikon abgedichtet.

Die Verglasung ist als Sonnenschutz-Isolierverglasung mit 6-mm-ESG, einem Luftzwischenraum von 12 mm und innen VSG aus 2 x 6-mm-ESG ausgeführt. Alle Isolierglaseinheiten sind sphärisch gekrümmt. Die Geometrie der Kuppel ergibt 32 verschiedene Scheibenformen.

Kommentar

Obwohl fertigungstechnisch einfache Elemente verwendet wurden, ist das extrem filigrane Tragwerk in seiner Einfachheit wegweisend. Nur der in der Geometrie begründete Rand mit unterschiedlichen Scheibenformaten stört die Reinheit der Konstruktion.

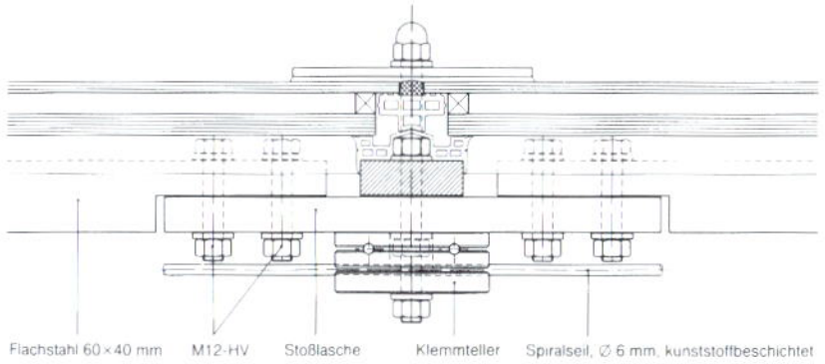

4 Schwimmbad

5 Untersicht Glaskuppel

6 Randanschluß: Glaskuppel mit Lüftungsrohren
7 Detailzeichnung: Dachkonstruktion
8 Detail: Dachkonstruktion

Paris

Fondation Cartier

Daten

Ort / Jahr	Paris, 1994
Standort	Boulevard Raspail
Bauherr	GAN Vie
Architekt	J. Nouvel, E. Cattani & Associés
Ingenieur	Ove Arup & Partners

Aufgabe / Konzept

Für die Kunststiftung und deren Ausstellungs- und Verwaltungsräume wurde ein achtgeschossiger Baukörper mit einer Grundfläche von ca. 17 x 40 m in einem alten Park gebaut. Durch die seitlich auskragenden Glaswände entsteht ein fließender Übergang zwischen dem Baukörper und der Natur.

1 Transparenz der Fassade
2 Straßenansicht

Tragwerk

Das Stahlskelett des Gebäudes besitzt ein Raster von ca. 6 x 17 m. In diesem werden die Glaswände fortgeführt und mit Stahlträgern und Pfosten seitlich zum Baukörper abgestützt. In dieses Haupttragwerk wurde ein Subsystem als Pfosten-Riegel-Fassade mit einem Raster von 1 x 3 m eingefügt.

Konstruktive Durchbildung
Elemente / Details

Das Haupttragwerk besteht aus I-Profilen und Rundrohren als abstützende Pfosten.

Das Fassadensystem wurde aus Aluminiumprofilen mit außenliegenden, profilierten Edelstahlhalteleisten gefertigt.

Glas

Die Fassade ist mit einer Isolierverglasung mit außenliegender VSG- und innenliegender ESG-Scheibe ausgeführt. Die Scheibengröße beträgt 1 x 3 m.

Im Eingangsbereich befinden sich 8 m raumhohe und 3 m breite gläserne Schiebewände aus ESG.

3 Fassade

4 Fassadendetail mit Glasschiebetüren
5 Auskragende Fassaden

Paris

Louvre-Pyramide

Daten

Ort / Jahr	Paris, 1989
Standort	Louvre
Bauherr	Etablissement Public du Grand Louvre
Architekt	I. M. Pei & Partners
Ingenieur	Nicolet / Knoll / Chartland
Ausführende	Eiffel / SAINT GOBAIN

Aufgabe / Konzept

Als Zugang zum neuen Foyer des Louvre wurde eine Glaspyramide realisiert, deren „fast unsichtbarer und immaterieller" Charakter durch ein äußerst filigranes Tragwerk mit minimalen Querschnitten erreicht wird.

Die Pyramide hat eine Größe von 34 x 34 m und eine Höhe von 21,60 m. Der Neigungswinkel beträgt 51,70°.

Tragwerk

Um die Dimensionierung zu optimieren, wurde das System so ausgebildet, daß alle Elemente nur durch Normalkraft belastet sind: Die Flächen der Pyramide bestehen aus 2 x 16 sich kreuzenden Fachwerkträgern, die jeweils parallel zu den Kanten der Pyramide verlaufen und so einen Fachwerkträgerrost bilden. Die Unterspannung der Träger verläuft bogenförmig.

Für Windsoglasten sind 16 horizontale Gegenspannseile, nach außen gekrümmt, eingefügt.

1 Eingangspyramide

2 Fachwerkträger des Trägerrostes
3 Innenraum der Pyramide

Konstruktive Durchbildung
Elemente / Details

Alle Elemente des Tragwerkes bestehen aus Edelstahl, ihre Oberflächen wurden mit Glas- und Stahlkugeln bestrahlt. Insgesamt wurden 6000 Stäbe mit Durchmessern von 8 bis 80 mm und 2150 Knoten verwendet. Die einzelnen profilierten Massivstäbe des Obergurtes wurden mit Kreuzen verbunden, an die auch die massiven Rundstützen angeschlossen sind. Die Verbindung der Stäbe erfolgt über Laschen und Gabelterminals.

Die Verglasung, ausgeführt als Structural Glazing mit aufgeklebten Aluhaltern, wurde direkt auf den Obergurt der Fachwerkträger aufgelegt und mit Schrauben fixiert. Die Fugen wurden anschließend mit Silikon versiegelt.

Glas

Die 1900 m^2 große Fläche der Verglasung besteht aus 1,90 x 2,90 m großen Scheiben aus reinweißem Glas, um trotz der Dicke einen ungefärbten Blick auf den historischen Louvre zu erhalten.

Die Scheiben wurden als VSG aus 2 x 10 mm dicken Scheiben hergestellt. Insgesamt wurden 603 Rauten und 60 Dreiecke eingesetzt.

Kommentar

Im Zusammenspiel von reiner Form und effektivem Tragwerk entstand eine in ihrer Filigranität beeindruckende Konstruktion.

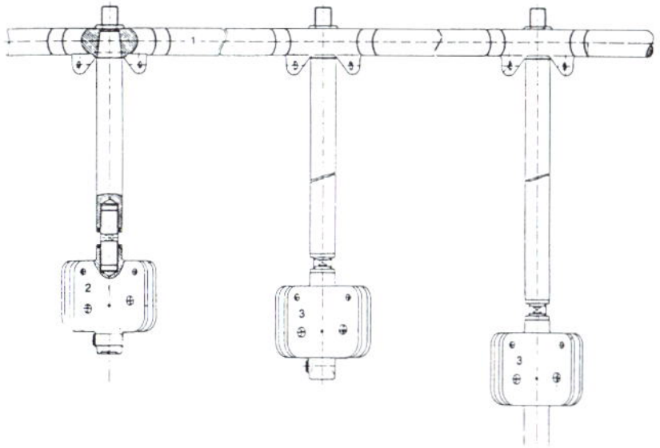

4 Detailpunkt: Fachwerkträger
5 Detailschnitt

6 Blick in die Glaspyramide von außen
7 Blick auf den Louvre

Paris

Verwaltungsgebäude

Daten

Ort /Jahr: Paris, ca. 1992

Architekt: A. Zublena

Ingenieur: Sechaud & Bossuyt

Aufgabe / Konzept

Der zehngeschossige Neubau beherbergt Teile der Pariser Stadtverwaltung. Um trotz des schmalen Bürgersteiges einen Vorplatz zu schaffen, ist die Frontfassade konvex nach innen gekrümmt. Verschlossen wird dieser Raum mit einer beweglichen Glaswand von 25 x 33 m Größe.

Tragwerk

Das Tragwerk ist aus Rundrohren konstruiert und teilt sich in acht Ebenen mit je sechs Feldern, von denen zwei zur Stabilisierung ausgekreuzt sind.

Die 84 Tonnen schwere Wand wird auf einer Schiene bewegt und ist am oberen Ende gegen Kippen gesichert. Die Windlasten werden über Abstandhalter, die fest an der Fassade montiert sind, in das Haus eingeleitet.

1 Geöffnete Glaswand zum Eingangsbereich

2 Gesamtansicht
3 Blick aus dem Vorplatz

Konstruktive Durchbildung
Elemente / Details

Die Rundrohre der Glaswand haben einen Durchmesser von 324 mm und sind verschweißt. 8-mm-Laschen halten die U-Profile zur Lagerung der Glasscheiben.

Die Abstandhalter für die Windlasten wurden aus 140-mm-Edelstahlrohren hergestellt. Ihr Eigengewicht wird von vertikalen Zugseilen getragen.

Glas

Die Scheiben haben eine Größe von ca. 2,70 x 2,00 m und sind als 17-mm-Einfachverglasung ausgeführt.

Kommentar

Wegen des Bruches einer Scheibe mußte die gesamte Fassade mit einem Fangnetz überzogen werden, um herabstürzende Teile zu sichern.

4 Glaswand mit Fangnetz

5 Abstandhalter für die Windlasten der Glaswand zur Fassade
6 Glasbruch im oberen Wandbereich

Plymouth	Western Morning News
Daten	
Ort / Jahr	Plymouth, 1992
Bauherr	Western Morning News
Architekt	N. Grimshaw + Partners
Ingenieur	Ove Arup + Partners
Ausführende	Bovis Construction

Aufgabe / Konzept

Der schiffsähnliche Baukörper enthält die gesamte Druckerei und Redaktion der Zeitung. Die Glasfassade, die nach außen für das Publikum offen ist, dient als „repräsentatives Werbeschild", durch das der Produktionsprozeß der Zeitung mit seinen Druckmaschinen erkennbar ist. Die 12 m hohe Fassade ist leicht nach außen gewölbt, um Reflexionen zu vermeiden.

Tragwerk

Die umlaufende Fassade wird von leicht nach außen gebogenen Stützen im Abstand von 6 m getragen. An diese Stützen sind an Zugstäben fachwerkartige Glashaltearme abgehängt, die mit X-förmigen Punkthaltern die Scheiben tragen. Jede Stütze ist mit je drei Armen ausgestattet. Am Kopfpunkt sind Dachträger angeschlossen.

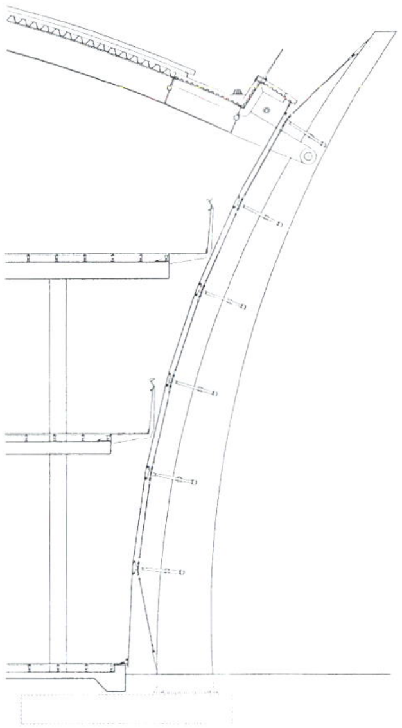

1 Fassadenschnitt
2 Nachtansicht

Das Gewicht der Fassade hängt an den Zugstäben und wird in die Stützen übertragen. Die Windbelastung wird von den Glashaltearmen ebenfalls in die Stützen eingeleitet.

Konstruktive Durchbildung

Elemente / Details

Die Stützen der Fassade bestehen aus zwei Rundrohren, die mit Blechen verbunden sind. Die Glashaltearme wurden aus Kugelgraphitguß hergestellt. Zugstäbe und X-förmige Glashalter wurden aus Edelstahl gefertigt.

Glas

Die Verglasung aus 2 x 2 m großen 12-mm-ESG-Scheiben wird punktuell mit Senkbohrungen jeweils in den Ecken gehalten.

Kommentar

Die Ähnlichkeit zu dem von den gleichen Architekten realisierten Financial-Times-Gebäude ist unverkennbar. In diesem Projekt wurde jedoch bei der Detaillierung zugunsten von Sonderformteilen auf die einfache Anwendung von Flachstahl verzichtet.

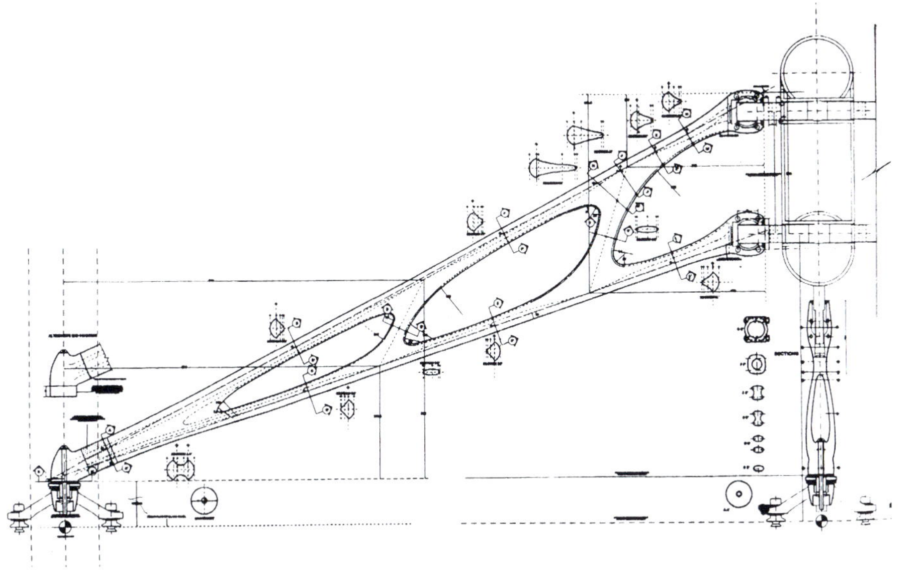

3 Konstruktionszeichnung: Glashaltearme / Stütze
4 Glasfassade

5 Glasfassade von innen

Riyadh | **Diplomatischer Club**

Daten

Ort / Jahr: Riyadh, 1986

Architekt / Ingenieur: Otto – Happold – Omramia (OHO)

Künstler / Realisierung: Bettina Otto / Franz Mayer´sche Hofkunstanstalt

Aufgabe / Konzept

Der diplomatische Club besteht aus einer ovalen Ringmauer, an die sich nach außen, zur Wüste orientiert, Zelte aus einer weißen Textilmembran anlehnen. Im Inneren, zum Garten orientiert, wird die Membran durch eine Schindeleindeckung ersetzt. Ein in der Mitte des Gartens stehendes Zelt, das „Hearttent", wurde mit einer künstlerisch gestalteten Glaseindeckung versehen, die sich als Zitat an „frühe kulturelle Betätigungen der arabischen Völker" versteht.

Tragwerk

Das Zelt hat einen Durchmesser von 17 m und wird von einem 9 m hohen Pylon getragen. Von diesem ist das Seilnetz mit quadratischen Maschen abgespannt. Die gegensinnige Krümmung des Netzes erzeugt die notwendige Flächensteifigkeit. Der Zeltrand wird von einem umlaufenden Randseil, das auf nach außen geneigten Stützen und Abspannungen ruht, gebildet.

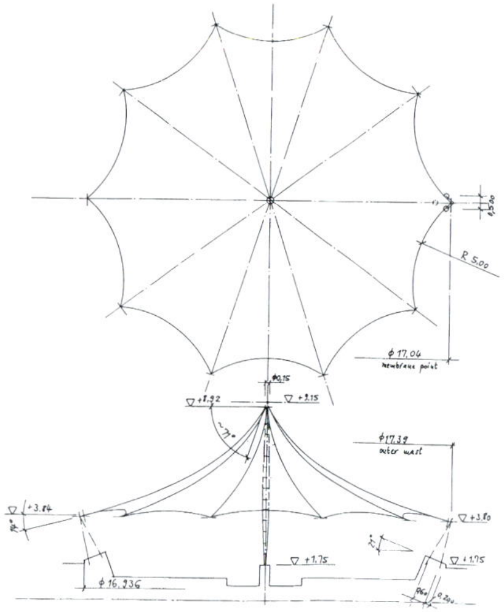

1 Grundriß / Schnitt
2 Garten mit Zelt

Konstruktive Durchbildung
Elemente / Details

Der Pylon des Zeltes besteht aus einem Gittermast aus fünf Rundrohren mit fachwerkartiger Ausfachung. Das Gitternetz wird von zwei sich kreuzenden Seilscharen aus je 6-mm-Seilen gebildet. Es hat eine Maschenweite von 32,60 cm.

Die Glaseindeckung wird mit Federstahlhaltern mit Bleiauflage zum Glas hin geklemmt. Die Fugen sind mit Blei geschlossen.

Glas

Als Glaseindeckung wurden 8 mm starke Floatglasscheiben verwendet, die von der Künstlerin Bettina Otto und den Glasbauern der Mayer´schen Hofkunstanstalt mit keramischer Schmelzfarbenbemalung versehen wurden und die nach dem Bemalen vorgespannt wurden.

Kommentar

Eine der wenigen mit einer Glaseindeckung versehenen Netzkonstruktionen, die auch durch besonders einfache Detaillösungen besticht.

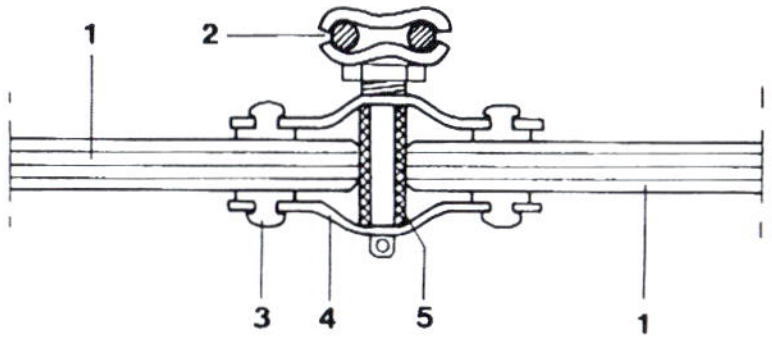

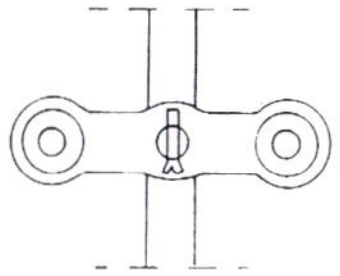

3 Detail: Glasanschluß
4 Aufsicht: Konstruktion

5 Innenraum

Roissy

TGV-Bahnhof

Daten

Ort / Jahr — Paris-Roissy, 1994

Standort — Flughafen Charles-de-Gaulle

Bauherr — Aéroports de Paris / SNCF

Architekt — P. Andreu, J.-M. Duthilleul + D. Claris

Ingenieur — RFR / Ove Arup + Partners

Ausführende — H. Fischer GmbH

Aufgabe / Konzept

Der neue Bahnhof für TGV und Nahverkehr liegt zwischen den Terminals 2 und 3. Er ist 500 m lang und entspricht damit der maximalen Zuglänge.

Bei der Konzeption des Tragwerkes stand die Blickbeziehung zu den Flugzeugen im Vordergrund. Das Dach ist nach außen verjüngt; die Fassadenkonstruktion sollte möglichst „unsichtbar" sein. Ihr Raster ist gegenüber dem Dachtragwerk versetzt, um die Trennung zu verdeutlichen.

Tragwerk

Das Dachtragwerk wird von sichelförmigen Fachwerkträgern mit zwei Kragarmen gebildet, deren Untergurte aus zwei Rohren, und deren Obergurte aus Zugstäben bestehen. Die Fachwerkträger ruhen auf fächerförmigen Stützen. Ein Sekundärraster auf Abstandhaltern trägt die Glaseindeckung, um den Eindruck eines fliegenden Daches zu erwecken.

1 Seitliche Glaswände
2 Innenraum des Bahnhofes

Die ca. 100 m langen Seitenwände werden von bis zu 17 m hohen Stützen getragen, die nach außen abgestrebt sind und einen Achsabstand von 4,76 m haben. An diese Stützen wurden pro Scheibe zwei Glashaltearme aus einem Zug- und einem Druckstab angebracht, die Gewicht und Windlasten der Glasfassade tragen.

Konstruktive Durchbildung
Elemente / Details

Das gesamte Tragwerk besteht aus verschweißten Rohren und Zugstäben mit verstellbaren Spannterminals. Das Sekundärraster des Daches wurde aus I-Profilen gefertigt, auf denen die Glasscheiben mit jeweils acht Klemmtellern fixiert sind.

An die Fassadenstützen wurden die Glashaltearme gelenkig angeschlossen. Die Fassung des Glases erfolgt mit X-förmigen Haltern und gelenkigen Bolzen. Jede Scheibe ist statisch bestimmt gelagert, damit keine Zwängungen entstehen: je ein Festlager, zwei Gleitlager und ein freies Lager.

Glas

Die Dachverglasung von insgesamt 20000 m² Fläche aus 8-mm-ESG ist mit einem Siebdruck versehen. Die Scheiben haben Abmessungen von je 1,60 x 1,50 m. Die Verglasung der Fassade mit 6000 m² besteht aus rautenförmigen Scheiben mit Größen von ca. 1,60 x 1,50 m. Insgesamt wurden 30 km Fugen mit Silikon versiegelt.

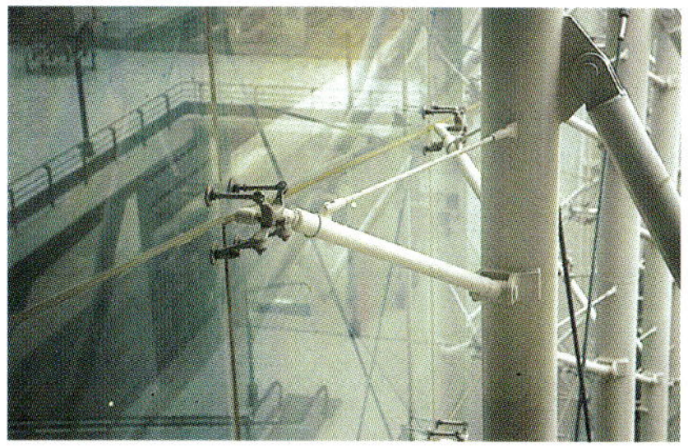

3 Fachwerkträger mit losgelöstem Sekundärraster der Dachverglasung
4 Knotenpunkt der Fachwerkträger
5 Innenraum mit geneigten Hauptstützen
6 Stützen und Glashaltearme der Fassade mit Punkthaltern
7 Fassadenfußpunkt
8 Fassade mit Dachanschluß

Stuttgart | **Bayerische Vereinsbank**

Daten

Ort / Jahr: Stuttgart, 1995
Standort: Kronprinzstraße 22

Architekt: Behnisch & Partner
Ausführende Fassade: Glastec GmbH / Klass Metall

Aufgabe / Konzept

Der sechsgeschossige Altbau aus dem Jahre 1969 sollte den Anforderungen der neuen Büronutzung angepaßt werden. Hierzu wurde das Gebäude bis auf den Rohbau zurückgebaut und für die neuen Bedürfnisse verändert.

Die Fassade wurde vollständig demontiert und durch doppelschichtige Elemente mit innenliegenden, zu öffnenden Holzwendeflügeln und außenliegenden Glaslamellen ersetzt, die den Wünschen nach Tagesbelichtung und natürlicher Belüftung entsprachen.

1 Gesamtansicht

2 Fassadenansicht

Tragwerk

Die Glasfassade besteht aus gegeneinander verschieblichen Stahlprofilen, die jeweils an der Brüstung befestigt sind. An ihnen sind spezielle Glashalter fixiert, die die Scheiben im Abstand von 42 cm halten.

Durch Verschieben der Profile gegeneinander können die Halter die Scheiben bis zu einem Winkel von 120° öffnen.

Konstruktive Durchbildung
Elemente / Details

Die Stahlprofile werden mittels einer Hydraulikvorrichtung gegeneinander verschoben, um die Fassade zu öffnen. Die angeschlossenen Glashalter bestehen aus Aluminiumklemmen und Edelstahlstäben.

Glas

Die Scheiben der Fassade wurden aus Floatglas mit einer Breite von 42 cm gefertigt.

Die Fugen wurden mit aufgeklebten Silikonprofilen über die gesamte Schuppenlänge geschlossen. In den Stößen sind die Scheiben so miteinander verklebt, daß zusammenhängende Schuppen entstehen.

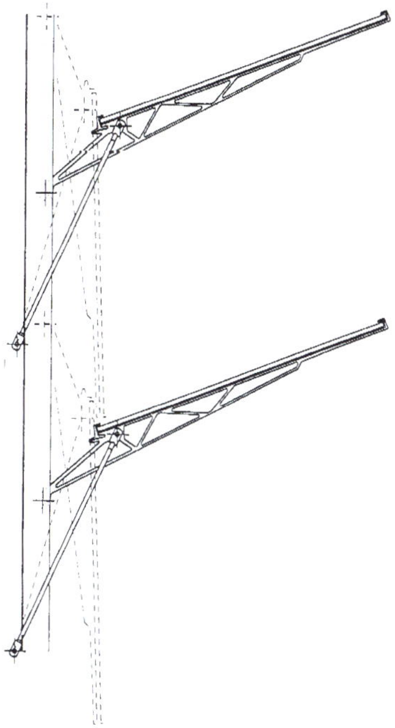

3 Detail der Glashalterung
4 Detailansicht

5 Detail: Fassade

Stuttgart

Berger Tunnel

Daten

Ort / Jahr	Stuttgart, 1992
Architekt	Kaag + Schwarz
Ingenieur	H. Bechert + Partner

Aufgabe / Konzept

Das Ende des Berger Tunnels wurde aus Lärmschutzgründen mit einem verglasten Bogentragwerk geschlossen. Unterschiedliche Bedruckungen der Glasscheiben ermöglichen eine allmähliche Lichtsteigerung bei der Tunnelausfahrt.

Die gläserne Überdachung hat eine Länge von 43,30 m, eine Breite von bis zu 21,30 m und einen Bogenradius von 25 m.

Tragwerk

Neun Zweigelenkbögen, die auf den seitlichen Stützwänden aufliegen, überspannen die Ausfahrt mit einem Achsabstand von 5 m.

Als Quertragwerk dienen unter die Bögen gehängte Stahlprofile in einem Abstand von 1 m. Auf diesen liegen die Scheiben direkt auf.

1 Berger Tunnel mit Sicherungsnetz

2 Tunnelausfahrt von unten
3 Berger Tunnel

Konstruktive Durchbildung

Elemente / Details

Die Bögen wurden aus 160 mm hohen, gebogenen I-Pofilen hergestellt, die Gelenke an beiden Seiten besitzen. Der mittige Stoß ist verschraubt.

Mittels Laschen sind die querlaufenden Hohlkastenprofile mit einer Höhe von 140 mm abgehängt. Die Scheiben liegen liniengelagert mit PVC-Profilen auf den Hohlkastenprofilen auf und sind durch Klemmplatten fixiert.

Glas

Die VSG-Scheiben haben eine Größe von 2,50 x 1,00 m und bestehen aus 2 x 8-mm-TVG. Sie sind in vier verschiedenen Lichtdurchlässigkeitsgraden bedruckt.

Kommentar

Das nur 16 cm hohe Profil, das über eine Distanz von 21,30 m spannt, demonstriert eindrucksvoll die Leistungsfähigkeit von Bogentragwerken.

Die Problematik von Glas im öffentlichen Raum zeigt sich jedoch durch ein nachträglich angebrachtes Fangnetz über dem Glasdach, das die Zerstörung durch Vandalismus verhindern soll.

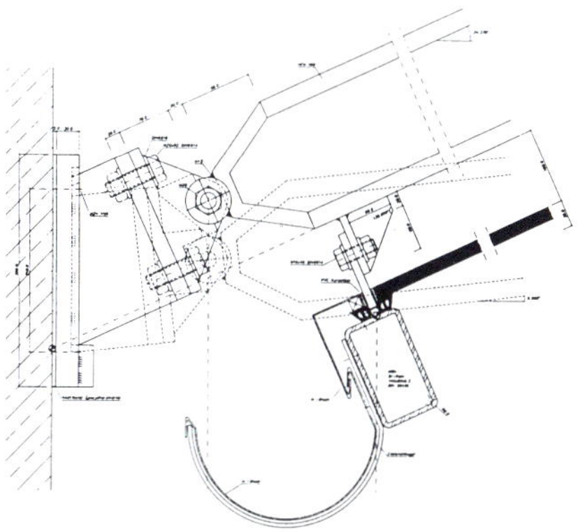

4 Detail: Bogenauflager
5 Verschiedene Bedruckungsgrade der Eindeckung

6 Detail: Bogenauflager
7 Außenliegendes Fangnetz

Stuttgart

Gläserner Himmel

Daten

Ort / Jahr	Stuttgart, 1993
Standort	Sarwey- / Storzbachstraße
Bauherr	IGA Stuttgart
Architekt	Kauffmann Theilig
Ingenieur	D. Weischede
Ausführende	Glasbau Seele

Aufgabe / Konzept

Als Eingangsdach zur IGA wurde ein modulares System entwickelt, das durch Veränderung der Seillängen verschiedene Formen annehmen kann. Als Vorbild dient ein Tragwerk aus untereinander verbundenen Kugeln, die an Ober- und Unterseite durch Zugelemente verspannt sind.

Der errichtete Prototyp hat bei einer Höhe von 5 bis 8 m die Abmessungen von 25 x 12 m. Die maximale Spannweite beträgt 18 m. Das Modulraster beträgt 2,50 x 2,00 m bei einer Höhe von bis zu 1,60 m.

Tragwerk

Das modulare Tragwerk ist aus sternförmigen vorgefertigten Rohrelementen aufgebaut, die an den Enden gelenkig miteinander verbunden sind. Die oberen und unteren orthogonalen Seilscharen, die Strukturseile, verspannen das System und erzeugen einen Trägerrost.

1 Dachuntersicht
2 Gesamtprojekt

In die Struktur eingebrachte Tragseile, die dem Momentenverlauf der jeweiligen Situation angepaßt werden können, übernehmen die aus den Belastungen entstehenden Kräfte und leiten sie in die Auflager.

Konstruktive Durchbildung
Elemente / Details

Die Druckstäbe der Modulelemente wurden aus verschweißten 108-mm-Rundrohren gefertigt. Sie sind mit Gelenkspindeln verbunden. Die 20-mm-Seile sind mit Anschlußklemmen und Verankerungslaschen fixiert. Der Anschluß an das Glas erfolgt über sternförmige Halter aus Flachstahl, in die gelenkige Punkthalter eingeklemmt wurden. Dies ermöglicht die Fixierung von Glasscheiben unter verschiedenen Winkeln.

Glas

Die Glaseindeckung besteht aus 2 x 10-mm-ESG und hat maximale Abmessungen von 2,50 x 2,00 m. Bereiche mit räumlichen Krümmungen wurden mit dreieckigen Scheiben geschlossen.

Die Fugen sind mit Silikon abgedichtet.

Kommentar

Bei diesem sicherlich interessanten Tragwerkkonzept laufen jedoch die neben den äußeren Strukturseilen notwendigen Tragseile der modularen Idee zuwider.

3 Detailpunkt

4 System im Auflagerbereich
5 Systemuntersicht

Stuttgart

Komponentenprüfhalle

Daten

Ort: Stuttgart, 1989

Standort: Pfaffenwaldring 32

Bauherr: Land Baden-Württemberg / Universitätsbauamt Stuttgart

Architekt: F. Wagner

Ingenieur: Leonhardt, Andrä + Partner

Aufgabe / Konzept

Über einer 31 m tiefen Prüfkammer befindet sich ein verschiebliches Glashaus, das die unteren, im Erdreich befindlichen Geschosse belichtet. Es kann über Edelstahlgleitbleche auf Teflonschienen mit Elektromotoren verschoben werden, damit die bis zu 20,00 x 4,50 m großen Prüfzylinder in die Prüfkammer eingebracht werden können. Das Glashaus hat eine Höhe von ca. 5 m, seine Breite und Länge beträgt je ca. 12,60 m.

Tragwerk

Die fachwerkartig ausgebildete Konstruktion des Glashauses besteht aus horizontalen Riegeln, vertikalen Pfosten und Diagonalstäben. Die Fassadenverglasung ist mit Punkthaltern direkt am Tragwerk befestigt.

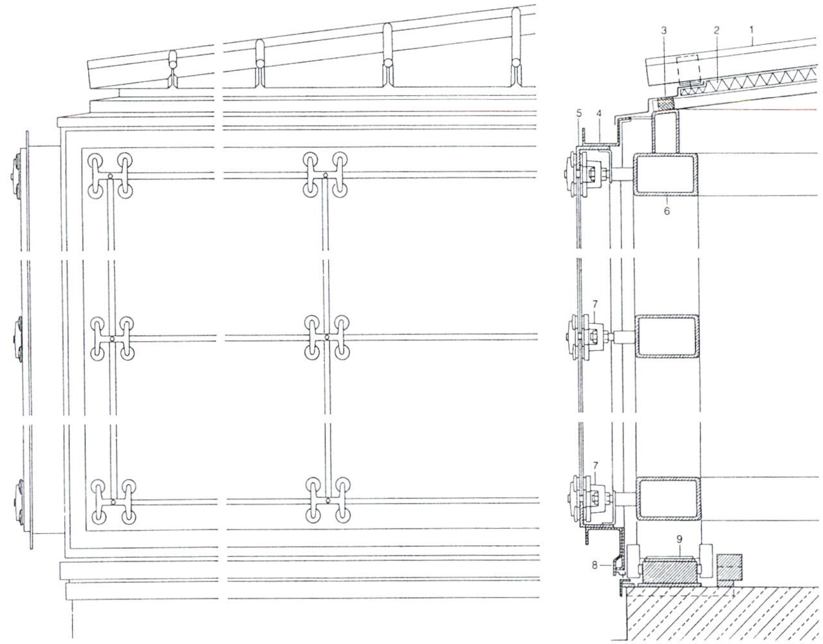

1 Fassadendetailansicht / -schnitt
2 Komponentenprüfhalle mit Gleitschienen

Konstruktive Durchbildung
Elemente / Details

Das Fachwerk besteht aus verschweißten 100 x 150 x 7-mm-Hohlkastenprofilen.

Die Verglasung ist direkt auf der Konstruktion mittels H-förmiger Klemmhalter aus Aluminium-Sandguß befestigt. Die Lasten aus dem Eigengewicht werden über eine Klotzung zwischen den Scheiben abgetragen, Winddruck und -sog müssen durch die Klemmung gehalten werden.

Glas

Die Verglasung besteht aus ca. 1,20 x 1,20 m großen ESG-Scheiben. Die Lagerung der Scheiben mußte elastisch genug sein, um die Verformungen durch die Bewegung des Hauses nicht zu übertragen. Bisher ist es nicht zum Glasbruch gekommen.

Die Fugen wurden mit Silikon versiegelt.

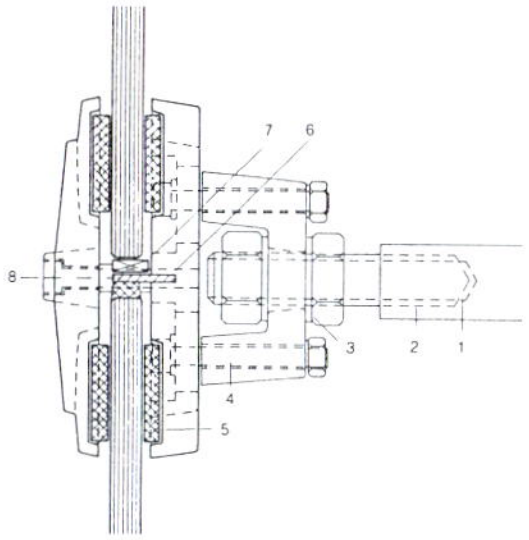

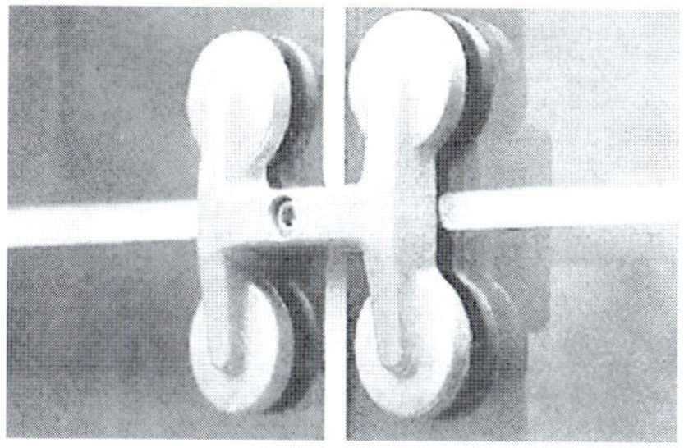

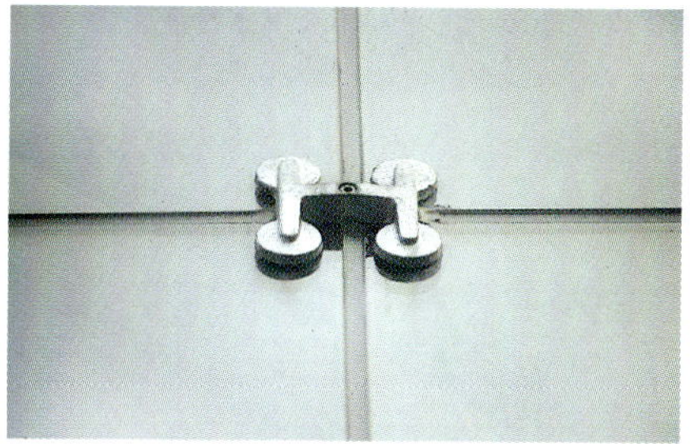

3 Detailschnitt: H-Halter
4 Fassadenecke

5 Detailansicht: H-Halter
6 H-Halter
7 Innenraum mit Fachwerk

Stuttgart

Züblin-Haus

Daten

Ort / Jahr	Stuttgart, 1985
Standort	Vaihinger Straße / Albstadtweg
Bauherr	E. Züblin AG
Architekt	G. Böhm
Ingenieur	E. Züblin AG
Ausführende	E. Züblin / H. Fischer GmbH

Aufgabe / Konzept

Der Neubau für die ca. 700 Mitarbeiter in der Hauptverwaltung der Baufirma sollte aus Stahlbetonfertigteilen bestehen. Das Rastermaß von 7,20 m ergibt sich aus dem Büromodul von 1,20 m.

Zwischen den beiden ca. 100 m langen, achtgeschossigen Bürotrakten befindet sich ein 24 m breiter und 60 m langer überdachter Innenhof, in dem sich die drei Treppenhäuser mit den Verbindungsstegen zur Erschließung befinden.

1 Innenhof vom obersten Geschoß

2 Innenhof von der Hofebene mit Verbindungssteg und Stirnwand

Tragwerk

Auch die Halle mit einer Höhe von 33 m beruht auf dem Rastermaß von 7,20 m. Stahlbetonfertigteile überspannen die 24 m als Dreigelenkrahmenbinder. Die aus der Rahmenwirkung resultierenden Horizontalkräfte werden durch die oberste Geschoßdecke und Spannstäbe im obersten Verbindungssteg aufgenommen. Die Queraussteifung erfolgt über zwei Windverbände in der Dachebene.

Auf den Stahlbetonrahmen liegen im Abstand von 2,40 m Pfetten aus Stahlprofilen auf, die die Verglasungssprossen im Abstand von 0,80 m tragen.

Konstruktive Durchbildung
Elemente / Details

Die Dreigelenkrahmen wurden aus profilierten Stahlbetonfertigteilen hergestellt. Die Pfetten sowie die Verglasungssprossen bestehen aus stählernen I-Profilen.

Die Glasscheiben sind mit Preßleisten fixiert.

Glas

Als Verglasung dienen 2,40 x 0,80 m große VSG-Scheiben.

Kommentar

Die Einfachheit der Konstruktion ohne aufwendige Verspannungen etc. erzeugt eine große Transparenz.

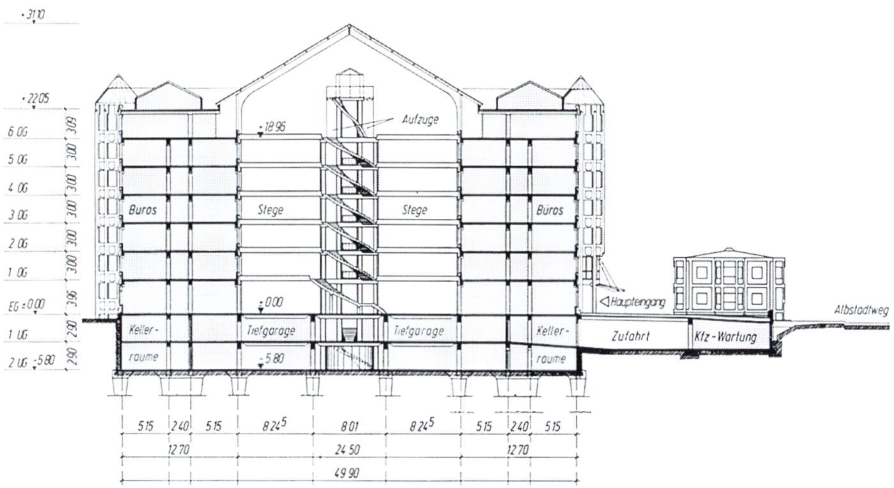

3 Gebäudeschnitt
4 Dachkonstruktion: Stahlbetonrahmen / Stahlpfetten / Verglasungssprossen

5 Dachuntersicht: Stirnwandanschluß und Windverbände

Swindon

Parts Distribution Centre for Renault UK

Daten

Ort / Jahr	Swindon, 1982
Bauherr	Renault UIC Ltd.
Architekt	N. Foster Associates
Ingenieur	Ove Arup + Partners
Ausführende	Bovis Construction Ltd.

Aufgabe / Konzept

Das Ziel des Entwurfes war ein moderner Industriebau, der das Image des Autoherstellers unterstützen sollte. Das Gebäude hat eine Länge von 98 x 228 m und besteht aus 42 Raummodulen, 24 x 24 m groß, in denen alle verschiedenen Nutzungen wie Ausstellung, Werkstatt, Büro und Lager möglich sind.

Tragwerk

Das Haupttragwerk des Gebäudes bilden vorgefertigte, eingespannte Stützen, zwischen die ein unterspannter Trägerrost eingelegt wurde. Im Randbereich des Bauwerkes wird die Last der Unterspannung über Zugstäbe in die Fundamente abgeleitet.

Die verglaste Fassadenkonstruktion besteht aus 9 m hohen Pfosten und 4 m überspannenden Riegeln aus I-Profilen. An diesen ist die Verglasung mit je acht Punkthaltern befestigt.

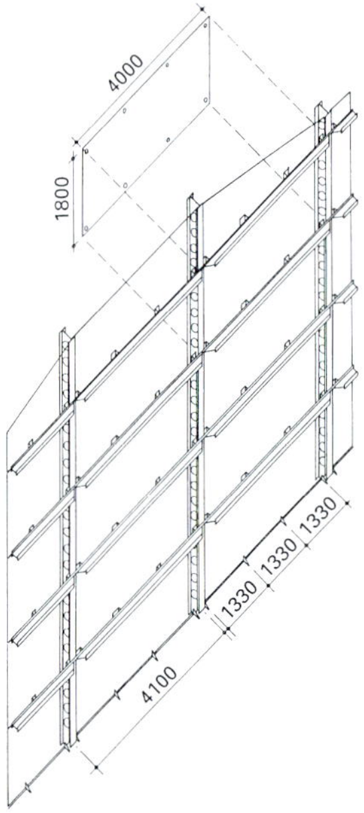

1 Fassadensystem

2 Eingangsseite

Konstruktive Durchbildung
Elemente / Details

Die Pfosten der Fassade sind in der Höhe verschieblich mit dem Haupttragwerk verbunden. Eine neoprenbeschichtete Nylonfolie schließt den Zwischenraum flexibel. Die Riegel wurden aus 114 x 68-mm-I-Profilen hergestellt.

Jeweils vier an den Riegeln befestigte Stahllaschen halten die mit M6-Senkkopfschrauben und Nylonhülsen fixierten Glasscheiben.

Glas

Die Verglasung besteht aus 10-mm-ESG. Die Scheiben haben eine Größe von 4,00 x 1,80 m und sind mit acht Bohrungen versehen.

Die Fugen sind mit Silikon geschlossen.

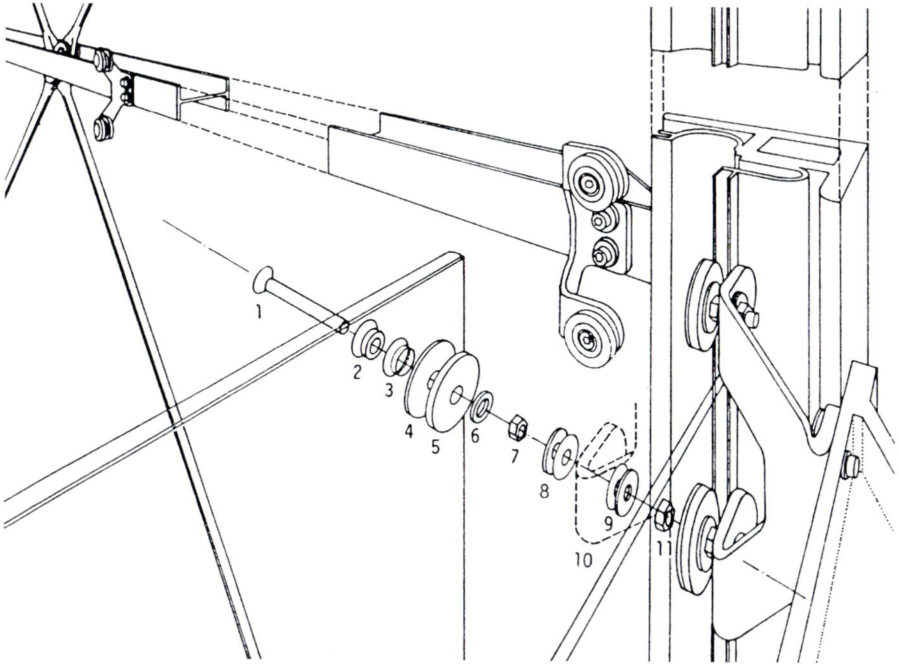

3 Detail der Verglasung
4 Fassadenausschnitt

5 Gesamtprojekt

Talheim — Verwaltungsgebäude Fischer

Daten

Ort / Jahr	Talheim, 1992
Bauherr	H. Fischer GmbH
Architekt	Art & Design
Ingenieur	Schlaich Bergermann + Partner
Ausführende	H. Fischer GmbH

Aufgabe / Konzept

Als Erweiterung der Firma Fischer wurde ein dreigeschossiger Verwaltungsbau, bestehend aus zwei einhüftigen Bürobauten mit einem überdachten Innenhof, errichtet. Dieser dient als Kommunikationsraum und wird für Feierlichkeiten genutzt. Balkone an den Büros sowie die Verbindungsstege mit den Glastreppen dienen zur Erschließung. Eine gläserne Tonne schließt den Raum nach oben. Die Stirnseiten sind ebenfalls mit gläsernen Tonnen als Fassaden geschlossen.

1 Innenhof mit Glasdach

2 Erschließung mit Glastreppen

Tragwerk

Das Tragwerk der Glastonne besteht als Netztonne aus bogenförmigen und horizontalen Gitterstäben und einer diagonalen Unterspannung. Sie steift das Rechteckgitter aus und stabilisiert die Tonne gegen asymmetrische Lasten.

Das Tragwerk überspannt mit einem Stich von ca. 0,80 m eine Strecke von ca. 10 m. Die Länge der Glastonne beträgt ca. 42 m.

Konstruktive Durchbildung
Elemente / Details

Das Tragwerk der Tonne besteht aus Stahlprofilen, auf die, aufbauend auf dem Wicona-Profil, die als Structural Glazing ausgeführte Verglasung aufgebracht ist. Als diagonale Unterspannung dienen Stahlseile, die mit Klemmtellern in den Knotenpunkten fixiert sind.

In die Stahlkonstruktion sind die Lampen zur Hallenbeleuchtung eingelassen.

Glas

Als Structural Glazing-Fassade wurden Isolierglasscheiben aus außen 8-mm-ESG mit einem Luftzwischenraum von 12 mm und innen 10-mm-VSG mit einer Wärmeschutzbeschichtung verwendet.

3 Netztonne mit Diagonalunterspannung

Ulm

Vordach Hauptbahnhof

Daten

Ort / Jahr: Ulm, 1993

Standort: Hauptbahnhof

Architekt: Jauss + Gaupp

Ingenieur: Schlaich Bergermann + Partner

Ausführende: Stahlbau Müller

Aufgabe / Konzept

Das Vordach verbindet den Eingang des Bahnhofes mit dem Taxistand und dem Bereich des ÖPNV. Es sollte die Eingangszone markieren und gleichzeitig als Konstruktion möglichst wenig in Erscheinung treten. Seine Grundfläche beträgt 24 x 25 m, die Höhe ca. 5 m.

Tragwerk

Das Hängetragwerk des Vordaches besteht aus zwei flügelförmigen horizontalen Fachwerkträgern, die auf vier Stützböcken aus je einem Druckrohr und einem Zugstab aufliegen, und überspannen eine Distanz von 15,60 m. An den Enden kragen sie 4,70 m aus.

Das Hängetragwerk besteht aus Zugbändern im Abstand von 1 m, auf die die Glaseindeckung aufgelegt wurde. Sie wird durch ihr Eigengewicht gegen Verformungen und abhebende Windsogkräfte stabilisiert.

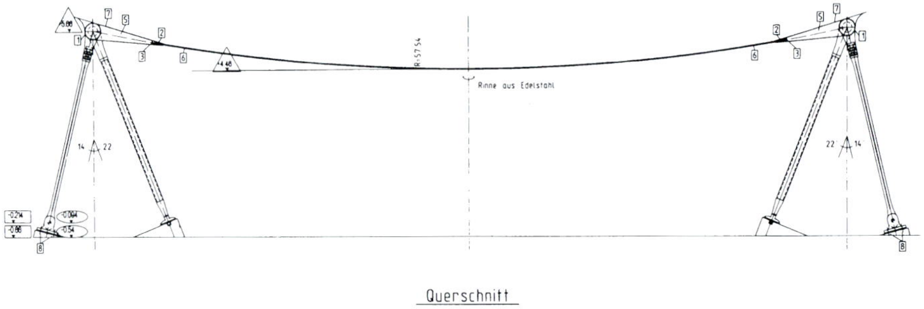

1 Systemschnitt
2 Ansicht

Konstruktive Durchbildung
Elemente / Details

Als Zugbänder wurden 25 x 60-mm-Flachstahlbänder verwendet, auf die die Verglasung mit einem Dichtungsprofil aufgelegt und durch verschraubte Preßschienen fixiert wurde. Die Querstöße im Glas sind dauerelastisch mit Silikon verfugt.

Die Stützböcke bestehen aus einem Rundrohr mit gußeisernem Gelenk als Druckstab und einem über Laschen angeschlossenen Zugstab.

Der Fachwerkträger wurde aus einem 50 cm starken Stahlrohr und Flachstahlprofilen gefertigt.

Die Entwässerung erfolgt über eine Rinne im Tiefpunkt des Hängedaches.

Glas

Bei der Glaseindeckung handelt es sich um 1 x 2 m große VSG-Scheiben aus 8 und 6 mm großem ESG.

Kommentar

Ein erfreulich einfaches System mit entsprechend einfachen Details.

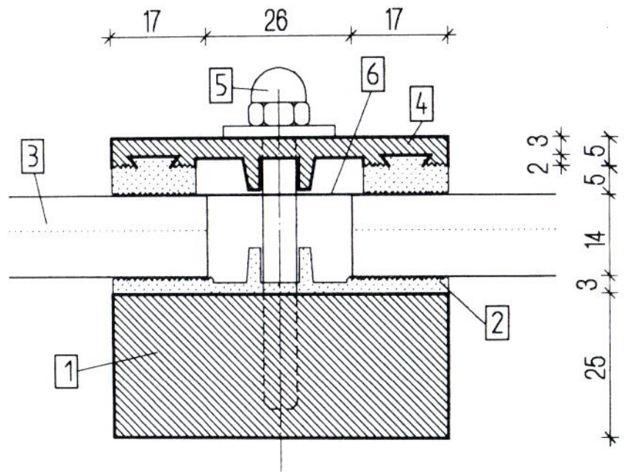

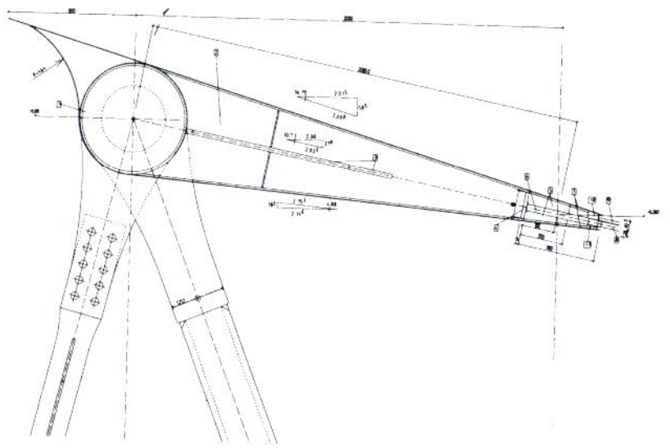

3 Detailschnitt: Zugband mit Verglasung
4 Dachaufsicht

5 Detailschnitt: horizontaler Fachwerkträger
6 Stützbock mit Hängetragwerk

9 Begriffe / Abkürzungen

Literatur- und Abbildungsverzeichnis

Stichwörter

Begriffe / Abkürzungen

A	Fläche
db(A)	Dezibel der Frequenzbewertungskurve A
dichroitische Beschichtung	Glasbeschichtung zur Interferenzzerlegung von Licht
E	Elastizitätsmodul
ESG	Einscheibensicherheitsglas
F	Kraft
f	Durchbiegung
FE-Methode	Finite Elemente Methode
FEM	Finite Elemente Methode
HEB-Profil	Stahlprofilquerschnitt
l	Systemspannweite
I	Trägheitsmoment
IPB	Stahlprofilquerschnitt
IPE	Stahlprofilquerschnitt
kg	Kilogramm (Maßeinheit)
kN	Kilonewton (Maßeinheit)
M	Biegemoment
MIG	Mehrscheiben-Isolierglas
PVB-Folie	Polyvinylbutyralfolie
Q	Querkraft
Ridge-and-furrow-Dach	Glasdach aus gegeneinander geneigten Glasscheiben nach J. C. Loudon
RFR	Rice-Francis-Ritchie
RWTH Aachen	Rheinisch-Westfälische Technische Hochschule Aachen
Shore	Kunststoff-Biegeweichheit
SZR	Scheibenzwischenraum
Transept	Querhaus
Tensegrity	Tragstrukturen nach R. Buckminster Fuller, bei denen Zug- und Druckelement deutlich voneinander getrennt sind
TGT	Transparentes Glas-Tragwerk
TVG	Teilvorgespanntes Glas
TWD	Transparente Wärmedämmung
UV-Aktivkleber	Ultraviolett-Reaktionskleber
PU-Lager	Polyurethan-Lager
Vierendeelträger	Nach dänischem Ingenieur benanntes Trägersystem mit biegesteifen Stegen zwischen Ober- und Untergurt des Trägers
VSG	Verbundsicherheitsglas
W	Widerstandsmoment
σ	Spannung

2 Einführung

Literatur

[2/1] Rice, P.; Dutton, H.: Le Verre Structurel, Paris 1995
[2/2] Koepf, H.: Bildwörterbuch der Architektur, Stuttgart 1974
[2/3] Behnisch, G:; Hartung, G.: Eisenkonstruktionen des 19. Jahrhunderts, München 1983
[2/4] Kohlmaier, G.; von Santory, B.: Das Glashaus – ein Bautypus des 19. Jahrhunderts, München 1981
[2/5] Geist, J. F.: Passagen – ein Bautypus des 19. Jahrhunderts, München 1979
[2/6] Klindt, L. B.; Klein, W.: Glas als Baustoff-Eigenschaften, Anwendung, Bemessung; Köln 1977
[2/7] Petzold, A.; Marusch, H.; Schramm, B.: Der Baustoff Glas, Berlin 1990
[2/8] Button, D.; Pye, B. u. A.: Glass in Building, London 1993
[2/9] Compagno, A.: Intelligente Glasfassaden, Zürich 1995
[2/10] Ritchie, I.: Architektur mit (guten) Verbindungen, Berlin 1994
[2/11] Sagmeister, B.: Tragende Bauteile aus Glas – Bemessung und Ausführung, Darmstadt 1993
[2/12] Techen, H.: Fügetechnik für den konstruktiven Glasbau, Diss., Darmstadt 1997
[2/13] Ackermann, K.: Tragwerke in der konstruktiven Architektur, Stuttgart 1988
[2/14] Brookes, A. J.; Grech, C.: The Building Envelope, Oxford 1990
[2/15] Brookes, A. J.; Grech, C.: Connections. Studies in Buildings Assembly, Oxford 1992
[2/16] Führer, W.; Ingendaaij, S.; Stein, F.: Der Entwurf von Tragwerken, Köln 1995

3.1 Unterscheidung Historisch / Aktuell

Literatur

[3.1/1] Breukelmann, A.: Tendenzen der Glasarchitektur und Glasfassadenkonzepte aus England, Glasforum 3/89
[3.1/2] Schulz, C.; Seger, P.: Glas am Bau II – Konstruktion von Glasfassaden, DAB 5/93
[3.1/3] Balkow, D. u. a.; Technischer Leitfaden – Glas am Bau, 2. Auflage, Stuttgart 1990
[3.1/4] Knaack, U.: Glas und Konstruktion, Glasforum 6/96
[3.1/5] Knaack, U.: Tragende Transparenz, db 4/97
[3.1/6] A+U – Norman Foster 5/88
[3.1/7] Linke, K.; Vöcker, C.: Konstruktiver Glasbau – Seminarbericht am Institut für Tragwerklehre / Prof. B. Burkhardt, Braunschweig 1997

Abbildungen

1 aus [7] Glasbau Hahn, Frankfurt
2 aus [2] Glasbau Hahn, Frankfurt

3.2 Unterscheidung Glas als Primär- / Sekundärtragwerk

Literatur

[3.2/1] Führer, W.; Ingendaaij, S.; Stein, F.: Der Entwurf von Tragwerken, Köln 1995
[3.2/2] Büttner, O.; Hampe, E.: Bauwerk – Tragwerk – Tragstruktur – Band I, Berlin 1976
[3.2/3] Führer, W.; Knaack, U.: Konstruktiver Glasbau 1 – Seminarbericht, Aachen 1995
[3.2/4] Knaack, U.: Glas und Konstruktion, Glasforum 6/96
[3.2/5] Knaack, U.: Tragende Transparenz, db 4/97
[3.2/6] Schulz, C.; Seger, P.: Glas am Bau I + II – Konstruktion von Glas fassaden, DAB 3 + 5/93

3.3 Tragwerktypologie

Literatur

[3.3/1] Otto, F. und andere: Natürliche Konstruktionen, Stuttgart 1982
[3.3/2] Ackermann, K.: Tragwerke in der konstruktiven Architektur, Stuttgart 1988
[3.3/3] Büttner, O.; Hampe, E.: Bauwerk – Tragwerk – Tragstruktur – Band I, Berlin 1976
[3.3/4] Führer, W.; Ingendaaij, S.; Stein, F.: Der Entwurf von Tragwerken, Köln 1995
[3.3/5] Führer, W.; Knaack, U.: Konstruktiver Glasbau 1 – Seminarbericht, Aachen 1995

Abbildungen

1 aus [1] Seite 24
2 aus [1] Seite 25
3 aus [2] Seite 29
4 aus [3] Seite 15
5 aus [4] Seite 34

4.1 Anfänge und Hintergründe

Literatur

[4.1/1] Petzold, A.; Marusch, H.; Schramm, B.: Der Baustoff Glas, Berlin 1990
[4.1/2] Fischer, W.: Geborgenheit und Freiheit – Vom Bauen mit Glas, Krefeld 1970
[4.1/3] Schalles, H. J.; Rieche, A.; Precht, G.: Die römischen Bäder, Köln 1989
[4.1/4] Stephany, E.: Der Dom zu Aachen, Aachen 1982
[4.1/5] Müller, W.; Vogel, G.: dtv-Atlas zur Baukunst, München 1981
[4.1/6] Kohlmaier, G.; von Sartory, B.: Das Glashaus: ein Bautypus des 19. Jahrhunderts, München 1981
[4.1/7] Koppelkamm, S.: Gewächshäuser und Wintergärten im 19. Jahrhundert, Stuttgart 1981
[4.1/8] Werner, F.; Seidel, J.: Der Eisenbau, Berlin 1992
[4.1/9] Hennig-Schefold, M.; Schmidt-Thomsen, H.: Transparenz und Masse, Köln 1972
[4.1/10] Mignot, C.: Architektur des 19. Jahrhunderts, Köln 1994
[4.1/11] Markic, V.: Eisen-Glas-Konstruktionen des 19. Jahrhunderts – Mit einer besonderen Betrachtung der Bahnsteighallen, Studienarbeit am Lehrstuhl für Baukonstruktion (Tragwerklehre) – RWTH Aachen, Aachen 1996

[4.1/12] Schild, E.: Zwischen Glaspalast und Palais des Illusions – Form und Konstruktion im 19. Jahrhundert, Berlin / Frankfurt 1967
[4.1/13] Blaser, W.: Filigrane Architektur, Basel 1980
[4.1/14] Geist, J. F.: Passagen – Ein Bautyp des 19. Jahrhunderts, München 1979
[4.1/15] Hartung, G.; Behnisch, G.: Eisenkonstruktionen des 19. Jahrhunderts, München 1983
[4.1/16] Royal Horticultural Society, Lindley Library, London
[4.1/17] McKean, J., Crystal Palace – Paxton and Fox, London 1994

Abbildungen

1 aus [3] Seite 40
2 aus [2] Seite 33
5 aus [2] Seite 36
6 aus [2] Seite 36
7 aus [2] Seite 36
8 aus [2] Seite 36
9 aus [6] Seite 184
10 aus [6] Seite 192
11 aus [7] Seite 27
15 aus [15] Seite 129
16 aus [15] Seite 89
17 aus [7] Seite 10
18 aus [16]
20 aus [7] Seite 57
23 The Victoria and Albert Museum, London
24 aus [9] Seite 31
25 aus [9] Seite 71

4.2 Glas als Primärtragelement

Literatur

[4.2/1] Kohlmaier, G.; von Sartory, B.: Das Glashaus: ein Bautypus des 19. Jahrhunderts, München 1981
[4.2/2] Koppelkamm, S.: Gewächshäuser und Wintergärten im 19. Jahrhundert, Stuttgart 1981.
[4.2/3] Mignot, C.: Architektur des 19. Jahrhunderts, Köln 1994
[4.2/4] Ullrichs, R. M.: Glas-Eisen-Architektur, Worms 1989
[4.2/5] Woods, M.; Warren, A.: Glass Houses, New York 1988
[4.2/6] Hix, J.: The Glass House, London 1974
[4.2/7] McKean, J.: Crystal Palace – Paxton and Fox, London 1994
[4.2/8] Schild, E.: Zwischen Glaspalast und Palais des Illusions – Form und Konstruktion im 19. Jahrhundert, Berlin / Frankfurt 1967

Abbildungen

1 aus [4] Seite 18
2 aus [4] Bild 110
3 aus [1] Seite 239
4 aus [4] Bild 33
5 aus [1] Seite 327
6 aus [1] Seite 327
7 aus [4] Bild 38
8 Devonshire Collection, Chatsworth, repr. by perm. of the Chatsworth Settlement Trustees
9 Devonshire Collection, Chatsworth, repr. by perm. of the Chatsworth Settlement Trustees
13 aus [1] Seite 696
17 aus [2] Seite 19
18 aus [1] Seite 301
19 aus [4] Bild 65
20 aus [1] Seite 296
21 aus [1] Seite 575
22 aus [2] Seite 55
23 aus [4] Bild 76
24 aus [1] Seite 574
25 aus [1] Seite 608
26 aus [1] Seite 611
28 The Victoria and Albert Museum, London
29 aus [1] Seite 670
30 The Victoria and Albert Museum, London
31 aus [1] Seite 416

4.3 Glas als Sekundärtragelement

Literatur

[4.3/1] Hartung, G.; Behnisch, G.: Eisenkonstruktionen des 19. Jahrhunderts, München 1983
[4.3/2] Hix, J.: The Glass House, London 1974
[4.3/3] Wigginton: Glas in der Architektur, Stuttgart 1997
[4.3/4] Schild, E.: Zwischen Glaspalast und Palais des Illusions – Form und Konstruktion im 19. Jahrhundert Berlin / Frankfurt 1967
[4.3/5] Institut für Auslandsbeziehungen: Vladimir G. Suchov – 1853–1939 – die Kunst der Sparsamen Konstruktion, Stuttgart 1990 – Shchusv Research Museum, Moskau
[4.3/6] Hennig-Schefold, M.; Schmidt-Thomsen, H.: Transparenz und Masse, Köln 1972
[4.3/7] Geist, J. F.: Passagen – Ein Bautyp des 19. Jahrhunderts, München 1979
[4.3/8] Mignot, C.: Architektur des 19. Jahrhunderts, Köln 1994
[4.3/9] Gössler, P.; Leuthäuser, G.: Architektur des 20. Jahrhunderts, Köln 1990
[4.3/10] Fischer, W.: Geborgenheit und Freiheit – Vom Bauen mit Glas, Krefeld 1970
[4.3/11] Schulze, K. W.: Glas in der Architektur der Gegenwart, Stuttgart 1929

Abbildungen

1 Bildarchiv Foto Marburg
2 Bebe Overmüller, Washington
4 aus [1] Seite 119
6 aus [8] Seite 202
7 aus [5] Seite 58
8 aus [5] Seite 59
9 Bildarchiv Foto Marburg
10 aus [6] Seite 56
11 aus [8] Seite 250
12 Bildarchiv Foto Marburg
13 aus [10] Seite 152
14 Bildarchiv Foto Marburg
15 Bildarchiv Foto Marburg
17 aus [3]
20 aus [10] Seite 161
21 Hedrich-Blessing

5.1 Zusammenhänge und Hintergründe

Literatur

[5.1/1] Breukelmann, A.: Tendenzen der Glasarchitektur: Glasfassaden aus England; Glasforum 3/93

[5.1/2] Informationen der Firma Glasbau Hahn

[5.1/3] Schulz, C.; Seger, P.: Glas am Bau II – Konstruktion von Glasfassaden, DAB 5/93

[5.1/4] Ackermann, K.: Industriebau, Stuttgart 1984

[5.1/5] A + U Extra 5/88

[5.1/6] Petzold, A.; Marusch, H.; Schramm, B.: Der Baustoff Glas, Berlin 1990

[5.1/7] Klindt, L.B.; Klein, W.: Glas als Baustoff, Köln 1977

[5.1/8] VEGLA; Technischer Leitfaden – Glas am Bau, 2. Auflage, Stuttgart 1990

[5.1/9] Rice, P.; Dutton, H.: Le Verre Structurel, Paris 1995

[5.1/10] Architectural Monographs: Richard Rogers + Architects, London 1985

[5.1/11] Compagno, A.: Intelligente Glasfassaden – Material Anwendung Gestaltung, Zürich 1995

[5.1/12] Führer, W.; Knaack, U.: Konstruktiver Glasbau 4 – Seminarbericht, Aachen 1996

[5.1/13] Button, D.; Pye, B.: Glass in Building, London 1993

Abbildungen

1 aus [3] Seite 883
3 aus [5] Seite 55
4 Richard Einzig, London
13 Heiko Körner
14 Mike Davis, London
15 Bartenbach Lichtlabor, Innsbruck
16 Bartenbach Lichtlabor, Innsbruck

5.2 Glas als Primärtragelement

Literatur

[5.2/1] Führer, W.; Ingendaaij, S.; Stein, F.: Der Entwurf von Tragwerken, Köln 1995

[5.2/2] Führer, W.; Knaack, U.: Konstruktiver Glasbau 1 – Seminarbericht, Aachen 1995

[5.2/3] Führer, W.; Knaack, U.: Konstruktiver Glasbau 1 – Seminarbericht, Aachen 1995

[5.2/4] Knaack, U.: Tragende Transparenz, db 4/97

[5.2/5] Informationen des Büros Brunet & Saunier

[5.2/6] Informationsmaterial BGT, Bretten

[5.2/7] JA 1996-3

[5.2/8] Brookes, A.J.; Grech, C.: Connections. Studies in Buildings Assembly, Oxford 1992

[5.2/9] Davies, C.: High-Tech-Architektur, Stuttgart 1988

[5.2/10] Baumeister 11/92

[5.2/12] db 4/97

[5.2/13] Rice, P.; Dutton, H.: Le Verre Structurel, Paris 1995

[5.2/14] James Carpenter Design Associates, New York

[5.2/15] Informationsmaterial des Glaszentrums München

[5.2/16] GLAS 1/97

[5.2/17] Informationen des Büros Brookes Stacey Randall

[5.2/18] DBZ 10/94

[5.2/19] Glasforum 1/91

[5.2/20] A + U Extra 5/88

[5.2/21] AA 9/91

[5.2/22] GLAS 2/97

Abbildungen

3 Georges Fessy
4 aus [6]
7 aus [1] Seite 174
8 aus [8] Seite 115
9 aus [9] Seite 150
10 Chris Gascoigne, London
11 Wilfried Dechau, Stuttgart
13 aus [13] Seite 113
16 Balthazar Korab
18 aus [15]
20 Ines Schöttle, Sindelfingen
22 Tuchschmid, Frauenfeld
24 Heiko Körner
26 ARCHIPRESS, Paris
27 Jannes Linderer, Rotterdam
42 Pilkington FLACHGLAS AG, Gelsenkirchen
44 aus [14]
46 Jürgen Hempel, Aachen
47 Jürgen Hempel, Aachen

5.3 Glas als Sekundärtragelement

Literatur

[5.3/1] Führer, W.; Ingendaaij, S.; Stein, F.: Der Entwurf von Tragwerken, Köln 1995

[5.3/2] Führer, W.; Knaack, U.: Konstruktiver Glasbau 1 – Seminarbericht, Aachen 1995

[5.3/3] Führer, W.; Knaack, U.: Konstruktiver Glasbau 1 – Seminarbericht, Aachen 1995

[5.3/4] Knaack, U.: Tragende Transparenz, db 4/97

[5.3/5] Schuber, H.: Die Masche mit der Glas-Kuppel, db 10/94

[5.3/6] l'Arca Plus – Monografie di architettura – 03: Architettura di vetro – Glass Architecture, Mailand

[5.3/7] Glasforum 5/93

[5.3/8] Baumeister 9/91

[5.3/9] DETAIL 1/95

[5.3/10] the architects journal 9/92

[5.3/11] Informationsmaterial der Schweizerischen Zentralstelle für Stahlbau, Nr. 12 + 13/93

[5.3/12] Glasforum 1/94

[5.3/13] Informationsmaterial MERO, Würzburg

[5.3/14] Glasforum 4/86

Abbildungen

10 aus [6] Seite 133
12 Ines Schöttle, Sindelfingen
14 Sainz-Horjajadas
17 Masaaki Sekiyo, Tokio
20 aus [10] Seite 33
22 aus [11] Seite 69
24 Florian Schmidtjansen, Überlingen
28 aus [13]
39 Franz Mayer'sche Hofkunstanstalt, München

6.1 Entwicklung von Fassadentragwerken

Literatur

[6.1/1] Brookes, Alan J.; Grech, C.: The Building Envelope, Oxford 1990

[6.1/2] Führer, W.; Knaack, U.: Konstruktiver Glasbau 4 – Seminarbericht, Aachen 1996

[6.1/3] Knaack, Ulrich: Glas und Konstruktion; Glasforum 4/96

[6.1/4] Glasforum 5/93

[6.1/5] A + U Extra 5/88

Abbildungen

3 Ines Schöttle, Sindelfingen

6.2 Eigene Entwicklungen

Literatur

[6.2/1] Führer, W.; Knaack, U.: Konstruktiver Glasbau 1 – Seminarbericht, Aachen 1995

[6.2/2] Führer, W.; Knaack, U.: Konstruktiver Glasbau 2 – Glaspavillon – Seminarbericht, Aachen 1995

[6.2/3] Führer, W.; Knaack, U.: Konstruktiver Glasbau 3 – Glasdach – Seminarbericht, Aachen 1995

[6.2/4] Führer, W.; Knaack, U.: Konstruktiver Glasbau 5 – Glas-Stahl-Tragwerk – Seminarbericht, Aachen 1996

[6.2/5] Führer, W.; Knaack, U.: Konstruktiver Glasbau 6 – Seminarbericht, Aachen 1995

Abbildungen

1 aus [1] Seite 106
2 aus [1] Seite 92
3 aus [4] Seite 18
4 Heiko Körner
5 aus [1] Seite 79
6 aus [1] Seite 78
7 aus [1] Seite 81
10 aus [2] Seite 38
11 aus [3] Seite 19
12 aus [3] Seite 18
13 aus [3] Seite 13
15 Heiko Körner
18 Heiko Körner
21 Heiko Körner
23 Heiko Körner
26 Heiko Körner
27 aus [5] Seite 70
28 Heiko Körner
29 aus [5] Seite 83
30 Heiko Körner
31 Heiko Körner
32 aus [5] Seite 89

6.3 Fehlentwicklungen

Literatur

[6.3/1] Brookes, A.J.; Grech, C.: Connections. Studies in Buildings Assembly, Oxford 1992

[6.3/2] GLAS 4/97

[6.3/3] Danz, R: Vortrag anläßlich des Seminars Bauen mit Glas, 13.06.96 am Institut für leichte Flächentragwerke, Stuttgart

[6.3/4] Gössler, P.; Leuthäuser, G.: Architektur des 20. Jahrhunderts, Köln 1990

Abbildungen

4 Bildarchiv Foto Marburg
8 Eckelt Glas, Steyr
9 Rainer Mader, Köln
10 Rainer Mader, Köln

6.4 Ausblick – Tendenzen bei Glaskonstruktionen

Literatur

[6.4/1] Schulze, Konrad Werner: Glas in der Architektur der Gegenwart; Stuttgart 1929

[6.4/2] Sagmeister, B.: Tragende Bauteile aus Glas – Berechnung und Ausführung – Dissertation; Darmstadt 1993

[6.4/3] Röder, T.: Klebekonstruktionen in Verbindung mit KFZ-Verglasungen; 4. Fachkongreß innovatives Bauen mit Glas, Bauzentrum München der Messe München GmbH 1996

[6.4/4] Grimme, Friedrich Björn: Glas als tragender Baustoff – Tragende Glasgewölbe, Glasforum 4/91

[6.4/5] Führer, W.; Knaack, U.: Konstruktiver Glasbau 6 – Seminarbericht, Aachen 1997

[6.4/6] Eekhout, M.: Product Developement in Glass Structures; Rotterdam 1990

[6.4/7] van gen Hassend, H.: Glasbrücke zur Prager Burg; GLAS 3/96

[6.4/8] Schulz, C.: Konstruieren mit Glas; 3. Fachkongreß Innovatives Bauen mit Glas, Bauzentrum München der Messe München GmbH 1995

[6.4/9] Grimme, Friedrich Björn: Glas als tragender Baustoff – Glassandwich-Elemente, Glasforum 3/91

[6.4/10] Arch+ 124/5: Produktinformationen Leichtbau – Projekt Bushaltestelle

[6.4/11] Informationsmaterial Glasbau Seele, Gersthofen

[6.4/12] Wörzberger, R.: Gläserne Hüllen Festschrift Stefan Polonyi, Köln 1990

[6.4/13] Wörzberger, R.: Konstruieren mit Glas, Glasforum 4/93

[6.4/14] James Carpenter Design Associates, New York

[6.3/15] Techen, H.: Fügetechnik für den konstruktiven Glasbau; Dissertation, Darmstadt 1997

5.1 Zusammenhänge und Hintergründe

Literatur

[5.1/1] Breukelmann, A.: Tendenzen der Glasarchitektur: Glasfassaden aus England; Glasforum 3/93
[5.1/2] Informationen der Firma Glasbau Hahn
[5.1/3] Schulz, C.; Seger, P.: Glas am Bau II – Konstruktion von Glasfassaden, DAB 5/93
[5.1/4] Ackermann, K.: Industriebau, Stuttgart 1984
[5.1/5] A + U Extra 5/88
[5.1/6] Petzold, A.; Marusch, H.; Schramm, B.: Der Baustoff Glas, Berlin 1990
[5.1/7] Klindt, L.B.; Klein, W.: Glas als Baustoff, Köln 1977
[5.1/8] VEGLA; Technischer Leitfaden – Glas am Bau, 2. Auflage, Stuttgart 1990
[5.1/9] Rice, P.; Dutton, H.: Le Verre Structurel, Paris 1995
[5.1/10] Architectural Monographs: Richard Rogers + Architects, London 1985
[5.1/11] Compagno, A.: Intelligente Glasfassaden – Material Anwendung Gestaltung, Zürich 1995
[5.1/12] Führer, W.; Knaack, U.: Konstruktiver Glasbau 4 – Seminarbericht, Aachen 1996
[5.1/13] Button, D.; Pye, B.: Glass in Building, London 1993

Abbildungen

1 aus [3] Seite 883
3 aus [5] Seite 55
4 Richard Einzig, London
13 Heiko Körner
14 Mike Davis, London
15 Bartenbach Lichtlabor, Innsbruck
16 Bartenbach Lichtlabor, Innsbruck

5.2 Glas als Primärtragelement

Literatur

[5.2/1] Führer, W.; Ingendaaij, S.; Stein, F.: Der Entwurf von Tragwerken, Köln 1995
[5.2/2] Führer, W.; Knaack, U.: Konstruktiver Glasbau 1 – Seminarbericht, Aachen 1995
[5.2/3] Führer, W.; Knaack, U.: Konstruktiver Glasbau 1 – Seminarbericht, Aachen 1995
[5.2/4] Knaack, U.: Tragende Transparenz, db 4/97
[5.2/5] Informationen des Büros Brunet & Saunier
[5.2/6] Informationsmaterial BGT, Bretten
[5.2/7] JA 1996-3
[5.2/8] Brookes, A.J.; Grech, C.: Connections. Studies in Buildings Assembly, Oxford 1992
[5.2/9] Davies, C.: High-Tech-Architektur, Stuttgart 1988
[5.2/10] Baumeister 11/92
[5.2/12] db 4/97
[5.2/13] Rice, P.; Dutton, H.: Le Verre Structurel, Paris 1995
[5.2/14] James Carpenter Design Associates, New York
[5.2/15] Informationsmaterial des Glaszentrums München
[5.2/16] GLAS 1/97
[5.2/17] Informationen des Büros Brookes Stacey Randall
[5.2/18] DBZ 10/94
[5.2/19] Glasforum 1/91
[5.2/20] A + U Extra 5/88
[5.2/21] AA 9/91
[5.2/22] GLAS 2/97

Abbildungen

3 Georges Fessy
4 aus [6]
7 aus [1] Seite 174
8 aus [8] Seite 115
9 aus [9] Seite 150
10 Chris Gascoigne, London
11 Wilfried Dechau, Stuttgart
13 aus [13] Seite 113
16 Balthazar Korab
18 aus [15]
20 Ines Schöttle, Sindelfingen
22 Tuchschmid, Frauenfeld
24 Heiko Körner
26 ARCHIPRESS, Paris
27 Jannes Linderer, Rotterdam
42 Pilkington FLACHGLAS AG, Gelsenkirchen
44 aus [14]
46 Jürgen Hempel, Aachen
47 Jürgen Hempel, Aachen

5.3 Glas als Sekundärtragelement

Literatur

[5.3/1] Führer, W.; Ingendaaij, S.; Stein, F.: Der Entwurf von Tragwerken, Köln 1995
[5.3/2] Führer, W.; Knaack, U.: Konstruktiver Glasbau 1 – Seminarbericht, Aachen 1995
[5.3/3] Führer, W.; Knaack, U.: Konstruktiver Glasbau 1 – Seminarbericht, Aachen 1995
[5.3/4] Knaack, U.: Tragende Transparenz, db 4/97
[5.3/5] Schuber, H.: Die Masche mit der Glas-Kuppel, db 10/94
[5.3/6] l'Arca Plus – Monografie di architettura – 03: Architettura di vetro – Glass Architecture, Mailand
[5.3/7] Glasforum 5/93
[5.3/8] Baumeister 9/91
[5.3/9] DETAIL 1/95
[5.3/10] the architects journal 9/92
[5.3/11] Informationsmaterial der Schweizerischen Zentralstelle für Stahlbau, Nr. 12 + 13/93
[5.3/12] Glasforum 1/94
[5.3/13] Informationsmaterial MERO, Würzburg
[5.3/14] Glasforum 4/86

Abbildungen

10 aus [6] Seite 133
12 Ines Schöttle, Sindelfingen
14 Sainz-Horjajadas
17 Masaaki Sekiyo, Tokio
20 aus [10] Seite 33
22 aus [11] Seite 69
24 Florian Schmidtjansen, Überlingen
28 aus [13]
39 Franz Mayer'sche Hofkunstanstalt, München

6.1 Entwicklung von Fassadentragwerken

Literatur

[6.1/1] Brookes, Alan J.; Grech, C.: The Building Envelope, Oxford 1990
[6.1/2] Führer, W.; Knaack, U.: Konstruktiver Glasbau 4 – Seminarbericht, Aachen 1996
[6.1/3] Knaack, Ulrich: Glas und Konstruktion; Glasforum 4/96
[6.1/4] Glasforum 5/93
[6.1/5] A + U Extra 5/88

Abbildungen

3 Ines Schöttle, Sindelfingen

6.2 Eigene Entwicklungen

Literatur

[6.2/1] Führer, W.; Knaack, U.: Konstruktiver Glasbau 1 – Seminarbericht, Aachen 1995
[6.2/2] Führer, W.; Knaack, U.: Konstruktiver Glasbau 2 – Glaspavillon – Seminarbericht, Aachen 1995
[6.2/3] Führer, W.; Knaack, U.: Konstruktiver Glasbau 3 – Glasdach – Seminarbericht, Aachen 1995
[6.2/4] Führer, W.; Knaack, U.: Konstruktiver Glasbau 5 – Glas-Stahl-Tragwerk – Seminarbericht, Aachen 1996
[6.2/5] Führer, W.; Knaack, U.: Konstruktiver Glasbau 6 – Seminarbericht, Aachen 1995

Abbildungen

1 aus [1] Seite 106
2 aus [1] Seite 92
3 aus [4] Seite 18
4 Heiko Körner
5 aus [1] Seite 79
6 aus [1] Seite 78
7 aus [1] Seite 81
10 aus [2] Seite 38
11 aus [3] Seite 19
12 aus [3] Seite 18
13 aus [3] Seite 13
15 Heiko Körner
18 Heiko Körner
21 Heiko Körner
23 Heiko Körner
26 Heiko Körner
27 aus [5] Seite 70
28 Heiko Körner
29 aus [5] Seite 83
30 Heiko Körner
31 Heiko Körner
32 aus [5] Seite 89

6.3 Fehlentwicklungen

Literatur

[6.3/1] Brookes, A.J.; Grech, C.: Connections. Studies in Buildings Assembly, Oxford 1992
[6.3/2] GLAS 4/97
[6.3/3] Danz, R: Vortrag anläßlich des Seminars Bauen mit Glas, 13.06.96 am Institut für leichte Flächentragwerke, Stuttgart
[6.3/4] Gössler, P.; Leuthäuser, G.: Architektur des 20. Jahrhunderts, Köln 1990

Abbildungen

4 Bildarchiv Foto Marburg
8 Eckelt Glas, Steyr
9 Rainer Mader, Köln
10 Rainer Mader, Köln

6.4 Ausblick – Tendenzen bei Glaskonstruktionen

Literatur

[6.4/1] Schulze, Konrad Werner: Glas in der Architektur der Gegenwart; Stuttgart 1929
[6.4/2] Sagmeister, B.: Tragende Bauteile aus Glas – Berechnung und Ausführung – Dissertation; Darmstadt 1993
[6.4/3] Röder, T.: Klebekonstruktionen in Verbindung mit KFZ-Verglasungen; 4. Fachkongreß innovatives Bauen mit Glas, Bauzentrum München der Messe München GmbH 1996
[6.4/4] Grimme, Friedrich Björn: Glas als tragender Baustoff – Tragende Glasgewölbe, Glasforum 4/91
[6.4/5] Führer, W.; Knaack, U.: Konstruktiver Glasbau 6 – Seminarbericht, Aachen 1997
[6.4/6] Eekhout, M.: Product Developement in Glass Structures; Rotterdam 1990
[6.4/7] van gen Hassend, H.: Glasbrücke zur Prager Burg; GLAS 3/96
[6.4/8] Schulz, C.: Konstruieren mit Glas; 3. Fachkongreß Innovatives Bauen mit Glas, Bauzentrum München der Messe München GmbH 1995
[6.4/9] Grimme, Friedrich Björn: Glas als tragender Baustoff – Glassandwich-Elemente, Glasforum 3/91
[6.4/10] Arch+ 124/5: Produktinformationen Leichtbau – Projekt Bushaltestelle
[6.4/11] Informationsmaterial Glasbau Seele, Gersthofen
[6.4/12] Wörzberger, R.: Gläserne Hüllen Festschrift Stefan Polonyi, Köln 1990
[6.4/13] Wörzberger, R.: Konstruieren mit Glas, Glasforum 4/93
[6.4/14] James Carpenter Design Associates, New York
[6.3/15] Techen, H.: Fügetechnik für den konstruktiven Glasbau; Dissertation, Darmstadt 1997

[6.4/16] Wörner, J.-D.; Sedlacek, G.: Der Baustoff Glas im konstruktiven Ingenieurbau – Sachstandsbericht 1, Gelsenkirchen 1991
[6.4/17] Hamm, J.; Natterer, J.: Tragelemente aus Holz und Holzwerkstoffen im statischen Verbund mit Glas, Glasforum 3/97
[6.4/18] Informationen des Instituts für neue Materialien / Universität Saarbrücken
[6.4/19] Kohlmaier, G.; von Sartory, B.: Das Glashaus: ein Bautypus des 19. Jahrhunderts, München 1981

Abbildungen

0 James Carpenter
7 aus [3] Seite 25
8 aus [4] Seite 36
9 aus [4] Seite 37
10 aus [4] Seite 37
20 aus [6] Seite 70
21 aus [6] Seite 70
22 aus [7]
23 aus [7]
24 aus [8]
25 aus [8]
26 aus [7]
27 aus [9] Seite 42
28 aus [9] Seite 42
29 aus [9] Seite 43
30 aus [9] Seite 44
31 aus [9] Seite 46
32 aus [9] Seite 43
33 aus [9] Seite 43
34 aus [10] Seite 115
43 aus [11]
44 aus [11]
46 aus [4] Seite 36
47 aus [4] Seite 37
48 aus [12] Seite 392
49 Brian Gulik
50 aus [13] Seite 9
51 aus [13] Seite 9
52 Brian Gulik
54 Brian Gulik
56 Brian Gulik
59 aus [19] Seite 521

7.1 Glasherstellung

Literatur

[7.1/1] Balkow, D. u. a.; Technischer Leitfaden – Glas am Bau, 2. Auflage, Stuttgart 1990
[7.1/2] Führer, W.; Knaack, U.: Konstruktiver Glasbau 1 + 2, Aachen 1995 + 96
[7.1/3] Schmidt, A.; Geschichte und Entwicklung der Glasherstellung, aus: Seminar Konstruktiver Glasbau, Aachen 1995
[7.1/4] Petzold, A.; Marusch, H.; Schramm, B.: Der Baustoff Glas, 3. Auflage, Schorndorf-Berlin 1990
[7.1/5] Klindt, L.B.; Klein, W.: Glas als Baustoff, Köln 1977
[7.1/6] Button, D.; Pye, B.: Glass in Building, Oxford 1993

Abbildungen

0 Pilkington Glass Ltd., St. Helens (GB)
1 aus [1] Seite 14
2 aus [1] Seite 18
3 aus [4] Seite 155
4 aus [1] Seite 18
5 aus [1] Seite 18
6 aus [1] Seite 18
7 aus [1] Seite 18
8 aus [1] Seite 18
9 aus [1] Seite 19
10 aus [1] Seite 19
11 aus [1] Seite 19
12 aus [5] Seite 15
13 aus [5] Seite 15
14 aus [1] Seite 19
15 aus [4] Seite 157

7.2 Glasprodukte

Literatur

[7.2/1] Petzold, A; Marusch, H; Schramm, B.: Der Baustoff Glas, 3. Auflage, Schorndorf-Berlin 1990
[7.2/2] Balkow, D. u. a.; Technischer Leitfaden – Glas am Bau, 2. Auflage, Stuttgart 1990
[7.2/3] Danz, R.: Entwurfsgrundlagen zur Konstruktion mit großen Glastafeln, 3. Fachkongreß Innovatives Bauen mit Glas, München 1995
[7.2/4] Rehmann, M.; Glas – Möglichkeiten der Wärmedämmung, des Sonnenschutzes sowie der Lenkung und Streuung von Licht, Studienarbeit am Lehrstuhl für Baukonstruktion (Tragwerklehre) / RWTH Aachen, Aachen 1996
[7.2/5] VEGLA; Bauglas – Produkte, Anwendung, Montage, Aachen 1991
[7.2/6] Compagno, A.: Intelligente Glasfassaden – Material Anwendung Gestaltung, Zürich 1995
[7.2/7] Button, D.; Pye, B.: Glass in Building, Oxford 1993

Abbildungen

0 Balthazar Korab
1 aus [2] Seite 33
2 aus [5] Seite 89
5 aus [2] Seite 33
6 Pilkington FLACHGLAS AG, Gelsenkirchen
8 Pilkington FLACHGLAS AG, Gelsenkirchen
9 aus [6]
10 Glas Trösch, Butzberg
13 aus [6] Seite 40
14 Fabrisolar AG, Küsnacht
15 Pilkington Group Research, London
16 Pilkington Group Research, London
18 OKALUX Kapillarglas, Marktheidenfeld
19 Fraunhofer Institut für Solare Energiesysteme, ISE, Freiburg
20 Bartenbach Lichtlabor, Innsbruck
21 Bartenbach Lichtlabor, Innsbruck

7.3 Materialkennwerte

Literatur

[7.3/1] Petzold, A; Marusch, H; Schramm, B.: Der Baustoff Glas, 3. Auflage, Schorndorf-Berlin 1990
[7.3/2] Klindt, L.B.; Klein, W.: Glas als Baustoff, Köln 1977
[7.3/3] Balkow, D. u. a.; Technischer Leitfaden – Glas am Bau, 2. Auflage, Stuttgart 1990
[7.3/4] Wörner, J.-D.; Sedlacek, G.: Der Baustoff Glas – Sachstandsbericht I, Gelsenkirchen 1991
[7.3/5] Hess, R.: Stahl und Glas , Berechnungen und Anwendungsbeispiele, aus: Stahlbau Nr. 11/94
[7.3/6] Beyle, P.: Der Einsatz von Glas als statisch tragendem Element, DAB Nr. 8/93
[7.3/7] Lehmann, R.: Punktförmig gelagerte Glasscheiben, 3. Fachkongreß Innovatives Bauen mit Glas, München 1995

7.4 Anwendungsbedingungen

Literatur

[7.4/1] Balkow, D. u. a.; Technischer Leitfaden – Glas am Bau, 2. Auflage, Stuttgart 1990

[7.4/2] Interpane; Gestalten mit Glas, 4. Auflage, 1995

[7.4/3] Petzold, A; Marusch, H; Schramm, B.: Der Baustoff Glas, 3. Auflage, Schorndorf-Berlin 1990

[7.4/4] Klindt, L. B.; Klein, W.: Glas als Baustoff, Köln 1977

[7.4/5] VEGLA; Bauglas – Produkte, Anwendung, Montage, Aachen 1991

[7.4/6] Lehmann, R.: Punktförmig gelagerte Glasscheiben, 3. Fachkongreß Innovatives Bauen mit Glas, München 1995

[7.4/7] Ministerialblatt für das Land Nordrhein-Westfalen; DIN 18516, Teil 1 + 2, Düsseldorf 1990

[7.4/8] Röthlin, K.: Probleme bei der Realisation von Glaskonstruktionen, 4. Fachkongreß Innovatives Bauen mit Glas, München 1995

[7.4/9] Hess, R.: Stahl und Glas, Berechnung und Anwendungsbeispiele, Stahlbau Nr. 11/94

[7.4/10] Frick; Knöll; Neumann, D.; Weinbrenner, U.: Baukonstruktionslehre Teil I, 30. Auflage, Stuttgart 1992

[7.4/11] Hammer, G.: Überkopfverglasung aus der Sicht des Baurechtes, Glasforum 5/95

7.5 Grundlagen der Bemessung

Literatur

[7.5/1] Wörner, J.-D.; Sedlacek, G.: Der Baustoff Glas – Sachstandsbericht I, Gelsenkirchen 1991

[7.5/2] Hess, R.: Stahl und Glas, Berechnungs- und Anwendungsbeispiele, Stahlbau Nr. 11/94

[7.5/3] Blank, K.: Bemessung von rechteckigen Glasscheiben unter gleichförmiger Flächenlast, Bauingenieur Nr. 68/93

[7.5/4] Klindt, L. B.; Klein, W.: Glas als Baustoff, Köln 1977

[7.5/5] Ministerialblatt für das Land Nordrhein-Westfalen; DIN 18516 – Teil 1 + 4

[7.5/6] Balkow, D. u. a.; Technischer Leitfaden – Glas am Bau, 2. Auflage, Stuttgart 1990

[7.5/7] VEGLA; Bauglas – Produkte, Anwendung, Montage, Aachen 1991

[7.5/8] Lehmann, R.: Punktförmig gelagerte Glasscheiben, 3. Fachkongreß Innovatives Bauen mit Glas, München 1995

[7.5/9] Button, D.; Pye, P.: Glass in Building, Oxford 1993

[7.5/10] Petzold, A.; Marusch, H.; Schramm, B.: Glas, Schorndorf – Berlin 1990

Abbildungen

1 Pilkington Technology Centre, Lathom (GB)

7.6 Details

Literatur

[7.6/1] Schulz, C.; Seger, P.: Großflächige Verglasungen, DETAIL 1/91

[7.7/2] Führer, W.; Knaack, U.: Konstruktiver Glasbau 1 – Seminarbericht, Aachen 1995

[7.6/3] Kohlmaier, G.; von Sartory, B.: Das Glashaus – ein Bautypus des 19. Jahrhunderts, München 1981

[7.6/4] Frick; Knöll; Neumann, D.; Weinbrenner, U.: Baukonstruktionslehre 1 + 2, Stuttgart 1988 + 1992

[7.6/5] VEGLA: Bauglas – Produkte, Anwendungen, Montage, Aachen 1991

[7.6/6] Petzold, A.; Marusch, H.; Schramm, B.: Der Baustoff Glas, Berlin 1990

[7.6/7] Klindt, L.B.; Klein, W.: Glas als Baustoff, Köln 1977

[7.6/8] Informationsmaterial für Fassadentechnik, Darmstadt

[7.6/9] Ritchie, I.: Architektur mit (guten) Verbindungen, Berlin 1994

[7.6/10] Rice, P.; Dutton, H.: Le Verre Structurel, Paris 1995

[7.6/11] VEGLA: Produktinformation MEGA-TEC-SYSTEM, Aachen

[7.6/12] Informationsmaterial BGT Bischoff Glastechnik, Bretten

[7.6/13] Informationen von Robert Danz

[7.6/14] Informationen der Firma SADEF

[7.6/15] Informationen der Firma VEGLA

[7.6/16] Informationen der Firma Schüco International

Abbildungen

1 Autor nach [3] Seite 226
2 Autor nach [3] Seite 226
3 Autor nach [3] Seite 226
7 Autor nach [1] Seite 441
8 Autor nach [1] Seite 441
9 Autor nach [4] Seite 330
10 Autor nach [4] Seite 338
12 Autor nach [1] Seite 442
13 Autor nach [4] Seite 338
14 Autor nach [4] Seite 338
15 Autor nach [4] Seite 338
16 Autor nach [1] Seite 443
17 Autor nach [8]
18 Autor nach [8]
19 Autor nach [8]
20 Autor nach [1]
21 SCHÜCO international, Bielefeld
28 Autor nach [4] Seite 341
29 Autor nach [4] Seite 341
30 Autor nach [9] Seite 47
31 Autor nach [4] Seite 448
40 Autor nach [10] Seite 36
42 Autor nach [15]
43 Autor nach [15]
44 Autor nach [13]
45 Autor nach [13]

8.1 Kriterien zur Dokumentation

Literatur

[8.1/1] Brookes, A. J.; Grech, C.: The Building Envelope, Oxford 1990
[8.1/2] Ackermann, K.: Tragwerke in der konstruktiven Architektur, Stuttgart 1988

8.2 Glas als Primärtragwerk

Aachen – Glasdach

Literatur

[1] Führer, W.; Knaack, U.: Konstruktiver Glasbau 3 – Glasdach, Aachen 1995

Abbildungen

1 aus [1] Seite 13
9 aus [1] Seite 17
10 aus [1] Seite 15

Aachen – Glaspavillon

Literatur

[1] Führer, W.; Knaack, U.: Konstruktiver Glasbau 2 – Glaspavillon, Aachen 1995

Aachen – Glas-Stahl-Tragwerk

Literatur

[1] Führer, W.; Knaack, U.: Konstruktiver Glasbau 5, Aachen 1996

Abbildungen

1 aus [1] Seite 21
2 aus [1] Seite 24
3 aus [1] Seite 26
4 aus [1] Seite 27
5 aus [1] Seite 25
6 aus [1] Seite 29
7 aus [1] Seite 14
8 aus [1] Seite 29
9 aus [1] Seite 20
10 aus [1] Seite 30

Almere – Wohnhaus Benthem

Literatur

[1] Brookes, A. J.; Grech, C.: The Building Envelope, Oxford 1990
[2] Davies, C.: High-Tech-Architektur, Stuttgart 1988
[3] db 7/91
[4] DETAIL 1/91
[5] Glasforum 6/87

Abbildungen

1 aus [2] Seite 150
2 aus [1] Seite 23
4 aus [3] Seite 22
5 aus [2] Seite 150

Amsterdam – Gläserner Konzertsaal der „Beurs van Berlage“

Literatur

[1] Brookes, A. J.; Grech, C.: Connections. Studies in Buildings Assembly, Oxford 1992
[2] db 6/91
[3] DETAIL 1/91
[4] Glasforum 1/91
[5] Bauwelt 18/90

Abbildungen

1 aus [1] Seite 61
2 van der Vlugt & Klaus, Amsterdam
3 aus [2] Seite 26/27
5 aus [3] Seite 47
8 aus [1] Seite 62

Arnhem – Skulpturen-Pavillon

Literatur

[1] Brookes, A. J.; Grech, C.: Connections. Studies in Buildings Assembly, Oxford 1992
[2] db 7/91
[3] van Rossem, V.: Benthem Crouwel – Architecten, Rotterdam 1990

Abbildungen

1 aus [1] Seite 115
2 aus [1] Seite 116
3 aus [3]
4 aus [2] Seite 16
5 aus [2] Seite 17
6 aus [1] Seite 117
7 aus [1] Seite 117
8 aus [1] Seite 117
9 aus [1] Seite 117

Bretten – Stadtbahnhaltestelle

Literatur

[1] Glasforum 2/93
[2] db 94 – Balthasar-Neumann-Preis

Disentis – Raiffeisenbank

Literatur

[1] Informationen von R. Hess
[2] Hess, R.: Neue Erkenntnisse beim Konstruieren mit Glas, 19. Stahlbau-Seminar, Biberach 1997

Abbildungen

1 GLASCONSULT, Zürich und Langenthal
2 GLASCONSULT, Zürich und Langenthal
3 GLASCONSULT, Zürich und Langenthal
4 GLASCONSULT, Zürich und Langenthal
5 GLASCONSULT, Zürich und Langenthal
6 GLASCONSULT, Zürich und Langenthal
7 GLASCONSULT, Zürich und Langenthal
8 GLASCONSULT, Zürich und Langenthal

Düsseldorf – Glassteg – Glastec 96

Literatur

[1] GLAS 6/96

Abbildungen

1 aus [1] Seite 11
3 aus [1] Seite 11
7 aus [1] Seite 11
8 aus [1] Seite 11

Düsseldorf – Tensegrity-Struktur – Glastec 96

Literatur

[1] GLAS 6/96

Abbildungen

2 aus [1] Seite 8
5 aus [1] Seite 8

Duisburg – Wilhelm-Lehmbruck-Museum

Literatur

[1] Informationsschrift des Wilhelm-Lehmbruck-Museums
[2] Informationsmaterial Glasbau Hahn, Frankfurt

Abbildungen

3 aus [2]

Eindhoven – Vordach des Evoluon

Literatur

[1] De Bouwadviseur 4/92

Frankfurt – Eingangshalle Messeturm

Literatur

[1] Informationen BGT Bischoff Glastechnik, Bretten
[2] DBZ 1/92

Abbildungen

4 aus [1]

Groningen – Video-Galerie

Literatur

[1] AD – Deconstruction 3/95
[2] l'Arca Plus – Monografie di architettura – 03: Architettura di vetro – Glass Architecture
[3] Rice, P.; Dutton, H.: Le Verre Structurel, Paris 1995

Abbildungen

1 aus [3] Seite 113
2 aus [3] Seite 113
3 aus [3] Seite 113
4 Helene van gen Hassend

Hannover – Lindener Volksbank

Literatur

[1] GLAS 1/97

Abbildungen

4 aus [1] Seite 22
7 aus [1] Seite 22

Hulst – Blumenladen

Literatur

[1] Baumeister 5/92

Abbildungen

4 aus [1] Seite 55

Indianapolis – Sweeny Chapel

Literatur

[1] James Carpenter Design Associates, New York
[2] Glasforum 6/90

Abbildungen

1 Balthazar Korab
2 Balthazar Korab
3 Balthazar Korab
4 Balthazar Korab
5 Balthazar Korab

Ipswich – Willis Faber & Dumas

Literatur

[1] A + U – May 1988 – Extra Edition: Norman Foster 1964 – 1987, Tokyo 1988
[2] Foster, N.: Buildings and Projects of Foster Associates – Volume 2 / 1971 – 1978, Hongkong 1989
[3] db 4/97

Abbildungen

2 aus [1] Seite 99
4 aus [1] Seite 99

Juval – Glasdach auf Schloß Juval

Literatur

[1] GLAS 1/97

Abbildungen

1 Ines Schöttle, Sindelfingen
2 Ines Schöttle, Sindelfingen
3 aus [1] Seite 16
4 Ines Schöttle, Sindelfingen
5 aus [1] Seite 17

Kingswinford – Glasmuseum

Literatur

[1] db 4/97
[2] AR Nr. 8/95

Abbildungen

1 Wilfried Dechau, Stuttgart
2 aus [1] Seite 91
3 aus [1] Seite 91
4 Wilfried Dechau, Stuttgart
6 aus [1] Seite 89
7 Dennis Gilbert / VIEW, London
8 aus [1] Seite 92

London – Channel 4

Literatur

[1] Addis, B.: The Art of the Structural Engineer, London 1994
[2] Architectural Design 9–10/95
[3] Architectural Review 12/94
[4] Bauwelt 5/95
[5] DETAIL 2/95
[6] DETAIL 6/95
[7] Rice, P.; Dutton, H.: Le Verre Structurel, Paris 1995

Abbildungen

1 Autor nach [5]
5 aus [6] Seite 1096
7 Autor nach [6]
8 Autor nach [6]
11 Autor nach [6]

London – Ganzglas-Wintergarten

Literatur

[1] Addis, B.: The Art of the Structural Engineer; London 1994
[2] Baumeister 11/92

Abbildungen

1 aus [2] Seite 51
2 Chris Gascoigne, London
3 aus [2] Seite 49
4 aus [2] Seite 49
5 Chris Gascoigne, London
6 aus [2] Seite 50
7 aus [2] Seite 49
8 Chris Gascoigne, London

London – Joseph Shop

Literatur

[1] db 3/89

Abbildungen

2 aus [1] Seite 64
5 aus [1] Seite 64

London – Lowe Flat

Literatur

[1] Informationen des Büros Brookes Stacey Randall, London

Abbildungen

1 Nike Randall
2 Nike Randall
3 Nike Randall
4 Nike Randall
5 Nike Randall
6 Nike Randall
7 Nike Randall

London – Now & Zen

Literatur

[1] AA 9/91
[2] Baumeister 1/92

Abbildungen

3 aus [2] Seite 41

Luxembourg – Musée d'Histoire de la Ville de Luxembourg

Literatur

[1] GLAS 2/97

Abbildungen

1 Pilkington FLACHGLAS AG, Gelsenkirchen
2 Pilkington FLACHGLAS AG, Gelsenkirchen
3 aus [1] Seite 32
4 Pilkington FLACHGLAS AG, Gelsenkirchen
5 Pilkington FLACHGLAS AG, Gelsenkirchen
6 Pilkington FLACHGLAS AG, Gelsenkirchen

Mönchengladbach – BMW-Hammer

Literatur

[1] Informationsmaterial Glasbau Seele, Gersthofen
[2] Informationen Heinrich Weller Stahlbau

Abbildungen

3 aus [1]
6 aus [1]

München – Glaszentrum

Literatur

[1] Informationen des Glaszentrums München
[2] Glaswelt 10/91

Abbildungen

1 aus [1]
2 aus [1]
3 aus [1]
4 aus [1]
5 aus [1]

München – Hotel Kempinski, Glastreppe

Literatur

[1] Glas 2/95
[2] Informationsmaterial BGT Bischoff Glastechnik, Bretten

Abbildungen

1 aus [2]
2 aus [2]
7 aus [2]

München – Kranichflug

Literatur

[1] db 9/92
[2] Klimke, H.; Walochnik, W.: Wann trägt Glas?, Glasforum 2/93
[3] Sedlacek, G.: Statische Berechnung für das Glaskunstwerk im Flughafen München II, Aachen 1992
[4] Bauelemente Bau 1/93
[5] Sedlacek, G.; Güsgen, J.; Hoffmeister, B., u. a.: Berechnung und Bemessung des seilverspannten Flächentragwerkes „Kranichflug“ aus Glas und Stahl; Stahlbau 63 (1994] Heft 10
[6] Schutte, A.: Erstmals seilverspanntes Flächentragwerk aus Glas konstruiert, Beratende Ingenieure 12/1992

Abbildungen

1 aus [6] Seite 17
3 aus [2] Seite 11
6 aus [2] Seite 11

München – Refractive Tensegrity Rings

Literatur

[1] Informationen des James Carpenter Design Associates, New York

Abbildungen

2 aus [1]
4 aus [1]

München – Tribünenhaus der Trabrennbahn

Literatur

[1] Glasforum 1972

Norwich – Sainsbury Centre for Visual Arts

Literatur

[1] A + U Extra 5/88

Abbildungen

1 aus [1] Seite 120
4 aus [1] Seite 121
5 aus [1] Seite 120

Paris – 50 Avenue Montaigne

Literatur

[1] Rice, P.; Dutton, H.: Le Verre Structurel, Paris 1995
[2] Informationen der Firma Eiffel

Abbildungen

1 aus [1] Seite 130
5 aus [1] Seite 133

Paris – Cité des Sciences et de l’Industrie – Parc de la Villette

Literatur

[1] Rice, P.; Dutton, H.: Le Verre Structurel, Paris 1995
[2] DETAIL 6/86
[3] Balkow, D. u. a.; Technischer Leitfaden – Glas am Bau, 2. Auflage, Stuttgart 1990
[4] Brookes, A. J.; Grech, C.: Das Detail in der High-Tech-Architektur, Basel Berlin Boston 1991
[5] Rice, P.; Dutton, H.: Il Vetro Strutturale, Mailand 1991

Abbildungen

5 aus [1] Seite 63
7 aus [3] Seite 173

Paris – Glasbauten „Parc André Citroen“

Literatur

[1] Glasforum 6/96
[2] Rice, P.; Dutton, H.: Le Verre Structurel, Paris 1995
(3] Informationen der Firma Eiffel

Abbildungen

1 aus [2] Seite 124
6 aus [2] Seite 126

Paris – Inverse Pyramide des Louvre

Literatur

[1] Architectural Review 1/94
[2] Informationsmaterial der Firma Eiffel
[3] Rice, P.; Dutton, H.: Le Verre Structurel, Paris 1995
[4] Rice, P.; Dutton, H.: Il Vetro Strutturale, Mailand 1991

Abbildungen

3 aus [3] Seite 134
7 aus [3] Seite 135

Paris – Maison de la RATP

Literatur

[1] Les cahiers téchniques du bâtiment No. 164 September 1995
[2] Informationen des Architekturbüros Sirvin et Associés

Paris – Restaurant „Maison Blanche“

Literatur

[1] Baumeister 1/92
[2] Informationsmaterial der Firma Eiffel

Paris – Werkstätten des Louvre

Literatur

[1] Bauwelt 28–29/94
[2] DETAIL 1/95
[3] Informationsmaterial des Büros Brunet & Saunier
[4] Le Moniteur Architecture – AMC 6/91

Abbildungen

1 Georges Fessy
2 Georges Fessy
3 Georges Fessy
4 aus [4] Seite 94
5 Georges Fessy

Philadelphia – Refractive Light Spine

Literatur

[1] James Carpenter Design Associates, New York
[2] Glasforum 5/90

Abbildungen

1 aus [1]
2 aus [1]
3 aus [1]
4 aus [1]
5 Mikio Sekita
6 Mikio Sekita

Rennes – Banque Populaire de l’Ouest

Literatur

[1] Informationsmaterial der Firma Eiffel
[2] Rice, P.; Dutton, H.: Le Verre Structurel, Paris 1995
[3] DBZ 10/94

Abbildungen

1 ARCHIPRESS, Paris
2 aus [2] Seite 117
3 aus [2] Seite 118
4 aus [2] Seite 118
5 aus [3] Seite 61
6 aus [3] Seite 117
7 aus [2] Seite 62
8 ARCHIPRESS, Paris

Rhode Island – Fresnel Ring

Literatur

[1] James Carpenter Design Associates, New York

Abbildungen

1 Brian Gulik
2 Brian Gulik
3 Brian Gulik
4 Brian Gulik
5 Brian Gulik

Rotterdam – Glasbrücke

Literatur

[1] Informationsmaterial VEGLA, Aachen
[2] DETAIL 3/95
[3] GLAS 2/95

Abbildungen

2 aus [1]
5 Autor nach [2]
9 Autor nach [2]

Rotterdam – Nederlands Architectuurinstituut

Literatur

[1] Informationen der Firma Oktatube
[2] Führer, W.; Knaack, U.: Konstruktiver Glasbau 4 – Seminarbericht, Aachen 1996
[3] Baumeister 1/1994
[4] Dokumentation des Niederländischen Architekturinstitutes, Rotterdam

Abbildungen

1 aus [3] Seite 44
3 Prof. Mick Eeckhout / Jo Coenen, Maastricht
5 Prof. Mick Eeckhout / Jo Coenen, Maastricht

St. Germain-en-Laye – Stadtverwaltung

Literatur

[1] Informationen des Büros Brunet & Saunier
[2] DETAIL 1/95

Abbildungen

4 Georges Fessy, Paris
5 Georges Fessy, Paris
6 Georges Fessy, Paris

Stuttgart – Spielbank

Literatur

[1] GLAS 1/97

Abbildungen

3 aus [1] Seite 45
7 aus [1] Seite 46

Talheim – Glastreppe, Verwaltungsgebäude Fischer

Literatur

[1] Glasforum 3/92
[2] Informationen H. Fischer GmbH, Lauffen

Abbildungen

3 aus [1] Seite 32
6 aus [1] Seite 32
8 aus [1] Seite 32
9 aus [1] Seite 32

Tokio – Tokio International Forum

Literatur

[1] JA 1996-3

Abbildungen

1 aus [1] Seite 174
2 Rafael Viñoly, New York
3 Rafael Viñoly, New York
4 Rafael Viñoly, New York
5 Rafael Viñoly, New York
6 aus [1] Seite 174

Würselen – Haus Albert Sous

Literatur

[1] Informationen von W. Führer
[2] Bauwelt 1–2/96

Abbildungen

1 Jürgen Hempel, Aachen
2 Jürgen Hempel, Aachen
3 Jürgen Hempel, Aachen
4 Jürgen Hempel, Aachen
5 Jürgen Hempel, Aachen

8.3 Glas als Sekundärtragwerk

Amsterdam – Plantenkas Hortus Botanicus

Literatur

[1] Informationsmaterial des Büros Zwarts & Jansma, Abcoude
[2] Bouwen met Staal 117/3–4/93

Abbildungen

3 aus [1]

Bad Cannstatt – Mineralbad Cannstatt

Literatur

[1] Glas 4/95
[2] db 10/94

Berlin – Bürogebäude Friedrichstraße

Literatur

[1] Informationen H. Fischer GmbH, Lauffen

Berlin – Flußpferdehaus Zoo Berlin

Literatur

[1] Informationen H. Fischer GmbH, Lauffen

Abbildungen

1 aus [1]
4 aus [1]

Berlin – Recusist-Türme

Literatur

[1] DBZ 1/95

Abbildungen

3 Autor nach [1]

Bottrop – Ausstellungspavillon

Literatur

[1] DETAIL 1/95
[2] Glasforum 3/94

Abbildungen

4 aus [2] Seite 16

Chur – Bahnhofsüberdachung

Literatur

[1] Glasforum 3/94
[2] Bauwelt 23/94
[3] Informationsmaterial der Schweizerischen Zentralstelle für Stahlbau Nr. 12 + 13/93

Abbildungen

1 Tuchschmid AG, Frauenfeld
2 aus [1] Seite 36
3 Tuchschmid AG, Frauenfeld
4 Tuchschmid AG, Frauenfeld

Dortmund – Stadtbahnzugang Reinoldi

Literatur

[1] DBZ 1/95
[2] Glasforum 4/93
[3] db – Balthasar-Neumann-Preis 1994

Dresden – World Trade Center

Literatur

[1] Glas 1/97
[2] Bauwelt 12/96

Abbildungen

4 aus [1] Seite 37
7 aus [1] Seite 40

Düsseldorf – Düsseldorfer Stadttor

Literatur

[1] Informationen des Büros Pezinka Pink und Partner
[2] Stahlbau 65/96
[3] Informationsbroschüre der Firma Engel

Düsseldorf – WDR-Landesstudio

Literatur

[1] Glasforum 4/93

Edinburgh – Festival Theatre

Literatur

[1] DETAIL 4/94
[2] A + D Architecture + Detail 4/95

Montréal – Musée des Beaux Arts de Montréal

Literatur

[1] Glasforum 1/93
[2] Informationsmaterial MERO, Würzburg

Abbildungen

1 aus [2]
2 aus [2]
3 aus [2]
4 aus [2]

München – Eissporthalle

Literatur

[1] Ackermann, Kurt: Tragwerke in der konstruktiven Architektur, Stuttgart 1988
[2] Beratungsstelle für Stahlanwendung: Stahl und Form – Eislaufhalle Olympiapark München; Düsseldorf 1983

Abbildungen

1 aus [2] Seite 25
4 aus [1] Seite 174

München – Hotel Kempinski

Literatur

[1] GLAS 2/95
[2] DBZ 5/94
[3] db 7/91
[4] Stahlbau 63/1994, Heft 3

Abbildungen

1 aus [1] Seite 35
3 aus [1] Seite 36

Neckarsulm – Aquatoll

Literatur

[1] Glasforum 6/90
[2] Informationen H. Fischer GmbH, Lauffen
[3] db 7/91
[4] Stahl-Informations-Zentrum: Stahl und Form – Transparente Netztragwerke – Schlaich Bergermann und Partner, Düsseldorf 1992
[5] DBZ 2/92

Abbildungen

1 aus [2]
7 aus [2]

Paris – Fondation Cartier

Literatur

[1] DETAIL 1/95
[2] Bauwelt 26/94
[3] Baumeister 8/94

Paris – Louvre-Pyramide

Literatur

[1] Informationsmaterial der Firma Eiffel
[2] Balkow, D., u. a.; Technischer Leitfaden – Glas am Bau, 2. Auflage, Stuttgart 1990
[3] Führer, W.; Knaack, U.: Konstruktiver Glasbau 1 – Seminarbericht, Aachen 1995

Abbildungen

5 aus [2] Seite 187

Paris – Verwaltungsgebäude

Literatur

[1] DETAIL 5/93

Plymouth – Western Morning News

Literatur

[1] Powell, K.; Moore, R.: Struktur, Raum und Haut – Nicholas Grimshaw + Partner – Bauten und Projekte, Berlin 1993
[2] Compagno, A.: Intelligente Glasfassaden – Material Anwendung Gestaltung, Zürich 1995
[3] l'Arca Plus – Monografie di architettura – 03: Architettura di vetro – Glass Architecture, Mailand

Abbildungen

1 aus [3] Seite 135
2 aus [3] Seite 133
3 aus [3] Seite 136
4 aus [3] Seite 135
5 aus [3] Seite 135

Riyadh – Diplomatischer Club

Literatur

[1] Glasforum 4/86

Abbildungen

1 aus [1] Seite 20
2 Franz Mayer'sche Hofkunstanstalt, München
3 aus [1] Seite 24
4 Franz Mayer'sche Hofkunstanstalt, München
5 Franz Mayer'sche Hofkunstanstalt, München

Roissy – TGV-Bahnhof

Literatur

[1] Baumeister 9/95
[2] Rice, P.; Dutton, H.: Transparente Architektur – Glasfassaden mit Structural Glazing, Basel Berlin Boston 1995
[3] GLAS 1/95

Stuttgart – Bayerische Vereinsbank

Literatur

[1] Bauwelt 43 – 44/96
[2] Informationsmaterial Glastec, Inning

Abbildungen

3 aus [2]

Stuttgart – Berger Tunnel

Literatur

[1] Glasforum 4/93
[2] db 3/94

Abbildungen

4 aus [1] Seite 25

Stuttgart – Gläserner Himmel

Literatur

[1] Informationsmaterial Seele, Gersthofen
[2] db 9/93
[3] Stahlbau 1/94

Stuttgart – Komponentenprüfhalle

Literatur

[1] db 9/89
[2] DETAIL 1/91

Abbildungen

1 aus [2] Seite 31
3 aus [2] Seite 32
5 aus [2] Seite 32

Stuttgart – Züblin-Haus

Literatur

[1] Ed. Züblin AG: Züblin-Haus, Stuttgart 1985
[2] Informationen H. Fischer GmbH, Lauffen

Abbildungen

3 aus [1] Seite 58

Swindon – Parts Distribution, Centre for Renault UK

Literatur

[1] Ackermann, K.: Tragwerke in der konstruktiven Architektur, Stuttgart 1988
[2] Brookes, A. J.; Grech, C.: The Building Envelope, Oxford 1990

Abbildungen

1 aus [2] Seite 90
3 aus [1] Seite 257

Talheim – Verwaltungsgebäude Fischer

Literatur

[1] Glasforum 3/92
[2] Informationen H. Fischer GmbH, Lauffen

Ulm – Vordach Hauptbahnhof

Literatur

[1] Glasforum 1/94

Abbildungen

1 aus [1] Seite 28
2 Florian Schmidtjansen, Überlingen
3 aus [1] Seite 28
4 Florian Schmidtjansen, Überlingen
5 aus [1] Seite 28
6 Florian Schmidtjansen, Überlingen

Alle nicht genannten Abbildungen wurden durch den Autor erstellt.

Stichwörter